AF544523

EUL
VERLAG

SUPPLY CHAIN, LOGISTICS AND OPERATIONS MANAGEMENT

Herausgegeben von Prof. Dr. Dr. h. c. Wolfgang Kersten, Hamburg

Band 19
Nikolaus Christian Wagenstetter
Nutzung von Analogien für die Entwicklung von Logistikinnovationen – Konzeption eines Vorgehens zur Anwendung von Analogien in der Logistik
Lohmar – Köln 2015 ◆ 304 S. ◆ € 59,- (D) ◆ ISBN 978-3-8441-0414-1

Band 20
Henning Skirde
Kostenorientierte Bewertung modularer Produktarchitekturen
Lohmar – Köln 2015 ◆ 256 S. ◆ € 57,- (D) ◆ ISBN 978-3-8441-0424-0

Band 21
Max Feser
Entwicklung eines Modells zur situationsadäquaten Implementierung von Supply Chain Risikomanagement
Lohmar – Köln 2015 ◆ 252 S. ◆ € 57,- (D) ◆ ISBN 978-3-8441-0432-5

Band 22
Lars Werner Dentgen
Entscheidungslogische Gestaltung selbststeuernder Logistiksysteme – Am Beispiel der Luftfracht
Lohmar – Köln 2016 ◆ 248 S. ◆ € 56,- (D) ◆ ISBN 978-3-8441-0446-2

Band 23
Markus Klotzbach
Analyse und Gestaltung technischer Leistungspotentiale herstellerunabhängiger Instandhaltungsdienstleister
Lohmar – Köln 2016 ◆ 272 S. ◆ € 58,- (D) ◆ ISBN 978-3-8441-0458-5

Band 24
Robert Christian Fandl
Bewertung nachhaltiger Produktentwicklungspartnerschaften in der Gießereiindustrie
Lohmar – Köln 2017 ◆ 308 S. ◆ € 66,- (D) ◆ ISBN 978-3-8441-0495-0

JOSEF EUL VERLAG

Bewertung nachhaltiger Produktentwicklungspartnerschaften in der Gießereiindustrie

Vom Promotionsausschuss der
Technischen Universität Hamburg-Harburg
zur Erlangung des akademischen Grades

Doktor der Wirtschafts- und Sozialwissenschaften (Dr. rer. pol.)

genehmigte Dissertation

von

Robert Christian Fandl

aus
Hamburg

2016

1. Gutachter: Prof. Dr. Dr. h. c. Wolfgang Kersten
Institut für Logistik und Unternehmensführung
Technische Universität Hamburg-Harburg

2. Gutachter: Prof. Dr. E. h. Dr.-Ing. habil. Josef Schlattmann
Institut für Laser- und Anlagensystemtechnik
Technische Universität Hamburg-Harburg

3. Gutachter: Prof. Dr. Tobias Held
Institut für Produkt- und Produktionsmanagement
Hochschule für Angewandte Wissenschaften Hamburg

Tag der mündlichen Prüfung: 28. November 2016

Reihe: Supply Chain, Logistics and Operations Management · Band 24
Herausgegeben von Prof. Dr. Dr. h. c. Wolfgang Kersten, Hamburg

Robert Christian Fandl

Bewertung nachhaltiger Produktentwicklungspartnerschaften in der Gießereiindustrie

Mit einem Geleitwort von Prof. Dr. Dr. h. c. Wolfgang Kersten,
Technische Universität Hamburg-Harburg

Bibliografische Information der Deutschen Nationalbibliothek

Die Deutsche Nationalbibliothek verzeichnet diese Publikation in der Deutschen Nationalbibliografie; detaillierte bibliografische Daten sind im Internet über <http://dnb.d-nb.de> abrufbar.

Dissertation, Technische Universität Hamburg-Harburg, 2016

ISBN 978-3-8441-0495-0
1. Auflage Januar 2017

JOSEF EUL VERLAG GmbH
Brandsberg 6
53797 Lohmar
Tel.: 0 22 05 / 90 10 6-80
Fax: 0 22 05 / 90 10 6-88
E-Mail: info@eul-verlag.de
http://www.eul-verlag.de

Bei der Herstellung unserer Bücher möchten wir die Umwelt schonen. Dieses Buch ist daher auf säurefreiem, 100% chlorfrei gebleichtem, alterungsbeständigem Papier nach DIN 6738 gedruckt.

Geleitwort

Ressourcenknappheit und steigendes Umweltbewusstsein zwingen die Industrieunternehmen, insbesondere auch deutsche Gießereien, zu einer nachhaltigeren Nutzung von Rohstoffen und Energien. Gerade die partnerschaftliche Zusammenarbeit in der Supply Chain zwischen Gießereien und ihren Kunden während des Entwicklungsprozesses birgt erhebliche Erfolgspotentiale. Dies belegen u. a. von Herrn Fandl im Rahmen seiner Forschungstätigkeit durchgeführte Studien zu „nachhaltigen, überbetrieblichen Entwicklungspartnerschaften" deutscher Gießereien mit ihren Kunden aus dem Maschinen- und Anlagenbau. Diese Studien bestätigten auch die Bedeutung ökologischer Aspekte bei der überbetrieblichen Entwicklung von Gussteilen, die in Zukunft weiter zunehmen wird.

Vor diesem Hintergrund entwickelt Herr Fandl im Rahmen seiner Dissertation ein Schätzmodell, welches in den frühen Phasen einer Entwicklungspartnerschaft eine Bewertung möglicher CO_2- und Kosteneinsparungen erlaubt. Ausgehend von einer umfangreichen Literaturrecherche, untersucht Herr Fandl zunächst problemrelevante Theorien und erste Ansatzpunkte der Auseinandersetzung von Gießereien mit Umweltfragen. Gleichzeitig entwickelt und implementiert er ein aktivitäts- bzw. prozessorientiertes IT-Tool zur Abschätzung von Energieverbrauch und CO_2-Emissionen sowie Herstellkosten. Hervorzuheben ist, dass dies auf einer außergewöhnlich tiefgehenden Datenerhebung von Stoff- und Energieströmen der Fertigungsprozessschritte einer deutschen Eisengießerei basiert. Das entwickelte IT-Tool verwendet Herr Fandl anschließend pilothaft bei dieser Eisengießerei, um bei einundvierzig untersuchten Entwicklungsprojekten die Veränderung der CO_2-Emissionen sowie Herstellkosten zu bewerten. In diesem Zusammenhang konnte er mithilfe statistischer Analysen ermitteln, welche zentralen Einflussfaktoren überbetriebliche Entwicklungspartnerschaften beeinflussen und wie bedeutsam diese im Hinblick auf die Einsparung von CO_2-Emissionen und Herstellkosten sind. Als ein zentraler Schlüsselfaktor zeigte sich hierbei die frühzeitige Einbindung der Gussteilzulieferer in den Entwicklungsprozess.

Im Sinne der Entwicklung einer wissenschaftlich fundierten und gleichzeitig den Anforderungen der industriellen Praxis entsprechenden Methode konnte Herr Fandl sein IT-Werkzeug (Softwaredemonstrator) im Rahmen einer Fallstudie erfolgreich bei einer Eisengießerei implementieren und bereits bei einzelnen Entwicklungen mit Kunden anwenden. So bestand durch die Ermittlung der Umweltkennzahlen die Möglichkeit, den „CO_2-Fußabdruck" einzelner Maschinen und Anlagen „informatorisch anzureichern" und den Informationsbedarf weiterer Stakeholder (speziell der Endkunden) zu bedienen. Die Dissertation von Herrn Fandl stellt somit einen wichtigen Beitrag zur Erhöhung der ökologischen Transparenz in der Supply Chain speziell im Bereich der „grünen Werkzeugmaschine“ dar und liefert gleichermaßen einen Erkenntnisgewinn für Wissenschaftler und Praxisvertreter.

Hamburg, im Januar 2017 Prof. Dr. Dr. h. c. Wolfgang Kersten

Vorwort

Die Motivation für das Verfassen der vorliegenden Arbeit resultiert aus den Erfahrungen, die ich als wissenschaftlicher Angestellter am Institut für Produkt- und Produktionsmanagement der Hochschule für Angewandte Wissenschaften Hamburg in den letzten viereinhalb Jahren machen durfte. Ein besonderer Schwerpunkt bestand in der intensiven Auseinandersetzung mit der frühzeitigen Abschätzung von Umwelt-, Energie- und Kosteneinsparpotenzialen bei der überbetrieblichen Produktentwicklung sowohl in der Theorie als auch in der praktischen Zusammenarbeit mit einer Vielzahl unterschiedlicher Unternehmen. Ergänzend war es mir möglich, weitere interessante Facetten der deutschen Gießereiindustrie vertiefend kennenzulernen.

Für die Ermöglichung der Durchführung dieser Arbeit danke ich meinem Betreuer und Erstgutachter, Herrn Prof. Dr. Dr. h. c. Wolfgang Kersten. In gemeinsamen Gesprächen ist die Idee zu dieser Arbeit entstanden und die angeregten Diskussionen während der Erstellung waren mir stets eine wertvolle Hilfe. Des Weiteren bedanke ich mich bei Herrn Prof. Dr. E. h. Dr.-Ing. habil. Josef Schlattmann für die Übernahme des Zweitgutachtens.

Ganz herzlich bedanke ich mich bei Herrn Prof. Dr. Tobias Held für seine Beratung und Unterstützung während der Durchführung dieser Arbeit. Herr Professor Held hat in bemerkenswerter Weise meinen Blick für die interdisziplinären Zusammenhänge eines solchen Vorhabens geschärft und meine persönliche Entwicklung aufmerksam begleitet. Ergänzend gilt mein Dank Frau Prof. Dr. Zita Schillmöller, den Kollegen/innen der Hochschule für Angewandte Wissenschaften Hamburg sowie den zahlreichen Gießereiunternehmen und Kunden aus dem Maschinenbau, die mir einen umfangreichen Einblick in die überbetriebliche Produktentwicklung ermöglichten und mir in vielen Diskussionen wertvolle Impulse für meine Arbeit gaben.

Nicht zuletzt bedanke ich mich für die uneingeschränkte Unterstützung durch meine Familie. Für die unendliche Geduld und den positiven Zuspruch danke ich meiner Mutter Christiane Fandl sowie dem wichtigsten Impulsgeber für die vorliegende Arbeit, meinem Vater Dipl.-Wirtsch.-Ing. Andreas Fandl, dessen wissenschaftliche und methodische Konsequenz mir stets Vorbild und Ansporn sind. Besonderen Dank aber verdient meine liebe Ehefrau M. Sc. Christina Kempf-Fandl, die in ihrer Funktion als Mutter unserer Tochter Lydia Fandl und als kaufmännische Leiterin eines mittelständischen Unternehmens mehr als ausgelastet ist. Dennoch hat sie diese Arbeit sowohl menschlich als auch betriebswirtschaftlich betreut. Ihr und meiner Tochter widme ich diese Arbeit.

Hamburg, im Januar 2017 Robert Christian Fandl

Inhaltsverzeichnis

Geleitwort ... V

Vorwort ... VII

Abbildungsverzeichnis ... XIII

Tabellenverzeichnis ... XVII

Abkürzungsverzeichnis ... XIX

1 Einleitung ... 1

1.1 Ausgangssituation ... 1

1.2 Zielsetzung und methodisches Vorgehen ... 4

1.3 Aufbau der Arbeit ... 5

2 Kurzcharakterisierung der deutschen Gießereiindustrie ... 9

2.1 Grundmerkmale der Gießereiindustrie ... 9

2.1.1 Gussproduktion ... 9

2.1.2 Produktionsmenge, Umsatz und Investitionsvolumen ... 12

2.1.3 Beschäftigtenzahl und Anzahl der Gießereibetriebe ... 13

2.1.4 Kundenstrukturdaten ... 14

2.1.5 Zusätzliche Kennzahlen der Gießereiindustrie ... 18

2.1.6 Stärken und kritische Faktoren der Branche ... 19

2.2 Abgrenzung des Gießproduktionsverfahrens ... 21

3 Konzeptioneller Bezugsrahmen ... 25

3.1 Kooperative Produktentwicklung von Gussteilen ... 26

3.1.1 Charakteristika von Forschung und Entwicklung ... 26

3.1.2 Forschungs- und Entwicklungskooperationen ... 29

3.1.2.1 Definierende Merkmale und ausgewählte Formen von Kooperationen ... 29

3.1.2.2 Vertikale Kooperation zwischen Hersteller und Lieferanten ... 36

3.1.3 Erfolgsfaktoren kooperativer Produktentwicklung ... 42

3.1.3.1 Vertrauen ... 45

3.1.3.2 Kommunikation ... 46

3.1.3.3 Langfristiges Denken ... 46

3.1.3.4 Commitment ... 46

3.1.3.5 Ökologie ... 47

3.1.4 Kooperative Produktentwicklung von Gussteilen ... 50

3.2 Nachhaltigkeit in der Gießereiindustrie ... 56

3.2.1 Nachhaltigkeit ... 56
3.2.2 CO_2-Emissionen ... 58
3.2.3 Stoff- und Energiebilanzen ... 59
3.2.4 Weitere Methoden zur Wirkungsabschätzung und Auswertung ... 61
3.2.4.1 ABC-Analyse ... 61
3.2.4.2 Eco-Indicator ... 61
3.2.4.3 MIPS-Methodik ... 62
3.2.4.4 Kumulierter Energieaufwand ... 62
3.2.4.5 CO_2-Bilanz ... 63
3.2.4.6 Abbildung durch Software-Tools ... 64
3.2.5 Bestehende Arbeiten im Kontext der Gießereiindustrie ... 64
3.2.6 Energieeinsatz in der Gießereiindustrie ... 67
3.2.7 Stoff- und Energiebilanzen in der Gussteilfertigung ... 71
3.3 Nachhaltige Gussteilentwicklung in der Gießereiindustrie ... 73
3.3.1 Experteninterviews ... 73
3.3.2 Empirische Vorstudie ... 74
3.3.2.1 Entwicklung und Aufbau der Befragung ... 74
3.3.2.2 Durchführung der Befragung ... 75
3.3.2.3 Ergebnisse ... 75
3.4 Zusammenfassung ... 82
4 Methoden der empirischen Untersuchung ... 83
4.1 Qualitative Forschung ... 83
4.1.1 Experteninterview ... 84
4.1.2 Dokumentenanalyse ... 86
4.1.3 Aufbewahrung und Aufbereitung ... 86
4.1.4 Auswertmethodik ... 87
4.2 Quantitative Datenanalyse ... 87
4.2.1 Deskriptive Statistik ... 88
4.2.1.1 Aufbereitung der Daten ... 88
4.2.1.2 Darstellung der Daten ... 89
4.2.1.3 Statistische Kennwerte ... 90
4.2.2 Regressionsanalyse ... 93
4.2.2.1 Einfache lineare Regression ... 93
4.2.2.2 Multiple lineare Regression ... 96
4.3 Begründung der Analysemethodik ... 98
5 Durchführung und Auswertung der empirischen Untersuchung in der deutschen Gießereiindustrie ... 101
5.1 Vorgehensweise ... 101
5.1.1 Bestimmung des Stichprobenumfangs ... 101

5.1.2 Kontaktaufnahme zu den Interviewpartnern 102
5.1.3 Durchführung der Untersuchung 104
5.1.4 Inhaltsanalyse und statistische Auswertung 108
5.2 Fallstudiengießerei 109
5.2.1 Die Fallstudiengießerei mit Entwicklungsleistung 109
5.2.2 Bilanzgrenze der Fallstudiengießerei 110
5.2.3 Energie- und Stoffflüsse in der Fallstudiengießerei 112
5.2.4 Entwicklung eines IT-Tools zur Abschätzung der Veränderung der CO_2-Emissionen 116
5.3 Einzelfallstudien zur überbetrieblichen Gussteilentwicklung 119
5.3.1 Einzelfall 1: „Drehmomentstütze“ 119
5.3.2 Einzelfall 2: „Schwinge“ 122
5.3.3 Einzelfall 3: „Maschinenbett“ 124
5.3.4 Einzelfall 4: „Gussstößel“ 127
5.3.5 Vergleich der Einzelfallstudien 129
5.4 Einflussfaktoren und Hypothesenbildung 132
5.4.1 Einflussfaktoren überbetrieblicher Gussteilentwicklung auf CO_2-Emissionen 132
5.4.2 Eingrenzung betrachteter Einflussfaktoren 134
5.4.3 Hypothesenbildung 140
5.5 Beschreibung der Einflussfaktoren 143
5.5.1 Univariate Verteilung der Kundenparameter 143
5.5.2 Univariate Verteilung der Projektparameter 145
5.5.2.1 Charakterisierung der überbetrieblich entwickelten Gussteile 146
5.5.2.2 Information und Kommunikation 149
5.5.2.3 Methoden und Instrumente 152
5.5.2.4 Veränderung der CO_2-Emissionen und Herstellkosten 155
5.5.3 Bivariate Verteilung: Zusammenhang zwischen Kundenparametern und Veränderung der CO_2-Emissionen 156
5.5.4 Bivariate Verteilung: Zusammenhang zwischen Projektparametern und Veränderung der CO_2-Emissionen 158
5.5.4.1 Allgemeine Projektparameter 158
5.5.4.2 Projektparameter: Charakterisierung der überbetrieblich entwickelten Gussteile 161
5.5.4.3 Projektparameter: Information und Kommunikation 164
5.5.4.4 Projektparameter: Methoden und Instrumente 168
5.5.5 Korrelationsmatrix 169
5.5.6 Zwischenfazit 174
5.6 Regressionsanalyse zur Modellentwicklung 175
5.6.1 Univariate Regressionsanalyse 175

5.6.2 Zusammenfassung der wesentlichen Erkenntnisse der univariaten Regressionsanalyse ... 179
5.6.3 Multivariate Regressionsanalyse ... 180
5.6.3.1 Entwicklung der Erklärungsmodelle ... 180
5.6.3.2 Analyse der Korrelation der Erklärungsmodelle ... 190
5.6.3.3 Prüfung der Multikollinearität ... 191
5.6.4 Kritische Reflexion der Untersuchung ... 192
5.6.4.1 Die Einflussfaktoren überbetrieblicher Kooperation ... 192
5.6.4.2 Die Methodik der Untersuchung ... 193
5.6.4.3 Das Regressionsmodell ... 193
5.6.5 Zwischenfazit ... 194

6 Gestaltung eines Schätzmodells und Validierung ... 197
6.1 Aufbau des Schätzmodells zur frühzeitigen Abschätzung der CO_2-Emissionen ... 197
6.2 Validierung des Schätzmodells ... 198
6.2.1 Validierungs-Neuentwicklungsprojekt I: „Grundgestell“ ... 198
6.2.2 Validierungs-Neuentwicklungsprojekt II: „Maschinengrundkörper“ ... 200
6.2.3 Vergleich der beiden Validierungs-Neuentwicklungsprojekte ... 201
6.3 Experteninterviews zu den im Schätzmodell verwendeten Einflussfaktoren ... 204

7 Handlungsempfehlungen ... 211
7.1 Implikationen für die unternehmerische Praxis ... 211
7.2 Implikationen für die Wissenschaft ... 216

8 Zusammenfassung und Ausblick ... 219

Anhang ... 223

Literatur- und Quellenverzeichnis ... 241

Der Anhang steht für eine verbesserte Darstellung unter folgendem Link als PDF-Datei zum Download bereit:

https://www.eul-verlag.de/pdf-wz/9783844104950-Anhang.pdf

Abbildungsverzeichnis

Abbildung 1: *Umfeld überbetrieblicher Gussteilentwicklung (Fandl, Held und Kersten 2014, S. 3)* ... 1
Abbildung 2: *Entwicklung der deutschen Energie-, Material- und Arbeitskostenindizes (Statista 2015 a; HWWI 2015; Bundesbank 2015)* ... 3
Abbildung 3: *Aufbau der vorliegenden Arbeit* ... 8
Abbildung 4: *Produktion von Fe- und NE-Guss in Deutschland (BDG 2014 a)* ... 10
Abbildung 5: *Fe-Gussproduktion ausgewählter Länder 1991 und 2012 (BDG 2014 a)* ... 11
Abbildung 6: *Wirtschaftsdaten der deutschen Gießereiindustrie (BDG 2014 a)* ... 12
Abbildung 7: *Beschäftigtenzahlen in deutschen Gießereien (Statista 2014, S. 13)* ... 13
Abbildung 8: *Verteilung der Beschäftigtenzahlen deutscher Gießereien (Statista 2014, S. 12)* ... 14
Abbildung 9: *Anteile der Gießerei-Teilbranchen an Umsatz und Beschäftigtenzahlen für das Jahr 2013 (Statista 2014)* ... 14
Abbildung 10: *Abnehmerbranchen deutscher Fe-Gussproduktion (BDG 2014 a)* ... 15
Abbildung 11: *Kundennähe deutscher Gießereibetriebe (BDG 2014 c, S. 5; Statista 2015 b, S. 23)* ... 17
Abbildung 12: *Zusammensetzung der Herstellkosten am Beispiel deutscher Gießereien und einem exemplarischen Eisengussteil (Wolf 2013, S. 3; VDG 2008, S. 12)* ... 19
Abbildung 13: *Gliederung der F&E-Aktivitäten (in Anlehnung an Specht, Beckmann und Amelingmeyer 2002, S. 15)* ... 27
Abbildung 14: *Produkteigenschaften und -kosten in der Produktentwicklung (in Anlehnung an Spur und Krause 1997, S. 427)* ... 29
Abbildung 15: *Unternehmensbeziehungen zwischen Markt und Hierarchie (Sydow 1992, S. 104; Dülfer 1997, S. 191; Corsten und Gössinger 2008, S. 6)* ... 31
Abbildung 16: *Übersicht der aggregierten Produktentwicklungsphasen* ... 40
Abbildung 17: *Unterschiedliche Integrationszeitpunkte im Produktentwicklungsprozess* ... 41
Abbildung 18: *Übersicht zur Erfolgsfaktorenforschung kooperativer Neuproduktentwicklung* ... 43
Abbildung 19: *Häufigkeit der Nennung ausgewählter Erfolgsfaktoren im Zeitraum 1985–2014* ... 44
Abbildung 20: *Ökologische Erfolgsfaktorenforschung im Zeitraum 1985–2014* ... 47
Abbildung 21: *Serielle Abwicklung versus parallele Abwicklung bei der Gussteilentwicklung (in Anlehnung an du Maire 2001 a, S. 18)* ... 51
Abbildung 22: *Vereinfachter Ablauf einer Produktentwicklung von Gussteilen (du Maire und Schmidt 2005, S. 124)* ... 52
Abbildung 23: *Gründe für unternehmerisches Nachhaltigkeitsengagement (in Anlehnung an Prexl 2010, S. 92)* ... 57

Abbildung 24: *Einflussfaktoren in der Produktentwicklung (Auswahl nach Luttrop und Züst 1998, S. 53)* ... 57
Abbildung 25: *Anzahl wissenschaftlicher Beiträge zum Thema Energieeffizienz* ... 67
Abbildung 26: *Energieverbrauch pro Tonne „guter Guss" für Gusseisenwerkstoffe* ... 68
Abbildung 27: *Energieverbrauch bei deutschen Eisengießereien (Bosse 2012)* ... 68
Abbildung 28: *Energieverbrauch in Nutzenergie vs. Primärenergie (Huppertz 2000, S. 31)* ... 69
Abbildung 29: *Strompreise im internationalen Vergleich (Bosse 2014)* ... 70
Abbildung 30: *Darstellung des spezifischen Energieaufwandes für die Herstellung von einer Tonne Gussteile aus Gusseisen mit Lamellengraphit (in Anlehnung an Huppertz 2000, S. 37)* ... 72
Abbildung 31: *Auswertung der Befragung im Zuge des Konstruktionsworkshops (Fandl und Mutschler 2012)* ... 74
Abbildung 32: *Verteilung der Teilnehmer der Befragung nach Unternehmensgröße und Gusswerkstoff* ... 76
Abbildung 33: *Zertifikate in der deutschen Gießereiindustrie – im Fokus der Anteil DIN EN ISO 50001 bzw. DIN EN 16001 zertifizierter Unternehmen* ... 76
Abbildung 34: *Einsatz von Entwicklungswerkzeugen bei der überbetrieblichen Gussteilentwicklung* ... 77
Abbildung 35: *Integrationszeitpunkt der Gießereien in die Gussteilentwicklung mit Kunden* ... 78
Abbildung 36: *Potenziale bei der überbetrieblichen Gussteilentwicklung mit Kunden* ... 79
Abbildung 37: *Beurteilung der Einbindung von Gießereien bei der Gussteilentwicklung* ... 79
Abbildung 38: *Ökologische Aspekte bei der Gussteilentwicklung* ... 80
Abbildung 39: *Bedeutung ökologischer Aspekte bei der Gussteilentwicklung in Zusammenarbeit mit Kunden* ... 81
Abbildung 40: *Kennzahlen zu ökologischen Aspekten für Gussteilentwicklungsprojekte* ... 81
Abbildung 41: *Übersicht der Vorgehensweise und der Methoden zur Beantwortung der Forschungsfragen* ... 83
Abbildung 42: *Vorgehen der qualitativen Forschung (in Anlehnung an Akremi, Baur und Fromm 2011, S. 15)* ... 84
Abbildung 43: *Vorgehen der quantitativen Forschung (in Anlehnung an Akremi, Baur und Fromm 2011, S. 15)* ... 87
Abbildung 44: *Visualisierungsformen Balkendiagramm, Kreisdiagramm und Boxplot (in Anlehnung an Bortz und Schuster 2010, S. 41 ff.)* ... 90
Abbildung 45: *Eingrenzung der Entwicklungsprojekte für die empirische Untersuchung* ... 102
Abbildung 46: *Überblick über die einzelnen Analyseschritte* ... 104
Abbildung 47: *Auszug der Codierung eines Einflussfaktors* ... 108
Abbildung 48: *Bilanzgrenze bei der betrachteten Fallstudiengießerei* ... 110
Abbildung 49: *Darstellung ausgewählter Messpunkte innerhalb der Fallstudiengießerei* ... 113

Abbildung 50: *Darstellung des Gesamtenergieverbrauchs sowie Erfassung des kumulierten Stoffaufwands der Fallstudiengießerei 115*

Abbildung 51: *Abgrenzung betrachteter Stoff- und Energieflüsse für Fertigungsprozessschritte 116*

Abbildung 52: *Fertigungsprozessschritt „Ausleeren" (Auszug)................................ 117*

Abbildung 53: *Fertigungsprozessschritte der „Nachbehandlung" (Auszug).............. 118*

Abbildung 54: *Auszug aus dem kundenseitigen Lastenheft (links) und der innerbetrieblichen Projektplanung seitens der Fallstudiengießerei (rechts) 120*

Abbildung 55: *Überbetriebliche Projektkommunikation bei der Einzelfallstudie 1 ..... 121*

Abbildung 56: *Spezifikation „Schwinge" gemäß Kundenvorgabe (Ausschnitte)........ 122*

Abbildung 57: *Veränderung des Gussteilgewichts während der Entwicklung der „Schwinge" 122*

Abbildung 58: *Geometrie und Belastungen des Maschinenbetts (links) sowie gemeinsam mit der Gießerei abgeleitete Innengeometrie (rechts) (Ausschnitte) 125*

Abbildung 59: *Berechnung eines exemplarischen Lastfalls (Ausschnitte) 126*

Abbildung 60: *Kundenseitige Ausgangskonstruktion, halbes Modell (links) und ein Viertel Berechnungsmodell, Lastfall F-Vorspann (rechts)............ 128*

Abbildung 61: *Ergebnisse der Befragung auf der CastTec 2014 zu den potenziellen Einflussfaktoren überbetrieblicher Gussteilentwicklung........... 138*

Abbildung 62: *Vorgehensweise zur Eingrenzung potenzieller Einflussfaktoren 139*

Abbildung 63: *Überbetriebliche Parameter mit potenziellem Einfluss auf CO_2-Einsparungen durch Integration von Gießereien in die überbetriebliche Gussteilentwicklung 142*

Abbildung 64: *Kundenparameter: Kundenbranchen und Managementsysteme 143*

Abbildung 65: *Kundenparameter: Unternehmensgrößen und Größe der F&E-Abteilungen 144*

Abbildung 66: *Projektparameter: Entwicklungszeit und Stückzahl........................... 145*

Abbildung 67: *Projektparameter: Kundenseitig an das Entwicklungsprojekt gestellte Anforderungen 146*

Abbildung 68: *Projektparameter: Ausgangswerkstoffe und Rohteilgewichte der Gussteile 147*

Abbildung 69: *Projektparameter: Bewertung der Schwierigkeit (nach Rosenberger 1965)... 148*

Abbildung 70: *Projektparameter: Hemmnisse der partnerschaftlichen Beziehung.... 149*

Abbildung 71: *Projektparameter: Daten und Informationen beim Erstkontakt........... 150*

Abbildung 72: *Projektparameter: Änderung der kundenseitigen Anforderungen....... 151*

Abbildung 73: *Projektparameter: Verwendete Kommunikationsmedien bei überbetrieblicher Gussteilentwicklung 152*

Abbildung 74: *Projektparameter: Methoden, Richtlinien oder Normen der Gussteilentwicklung.. 153*

Abbildung 75: *Projektparameter: Aufteilung der Anbieter kundenseitig verwendeter CAD-Software 154*

Abbildung 76: *Veränderung der CO_2-Emissionen und Herstellkosten der betrachteten Neuentwicklungsprojekte (n = 39) ... 155*

Abbildung 77: *Kundenparameter: Unternehmensgröße und Größe der F&E-Abteilung vs. CO_2-Emissionen ... 156*

Abbildung 78: *Kundenparameter: Räumliche Entfernung und Anzahl kundenseitiger Managementsysteme vs. CO_2-Emissionen ... 157*

Abbildung 79: *Projektparameter: Kundentyp und Entwicklungszeit vs. CO_2-Emissionen ... 159*

Abbildung 80: *Projektparameter: Stückzahl und Projektanforderungen vs. CO_2-Emissionen ... 160*

Abbildung 81: *Projektparameter: Unterstützung durch das kundenseitige Management und Unterstützung durch das Management des Gussteillieferanten vs. CO_2-Emissionen ... 160*

Abbildung 82: *Projektparameter: Bauteiltyp und Komplexität vs. CO_2-Emissionen ... 161*

Abbildung 83: *Projektparameter: Kernarbeit, Formarbeit und Realisierbarkeit vs. CO_2-Emissionen (Bewertung der Schwierigkeit gemäß Rosenberger 1965) ... 162*

Abbildung 84: *Projektparameter: Rohteilgewicht und Kernanzahl vs. CO_2-Emissionen ... 164*

Abbildung 85: *Projektparameter: Vertrauen und Entwicklungs-Know-how vs. CO_2-Emissionen ... 165*

Abbildung 86: *Projektparameter: Integrationszeitpunkt, Umfang zur Verfügung gestellter Daten und Informationen vs. CO_2-Emissionen ... 166*

Abbildung 87: *Projektparameter: Änderung der Anforderungen und Anzahl persönlicher Treffen vs. CO_2-Emissionen ... 167*

Abbildung 88: *Projektparameter: Eingesetzte Methoden, Richtlinien oder Normen und Entwicklungswerkzeuge vs. CO_2-Emissionen ... 169*

Abbildung 89: *Univariate Regressionsanalyse: Integrationszeitpunkt und Häufigkeit der Kommunikation vs. CO_2-Emissionen ... 176*

Abbildung 90: *Univariate Regressionsanalyse: Änderung von erteilten Anforderungen und der Anzahl persönlicher Treffen vs. CO_2-Emissionen ... 178*

Abbildung 91: *Erklärungsmaß der CO_2-Emissionsreduktion durch unterschiedliche Anzahl an Einflussfaktoren überbetrieblicher Gussteilentwicklung ... 188*

Abbildung 92: *Entscheidungsfindung für die Anwendung der Modellgleichung (III) ... 196*

Abbildung 93: *Darstellung der Eingabefelder des Schätzmodells ... 197*

Abbildung 94: *Prognose der Veränderung der CO_2-Emissionen beim Validierungs-Neuentwicklungsprojekt I ... 199*

Abbildung 95: *Prognose der Veränderung der CO_2-Emissionen beim Validierungs-Neuentwicklungsprojekt II ... 201*

Abbildung 96: *Integration von Umweltmanagementbeauftragten in die Gussteilentwicklung ... 209*

Tabellenverzeichnis

Tabelle 1: *Ausgewählte Beispiele aus dem Maschinenbau für Gewichts- und Kostenersparnisse* ... 2
Tabelle 2: *Angewandte Forschungsmethoden zur Beantwortung der Forschungsfragen* ... 5
Tabelle 3: *Form- und Gießverfahren im Überblick (Grote und Feldhusen 2014, S. 1347)* ... 23
Tabelle 4: *Auswahl von Veröffentlichungen im Umfeld der vorliegenden Arbeit* ... 25
Tabelle 5: *Kooperationseigenschaften* ... 33
Tabelle 6: *Übersicht der Kooperationsausprägungen* ... 34
Tabelle 7: *Spezielle Kooperationsformen* ... 35
Tabelle 8: *Übersicht unterschiedlicher Gliederungen von Produktentwicklungsphasen* ... 37
Tabelle 9: *Gestaltungskriterien sowie Ausprägungen im Produktentwicklungsprozess (in Anlehnung an Steinhorst 2005, S. 96)* ... 42
Tabelle 10: *Übersicht von Erfolgsfaktoruntersuchungen zur ökologieorientierten Produktentwicklung* ... 48
Tabelle 11: *Übersicht der Skalentypen* ... 89
Tabelle 12: *Einteilung von Skalentypen und Maßen der zentralen Tendenz* ... 91
Tabelle 13: *Interpretation von Korrelationskoeffizienten (in Anlehnung an Brosius 2013, S. 523)* ... 92
Tabelle 14: *Einstufung der Irrtumswahrscheinlichkeit (in Anlehnung an Bühl 2012, S. 171)* ... 93
Tabelle 15: *Übersicht der Gütekriterien der linearen Regression (in Anlehnung an Hair et al. 2013, S. 173 ff.)* ... 94
Tabelle 16: *Studien zur überbetrieblichen Produktentwicklung unter Anwendung multivariater Analyseverfahren* ... 99
Tabelle 17: *Interviewpartner der F&E-Abteilung der Fallstudiengießerei* ... 102
Tabelle 18: *Gesamtübersicht befragter Interviewpartner der Gussteilabnehmer (n = 39)* ... 103
Tabelle 19: *Analyse der Gussteilabnehmer der Stichprobe (n = 39)* ... 104
Tabelle 20: *Aufteilung der Energieverbräuche auf Basis der erhobenen Daten (Auszug)* ... 114
Tabelle 21: *Übersicht über die betrachteten Einzelfallstudien* ... 130
Tabelle 22: *Gesamtübersicht der Veränderung des Rohteilgewichts des Gussteils, der CO_2-Emissionen und der Herstellkosten durch gemeinsame überbetriebliche Gussteilentwicklung der Fallstudien* ... 131
Tabelle 23: *Darstellung möglicher Einflussfaktoren überbetrieblicher Gussteilentwicklung auf CO_2-Emissionen* ... 134
Tabelle 24: *Ergebnisse der qualitativen Befragung (Experteninterviews)* ... 137
Tabelle 25: *Kundenparameter: Zusammenfassung der Ergebnisse der Hypothesentests (n = 39)* ... 158

Tabelle 26: *Allgemeine Projektparameter: Zusammenfassung der Ergebnisse der Hypothesentests (n = 39)* ... 161

Tabelle 27: *Projektparameter zur Charakterisierung der überbetrieblich entwickelten Gussteile: Zusammenfassung der Ergebnisse der Hypothesentests (n = 39)* ... 164

Tabelle 28: *Projektparameter zu Information und Kommunikation: Zusammenfassung der Ergebnisse der Hypothesentests (n = 39)* ... 168

Tabelle 29: *Projektparameter zu Methoden und Instrumenten: Zusammenfassung der Ergebnisse der Hypothesentests (n = 39)* ... 169

Tabelle 30: *Bivariate Korrelationen* ... 170

Tabelle 31: *Univariate Regressionsanalyse zwischen Integrationszeitpunkt und Veränderung der CO_2-Emissionen* ... 175

Tabelle 32: *Univariate Regressionsanalyse zwischen Kommunikationshäufigkeit und Veränderung der CO_2-Emissionen* ... 176

Tabelle 33: *Univariate Regressionsanalyse zwischen Änderung von erteilten Anforderungen und Veränderung der CO_2-Emissionen* ... 177

Tabelle 34: *Univariate Regressionsanalyse zwischen Anzahl persönlicher Treffen und Veränderung der CO_2-Emissionen* ... 178

Tabelle 35: *Univariate Regressionsanalyse: Übersicht weiterer Einflussfaktoren* ... 179

Tabelle 36: *Erklärungsmodell I für die Prognose der Veränderung der CO_2-Emissionen überbetrieblicher Gussteilentwicklung* ... 180

Tabelle 37: *Erklärungsmodell II für die Prognose der Veränderung der CO_2-Emissionen überbetrieblicher Gussteilentwicklung* ... 182

Tabelle 38: *Erklärungsmodell III für die Prognose der Veränderung der CO_2-Emissionen überbetrieblicher Gussteilentwicklung* ... 183

Tabelle 39: *Erklärungsmodell IV für die Prognose der Veränderung der CO_2-Emissionen überbetrieblicher Gussteilentwicklung* ... 184

Tabelle 40: *Erklärungsmodell V für die Prognose der Veränderung der CO_2-Emissionen überbetrieblicher Gussteilentwicklung* ... 185

Tabelle 41: *Erklärungsmodell VI für die Prognose der Veränderung der CO_2-Emissionen überbetrieblicher Gussteilentwicklung* ... 187

Tabelle 42: *Anwendung des Erklärungsmodells III bei den neununddreißig Neuentwicklungsprojekten* ... 189

Tabelle 43: *Übersicht der Korrelationskoeffizienten zwischen den Einflussfaktoren der Erklärungsmodelle I bis VI* ... 190

Tabelle 44: *Gesamtübersicht der Varianzinflationsfaktoren der Modelle I bis VI* ... 192

Tabelle 45: *Vergleich der beiden Validierungs-Neuentwicklungsprojekte* ... 202

Tabelle 46: *Bewertung der Prognosegüte der Validierungs-Neuentwicklungsprojekte* ... 204

Tabelle 47: *Zentrale Handlungsempfehlungen für die unternehmerische Praxis* ... 216

Abkürzungsverzeichnis

AV	Arbeitsvorbereitung
B	nicht standardisierter Koeffizient
BDG	Bundesverband der Deutschen Gießerei-Industrie
Beta	standardisierter Koeffizient
BMBF	Bundesministerium für Bildung und Forschung
°C	Grad Celsius
CAD	Computer-Aided-Design
CAO	Computer-Aided-Optimization
CFP	Carbon Footprint
CO_2	Emission von Kohlendioxid
CO_{2e}	CO_2-Äquivalent
DIW	Deutsches Institut für Wirtschaftsforschung
df	Freiheitsgrade (Degrees of freedom)
d_i	Differenz der Rangplätze
€	Euro (Währung der Europäischen Union)
ε_i	Schätzfehler (Error)
Fe-Gießereien	Eisen-, Stahl- und Tempergießereien
Fe-Guss	Eisengussproduktion
F&E	Forschung & Entwicklung
FF	Forschungsfrage
f_k	absolute Häufigkeit
f_{relk}	relative Häufigkeit
FTE	Full Time Employee (Vollzeitbeschäftigte/r)
GHG	Greenhouse Gas
GJ	Gigajoule
GJL	Gusseisen mit Lamellengraphit
GJS	Gusseisen mit Kugelgraphit
GWP	Global Warming Potential
Hrsg.	Herausgeber
Hz	Hertz (Maßeinheit für die Frequenz)
IPCC	Intergovernmental Panel on Climate Change
IUCN	International Union for the Conservation of Nature
k. A.	keine Angaben
KEA	Kumulierter Energieaufwand
KEAges	Kumulierter Energieaufwand gesamt
kg	Kilogramm
km	Kilometer
KNA	Kumulierter Nichtenergetischer Aufwand
KSA	Kumulierter Stoffaufwand
KSAges	Kumulierter Stoffaufwand gesamt

kW	Kilowatt (Energieumsatz pro Zeitspanne)
kWh	Kilowattstunde
kWh/pro Gussteil	im Gussteil vergegenständlichte Energie
m	Meter
MA	Mitarbeiteranzahl
Mio.	Million
MIPS	Material Input per Service Unit
mm	Millimeter
mm^2	Quadratmillimeter
MS	Mittel der Quadratsumme
Mrd.	Milliarde
N	Newton
N	Umfang der Grundgesamtheit
n	Umfang der Stichprobe bzw. gültige Angabe bei einzelnen Auswertungen
NE-Gießereien	Nichteisenmetall-Gießereien
NE-Guss	Nichteisengussproduktion
o. T.	ohne Titel
o. V.	ohne Verfasser
o. V.	ohne Verlag
OEM	Original Equipment Manufacturer
OLS	Ordinary Least Squares
p	p-Wert der statistischen Signifikanz
PPS-System	Produktionsplanungs- und -steuerungssystem
QS	Quadratsumme
R&D	Research and Development
R^2	lineares Bestimmtheitsmaß R-Quadrat
r	linearer Korrelationskoeffizient nach Pearson
r^{rho}	Rangkorrelationskoeffizient nach Spearman
SE	Simultaneous Engineering
Sig.	Signifikanz
SKO	Soft Kill Option
SSM	Sum of Square Model
SST	Sum of Square Total
SSX	Sum of Square of X
SSXY	Sum of Products of X and Y
t	Tonne
UMB	Umweltmanagementbeauftragte/r
VIF	Varianzinflationsfaktor
VRML	Virtual Reality Modeling Language (Beschreibungssprache)
WCS	World Conservation Strategy
WEC	World Energy Council

WI	Wuppertal Institut für Klima, Umwelt, Energie GmbH
$\%_k$	prozentuale Häufigkeit

1 Einleitung

1.1 Ausgangssituation

Die internationale Wettbewerbsfähigkeit vieler Gießereien wird im 21. Jahrhundert geprägt von den Anforderungen, die sich aus der zunehmenden Globalisierung, dem stetig wachsenden Bedarf an kurzen Entwicklungszeiten für Gusskomponenten sowie dem Einsatz von Simulationswerkzeugen und schnellen Fertigungstechnologien ergeben (Vieweg und Wanninger 2010, S. 3). Insbesondere die Verkürzung von Technologie- und Produktlebenszyklen, gestiegene Kundenansprüche und steigende Umweltanforderungen haben zu einer gesunkenen Rentabilität bei vielen Gießereien geführt, da mit den entwickelten Gussteilen weniger Gewinne erwirtschaftet werden konnten (Rösch 2013, S. 2 ff.).

Neben den oben genannten Anforderungen haben weitere Veränderungen in den letzten Jahren zu steigenden Herausforderungen bei der Gussteilentwicklung beigetragen (u. a. Lange und Kuchenbach 2006; Eisto et al. 2010; Lickfett 2014) (vgl. Abbildung 1).

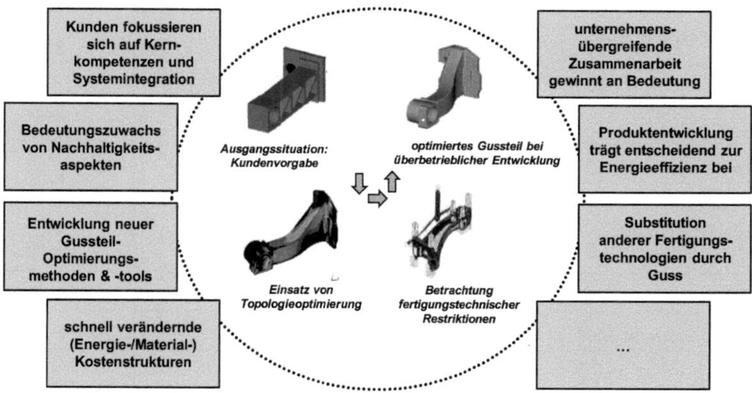

Abbildung 1: Umfeld überbetrieblicher Gussteilentwicklung (Fandl, Held und Kersten 2014, S. 3)

Die deutsche Gießereiindustrie beliefert zahlreiche weltbekannte Kunden, z. B. als Zulieferer für die Automobil- und Maschinenbauindustrie. Dabei liegt die deutsche Gussproduktion europaweit auf Platz eins und belegt im weltweiten Vergleich den fünften Platz (BDG 2014 b). Unter Berücksichtigung der zunehmenden Expansion von Abnehmerbranchen in den asiatischen Märkten hat der Standort Deutschland weiterhin Bestand. Während indische und chinesische Gießereien verstärkt auf das Mengengeschäft setzen, konzentrieren sich deutsche Gießereien zunehmend auf komplexe Produkte und Entwicklungs-Know-how, wodurch sie sich als wichtiger Partner für die Entwicklung hochwertiger Produkte etablieren können (Thiele und Janjis 2013, S. 2).

Diese Entwicklung stellt neue Herausforderungen an die Wertschöpfungsstruktur von Herstellern (u. a. Notwendigkeit zur Fokussierung auf Kernkompetenzen, Gestaltung und Steuerung von F&E-Netzwerken, Absicherung des Gewinns) und Zulieferern (u. a. Übernahme von Entwicklungs- und Fertigungstätigkeiten, zunehmend komplexere Entwicklungsaufgaben, erhöhter Finanzbedarf sowie gestiegenes Risiko durch größere Vorleistungen) (Dölle 2013, S. 1). Als zukunftsweisender Entwicklungstrend wird hierbei angesehen, dass Zulieferer, speziell Gießereien, verstärkt zur Konstruktionsträgerschaft bzw. Trägerschaft der Kompetenzen bei Neu- und Weiterentwicklung von Maschinenbaukomponenten beitragen (Schmidt 2009).

Autoren	Bezeichnung	Gewichtsreduktion in Prozent (%)	Kosteneinsparung in Prozent (%)
Werning 1982	Lagerbock	**11,5**	**24,0**
Nielsen, Siemers und Helm 1994	Drehmaschinenbett	**k. A.**	**22,7**
du Maire und Helm 1998	Maschinenständer	**10,0**	**18,0**
du Maire 2001 a	Maschinenschlitten	**15,0**	**10,0**
Werner und Bethge 2001	Maschinenständer	**20,0**	**k. A.**
Schneider, Schmidt und Trösch 2003	Stahlplatte	**k. A.**	**25,0**
du Maire und Schmidt 2003	Maschinenbett	**33,0**	**20,0**
du Maire und Schmidt 2004 a	Maschinengehäuse	**30,0**	**k. A.**
du Maire und Schmidt 2005	Tragarm zur Papierabrollung	**30,0**	**k. A.**
o. V. 2006	Antriebsrad	**15,0**	**55,0**
Warnke und Schmidt 2007	Pressenständer	**19,0**	**k. A.**
Rienass 2009	Gehäuse für ein Radarsystem	**18,0**	**20,0**
Franzen 2011	Maschinenbett	**33,0**	**20,0**
durchschnittliche Einsparung durch überbetriebliche Zusammenarbeit obiger Teile		**18,0 %**	**16,5 %**

Tabelle 1: Ausgewählte Beispiele aus dem Maschinenbau für Gewichts- und Kostenersparnisse[1]

Der in Folge gestiegener gesetzlicher Anforderungen und Kundenwünsche erhöhte Innovationsdruck fordert von den Gießereien zudem die Entwicklung energiesparender Gusskomponenten. Innovationen, beispielsweise unter dem Begriff des Leichtbaus zu-

[1] Ergebnis einer Literaturanalyse der Zeitschriften „Konstruieren und Giessen“ 1981 bis 2007, „Giesserei und Praxis“ 2007 bis 2008, „Giesserei“ 2009 bis 2012.

sammengefasst, ermöglichen bei überbetrieblicher Zusammenarbeit eine deutliche Gewichtsreduktion sowie Kosteneinsparung (vgl. Tabelle 1, S. 2, absteigende Reihenfolge); laut Sturm wird z. B. eine Senkung des Gewichts der Gondel zukünftiger Offshore-Windenergieanlagen zu einem kritischen Erfolgsfaktor avancieren (Sturm 2011, S. 85).

Unter Berücksichtigung sich schnell verändernder Energie-, Material- und Arbeitskostenstrukturen gewinnt ebenso das Thema Nachhaltigkeit bzw. Ressourcenschonung sowohl gesellschaftspolitisch als auch betriebswirtschaftlich an Bedeutung (Kuchenbuch 2006; Vieweg und Wanninger 2010; Kupec 2011; Fandl, Held und Kersten 2013). Abbildung 2 verdeutlicht, dass z. B. die Bedeutung von Energieeffizienz aufgrund zunehmender Kostenanteile tendenziell zunimmt – dieser Trend wird sich in den nächsten Jahren wahrscheinlich weiter fortsetzen.

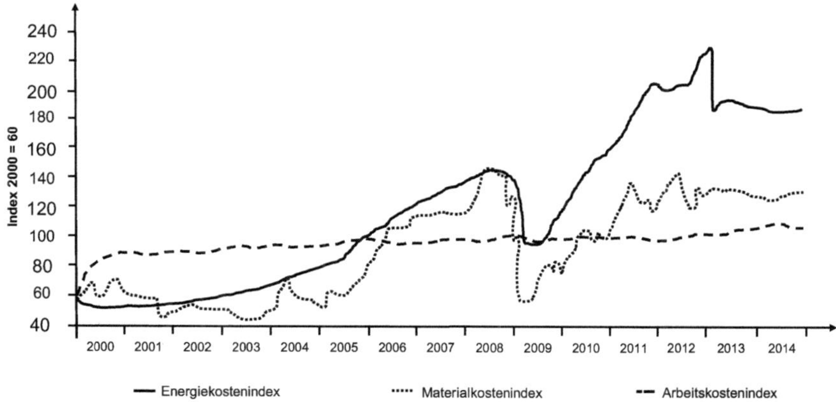

Abbildung 2: Entwicklung der deutschen Energie-, Material- und Arbeitskostenindizes (Statista 2015 a; HWWI 2015; Bundesbank 2015)

Gießereien sind für ihre hohe Recyclingrate bekannt (ca. 90 % der gegossenen Bauteile werden durch Wiedereinschmelzen von Altmetall erzeugt; vgl. Sturm 2011, S. 83). Der heutige Einsatz an Recyclingmaterial (Sekundärrohstoffen) ist kaum noch zu steigern, die metallischen Sekundärkreisläufe sind in den Gießereien nahezu geschlossen – stoffliche Wiederverwendung ist bei allen Gusswerkstoffen übliche Praxis. Der Energiebedarf zum Schmelzen ist jedoch erheblich, sodass die Gießereiindustrie unter den metallverarbeitenden Betrieben den höchsten Energiekostenanteil aufweist. So wird das Thema Energieeffizienz in der Gießereiindustrie im Allgemeinen und speziell in Hinsicht auf den Gussprozess bereits seit vielen Dekaden diskutiert (u. a. Lownie 1978; Herfurth 1989; Ketscher und Herfurth 1997; Huppertz 2000; Wagner und Enzler 2006). Möglichkeiten zur Energieersparnis bei den verschiedenen Gusskomponenten wurden bislang v. a. im Bereich der Evaluierung und Optimierung von Gussprozessen gesehen, direkt am Gussteil ansetzende Möglichkeiten wurden dagegen kaum in Betracht gezogen (Huppertz 2000; Kuchenbuch 2006; IfG 2009; IfG 2013).

In der Vergangenheit wurden verschiedene Ansätze für die Bewertung, Auswahl und Integration von Lieferanten in die Entwicklung neuer Produkte vorgestellt (z. B. Kamath und Liker 1994; Ellram 1995 a; Peter 1996; Petersen, Handfield und Ragatz 2005; Kirst 2008; John 2010). Diese berücksichtigen zwar Faktoren wie z. B. Projektzeiten, Produktqualität oder auch Projektkosten, es fehlen aber vielfach überbetriebliche Arbeits- und Abstimmungsmechanismen (Bullinger et al. 2000, S. 161). Zudem wurden Aspekte der Energieeffizienz (speziell der Einsparung von CO_2-Emissionen)[2] weder in der überbetrieblichen Gussteilentwicklung noch in der Gießereiindustrie hinreichend theoretisch fundiert behandelt.[3]

1.2 Zielsetzung und methodisches Vorgehen

Vor dem Hintergrund der geschilderten Ausgangssituation ist es das Ziel der vorliegenden Arbeit, zu untersuchen, durch welche Faktoren die Zusammenarbeit zwischen Gussteillieferanten und -abnehmern bei der Förderung und Nutzung von Nachhaltigkeitspotenzialen beeinflusst wird. Die zentrale Forschungsfrage (FF) dieser Arbeit lautet daher:

FF 0: Wie können Gießereiunternehmen die kooperative Gussteilentwicklung unter Berücksichtigung von Nachhaltigkeitsgesichtspunkten verbessern?

Um den Untersuchungsgegenstand der vorliegenden Arbeit einzugrenzen, erfolgt eine Fokussierung auf Produktentwicklungsvorhaben für Erzeugnisse der Gießereiindustrie, im Speziellen auf Produkte, die im Verfahren des Formgießens gefertigt werden. Eine weitere Eingrenzung erfolgt durch die Verengung des Begriffs der „Nachhaltigkeit“ auf die beiden Teilaspekte „Ökonomie und Ökologie“. Die soziale Dimension des Begriffs wird dagegen an dieser Stelle vernachlässigt.[4]

Unter Berücksichtigung der **FF 0** ergeben sich im Rahmen der Untersuchung ergänzende FF, die im Verlauf der vorliegenden Arbeit beantwortet werden:

---

2 Die Emission von Kohlendioxid (CO_2) hat mit über 75 % den größten Anteil an dem für die Erderwärmung und den Klimawandel mitverantwortlichen Treibhausgasausstoß (UNEP 2011, S. 21).

3 Die Bundesrepublik Deutschland möchte weitreichende Reduktionsziele in der Europäischen Union umsetzen. Im Koalitionsvertrag für die 18. Legislaturperiode haben die Regierungsparteien CDU, CSU und SPD vereinbart: „[...] National wollen wir die Treibhausgas-Emissionen bis 2020 um mindestens 40 Prozent gegenüber dem Stand 1990 reduzieren. Innerhalb der Europäischen Union setzen wir uns für eine Reduktion um mindestens 40 Prozent bis 2030 als Teil einer Zieltrias aus Treibhausgasreduktion, Ausbau der Erneuerbaren Energien und Energieeffizienz ein. In Deutschland wollen wir die weiteren Reduktionsschritte im Lichte der europäischen Ziele und der Ergebnisse der Pariser Klimaschutzkonferenz 2013 bis zum Zielwert von 80 bis 95 Prozent im Jahr 2050 festschreiben und in einem breiten Dialogprozess mit Maßnahmen unterlegen“ (Bundesregierung Deutschland 2013, S. 50).

4 Die soziale Dimension in der deutschen Gießereiindustrie behandeln u. a. Deiß et al. 1982; Braczyk et al. 1988; Jürgenhake und Sczesny 2005; IfG 2010.

FF 1: Wodurch ist die kooperative Gussteilentwicklung in der deutschen Gießereiindustrie gekennzeichnet?

FF 2: Was sind Einflussfaktoren der kooperativen Gussteilentwicklung?

FF 3: Wie kann eine Bewertungsmethode von CO_2-(und Kosten-)Einsparpotenzialen für die kooperative Gussteilentwicklung konzeptionell gestaltet werden?

Die vorliegende Arbeit verwendet zur Beantwortung der gestellten Forschungsfragen ein sogenanntes Mixed-Methods-Forschungsdesign.[5] Im Rahmen des Mixed-Methoden-Forschungsdesigns werden qualitative und quantitative Methoden genutzt (Foscht, Angerer und Swoboda 2009, S. 250 f.; Schreier und Odag 2010, S. 271). Das gewählte Forschungsdesign eignet sich speziell für explorative Fragestellungen (Foscht, Angerer und Swoboda 2009, S. 256).

Zu Beginn wird mittels einer qualitativen Methode ein grundsätzliches Verständnis entwickelt (Foscht, Angerer und Swoboda 2009, S. 257). Im Unterschied zur quantitativen geht es bei der qualitativen Methodik nicht um vorab definierte (Untersuchungs-)Hypothesen, sondern es wird von offenen und explorativ angelegten, sich erst im Forschungsprozess verändernden bzw. neu generierten Fragestellungen ausgegangen (Reinders und Ditton 2011, S. 49 f.; Mayer 2013, S. 26). Basierend auf diesen Erkenntnissen wird durch die Nutzung qualitativer Forschungsmethodik der Einsatz von quantitativ-empirischen Forschungsmethoden überprüft (Foscht, Angerer und Swoboda 2009, S. 257). Tabelle 2 bietet einen Überblick der zur Beantwortung der jeweiligen Forschungsfragen herangezogenen Methoden. Aufgrund von Interdependenzen zwischen den einzelnen Abschnitten erfolgt das Vorgehen nicht sequenziell, sondern teilweise simultan.

Forschungsfragen	angewandte Methoden
FF 1	Unternehmensbefragung
FF 2	Fallstudienanalyse und multivariate Analysemethoden
FF 3	Experteninterviews

Tabelle 2: Angewandte Forschungsmethoden zur Beantwortung der Forschungsfragen

1.3 Aufbau der Arbeit

Die genannten Forschungsfragen weisen bereits auf die Untersuchungsschwerpunkte im weiteren Verlauf der Arbeit hin (Blaxter, Hughes und Tight 2010, S. 80). Die vorliegende Arbeit ist in acht Kapitel gegliedert (vgl. Abbildung 3, S. 8), die durch die Verzeichnisse und einen Anhang ergänzt werden.

5 Das Forschungsdesign ist der logische Ablauf, der empirische Daten mit der Ausgangsfragestellung und den Schlussfolgerungen verbindet (Yin 2003, S. 19).

Das **erste Kapitel** bildet die Einleitung der Arbeit, die neben einer Darstellung der Ausgangssituation eine Erläuterung der Zielsetzung sowie den Aufbau der vorliegenden Arbeit enthält.

Zielsetzung des **zweiten Kapitels** ist es, eine Kurzcharakterisierung der deutschen Gießereiindustrie zu geben. Ergänzend wird neben den Grundmerkmalen der Gießereiindustrie (Abschnitt 2.1) das zur Anwendung kommende Gießproduktionsverfahren (Abschnitt 2.2) beschrieben.

Im **dritten Kapitel** wird der konzeptionelle Bezugsrahmen dargestellt, der die für die Beantwortung der Forschungsfragen relevante Literatur und den aktuellen Stand der Technik zusammenfasst. Im ersten Teil (Abschnitt 3.1) werden beschreibende Merkmale der Forschung und Entwicklung hinsichtlich der kooperativen Produktentwicklung erläutert. Anschließend werden unterschiedliche Gestaltungsformen kooperativer Zusammenarbeit in Forschung und Entwicklung sowie die spezielle Form der vertikalen Kooperation zwischen Hersteller und Zulieferer vorgestellt. Hierbei erfolgt insbesondere eine Fokussierung auf Erfolgsfaktoren der kooperativen Zusammenarbeit sowie auf ökologische Faktoren. Im Anschluss wird die kooperative Produktentwicklung anhand der Gießereiindustrie vertiefend dargestellt. Der zweite Teil (Abschnitt 3.2) umfasst das Thema der Nachhaltigkeit in der Gießereiindustrie. Hier erfolgt eine differenzierte Betrachtung der CO_2-Emissionen, insbesondere die Darstellung verschiedener Verfahren, um umweltrelevante Vorgänge zu erfassen und zu bewerten. Daran anschließend erfolgt die Anwendung auf den Kontext der Gießereiindustrie. Zur weiteren Untermauerung der Relevanz der hier gebildeten Forschungsfragen werden dann im dritten Teil (Abschnitt 3.3) Experteninterviews sowie eine empirische Vorstudie in der deutschen Gießereiindustrie vorgestellt, die sich mit der Bedeutung und Ausgestaltung von Nachhaltigkeitsgesichtspunkten bei der überbetrieblichen Gussteilentwicklung befassen.

Anschließend wird im **vierten Kapitel** die Methodik der im Rahmen der vorliegenden Arbeit erfolgten empirischen Untersuchung beschrieben. Im Hinblick auf die eingangs formulierte Zielsetzung lässt sich der Bedarf nach einem multivariaten statistischen Analyseverfahren ableiten. Zunächst erfolgt die Beschreibung der qualitativen Erhebungsmethoden (Abschnitt 4.1). Im Anschluss daran wird die quantitative Datenanalyse vorgestellt und diskutiert (Abschnitt 4.2) sowie eine Begründung für die nachfolgend zur Anwendung kommende Analysemethodik gegeben (Abschnitt 4.3).

Im darauffolgenden **fünften Kapitel** erfolgt die Durchführung und Auswertung der empirischen Untersuchung in der deutschen Gießereiindustrie. Zu Beginn wird die Vorgehensweise der Untersuchung dargestellt (Abschnitt 5.1). Darauf folgen die Beschreibung der Fallstudiengießerei (Abschnitt 5.2) sowie vier Einzelfallstudien zur überbetrieblichen Gussteilentwicklung (Abschnitt 5.3). Ausgehend von den Einzelfallstudien und den in der Literatur identifizierten Einflussfaktoren erfolgt die Eingrenzung von Faktoren hinsichtlich ihrer Bedeutung für eine nachhaltige kooperative Gussteilentwicklung sowie die anschließende Entwicklung von (Untersuchungs-)Hypothesen (Abschnitt 5.4). Die Datenaufbereitung erfolgt mithilfe uni- und bivariater statistischer Analysen (Abschnitt 5.5). Auf Basis dieser Informationen wird im Folgenden die Entwicklung von Erklärungsmodellen zur Vorhersage künftiger CO_2-Emissionen bei überbetrieblicher Gussteilentwicklung mittels Regressionsanalyse dargestellt (Abschnitt 5.6).

Das **sechste Kapitel** beinhaltet die Gestaltung eines Schätzmodells und dessen Validierung. Auf Basis eines Erklärungsmodells wird ein IT-Werkzeug entwickelt (Abschnitt 6.1) sowie eine Validierung anhand zweier Neuentwicklungsprojekte durchgeführt (Abschnitt 6.2). In der Weiterführung werden im Rahmen von Experteninterviews die Einflussfaktoren des Schätzmodells für dessen Einsatzfähigkeit in der Praxis diskutiert (Abschnitt 6.3).

Auf Basis der ermittelten Relevanz der verschiedenen Einflussfaktoren werden im **siebten Kapitel** die wesentlichen Ergebnisse der vorangegangenen Kapitel noch einmal reflektiert und in einer Handlungsempfehlung zusammengefasst. Hiervon ausgehend werden mögliche Forschungsfelder identifiziert, die für zukünftige Forschungsarbeiten von Bedeutung sein könnten.

Im **achten Kapitel** der Arbeit werden abschließend eine kurze Zusammenfassung der Ergebnisse sowie ein Ausblick gegeben.

Abbildung 3: Aufbau der vorliegenden Arbeit

2 Kurzcharakterisierung der deutschen Gießereiindustrie

Zu Beginn des zweiten Kapitels werden die Strukturen der deutschen Gießereiindustrie und ihre inländischen Abnehmer kurz beschrieben. Besondere Bedeutung wird auf die Eisen-, Stahl- und Tempergießereien gelegt, die für Unternehmen des deutschen Maschinenbaus bedeutsame Lieferanten im Bereich der Gusseisenproduktion darstellen.

In diesem Zusammenhang werden zunächst die Grundlagen der Gießproduktionsverfahren dargestellt. Weiterhin soll eine Eingrenzung des Untersuchungsrahmens der vorliegenden Arbeit vorgenommen werden.

2.1 Grundmerkmale der Gießereiindustrie

Laut dem deutschen Statistischen Bundesamt (Statista 2008, S. 17) untergliedert sich die Gießereiindustrie in vier Teilbranchen, wobei einige Gießereien zwei oder mehreren dieser Teilbranchen zuzuordnen sind:

- Eisengießereien,
- Stahlgießereien,
- Leichtmetallgießereien sowie
- Buntmetallgießereien.

Um einen tieferen Einblick in die wirtschaftliche Lage der gesamten Branche zu bekommen, werden nachfolgend einige zentrale Merkmale der Branche untersucht.[6]

2.1.1 Gussproduktion

Bei der Beschreibung der Grundmerkmale der deutschen Gießereiindustrie stellt die Ermittlung der Gussproduktion (Mengenbetrachtung) ein wesentliches Merkmal dar. In Abbildung 4 (S. 10) ist die branchenübliche Unterteilung der Gussproduktion in Eisen-, Stahl- und Tempergießereien (Fe-Gießereien) sowie in Nichteisenmetall-Gießereien (NE-Gießereien) dargestellt.

Größtes Segment ist der Fe-Guss. Aktuelle Produktionszahlen für das Jahr 2013 verzeichnen eine geringe Abnahme der deutschen Fe-Gussproduktion um 3,3 % im Vergleich zum Vorjahr.[7]

---

[6] Der Bundesverband der Deutschen Gießerei-Industrie e. V. (BDG) erhebt regelmäßig umfangreiche Statistiken über die Branche. Datenbasis bzw. -lieferanten bilden sowohl Einrichtungen und Organisationen (u. a. das Statistische Bundesamt) als auch monatliche/periodische Abfragen bei den Mitgliedsunternehmen. Die in der vorliegenden Arbeit verwendeten Branchendaten wurden nach erfolgtem Lektorat durch den BDG (Herrn Lickfett und Herrn Dr. Wichtmann) im Jahr 2015 freigegeben.

[7] Für das Geschäftsjahr 2014 bestanden zum Erhebungszeitpunkt der Arbeit nur erste Tendenzen. Diese sind in Abstimmung mit dem BDG (Herrn Lickfett) mit dem Sonderzeichen Stern (*) gekennzeichnet.

Die absoluten Zahlen belegen jedoch, dass seit dem durch die Finanz- und Weltwirtschaftskrise bedingten Einbruch im Jahr 2009 ein kontinuierlicher Anstieg zu verzeichnen ist.[8] In Folge der Euro-Krise Ende 2011 trug dies zu einer geringen Abnahme der Fe-Gussproduktion in 2012 bei (Thiele und Janjis 2013, S. 1). Im Jahr 2012 und im Folgejahr 2013 war es dennoch möglich, den Referenzwert von 5 Mio. t unter Berücksichtigung der NE-Gussmenge zu überschreiten. Damit wurde ein vergleichbares Niveau wie im Vorjahr 2011 sowie in den Boomjahren 2007/2008 erreicht (Rösch 2013, S. 9).

Losgelöst von der Fe-Gussproduktion sank die Produktion von NE-Guss im Jahr 2008 um 4 % auf 0,98 Mio. t – dieser negative Trend verstärkte sich noch im Krisenjahr 2009. Ab 2010 war wieder eine positive Entwicklung der NE-Gussproduktion zu verzeichnen – 2013 wurden in Deutschland insgesamt 1,03 Mio. t NE-Guss produziert (ein Plus von 8,4 % im Vergleich zum Vorjahr).

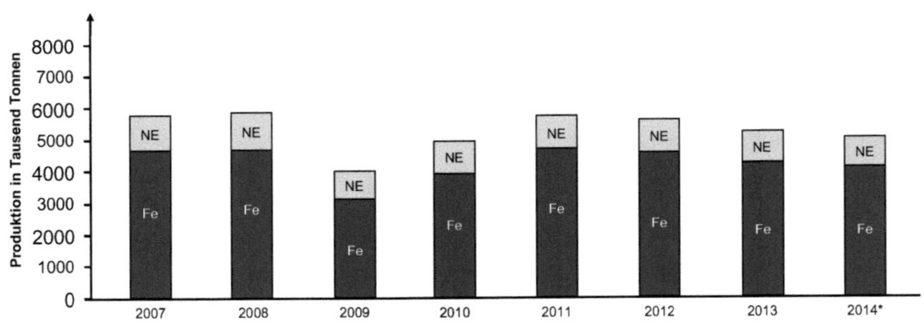

Abbildung 4: Produktion von Fe- und NE-Guss in Deutschland (BDG 2014 a)

Unter Vernachlässigung des Krisenjahrs 2009, das einen drastischen Einbruch bei der Gussproduktion von insgesamt knapp 30 % aufwies, konnte die deutsche Gießereiindustrie über die letzten zwei Jahrzehnte hinweg ein kontinuierliches Wachstum verzeichnen (Rösch 2013, S. 10). Anzumerken ist, dass die reine Mengenbetrachtung in Tonnen keine Erklärung z. B. der Veränderungen im Komplexitätsgrad eines Gussteils oder in der technologischen Leistungsfähigkeit und damit verbunden auch nicht der Wertigkeit der Werkstoffe liefern kann (Rösch 2013, S. 10). Aufgrund von Kundenwünschen sind Gussteile in den letzten Dekaden stetig komplexer geworden. Moderne Fertigungstechnologien ermöglichten zudem leichtere und dünnwandigere Gusskonstruktionen (Reusch 2010, S. 74 f.). Hinzu kommt, dass spezialisiertes Inhouse-Know-how in Bezug auf gießereitechnologische Aspekte bei vielen Abnehmern von Gussteilen durch die steigende Vielfalt an Bearbeitungsverfahren und Materialien geringer geworden ist

8 Rückgang der Fe-Gussproduktion um 32 % auf 3,2 Mio. t sowie bei NE-Gussproduktion um 29 % auf 0,68 Mio. t (BDG 2014 a).

(Huber, Wetzel und Eichler 2012, S. 7). Als Resultat der zunehmenden Fokussierung der Abnehmer von Gussteilen auf ihre Kernkompetenzen kommt es verstärkt zu überbetrieblicher Arbeitsteilung und damit zu beherrschenden Schnittstellen (du Maire 2001 b). In der Summe bedeutet dies, dass weitere moderierende Faktoren über die reine Mengenbetrachtung hinaus positiven Einfluss in der Gießereiindustrie ausüben, da die Gesamtzahl der Gussteile sowie der Komplexitätsgrad der Teile in Deutschland deutlich zugenommen haben (Lechner 2011, S. 138).

Eine Analyse des internationalen Wettbewerbsumfelds hinsichtlich der Gussproduktion zeigt, dass die deutsche Gießereiindustrie im europäischen Vergleich die Spitzenposition einnimmt, gefolgt von Frankreich und Italien. Weltweit belegt die deutsche Gießereiindustrie nach China (44,5 Mio. t), den USA (12,3 Mio. t), Indien (9,8 Mio. t) und Japan (5,5 Mio. t), den fünften Platz (BDG 2014 b). Eine isolierte Untersuchung der Fe-Gussproduktion deutscher Gießereien im Zeitraum von 1991 bis 2012 macht deutlich, dass die Fe-Gussproduktion trotz der Schwankungen während der Finanz- und Wirtschaftskrise insgesamt um 13,1 % gestiegen ist (vgl. Abbildung 5). Für einen verschärften Wettbewerbsdruck sorgen Gießereien aus den sogenannten BRIC-Staaten (Brasilien, Russland, Indien und China), im Speziellen aus China und Indien. Mittlerweile weist China eine Fe-Gussproduktion von rund 39,6 Mio. t pro Jahr auf. China verfügt inzwischen über einige leistungsfähige Gießereien, die „[...] sich technisch weiterentwickelt haben und ernst zu nehmende Konkurrenten“ darstellen (Kuttkat und Schnell 2013). Aktuell exportiert China jährlich knapp 0,12 Mio. t Fe-Guss nach Deutschland. Verglichen mit dem durchschnittlichen Produktionsvolumen deutscher Gießereien von ca. 40.000 t ersetzt diese Importmenge rund drei inländische Gießereien (Kuttkat und Schnell 2013).

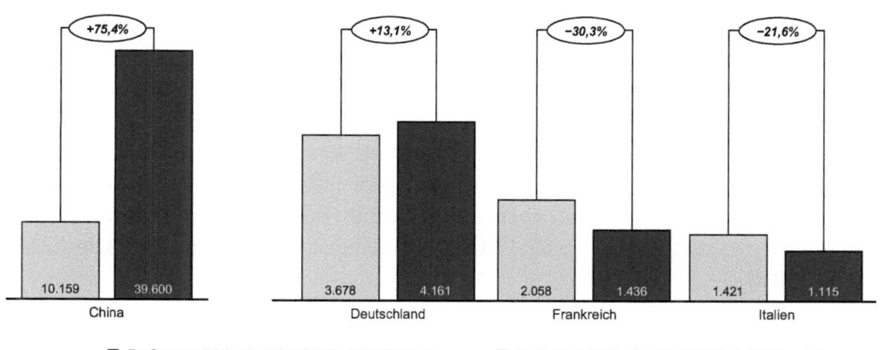

Abbildung 5: Fe-Gussproduktion ausgewählter Länder 1991 und 2012 (BDG 2014 a)

2.1.2 *Produktionsmenge, Umsatz und Investitionsvolumen*

Aufschlussreich ist neben den Veränderungen bei der Gussproduktionsmenge auch eine Betrachtung der Relation zwischen Umsatz (bezogen auf die Produktionsmenge Fe- und NE-Guss sowie im Speziellen auf den Fe-Gusspreis) und Investitionsvolumen der Branche (vgl. Abbildung 6).

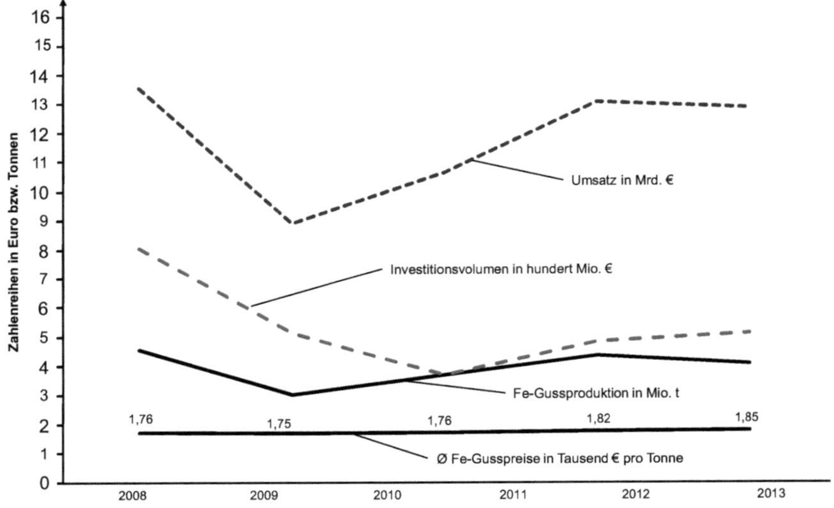

Abbildung 6: Wirtschaftsdaten der deutschen Gießereiindustrie (BDG 2014 a)

In Abbildung 6 ist der Umsatzeinbruch (Fe- und NE-Guss summiert) im Krisenjahr 2009 von 14 Mrd. Euro (2008) auf 9,2 Mrd. Euro zu erkennen. Verbunden mit der ab 2010 wieder zunehmenden Gussproduktion (speziell der Fe-Gussproduktion) ist ein kontinuierlicher Anstieg des Umsatzes bis 2012 zu verzeichnen. Im Jahr 2013 verschlechterte sich der Umsatz im Vergleich zum Vorjahr insbesondere bei der Fe-Gussproduktion erneut um insgesamt 6,4 % (Fe-Guss: 7,3 Mrd. Euro, NE-Guss: 5,1 Mrd. Euro, vgl. Wilhelm 2013). Im gleichen Zeitraum ist auch das Investitionsvolumen rückläufig gewesen: Ab dem Jahr 2010 lassen sich dann wieder zunehmende Investitionsbestrebungen erkennen, so u. a. bei innerbetrieblichen Umweltschutz- sowie Energieeffizienzmaßnahmen (vgl. hierzu auch IfG 2012; IfG 2013 sowie einzelne Vorträge auf den „Umwelttagen“ des BDG).

Neben Produktionsmenge, Umsatz und Investitionsvolumen ist auch die Entwicklung des Gusspreises für die deutsche Gießereiindustrie von Relevanz. Die Abbildung 6 verdeutlicht, wie sich der Fe-Gusspreis pro Tonne in den letzten Jahren entwickelt hat, wenngleich deren Aussagekraft für die langfristige Entwicklung der Branche kritisch zu beurteilen ist. Dies liegt u. a. in den Rohstoffpreisvolatilitäten der letzten Jahre begründet (BDG 2011, S. 22; Rösch 2013, S. 11; Wichtmann 2014, S. 39). Aufgrund geltender Preisgleitklauseln konnten die Gießereien solche Schwankungen bei den Rohstoffpreisen, die v. a. durch höhere Schrott- und Legierungspreise und den rasanten Anstieg der Energiepreise bedingt waren, in der Regel nur mit Verzögerung an ihre Kunden weitergeben (Wichtmann 2006; Stanneff et al. 2007). Zur Abschätzung der langfristig zu erwartenden Entwicklung werden im Folgenden Angaben zur Beschäftigtenzahl und zur Anzahl der Gießereibetriebe gemacht.

2.1.3 Beschäftigtenzahl und Anzahl der Gießereibetriebe

Abbildung 7 zeigt die Entwicklung der Mitarbeiteranzahl (MA) in der deutschen Gießereiindustrie als ein weiteres Grundmerkmal der Branche.

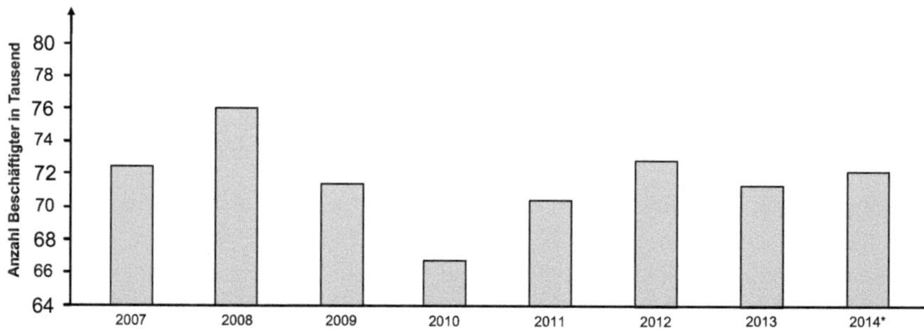

Abbildung 7: Beschäftigtenzahlen in deutschen Gießereien (Statista 2014, S. 13)

Im Jahr 2008 waren dem Bundesverband der Deutschen Gießerei-Industrie 327 Gießereien gemeldet; 2009 stieg die Zahl der Gießereien ausschließlich eines weiteren Betriebs auf 328 (Statista 2014, S. 11). In Folge der Finanz- und Wirtschaftskrise kam es zu einer Reduktion der Anzahl der Gießereibetriebe von 328 (2009) auf 301 (2010). Damit einher ging der sequenzielle Abbau der Beschäftigtenzahl von ursprünglich 76.000 MA im Jahr 2008 auf 71.500 MA im Folgejahr 2009 und schließlich auf 67.100 MA im Jahr 2010. Ab 2010 war bei gleichbleibender Gesamtzahl von deutschen Gießereibetrieben wieder ein Zuwachs an Beschäftigten zu verzeichnen. Insgesamt wurden 2013 in der deutschen Gießereiindustrie 71.600 MA beschäftigt, davon 38.500 MA bei Fe-Gießereien und 33.100 MA bei NE-Gießereien (Statista 2014, S. 13).

Neben der Anzahl an Beschäftigten und Gießereibetrieben ist die Struktur der Betriebe von besonderer Bedeutung. Die Gießereiindustrie ist eine heterogene, vorwiegend mittelständisch geprägte Branche mit einer nur geringen Anzahl an Großunternehmen (Bätzel et al. 2001, S. 17 f.). Wie in Abbildung 8 (S. 14) dargestellt, entfallen nur 9 % (Fe-Gießereien) bzw. 6 % (NE-Gießereien) der Beschäftigtenzahl auf Betriebe mit mehr als 500 MA. Der überwiegende Teil ist einer Betriebsgröße von 50 bis 499 MA zuzuordnen, und zwar 72 % bei Fe-Gießereien und 55 % bei NE-Gießereien. Nach Perlitz erfolgt daher die Zuordnung zu den überwiegend „mittelständischen“ Unternehmen, welche mit einem Prozent an der gesamten Industrieproduktion in Deutschland zu den kleineren Industriezweigen gehören (Perlitz 2008, S. 10). Weiterhin ist festzustellen, dass weniger als 10 % der deutschen Gießereien für mehr als die Hälfte des Branchenumsatzes verantwortlich sind (Bätzel et al. 2001, S. 18).

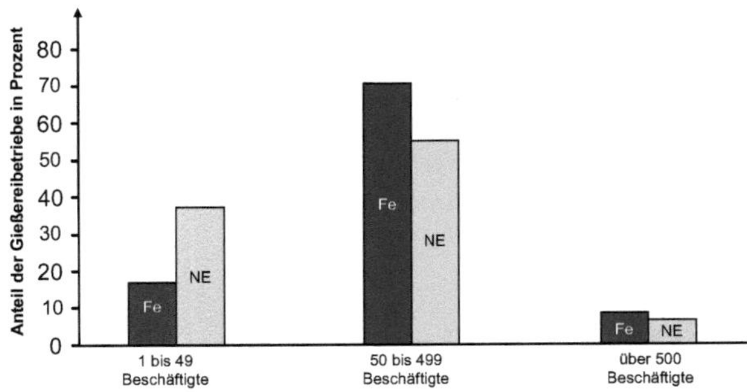

Abbildung 8: Verteilung der Beschäftigtenzahlen deutscher Gießereien (Statista 2014, S. 12)

Eine Untersuchung des Statistischen Bundesamtes zu allen deutschen Gießereien mit 50 oder mehr Beschäftigten gelangt zu dem Ergebnis, dass Fe-Gießereien – gemessen am Umsatz- sowie Beschäftigtenanteil – knapp 50 % der Branche ausmachen (vgl. Abbildung 9) (Statista 2014, S. 12). Es folgen mit rund 33 % die Leichtmetallgießereien, mit rund 11 % die Stahlgießereien und mit ca. 6 % die Buntmetallgießereien.

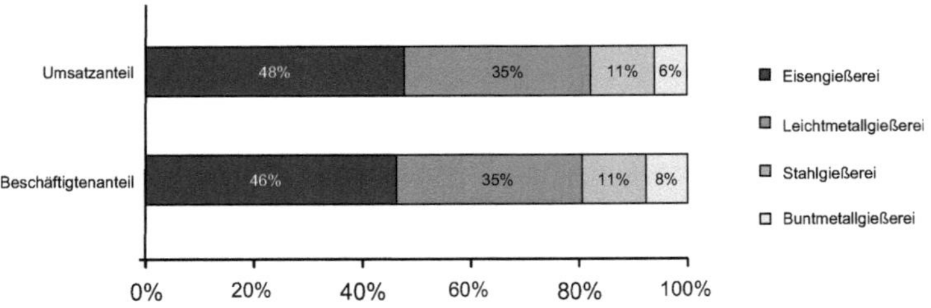

Abbildung 9: Anteile der Gießerei-Teilbranchen an Umsatz und Beschäftigtenzahlen für das Jahr 2013 (Statista 2014)

2.1.4 Kundenstrukturdaten

Die Gießereiindustrie ist eine „klassische“ Zulieferbranche und für unterschiedliche Industriezweige in Deutschland von Relevanz (Huber, Wetzel und Eichler 2012, S. 9; Hackel et al. 2012, S. 40). Die wirtschaftliche Bedeutung der Branche ist aufgrund ihrer

Zulieferfunktion bedeutend höher, als die Branchendaten erkennen lassen. In nahezu allen Bereichen des produzierenden Gewerbes sind gegossene Produkte im Einsatz. Zu den Abnehmerbranchen von Fe-Gießereien zählen vorrangig die Automobilindustrie und der Maschinenbau. Die Gesamttonnage von Fe-Guss unterschieden nach einzelnen Abnehmerbranchen wird in Abbildung 10 dargestellt.

Unter Berücksichtigung der Produktionsmenge, vorrangig der Fe-Gussproduktion, lässt sich eine leicht veränderte Branchenstruktur erkennen. Die Entwicklung der letzten Jahre veranschaulicht, dass für den Maschinenbau eher als für die Automobilindustrie eine nennenswerte Erhöhung der Produktionsmenge erreicht wurde. Im Jahr 2007 belief sich der Anteil der Gesamttonnage für den Maschinenbau auf 24,1 %, bis 2012 war ein Anstieg um 3,9 % zu verzeichnen. Im Jahr 2013 wurde ein Rückgang knapp unter die Produktionsmenge von 2007 erfasst (2013: 24 %). Der Produktionsanteil für die Automobilindustrie lag dabei deutlich über dem Anteil des Maschinenbaus (in 2007 bei 55,3 %), hatte aber einen leichten Rückgang auf 53 % im Jahr 2012 zu verzeichnen.

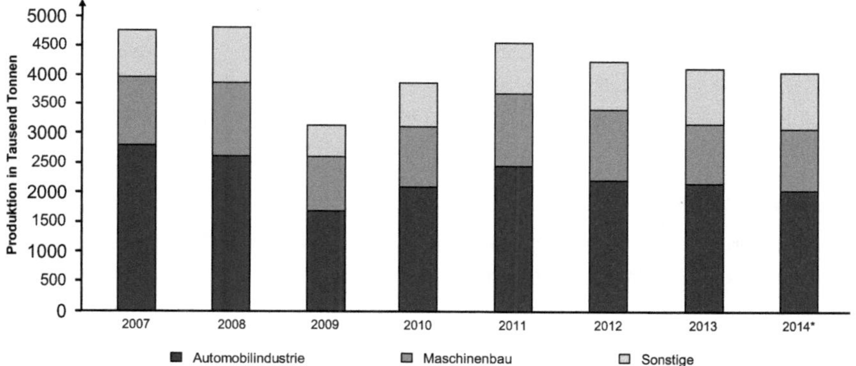

Abbildung 10: Abnehmerbranchen deutscher Fe-Gussproduktion (BDG 2014 a)

Nachfolgend werden die einzelnen Abnehmerbranchen kurz dargestellt, wobei der deutsche Maschinenbau im Mittelpunkt steht.

➢ *Automobilindustrie*

Mit 53 % am Gesamtabsatz war die Automobilindustrie in 2012 der bedeutendste Abnehmer von Fe-Guss. Das Spektrum an Gießereierzeugnissen für die Automobilindustrie ist facettenreich, wie z. B. die Produktion von Zylinderkurbelgehäusen, Motorenblöcken, Antriebssträngen, Bremsteilen, Lenkungs- und Getriebeteile verdeutlicht (Schulze et al. 2011; Bähr, Hermann und Becker 2011). Die Absatzstärke der Automobilindustrie in den letzten Jahren trug entscheidend zum Wachstum und Ausbau der deutschen Gießereiindustrie bei. Gießereien haben sich dabei in den letzten Jahren von ursprünglich reinen Gussproduzenten zu weltweit anerkannten Entwicklungspartnern und Systemlieferanten der Automobilindustrie entwickelt. Ergebnisse dieser Entwicklung bilden

High-Tech-Gusswerkstoffe mit explizit auf den Anwendungszweck zugeschnittenen Eigenschaften sowie neue Fertigungsverfahren, die die Produktivität deutlich erhöht haben.[9] Nicht zuletzt durch die fortschreitende Globalisierung der Automobilindustrie sowie den zunehmenden Wettbewerbsdruck sind gleichzeitig steigende Anforderungen an die Gießereien als Zulieferer zu verzeichnen.

Finanz- und Wirtschaftskrise sowie erhöhte Kosten für Energie und Rohstoffe haben in den letzten Jahren auch zu einer Verlagerung der Produktionsstätten geführt. Dieser Wandel mündete für die Gießereibranche u. a. in einer Wettbewerbsverschärfung. Um bei steigender Komplexität und Verkürzung der Modellzyklen der Fahrzeuge konkurrenzfähig zu bleiben, müssen etwa Gleichteile für niedrige Kosten sorgen. Ein Beispiel hierfür stellt der gemeinsame Einkauf von gleichartigen Teilen bei den Konkurrenten BMW und Mercedes-Benz dar (Klug 2010, S. 63 f.).

Die Abhängigkeit von Gießereien als Zulieferer für die Automobilindustrie stellt trotz Umsatzeinbußen und Beschäftigungsrückgängen keine Fehlentwicklung dar. Um die Ziele und Strategien u. a. in den Bereichen Downsizing, Leichtbau und alternative Antriebe erreichen zu können, ist das Know-how der Gießereiindustrie notwendig. Somit ist der Druck der Automobilindustrie auch als Investitionstreiber der Branche zu werten, denn er forciert den technischen Fortschritt und Innovationen im Bereich neuer Werkstoffe und Verfahren.

- ***Maschinenbau***

Der Maschinenbau ist der zweitwichtigste Abnehmer für deutsche Gießereierzeugnisse. Gemessen an der Produktionsmenge nimmt er gut ein Viertel der Produktion auf, davon bilden mehr als 90 % Fe-Gussprodukte. Die historisch enge Verflechtung zwischen Gießereibetrieben und Maschinenbau spiegelt sich u. a. auch in der geographischen Verteilung der Standorte wieder. Dies wird in Abbildung 11 (S. 17) anhand der durch den BDG vertretenen Fe- und NE-Gießereien deutlich.

Der Maschinenbau in Nordrhein-Westfalen ist mit einem Anteil von 26 % (Unternehmen nach Bundesländern) der wichtigste Kundenstandort in Deutschland. Speziell im Maschinenbau sind dort knapp 97,3 % der Unternehmen und 44,1 % aller Beschäftigten den klein- und mittelständischen Unternehmen zuzuordnen (VDMA 2014 a). Die Produkte des Maschinenbaus zeichnen sich durch eine große Anwendungsbreite und Anwendungsdichte sowie eine hohe Komplexität und Langlebigkeit aus (Pastewski 2011, S. 53 f.). Im Maschinenbau stellen Gussteile v. a. prägende Elemente der Gesamtkonstruktion von Maschinen dar (z. B. Grundgestelle, Ständer, Maschinenbetten). Insgesamt werden im Maschinenbau knapp 40 Teilbranchen unterschieden, wobei sich allein

[9] Ein Beispiel hierfür stellt die bei Audi entwickelte Audi-Space-Frame-Technologie dar. Besonderes Merkmal bildet die Verwendung eines Aluminiumhalbzeugmixes aus Gussteilen, Strangpressprofilen und Blechen. Diese Konstruktion ermöglicht eine deutliche Reduktion der Anzahl eingesetzter Teile sowie des Fahrzeuggewichts um 16 % (Klug 2010, S. 62 f.).

330 deutsche Unternehmen der Branche der Werkzeugmaschinenhersteller zuordnen lassen (Neugebauer 2012, S. 6).

Abbildung 11: Kundennähe deutscher Gießereibetriebe (BDG 2014 c, S. 5; Statista 2015 b, S. 23)

Die überbetriebliche Zusammenarbeit zwischen Gießereien und insbesondere den Werkzeugmaschinenherstellern ist im Vergleich zur Kooperation mit der Automobilindustrie u. a. durch einen CAD-Datenverbund und Simulationstechniken zur Gussoptimierung gekennzeichnet (Bähr et al. 2005, S. 2 f.). Damit trägt die Gießereiindustrie die gestiegenen Anforderungen an Innovationsfähigkeit und Technologieentwicklung für die Gesamtbranche des Maschinenbaus mit. Der Absatz bezogen auf die Gesamttonnage stieg in den letzten Jahren deutlich an (Rösch 2013, S. 14). Laut verschiedenen Studien können effiziente Produkte des Maschinenbaus mit zukünftig stark wachsenden Weltmarktvolumen rechnen (Dispan et al. 2006; VDMA 2009[10]; Fraunhofer 2013; VDMA 2014 b). Herausforderungen liegen insbesondere in der fortschreitenden technischen Entwicklung sowie in der Senkung der spezifischen Gussteilmassen. In diesem Kontext sind die zunehmenden Bemühungen um Leichtbauweise und um Optimierung der Gusskomponenten z. B. mittels Bionik[11] zu nennen (du Maire und Schmidt 2005; Bartels 2006).

- ***Sonstige***

Weitere Abnehmer von Gusserzeugnissen sind u. a. die Bauindustrie, der Schiffbau, der Schienenfahrzeugbau sowie der Kraftwerksbau. Speziell Gusserzeugnisse für die Bau-

10 Ein weiteres Ergebnis der Studie lautet, dass allein der deutsche Maschinenbau durch verstärkten Einsatz von innovativen Verfahren und Methoden in zehn Jahren zu einer Verminderung der CO_2-Emissionen von bis zu 198 Mio. Tonnen beitragen könnte (VDMA 2009, S. 58).

11 Bionik beschreibt die Übertragbarkeit von Phänomenen der Natur auf die Technik (Nachtigall 2002).

industrie sind vielfältig, z. B. Rohre, Kanalguss, Sanitärguss etc. Der Anteil am gesamten Fe-Guss beträgt momentan 4 %. Ein Wachstum ist nach den „guten“ Jahren von 2004 bis 2008 in Deutschland vorerst nicht zu erwarten. Vielmehr hält sich das Gesamtvolumen dieser Gussteilabnehmer seit einigen Jahren konstant bei 3 bis 4 %. Besonderes Augenmerk kommt diesem Industriezweig zukünftig allerdings bei den Exporten zu. Aufgrund der erhöhten Nachfrage nach Rohrleitungen (Wasser- und Abwassertransport) im Nahen Osten (besonders den arabischen Staaten) ist hier mit einem leichten Wachstum zu rechnen (Kupec 2011, S. 62). Angesichts der angestrebten „Energiewende“ muss auch der Branche der Kraftwerke bzw. Energieerzeugungsanlagen, im Speziellen den Windkraftwerken, erhöhte Bedeutung beigemessen werden.

2.1.5 Zusätzliche Kennzahlen der Gießereiindustrie

Die Bildung von Kennzahlen ist ein unverzichtbarer Branchenschlüssel, um die Relevanz im internationalen Vergleich zu verdeutlichen. Im Folgenden werden einzelne Kennzahlen der Branche und deren Entwicklung in der letzten Dekade dargestellt. Zur Ermittlung der Herstellkosten in der Branche sind im Wesentlichen drei Kostenarten von Bedeutung (vgl. Abbildung 12, S. 19).

Gesamtbetrieblich kommt den Materialkosten mit 41 % der höchste Anteil zu (vgl. Abbildung 12, S. 19 links). Im letzten Jahrzehnt sind gesamtwirtschaftlich die Materialkosten am stärksten angestiegen (Wichtmann 2014, S. 39). Speziell der Preis für Gießerei-Eisenschrott hat sich mehr als verfünffacht. Die Materialkosten eines exemplarisch untersuchten Eisengussteils veranschaulichen, dass diese mit über 20 % den nach den Personalkosten zweitwichtigsten Inputfaktor bezogen auf die Herstellkosten bilden (vgl. Abbildung 12, S. 19 rechts).

Die Personalkosten liegen mit 32 % an zweiter Stelle der Herstellkosten deutscher Gießereien. Der Personalaufwand ist dabei in den letzten zehn Jahren um ca. 25 % gestiegen und beträgt aktuell rund 50.000 Euro pro Beschäftigtem und Jahr (Rösch 2013, S. 19). Diese Veränderung hat großen Einfluss auf die Wirtschaftlichkeit, wobei im internationalen Vergleich die Personalkosten gar als „[...] der entscheidende Wettbewerbsfaktor“ (Wolf 2013, S. 3) angesehen werden, was den Gießerei-Standort Deutschland zukünftig vor größere Herausforderungen stellen könnte. Bislang haben sich damit möglicherweise verbundene negative Entwicklungstendenzen, wie sie etwa Schefczyk in einem erhöhten Outsourcing von Gießereien kommen sah,[12] noch nicht bestätigt.

12 In Anlehnung an die Studien von Schefczyk, der Anfang der 1990er Jahre ausgehend von einzelnen „kritischen Erfolgsfaktoren“ für die Gießereiindustrie in Deutschland eine „schrumpfende Branche“ prognostiziert hat (Schefczyk 1998, S. 280).

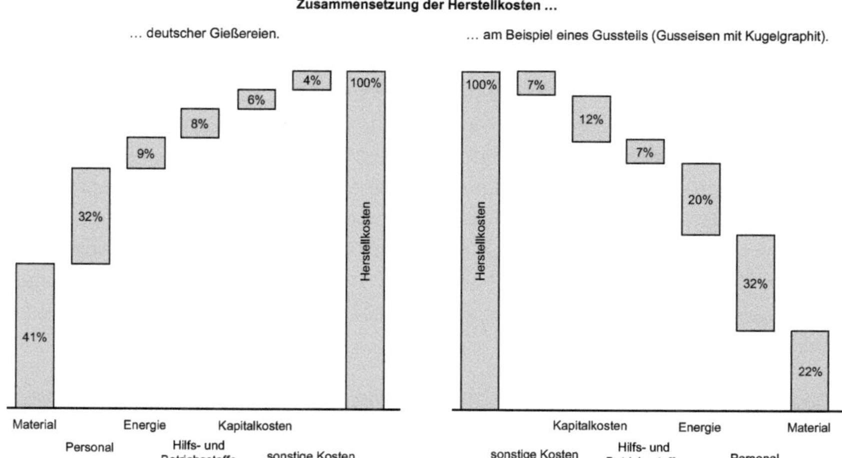

Abbildung 12: Zusammensetzung der Herstellkosten am Beispiel deutscher Gießereien und einem exemplarischen Eisengussteil (Wolf 2013, S. 3; VDG 2008, S. 12)

Mit 9 % belegen die Energiekosten den dritten Platz bezüglich des Anteils an den Herstellkosten. Da gesamtwirtschaftlich fast eine Verdoppelung der Energiekosten in der letzten Dekade in Deutschland eingetreten ist, bedeutet dies erhebliche Mehrkosten für die Gießereien. Im internationalen Vergleich weist der deutsche Strompreis neben dem Preis in Italien derzeit den höchsten Wert auf. Die global stärksten Gießereinationen China, USA und Indien haben dagegen im Durchschnitt einen deutlichen Energiekostenvorteil gegenüber deutschen Gießereien (Schumacher 2014, S. IW 2). Die zuletzt zu beobachtende Zunahme der Volatilität der Energie- und Rohstoffpreise wird z. B. am Ölpreis deutlich: Dieser hat sich in den letzten zehn Jahren (bis 2014) verfünffacht. Ähnliche Entwicklungen zeigen sich beim Preis für Strom, welcher in Form von Kraftstrom aktuell in vielen Gießereien für den Schmelzbetrieb (Induktionsöfen) verwendet wird. Ebenso ist eine deutliche Steigerung des Gaspreises zu verzeichnen gewesen (Bosse 2014).

2.1.6 Stärken und kritische Faktoren der Branche

Aktuell nimmt Deutschland im europäischen Vergleich die Spitzenposition bei der Gussproduktion (nach Anteil der Gesamttonnage) ein und gilt zugleich als produktivstes Erzeugerland (vgl. Abbildung 5, S. 11). Diese positive Marktstellung ist die Summe diverser Stärken der Branche, wie z. B.:[13]

- hohe Produktivität,
- zunehmende Reduzierung des Energieverbrauchs,
- Simultaneous Engineering und „Frontloading",

[13] Expertengespräch mit Herrn Dr. Wilhelm (Hauptgeschäftsführung des BDG, Bereich Technik) am 14.01.2014.

- Technologieentwicklung,
- Infrastruktur für Innovationsleistungen.

Im Hinblick auf die Gießereierzeugnisse, deren Fertigung auch in nächster Zukunft in den hochentwickelten Industrieländern stattfinden wird, werden Erzeugnisgruppen, die als reife Produktgruppen gelten und in der Zukunft eine große Bedeutung haben werden, hoch bewertet – dazu gehören die Automobilindustrie wie auch der Maschinenbau (Flender 2014, S. 206). Der Anteil der direkt exportierten Gussteile beträgt derzeit 40 % und wird voraussichtlich zukünftig noch zunehmen. Langfristig werden aber auch Gussimporte an Bedeutung gewinnen (Schumacher 2014, S. IW 2). Weiterhin ist anzumerken, dass über 80 % der Gießereierzeugnisse über die Kundenprodukte in den Export gehen (Wichtmann 2014).

Die deutsche Gießereiindustrie agiert national und international in einem stetig wachsenden Wettbewerb. Primär handelt es sich dabei um Absatzmärkte, in denen die Gießereiindustrie heute schon wesentlicher Zulieferer ist (Flender 2014, S. 205). Davon ausgehend lässt sich schlussfolgern, dass die Gießereiindustrie nicht auf völlig neue Zukunftstechnologien hoffen darf, wohl aber innerhalb der Produktfelder, die hochentwickelte und wirtschaftlich herstellbare Gießereierzeugnisse darstellen. Aufgrund der steigenden Lieferantenintegration in der deutschen Gießereiindustrie sehen v. a. die exportorientierten Abnehmerbranchen, primär die Automobilindustrie und der Maschinenbau, der Zukunft optimistisch entgegen (siehe auch Büchner 2014). Ergänzend wirken sich Expansionsbestrebungen der Abnehmerbranchen in die asiatischen Märkte zunehmend positiv aus, „[...] aber gerade kleinere Gießereien fürchten, dass dies langfristig zu ihren Lasten gehen wird. Mittelfristig ist die Angst unbegründet, denn während sich indische und chinesische Gießereien stärker auf das Mengengeschäft ausgerichtet haben, stellen deutsche Gießereien komplexe Produkte in den Fokus und können sich zunehmend als Entwicklungspartner etablieren. Es spricht somit vieles dafür, dass die Gießereiindustrie auch weiterhin gemeinsam mit den Abnehmerbranchen wachsen wird" (Thiele und Janjis 2013, S. 2). Langfristig müssen dennoch Strategien weiter- und neuentwickelt werden, um den Anschluss nicht zu verlieren. Weitere kritische Faktoren der Gießereibranche sind:[14]

- steigende Energie- und Materialkosten,
- Auswirkungen des Erneuerbare-Energien-Gesetzes sowie die
- demographische Entwicklung.

Die obige Erörterung kritischer Faktoren verdeutlicht, dass eine isolierte Betrachtung der deutschen Gießereibranche nicht ausreicht. Vielmehr ist es für die zukünftige Entwicklung der Gießereibranche notwendig, überbetriebliche Kooperationen mit Politik, Wirtschaft und Gesellschaft aufzubauen und zu fördern. Die Zielsetzung, effizienter und

[14] Expertengespräch mit Herrn Dr. Wilhelm (Hauptgeschäftsführung des BDG, Bereich Technik) am 14.01.2014.

damit ökonomischer zu produzieren, erfordert ein ganzheitliches und ressourcenübergreifendes Denken und Handeln aller beteiligten Akteure.

2.2 Abgrenzung des Gießproduktionsverfahrens

Die Gussteilherstellung ist im Unterschied zu weiteren Fertigungsverfahren von besonderer Charakteristik und wird im Folgenden kurz skizziert, um die wesentlichen Vorzüge sowie die Komplexität dieser Technologie darzustellen. Grundsätzlich befassen sich Gießereien per Definition mit der Formgebung durch Urformen nach DIN 8580 und erzeugen metallische Gusserzeugnisse (u. a. Fritz und Schulze 2012, S. 5; Bast 2012, S. 17). Gießereien unterscheiden sich hinsichtlich der zum Einsatz gelangenden Metalle sowie der zur Anwendung kommenden Form- und Gießverfahren.

Die Gießproduktionsverfahren werden zunächst nach der Art des Gusserzeugnisses eingeteilt. Ist das Gussprodukt ein Halbzeug zur Weiterverarbeitung, so spricht man vom Formateguss z. B. von Strängen, Rohren, Profilen und Bändern (VDG 2005, S. 16). Das Formategießen erfolgt mittels einer formgebenden, wassergekühlten Kokille im kontinuierlichen oder halbkontinuierlichen Stranggießverfahren (Brunhuber und Hasse 2008, S. 195). Ein weiteres Verfahren bildet das Formgießen, das im weiteren Verlauf der Arbeit näher betrachtet wird.

Beim Formguss werden die Gussprodukte mit unterschiedlichen Wanddicken und Konturen mittels ein- oder mehrteiliger Formen hergestellt (Brunhuber und Hasse 2008, S. 412). Formgießen ermöglicht die Herstellung endabmessungsnaher Gussteile (Brunhuber und Hasse 2008, S. 412 f.), wobei erforderliche Bearbeitungszugaben und spezielle Zusatzkonstruktionen im Gießverfahren Berücksichtigung finden (VDG 2005, S. 16). Beim Formgießen wird u. a. nach der Formart, der Modellart, dem Formverfahren sowie dem zu verarbeiteten Werkstoff unterschieden (vgl. Tabelle 3, S. 23).

Tabelle 3 (S. 23) gibt Auskunft darüber, ob eine Form oder ein Modell nur einmal oder mehrfach genutzt werden kann. Sofern pro Gussteil eine eigene Form erstellt wird, kommt die Formart der verlorenen Formen zum Einsatz. Bei der Herstellung von vielen Gussteilen wird eine Dauerform verwendet. Wird ein Modell mehrmals verwendet, spricht man von einem *Dauermodell*. Wenn es dagegen bei der erstmaligen Verwendung zerstört wird, handelt es sich um ein *verlorenes Modell* (Bührig-Polaczek, Michaeli und Spur 2014, S. 181). Bei den verlorenen Formen wird nach der Modellart unterteilt. Dauermodelle zur Herstellung eines Gussteils werden beim Handformen (Form wird per Hand erstellt), beim Maschinenformen (mechanisches Gerät fertigt die Form) sowie beim Maskenformen und beim Keramikformen genutzt. Verlorene Modelle werden sowohl beim Feingießen (z. B. Wachsgießverfahren) als auch beim Vollformgießen verwendet. Vollformgießen kommt bei geringen Stückzahlen zur Anwendung, um die dort nachteiligen Modellkosten zu reduzieren.

Für den weiteren Verlauf sind die Formart der verlorenen Formen sowie die Nutzung von Dauermodellen von besonderer Bedeutung. Weiterhin wird durch die ausführliche Beschreibung der Gießereiindustrie in Deutschland deutlich, dass diese nicht nur bei der Tonnage und Produktivität die führende Position in Europa einnimmt, sondern vielmehr die Gießereien als Lieferanten bzw. Problemlöser für die Endprodukthersteller agieren. Im Idealfall kommt es dabei zur überbetrieblichen Zusammenarbeit zwischen Gießerei und Abnehmer. Diese Form der Kooperation kann insbesondere im deutschen Maschinenbau beobachtet werden.

Formart	verlorene Formen						Dauerformen			
Modellart	Dauermodell				verlorene Modelle		ohne Modell			
Verfahren	Hand-formen	Maschinen-formen	Masken-formen	Keramik-formen	Fein-gießen	Vollform-gießen	Druckgießen	Kokillengießen	Schleuder-gießen	Stranggießen
zu verar-beitende Werkstoffe	alle Metalle	alle Metalle	alle Metalle	alle Metalle	alle Metalle	alle Metalle	Druckguss-legierungen auf Al-, Mg-, Zn-, Cu-, Sn-, Pb-Basis	Leicht-metalle, spezielle Kupferle-gierungen, Feinzink, Gusseisen mit Lam-mellen- und Kugelgraphit	Gusseisen mit Lamellen- und Kugelgraphit, Stahlguss, Leichtme-talle, Kupfer-legierungen	Gusseisen mit Lamellen- und Kugelgraphit, Stahlguss, Kupfer und Kupferlegie-rungen, Alu-miniumlegie-rungen

Tabelle 3: Form- und Gießverfahren im Überblick (Grote und Feldhusen 2014, S. 1347)

3 Konzeptioneller Bezugsrahmen

Bei komplexen Produkten sind Kooperationen im Rahmen der Produktentwicklung von besonderer Wichtigkeit (u. a. Hillebrand und Biemans 2004). Entsprechend den im Abschnitt 1.1 genannten Herausforderungen impliziert dies, dass viele Industrieunternehmen und speziell Gießereiunternehmen F&E-Vorhaben zunehmend kooperativ durchführen (Vollrath 2002; Schuh, Friedli und Kurr 2005, S. 9; Schmidt 2009; Niemann 2013, S. 1).[15] Dabei umfassen kooperative F&E-Projekte solche Vorhaben, bei denen mindestens zwei Unternehmen zusammen F&E-Aktivitäten ausüben und neuartige Produkte (oder auch Dienstleistungen) entwickeln (Büyüközkan und Arsenyan 2012, S. 49). Einen zentralen Ansatzpunkt bei F&E-Projekten stellt die intensive und besonders frühzeitige Verzahnung von abnehmenden und zuliefernden Unternehmen dar (u. a. van Echtelt 2004; Hoegl und Wagner 2005; Kirst 2008; Held 2010).

Forschungsbereich	Autoren
Produktentwicklung	Richter 1984; Bullinger et al. 1995; Krishnan und Ulrich 2001; Boothroyd, Dewhurst und Knight 2002; Badke-Schaub und Frankenberger 2004; Kern 2005; Schäppi 2005; von Regius 2006; Lossack 2006; Ulrich und Eppinger 2008; Mishra und Shah 2009; Langbehn 2010; Ponn und Lindemann 2011; Rieg und Steinhilper 2012; Conrad 2013; Feldhusen und Grote 2013; Ehrlenspiel 2013; Grote und Feldhusen 2014; Ehrlenspiel et al. 2014
Verzahnung von Lieferanten und Abnehmern	Rotring 1990; Willée 1990; Kaufmann 1993; Pampel 1993; Birou und Fawcett 1994; Ihde 1996; Morgan und Monczka 1996 b; Wasti und Liker 1997; Wijnstra 1998; Handfield et al. 1999; Kersten und Held 2001; Kunkel 2002; Pearson 2002; Ragatz, Handfield und Petersen 2002; Krystek und Zur 2002; Held 2003; BMWI 2003; Wagner 2003; Kühn 2004; van Echtelt 2004; van Echtelt et al. 2004; Schuh und Bremiker 2005; Franke et al. 2005; Held 2010; Vijayasarathy 2010; Arnolds et al. 2013; Werner 2014; Wagner 2014; Held 2015
nachhaltiges Wirtschaften	Weege 1981; Wagner 1998; Graedel und Allenby 1998; Frei 1999; Tischner et al. 2000; Grüner 2001; Fuad-Lake 2002; McDonough und Braungart 2002; Linne und Schwarz 2003; Plehn 2003; Abele, Anderl und Birkhofer 2005; Liedtke und Busch 2005; Zbicinski et al. 2006; Kuchenbuch 2006; Peherstorfer et al. 2007; Madu 2007; Gupta 2008; Wimmer 2008; Bras 2009; Fiksel 2009; Hermann 2010; Ilgin und Gupta 2010; Meyer 2011; Leitfeld 2012; Sailer 2015; Vohrmann 2015

Tabelle 4: Auswahl von Veröffentlichungen im Umfeld der vorliegenden Arbeit

15 Laut einer vom Deutschen Statistischen Bundesamt im Jahr 2003 durchgeführten Ad-hoc-Befragung zu Unternehmenskooperationen werden solche besonders häufig im Bereich F&E mit anderen Unternehmen eingegangen (mehr als 25 %) (Hauschild und Wallacher 2004, S. 1012).

Es liegt bereits eine Reihe an Veröffentlichungen, Richtlinien, Normen und Patenten vor, die sich mit gemeinsamen F&E-Vorhaben oder der frühzeitigen Einbindung von Partnern (z. B. Lieferanten) unter Einbeziehung ökologischer Aspekte – beispielsweise in sogenannten „umweltorientierten Entwicklungspartnerschaften“ (Bullinger et al. 2000, S. 18) – befassen. Hierbei werden insbesondere die Themenbereiche der Produktentwicklung, der Verzahnung von Abnehmern und Lieferanten sowie das nachhaltige Wirtschaften behandelt (vgl. Tabelle 4, S. 25).

Anhand der chronologischen Übersicht in Tabelle 4 (S. 25) (Abschnitt „nachhaltiges Wirtschaften“) ist deutlich zu erkennen, dass die Einbeziehung ökologischer Aspekte in die gemeinschaftliche Produktentwicklung innerhalb der letzten Jahre in der Forschungsliteratur an Bedeutung gewonnen hat. Es existieren allerdings – zumindest nach Kenntnisstand des Autors der vorliegenden Arbeit – aktuell keine Veröffentlichungen oder Untersuchungen, die explizit die Einflussfaktoren überbetrieblicher Zusammenarbeit auf die nachhaltige Gussteilentwicklung behandeln.

In den nachfolgenden Abschnitten wird zur Beantwortung der ersten eingangs formulierten Forschungsfrage (vgl. Abschnitt 1.2) auf die relevante Forschungsliteratur eingegangen. Zunächst soll das Konzept von Forschung und Entwicklung (F&E) erläutert werden. Anschließend werden einige wesentliche Charakteristika von Kooperationen vorgestellt und nachfolgend anhand der besonderen Anforderungen an die Produktentwicklung von Gussteilen vertieft. Dazu werden zum einen deren grundlegende Kennzeichen herausgearbeitet. Zum anderen wird aufgezeigt, wie die Entwicklungszusammenarbeit mit Gussteilabnehmern organisatorisch umgesetzt wird. Vervollständigt wird das Kapitel durch die Betrachtung von Nachhaltigkeitsbestrebungen und den Vergleich unterschiedlicher Konzepte innerhalb der Fokusbranche. Im Anschluss an die Literaturrecherche erfolgt eine empirische Voruntersuchung der deutschen Gießereiindustrie und der Werkzeugmaschinenhersteller aus der Maschinenbaubranche.

3.1 Kooperative Produktentwicklung von Gussteilen

3.1.1 Charakteristika von Forschung und Entwicklung

Der Begriff Forschung und Entwicklung (F&E) kann „[...] als geplante, systematische und schöpferische Tätigkeit mit dem Ziel der Gewinnung neuer bzw. der Erweiterung bestehender wissenschaftlicher und technischer Wissensbestände“ beschrieben werden (John 2010, S. 39). Er steht umfassend für „[...] alle Aktivitäten und Prozesse [...], die zu neuen materiellen und/oder immateriellen Gegenständen führen sollen. F&E ermöglichen neues natur- und ingenieurwissenschaftliches Wissen und eröffnen neue Anwendungsmöglichkeiten für vorhandenes Wissen“ (Specht, Beckmann und Amelingmeyer 2002, S. 14). Der Output der F&E-Tätigkeiten ist breit gefächert, immaterielles Wissen oder materielle Produkte und/oder Prozesse sind mögliche Ergebnisse (John 2010, S. 37). Der Begriff der F&E umfasst in der hier herangezogenen Forschungsliteratur die folgenden vier Unterkategorien: Grundlagenforschung, Technologieentwicklung, Vorentwicklung sowie Produkt- und Prozessentwicklung (Schömann 2012, S. 58). Abbildung 13 verdeutlicht den fließenden und ineinandergreifenden Übergang der einzelnen Aktivitäten und Prozesse, die in die konkrete Ausgestaltung implementiert sein sollten.

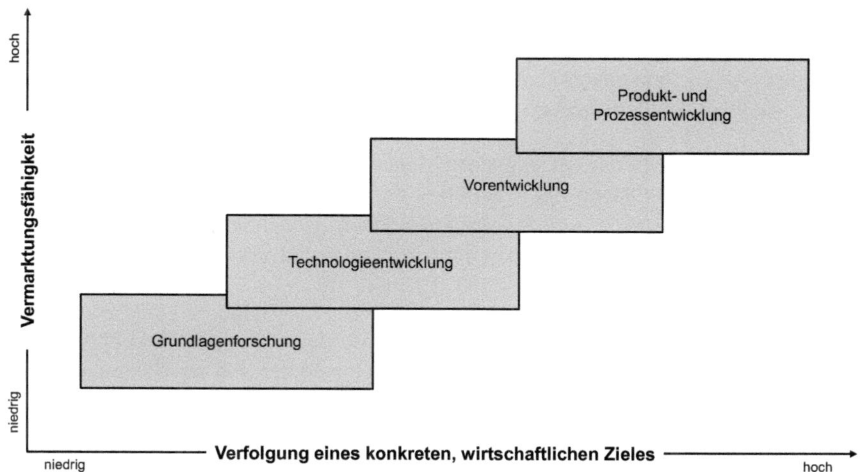

Abbildung 13: Gliederung der F&E-Aktivitäten (in Anlehnung an Specht, Beckmann und Amelingmeyer 2002, S. 15)

Die *Grundlagenforschung* hat als Ziel den Erwerb neuer wissenschaftlicher und technischer Erkenntnisse (Müller 2003, S. 15) und ist primär nicht auf konkrete wirtschaftliche Ziele ausgerichtet (Schömann 2012, S. 58). Dabei wird sie meistens nicht von den Unternehmen eigenständig durchgeführt. Die *Technologieentwicklung* zielt auf den Erwerb neuer Kenntnisse in Bezug auf wissenschaftliche und technische Zusammenhänge abseits der sich im Einsatz befindlichen Technologien ab (Klappert et al. 2011, S. 228 f.). Anknüpfend an diese erfolgt die *Vorentwicklung*, die die technische Umsetzbarkeit neuer Technologien in Produkt- und Produktionsprozessen abbildet (Specht, Beckmann und Amelingmeyer 2002, S. 16). Anwendungsgebiet bilden technisch anspruchsvolle, risikoreiche Bauteile, Baugruppen oder Produkte (Specht, Beckmann und Amelingmeyer 2002, S. 16). Die *Produkt- und Prozessentwicklung* hat sodann die Umsetzung neuer Produkte im Markt, Produktionsprozesse oder technische Weiterentwicklungen zum Ziel (Specht, Beckmann und Amelingmeyer 2002, S. 16). Die Summe der vorgelagerten Phasen bildet hierbei die Produkt- und Prozessentwicklung ab, es handelt sich um die Umsetzung von der Idee in ein reales Produkt oder eine Dienstleistung (Lührig 2006, S. 26).

F&E wird im englischen Sprachgebrauch größtenteils dem Begriff „Research and Development“ (R&D) gleichgestellt. „Research“ umfasst dabei überwiegend die Fortschreibung theoretischen Wissens sowie die Bewertung der Umsetzbarkeit (Leifer und Triscari 1987, S. 71). Analog kann „Research“ dem deutschen Begriff der *Grundlagenforschung* gleichgestellt werden. Abgrenzend beschreibt der Begriff „Development“ die Anwendbarkeit von Technologien zur Schaffung neuartiger oder modifizierter Produkte (Leifer und Triscari 1987, S. 71). Dabei lässt sich „Development“ sowohl der deutschsprachigen *Technologieentwicklung*, der *Vor-* als auch der *Produkt- und Prozessentwicklung* zuordnen. Anzumerken ist, dass oftmals bei der sprachlichen Zusammenfassung nur die Produkt- und Prozessentwicklung bezeichnet wird.

Der Anwendungsbereich der vorliegenden Arbeit bezieht sich auf die betriebliche Tätigkeit der F&E. Dabei entfallen mehr als 80 % der F&E-Aktivitäten auf die Phasen der Technologie-, Vor-, Produkt- und Prozessentwicklung (Rosenberg 1995, S. 174). Nach John umfasst die Produktentwicklung den größten Anteil aller F&E-Vorhaben (John 2010, S. 263).

Die Produktentwicklung ist ein Prozess, in dem die Idee für ein Produkt konkretisiert und in ein Produktmodell umgesetzt wird, bevor dieses in der sich anschließenden Produktion stofflich und energetisch realisiert werden kann (Ehrlenspiel 2013, S. 1 f.). Der Begriff umfasst dabei den vielschichtigen Prozess des Suchens, Sammelns, Systematisierens, Bewertens, Kalkulierens, Planens und Entscheidens im Rahmen der Neuentwicklung eines Produktes (Witt 1999, S. 7).

Dieser Prozess kann in einzelne Phasen, Stufen oder Schritte differenziert werden, wodurch der Gesamtprozess überschaubarer und somit leichter realisierbar wird (Lindemann 2009, S. 9 f.). Gleichzeitig wird damit das Ziel verfolgt, die relevanten Aufgaben in den einzelnen Phasen zu veranschaulichen (Vahs und Burmester 2005, S. 85). Entscheidungen im Produktentwicklungsprozess besitzen direkten Einfluss auf alle Phasen des Produktlebenslaufes, da hierbei bereits alle wesentlichen Merkmale eines Produktes definiert werden (vgl. Abbildung 14, S. 29).

Obwohl die Kosten für die Produktentwicklung nur einen vergleichsweise geringen Anteil an den Gesamtkosten des Produktentstehungsprozesses ausmachen, werden in der Produktentwicklungsphase 70–80 % der gesamten Produktionskosten festgelegt (Feldhusen und Grote 2013, S. 252), da hier über wesentliche kostenbeeinflussende Produktmerkmale entschieden wird (ähnliche Werte gelten speziell auch bei der Gussteilentwicklung, vgl. u. a. du Maire und Schmidt 2004 b, S. 2).

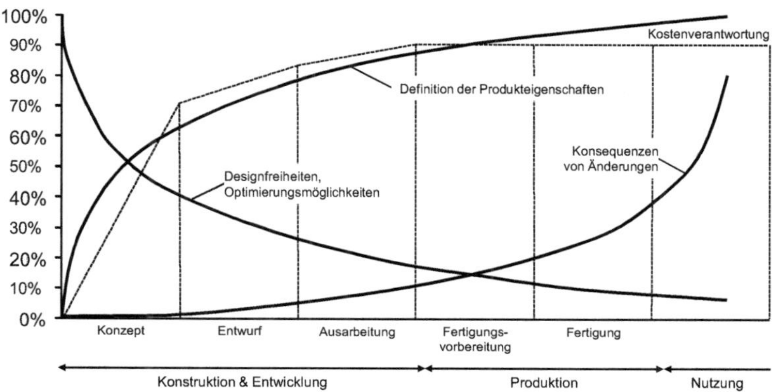

Abbildung 14: Produkteigenschaften und -kosten in der Produktentwicklung (in Anlehnung an Spur und Krause 1997, S. 427)

3.1.2 Forschungs- und Entwicklungskooperationen

3.1.2.1 Definierende Merkmale und ausgewählte Formen von Kooperationen

Zum Thema „Kooperation" ist, verteilt auf unterschiedliche Forschungsdisziplinen, umfangreiches Forschungsmaterial vorhanden (u. a. Sydow 1992; Müller 2003; Zentes 2003; Hagenhoff 2008; Krüger 2012). Die in wissenschaftlichen Publikationen anzutreffenden unterschiedlichen Bedeutungen des Begriffs der „Kooperation" bzw. (unternehmerischen) „Zusammenarbeit" erschweren eine eindeutige Definition (so auch Adam et al. 1980, S. 694; Zentes 2003, S. 5; Hagenhoff 2008, S. 9).

Der Ursprung des Begriffs der Kooperation ist auf das lateinische Verbum *cooperare* (dt. *zusammenarbeiten*) zurückzuführen (Hoffmeister 2007, S. 12). Kooperationen werden in der Literatur häufig als „[...] jede Form der Zusammenarbeit zwischen verschiedenen oder gleichen gesellschaftlichen Einheiten [...]" definiert (Götzelmann 1992, S. 87).[16] Solche Einheiten können dabei Personen und/oder Organisationen sein (Schwarz 1979). Andere Autoren wiederum spezifizieren den Begriff der Kooperation mithilfe der beiden Dimensionen von Raum und Zeit (Morschett 2003).

Die hier herangezogenen Definitionen aus der Forschungsliteratur lassen folgende gemeinsame Merkmale erkennen: Mehrere Autoren beschreiben als wesentliches Definitionsmerkmal das Element der Zweckbeziehung: „[...] allen Definitionen im Wesentlichen gemein ist es, dass zwischen den an einer Kooperation beteiligten Unternehmen eine Zweckbeziehung besteht mit dem Ziel, betriebliche Abläufe über „normale" Marktbezie-

---

16 Eine Kurzübersicht ausgewählter Kooperationsdefinitionen findet sich im Anhang A.I.

hungen hinaus zu ergänzen“ (Hagenhoff 2008, S. 32). Weitere gemeinsame Merkmale der hier untersuchten Definitionen sind (Scholta 2005, S. 14; Ebertz 2006, S. 12; Corsten und Gössinger 2008, S. 15):

- rechtliche und wirtschaftliche Selbständigkeit der Partner,
- Beziehung zwischen mindestens zwei Kooperationspartnern,
- Zusammenarbeit erfolgt in einzelnen oder mehreren betrieblichen (Teil-)Bereichen,
- Freiwilligkeit der Zusammenarbeit,
- Zielbezogenheit, gemeinsame Ziele oder zumindest eine gleichberechtigte Zielbeziehung,
- Vereinbarung/Vertrag als Grundlage für die Zusammenarbeit,
- „Win-win-Situation“ für die beteiligten Partner,
- wettbewerbsrechtliche Zulässigkeit.

Abzugrenzen von diesem Kooperationsbegriff im engeren Sinne ist der Begriff des strategischen Netzwerks, das eher den Handlungsrahmen für interorganisationale Netzwerke bildet (Corsten und Gössinger 2008, S. 17; Sydow 2010). Im Vergleich zum Begriff der Kooperation „[...] werden mit dem Netzwerk also deutlich komplexere Beziehungsgeflechte assoziiert“ (Sydow 2003, S. 15). In seinen Forschungsarbeiten hat Sydow den Begriff des strategischen Netzwerkes folgendermaßen definiert: „Ein strategisches Netzwerk stellt eine auf die Realisierung von Wettbewerbsvorteilen zielende, polyzentrische gleichwohl von einer oder mehreren Unternehmen strategisch geführte Organisationsform ökonomischer Aktivitäten zwischen Markt und Hierarchie dar, die sich durch komplex-reziproke, eher kooperative denn kompetitive und relativ stabile Beziehungen zwischen rechtlich selbständigen, wirtschaftlich jedoch meist unabhängigen Unternehmen auszeichnet“ (Sydow 1992, S. 82). Nach Corsten und Gössinger wird hierbei v. a. auf das Element der Spezialisierung auf Aktivitäten der Wertschöpfungskette zur Erzielung von Wettbewerbsvorteilen abgehoben (Corsten und Gössinger 2008, S. 20). Strategische Netzwerke sind ähnlich wie Kooperationen als eigenständige Organisationsformen zwischen den grundsätzlichen institutionellen Koordinationsformen Markt und Hierarchie angesiedelt (Corsten und Gössinger 2008; Sydow 1992), wobei wie beim Markt (als einer Organisationsform ökonomischer Aktivitäten) der Preis als Koordinationsinstrument zum Austausch genau spezifizierter Leistungen fungiert (Zentes 2003, S. 390). Bei der Hierarchie steht hingegen die Anweisung als Koordinationsinstrument im Vordergrund (Hagenhoff 2008).

Unternehmenskooperationen sind demnach Formen der Zusammenarbeit von Unternehmen, die sich zwischen den Organisationsformen Markt und Hierarchie herausgebildet haben (vgl. Abbildung 15, S. 31). Die unterschiedlichen Wirtschaftseinheiten des Marktes werden dabei durch Angebot und Nachfrage sowie die Konkurrenz unterschiedlicher Marktteilnehmer koordiniert. Die Koordinationsaufgaben innerhalb von Hierarchien werden durch Leitungsstrukturen innerhalb eines Unternehmens übernommen.

Kooperationen stellen eine Mischform da, weil sie geltende Marktgesetze in Frage stellen, etwa indem sie die Konkurrenz zwischen Anbietern zumindest partiell aufheben. Dabei bleiben die Einheiten soweit autonom, dass der Nutzen der Kooperation noch unter marktwirtschaftlichen Aspekten bewertet werden kann – eine Auflösung der Kooperation ist daher jederzeit möglich.

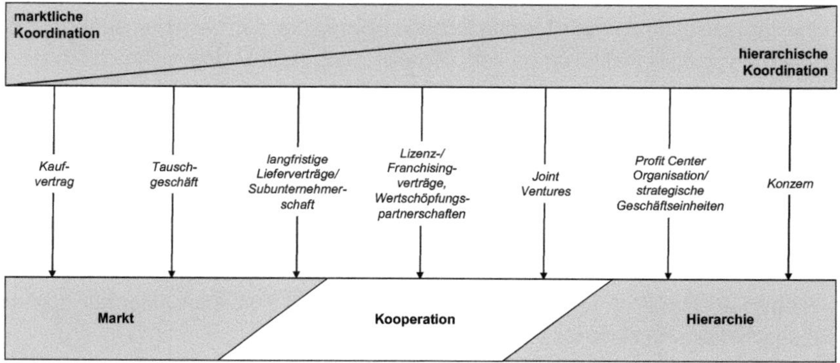

Abbildung 15: Unternehmensbeziehungen zwischen Markt und Hierarchie (Sydow 1992, S. 104; Dülfer 1997, S. 191; Corsten und Gössinger 2008, S. 6)

Nach Gronau und Müller ist der Begriff der Kooperation außerdem von dem der Kollaboration zu unterscheiden, da bei einer Kooperation Teilaufgaben von einzelnen Aufgabenträgern separat bearbeitet werden. Zur Sicherung eines gemeinsamen Arbeitsergebnisses werden dazu Informationen ausgetauscht. Nach der Definition einer Kollaboration arbeiten die Auftraggeber gemeinsam mit an der Aufgabenerfüllung. Eine Separierung in Teilaufgaben ist nicht möglich. Als Beispiel für die Kollaboration nennen Gronau und Müller, „[…] die gemeinsame verteilte Erstellung oder Bearbeitung eines Dokumentes oder die gemeinsame Festlegung produktdefinierender Eigenschaften im Rahmen des Konstruktionsprozesses“ (Gronau und Müller 2006, S. 59).

Kunden-Lieferantenbeziehungen sind folglich nur dann als Kooperation einzustufen, wenn sie „[…] über die klassischen Austauschmöglichkeiten auf Märkten hinausgehen und intensive vertragliche, organisatorische, technische, personelle oder prozessuale Beziehungen zwischen Organisationen oder Organisationseinheiten beinhalten“ (Sauer und Hirsch-Kreinsen 1996, S. 10). Um den in der vorliegenden Arbeit verwendeten Begriff der Kooperation schärfer zu konturieren, wird er um das Merkmal der Zugehörigkeit zu einem speziellen Ergebnis (Produkt) erweitert.

Die Produktentwicklungspartnerschaft beschreibt die gemeinsam, eng aufeinander abgestimmten Forschungs- und Entwicklungstätigkeiten der in der Produktentwicklung beteiligten Personen mehrerer Unternehmen.

Die obige Definition bezieht sich dabei im Allgemeinen auf *Unternehmenskooperationen*, die die „[...] freiwillige Zusammenarbeit von rechtlich und wirtschaftlich selbständigen Unternehmen in einzelnen oder mehreren betrieblichen Teilbereichen, um individuelle Ziele besser zu erreichen [...]“, beschreiben (Ebertz 2006, S. 12). Ausgehend von der Eigenständigkeit der Partner besteht die Möglichkeit, auf Grundlage eigener ökonomischer Verantwortung individuell Entscheidungen über das Eingehen oder den Austritt aus Kooperationen treffen zu können (Killich 2011, S. 12). Weiterhin handelt es sich um eine Organisationsform mit einheitlicher Leitung, die auf Verhaltensanweisungen einer übergeordneten Institution basiert (Sydow 1992, S. 98). Unternehmenskooperationen zeichnen sich zudem durch die „[...] Struktur der Eigentumsverhältnisse, die Mechanismen zur Entscheidungsfindung, die Regeln zur Konfliktlösung und Anpassung, die Kommunikationsstrukturen sowie die Steuerungs- und Kontrollstrukturen“ aus (Ebertz 2006, S. 16).

Unternehmenskooperationen lassen sich durch mehrere Merkmale charakterisieren (Wojda und Barth 2006, S. 7). Die nachfolgende Tabelle 5 (S. 32 f.) gibt eine kurze chronologische Übersicht der wichtigsten in der neueren Forschungsliteratur diskutierten Eigenschaften von Kooperationen.

Autoren	**Unterscheidungsmerkmale**												
	Zeitaspekt	*Raumaspekt*	*Intensitätsgrad*	*Anzahl der Partner*	*Kooperationsrichtung*	*Bindung*	*Funktionsbereich*	*Größe der Partner*	*Rangigkeit*	*Motivation*	*Ressourcenprofile*	*Input-/Output-Verteilung*	*Integrationszeitpunkt*
Winand und Nathusius 1998	○	○	○	✓	○	✓	✓	○	✓	✓	✓	○	○
Luczak und Wimmer 2000	✓	✓	✓	○	✓	✓	✓	○	○	○	○	○	○
Groher 2003	✓	○	○	○	○	○	○	○	○	○	○	○	✓
Müller 2003	○	✓	✓	✓	○	✓	✓	✓	○	○	○	○	○
Hartel und Schönsleben	✓	✓	✓	✓	✓	✓	○	✓	○	○	○	○	○
Wiendahl 2005	✓	✓	✓	○	○	✓	○	○	✓	○	○	○	○
Riemer, Arendt und Wulf	○	○	✓	○	○	○	✓	○	○	○	○	○	○
Blecker et al. 2006	✓	✓	✓	○	✓	✓	✓	○	✓	○	○	○	○
Lojewski 2007	○	✓	✓	✓	✓	✓	○	✓	○	○	○	○	○
Schonert 2008	✓	✓	-	✓	✓	✓	✓	○	○	○	○	○	○
Föhl 2008	✓	✓	✓	✓	✓	✓	○	✓	○	✓	○	○	○
Voigt 2008	✓	✓	✓	○	✓	✓	✓	○	○	○	○	○	○
Urbaniec 2008	✓	○	✓	✓	✓	○	○	○	○	○	○	○	○
Obersojer 2009	✓	✓	✓	✓	✓	○	✓	○	○	○	○	○	○

Autoren	Unterscheidungsmerkmale												
	Zeitaspekt	*Raumaspekt*	*Intensitätsgrad*	*Anzahl der Partner*	*Kooperationsrichtung*	*Bindung*	*Funktionsbereich*	*Größe der Partner*	*Rangigkeit*	*Motivation*	*Ressourcenprofile*	*Input-/Output-Verteilung*	*Integrationszeitpunkt*
Mohr 2010	✓	✓	○	○	✓	✓	✓	○	○	○	○	○	○
Hausmann und Körner 2009	✓	✓	✓	✓	✓	○	○	✓	○	○	○	✓	○
John 2010	✓	○	✓	✓	✓	✓	✓	○	○	○	✓	✓	✓
Zentes, Swoboda, Foscht	✓	✓	✓	✓	✓	○	✓	○	○	○	○	○	○
Alig 2013	✓	○	✓	✓	○	○	✓	○	○	○	○	○	○
August 2013	✓	✓	○	✓	✓	✓	✓	○	✓	○	○	○	○
Schuh 2013	✓	✓	○	✓	○	○	○	○	✓	○	○	○	○
Summe	**17**	**15**	**15**	**14**	**14**	**13**	**13**	**5**	**5**	**2**	**2**	**2**	**2**
Legende: ✓= vorhanden ○= nicht vorhanden													

Tabelle 5: Kooperationseigenschaften

Wie die Übersicht in Tabelle 5 zeigt, gibt es eine Reihe an Merkmalen, die in mehreren Arbeiten aufgeführt werden. Die nachfolgende Tabelle 6 (S. 33 f.) stellt die am häufigsten thematisierten Kooperationseigenschaften und deren Ausprägungen dar (17 bis 13 Treffer aus Tabelle 5).

Zur Differenzierung und Ausgestaltung der grundlegenden Zusammenarbeitsform bei Unternehmenskooperationen liegen in der Literatur unterschiedliche Definitionen vor. Überwiegend wird dabei zwischen den drei Formen *strategische Allianz*, *Joint Venture* und *Unternehmensnetzwerk* unterschieden (Hagenhoff 2004, S. 114; Ebertz 2006, S. 35 ff.; Holtbrügge und Welge 2010, S. 114).[17]

<table>
<tr><th>Kooperationseigenschaften</th><th colspan="12">Kooperationsausprägung</th></tr>
<tr><td>Zeitaspekt[1]</td><td colspan="4">kurzfristig</td><td colspan="4">mittelfristig</td><td colspan="4">langfristig</td></tr>
<tr><td>Raumaspekt[2]</td><td colspan="3">lokal</td><td colspan="3">regional</td><td colspan="3">national</td><td colspan="3">international</td></tr>
<tr><td>Intensitätsgrad[3]</td><td colspan="3">Erfahrungs- und Informationsaustausch</td><td colspan="3">Abstimmung von Aufgaben/ Funktionen</td><td colspan="3">Verschmelzung von Aufgaben/ Funktionen</td><td colspan="3">Aufbau neuer Funktionen</td></tr>
<tr><td>Anzahl der Partner[4]</td><td colspan="6">bilateral</td><td colspan="6">multilateral</td></tr>
</table>

17 Ergänzende Erläuterungen zu den Begrifflichkeiten der drei Grundformen finden sich bei Guo 1998, S. 9; Heck 1999, S. 4; Zillig 2001, S. 87; Fladnitz 2006, S. 89 und Schilke 2007, S. 47.

Kooperationseigenschaften	**Kooperationsausprägung**				
Kooperationsrichtung[5]	lateral	horizontal	vertikal		
formalrechtliche Institutionalisierung[6]	Gemeinschaftsunternehmen	Kapitalbeteiligung	Verträge	Vereinbarungen	
Funktionsbereich[7]	Forschung und Entwicklung	Beschaffung	Produktion	Absatz	Finanzierung
Auswahl aus der Literatur: [1]Alig 2013, S. 32; [2]Zentes 2003, S. 21; [3]Wiendahl 2005, S. 6; [4]John 2010, S. 66; [5]John 2010, S. 66; [6]John 2010, S. 66; [7]Mohr 2010, S. 53					

Tabelle 6: Übersicht der Kooperationsausprägungen

Bei der *strategischen Allianz* kommt es zu einer längerfristigen Kooperation der Unternehmen, mit dem Ziel eigene Schwächen durch Stärkepotenziale anderer Organisationen zu kompensieren, um die eigene Wettbewerbsposition zu sichern und langfristig zu verbessern (Sydow 2010, S. 81 ff.). Unter einem *Joint Venture* wird „[...] eine als Gemeinschaftsunternehmen institutionalisierte Kooperationsform [...], bei der sich mindestens zwei Kooperationspartner Führung und Kontrolle sowie finanzielles Risiko des gemeinsamen Vorhabens teilen“ verstanden (Ebertz 2006, S. 32 ff.). Beim *Unternehmensnetzwerk* handelt es sich um einen „[...] Verbund von mehreren rechtlich selbständigen Unternehmen [...], die mittels kooperativer Beziehungen Wertschöpfungsprozesse unternehmensübergreifend gestalten" (Weiss 1999, S. 9). Demnach besteht ein Unternehmensnetzwerk aus mindestens zwei Unternehmen, welche „[...] freiwillig und unter einer partiellen Einschränkung ihrer unternehmerischen Autonomie, häufig vertikal, jedoch jenseits einer typischen Kunden-Lieferanten-Beziehung, kooperativ zusammenarbeiten“ (John 2010, S. 65). Aufbauend auf den Ausführungen zu den einzelnen Kooperationsgrundformen sind in der nachfolgenden Tabelle 7 (S. 35) ausgewählte Begriffe dargestellt, die sich unter den Begriff der *Kooperation* bzw. *Partnerschaft* im Bereich der Produktentwicklung subsumieren lassen (Wagner 2014, S. 554 f.). Diese können z. B. auch aus Allianzen, Arbeitsgemeinschaften oder gar Joint Ventures hervorgehen (Peters und Brühl 2005, S. 51).

Bei der Kooperationsform *Entwicklungspartnerschaft* sind unterschiedliche Konstellationen in der Praxis anzutreffen. So können Unternehmen, die am Markt als Konkurrenten agieren, in Entwicklungspartnerschaften neue Technologien oder Produkte entwickeln (z. B. Allianzen einiger Automobilhersteller zur Entwicklung von Hybridfahrzeugen; Krüger 2012, S. 357). Die Entwicklungspartnerschaft ermöglicht „[...] einerseits die Konzentration auf Kernkompetenzen und erlaubt anderseits, die Kompetenzen auszubauen“ (Wildemann 2004, S. 24). Charakteristisch für eine Entwicklungspartnerschaft ist jedoch die eng vernetzte und parallele Zusammenarbeit in den frühen Phasen der Produktentwicklung (Nass und Anderl 2011, S. 274).[18] Entwicklungspartnerschaften bergen sowohl Chancen als auch Risiken (Steinhorst 2005, S. 47). So können sich Wettbewerbsvorteile durch schnellere Entwicklungszeiten ergeben (Time-to-Market). Neue Märkte können zudem schneller erschlossen werden (Knop 2009, S. 27), da auf dem globalen Markt eine Vielzahl an potenziellen Partnern zur Verfügung stehen (Zentes 2003, S. 408). Der Innovationsgrad kann durch die Beteiligung von Kooperationspartnern aus dem Bereich F&E insgesamt erhöht werden (Däcke 2013, S. 89; Wiendahl 2005, S. 148). Durch eine erhöhte Flexibilität können außerdem Engpässe bei internen F&E-Kapazitäten überwunden werden (Wiendahl 2005, S. 152). Weiterhin ergibt sich die Chance einer verringerten Produktkomplexität sowie eines schnelleren Know-how-Transfers vom Partner, aber auch das Risiko des ungesteuerten Know-how-Abflusses (Lawrenz 2000, S. 2). Kosten und Risiken werden aufgeteilt, wobei fixe Kosten durch Nutzung gemeinsamer Ressourcen variabilisiert werden (Knop 2009, S. 27).[19]

Autoren	Begriff	Definition
Swoboda 1997, S. 449	*Wertschöpfungs-partnerschaft*	„[...] eine Kooperation von mindestens zwei unabhängigen Unternehmen, die den Waren-, Dienst-, und Informationsfluss im Hinblick auf eine gemeinsame Nutzung des Wertschöpfungspotentials steuern."
Voigt und Wettengel 1999, S. 414	*Innovations-kooperation*	„[...] die gemeinsame bzw. enge aufeinander abgestimmte Forschung und Entwicklung der beteiligten Partner [...]."
Oesterle 2005, S. 772	*F&E-Kooperation*	„[...] geht es zunächst um Zusammenarbeit von an sich selbständigen Institutionen in einem Prozess, der zwar ein gewünschtes Ergebnis hervorbringen soll, dieses aber nicht mit Sicherheit realisieren muss."
Scholta 2005, S. 28 ff.	*Entwicklungs-partnerschaft*	„[...] die Beteiligung von mindestens zwei projektbezogenen Partnern, die in der Regel rechtlich und wirtschaftlich selbstständige Unternehmen sind."
Nass und Anderl 2011, S. 273	*Entwicklungs-partnerschaft*	„[...] ein langfristig ausgelegter zwischenbetrieblicher horizontaler oder vertikaler Zusammenschluss von Unternehmen im Bereich der Produktentwicklung mit komplementären oder identischen Zielen, der sowohl bilateral als auch in Unternehmensnetzwerken realisiert sein kann."

Tabelle 7: Spezielle Kooperationsformen

Durch eine abgestimmte Produktentwicklung können Qualitätskosten gezielt reduziert werden. Die Einhaltung von vorgegebenen Standards oder die Entwicklung neuer Standards wird von den Partnern erwartet (Schuh 2012, S. 44). Durch die Parallelisierung von Prozessketten innerhalb der Produktentwicklung, der Verteilung einzelner Entwicklungsschritte auf unterschiedliche Standorte über Unternehmensgrenzen hinweg ent-

[18] Anzumerken ist, dass weitere Forschungsarbeiten sich mit den späteren Phasen von Kooperationen, teilweise auch in Bezug auf die Zusammenarbeit in der Produktentwicklung befassen (u. a. Killich und Luczak 2000; Sydow 2003; Eder 2007 und Wagner 2008).

[19] Durch eine intensive und partnerschaftliche Einbindung von Lieferanten in die Produktentwicklung lassen sich erhebliche Kostensenkungspotenziale realisieren – dies gilt speziell für die frühe Einbindung bei „komplexen" Teilen, lautet das Ergebnis einer Studie, die in mehreren Industrieunternehmen durchgeführt wurde (van Weele 2010, S. 236).

stehen – resultierend aus dem erforderlichen Aufwand für Koordination und Abstimmung – hohe Anforderungen an die Synchronisierung der an der Produktentwicklung beteiligten Partner. Moderne Informations- und Kommunikationstechnologien ermöglichen die Überwindung räumlicher und zeitlicher Restriktionen und stellen den für die Produktentwicklung in Entwicklungspartnerschaften erforderlichen Informationstransfer sicher (Kern 2005, S. 29). Informationen können weltweit und ohne Zeitverzug zur Verfügung gestellt werden (Tjaden 2003, S. 35). „Das Konzept der verteilten, virtuellen und integrierten Produktentwicklung beinhaltet die spezifische, anwendungsorientierte Konfiguration und Realisierung einer durchgängig integrierten Systemlandschaft und die Anpassung und Entwicklung von Methoden und Werkzeugen für die Organisation von Abläufen und Teams in verteilten Produktentwicklungsumgebungen“ (Bullinger 2003, S. 844). Der ungehinderte Daten- und Informationsaustausch im und zwischen Unternehmen wird somit zum zentralen Erfolgsfaktor (Eversheim 1998, S. 247). Dies begründet z. B. die hohe Beziehungsintensität sowie die Langfristigkeit der Zusammenarbeit mit Entwicklungspartnern.

Die vorliegende Arbeit befasst sich in erster Linie mit den vertikalen Kooperationen im Bereich der F&E, die im folgenden Abschnitt näher betrachtet werden.

3.1.2.2 Vertikale Kooperation zwischen Hersteller und Lieferanten

Kooperationen im Bereich der Hersteller- und Zulieferbeziehungen umfassen den größten Anteil an vertikalen Kooperationen. Sie finden vorwiegend bei Entwicklungsprojekten statt. Die Integration von Lieferanten oder Kunden in die Entwicklung von Produkten ist in jeder Phase des Produktentwicklungsprozesses möglich, wobei der Zeitpunkt der Integration u. a. vom Partner und dessen Fähigkeiten, vom Aufgabenspektrum und von der Aufteilung der Verantwortung in der Entwicklung abhängig ist (Kirst 2008, S. 95; Petersen, Handfield und Ragatz 2005, S. 373).

Die Beschreibungen des Produktentwicklungsprozesses in der Forschungsliteratur unterscheiden sich vor allem hinsichtlich der Gliederung, der Gliederungstiefe, der Bezeichnung der einzelnen Phasen sowie der Anzahl der Phasen und der beinhalteten Aufgabenfelder (Cratzius 2003, S. 7; Sharafi et al. 2010, S. 1734). Die nachfolgende Tabelle 8 (S. 37 f.) stellt eine Übersicht der Produktentwicklungsphasen bei einzelnen Autoren dar.

Autoren	Produktentwicklungsphasen							
Nijssen und Frambach 2000, S. 124	Idea Generation	Idea Screening	Concept Development and Testing	Marketing Strategy	Business Economic Analysis	Product Development	Market Testing	Commerciali-zation
VDI-Richtlinie 2221 1993[1]	Klären und Präzisieren der Aufgabenstellung	Ermitteln von Funktionen und deren Strukturen	Suchen nach Lösungsprinzipien und deren Strukturen	Gliedern in realisierbare Module	Gestalten der maßgebenden Module	Gestalten des gesamten Produktes	Ausarbeitung der Ausführungs- und Nutzungsangaben	
Engeln 2004, S. 13	Produktstrategie	Produktprogramm	Produktplanung	Produktkonzeption	Produktgestaltung	Prototypenbau	Produkterprobung	
Cooper 2005, S. 25	Discovery	Scoping	Build Business Case	Development	Testing and Validation	Launch	Post Launch and Review	
Yeh, Pai und Yang 2010, S. 136	Development of Proposal	Project Planning	Conceptual Design	Product Design	Prototype and Test	Process Development and Pilot Run	Manufacturing	
Feldhusen und Grote 2013, S. 23	Planung	Entwicklung	Konzept-entwicklung	Konzept-konstruktion	Gestaltung	Dokumentation	Herstellung	
Wildemann 2001, S. 202	Ideenphase	Produktdefinitions-phase	Konzept-entwicklungsphase	Produkt-/Prozess-entwicklungsphase	Anlaufphase	Serie/Projekte		

Tabelle 8: Übersicht unterschiedlicher Gliederungen von Produktentwicklungsphasen

[1] Für die Ausgestaltung des Produktentwicklungsprozesses und die Verbesserung der Konstruktion liegen eine Vielzahl von Produktentwicklungs- bzw. Konstruktionsmethoden vor. Die heute am weitesten verbreitete methodische Vorgehensweise im Konstruktionsprozess stellt die VDI-Richtlinie 2221 (Methodik zum Entwickeln und Konstruieren technischer Systeme und Produkte) dar. Sie umfasst sieben Arbeitsschritte von der Aufgabe bis zur Lösung für den Entwicklungs- und Konstruktionsprozess (Feldhusen und Grote 2013, S. 16 ff.).

Autoren	Produktentwicklungsphasen					
Vahs und Burmester 2005, S. 9	Innovationsanstoß	Ideengewinnung: Sammlung, Erfassung, Screening	Bewertung	Auswahl	Umsetzung	Markteinführung
Ulrich und Eppinger 2008, S. 22	Planning	Concept Development	System-Level Design	Detail Design	Testing and Refinement	Production Ramp-Up
Pahl und Beitz 1997	Planen und Klären der Aufgabe	Entwickeln der prinzipiellen Lösung	Entwickeln der Baustruktur	endgültiges Gestalten der Baustruktur	Entwickeln der Ausführungs- und Nutzungsunterlagen	
Zielasek 1999, S. 103	Problemphase	Konzeptphase	Definitionsphase	Entwicklungsphase	Produktionsphase	
Voigt 2008, S. 378	Ableitung des Innovationsbedarfs	Ideenfindung, -bewertung und -auswahl	Produkt- und Prozessentwicklung	Ramp-up (Produktionshochlauf)	Markteinführung	
John 2010, S. 49	Ideenphase	Konzeptphase	Entwicklungsphase	Prototypenbau und Testphase	Produktionsbeginn- und Markteinführungsphase	
Schmidt, Sarangee und Montoya 2009, S. 124	Opportunity Identification	Preliminary Marketing and Technical Assessment	Development and Testing	Commercialization		
VDI-Richtlinie 2206 2004	Systementwurf	domänenspezifischer Entwurf	Systemintegration			
vorliegende Arbeit	**Ideenphase**	**Konzeptphase**	**Ausgestaltungsphase**	**Testphase**	**Produktionsbeginn**	

Grundlegend ähnliche Prozessbestandteile sind bei fast allen abgebildeten Produktentwicklungsphasenmodellen erkennbar. Dazu zählt die Phase der Ideenentwicklung und Ideenbewertung, die Phase der Konzepterstellung, die Phase der Produktausgestaltung, die Phase des Prototypenbaus, die Testphase, die Phase, in der die Produktion beginnt und die Phase der Markteinführung. Um diese wesentlichen Prozessbestandteile in einer allgemeinen Form in der vorliegenden Arbeit darzustellen, findet eine Aggregation in folgende fünf Phasen statt:

- **Ideenphase**
  Startpunkt der Ideenphase ist die Neuproduktidee. Kreativitätstechniken können bei der Entwicklung von Produktideen Unterstützung leisten. Wichtige Einflussgrößen bei der Ideenfindung sind Aspekte aus den Kategorien: Produkt, Kunde, Technologie und Kosten. Prozesse zur Ideenbewertung und -filterung sind gleichfalls Bestandteil dieser Phase. Für die weitere Produktentwicklung werden in dieser Phase auch die Anforderungen an das zu entwickelnde Produkt definiert und abgestimmt. Ob die Produktidee in das Produktportfolio aufgenommen wird, entscheiden die zuständigen Entscheidungsträger im Unternehmen. Am Ende dieser Phase steht die Entscheidung an, ob das Produkt entwickelt (mit Bereitstellung der erforderlichen finanziellen, personellen und organisatorischen Ressourcen) oder verworfen wird. Meilenstein zum Phasenabschluss ist die Freigabe der Idee.
- **Konzeptphase**
  Nach der Ideenphase folgt die Konzeptphase. In dieser Phase werden das Produkt, die Projektziele und die Projektaufgaben weiter ausgearbeitet. Die Konkretisierung erfolgt oftmals nach einer Top-Down-Vorgehensweise, beginnend meist in Form eines Lastenheftes, anschließend mit größerer Spezifikationstiefe in Form eines Pflichtenheftes.[20] Oftmals werden in der Konzeptphase noch Alternativen gesucht, beschrieben und bewertet. Die Dokumentation dient auch zur Entscheidungsvorbereitung und -findung, ob die Entwicklungsarbeiten zum Produkt fortgesetzt oder abgebrochen werden sollen. Begleitend bzw. vorbereitend dazu werden Kosten- und Nutzenanalysen sowie Risikobewertungen erarbeitet und den Entscheidungsträgern vorgelegt. Die Umsetzung von Maßnahmen zur Qualitätssicherung ist ebenfalls Bestandteil dieser Phase. Meilenstein zum Phasenabschluss ist die Freigabe des Konzepts.
- **Ausgestaltungsphase**
  Aufbauend auf den Ergebnissen der Konzeptphase (Lasten- bzw. Pflichtenheft) werden in dieser Phase die konkreten Forschungs- und Entwicklungstätigkeiten durchgeführt. In diesem Zusammenhang wird eine detaillierte Projektplanung

[20] In der VDI/VDE-Richtlinie 3694 (Lastenheft bzw. Pflichtenheft für den Einsatz von Automatisierungssystemen) werden Elemente der Dokumentation festgelegt. Ein Lastenheft enthält alle Anforderungen und Randbedingungen, die das „Was“ und „Wofür“ beschreiben. Ein Pflichtenheft definiert in einer weiteren Detaillierung, „Wie“ und „Womit“ die geforderten Anforderungen umzusetzen sind (Cratzius 2003, S. 10).

(Entwicklungsplanung) erstellt und abgestimmt sowie die Produktionsverfügbarkeit gewährleistet. Außerdem werden Reviews im Rahmen der Qualitätssicherung durchgeführt (Verifizierung der Erfüllung der gestellten Produktanforderungen). Meilenstein zum Phasenabschluss ist die Freigabe zur Testphase in Form eines Prototypenbaus.

- **Testphase**
  In dieser Phase erfolgen die Fertigung und der Test des Prototyps. Es wird geklärt, ob der Prototyp die im Lasten- und Pflichtenheft definierten und/oder zwischenzeitlich revidierten bzw. überarbeiteten Anforderungen erfüllt. In dieser Phase erfolgt ebenfalls ein „Feintuning", im Rahmen dessen der Prototyp gegebenenfalls einem Markttest unterworfen wird. Danach werden die endgültigen technischen Parameter festgelegt und es erfolgt die Vorbereitung und Freigabe zur Serienfertigung. Festgelegt werden z. B. die zur Produktion erforderlichen Verfahren und Prozessabläufe, Werkzeuge, Werkstoffe, Ressourcen und die produktionstechnischen Parameter. Meilenstein zum Phasenabschluss ist die Freigabe zur Produktion.
- **Produktionsbeginn**
  In dieser Phase erfolgen der Produktionsanlauf, die ständige Optimierung der Produktion sowie die Produktpflege und -weiterentwicklung.

Abbildung 16 ordnet den einzelnen Produktentwicklungsphasen Meilensteine zu und stellt die wesentlichen Inhalte kurz dar.

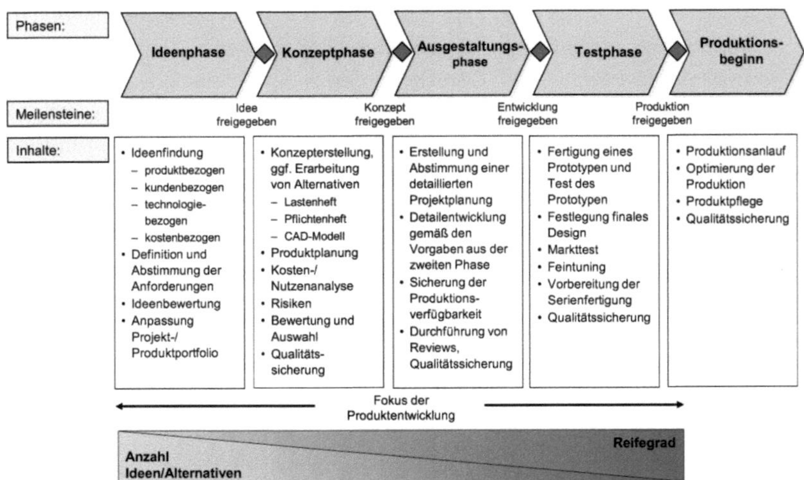

Abbildung 16: Übersicht der aggregierten Produktentwicklungsphasen

Die Frage nach dem Zeitpunkt der Einbindung von Lieferanten oder Entwicklungspartnern in den Produktentwicklungsprozess hängt neben der strategischen Ausrichtung von der Festlegung einzelner Gestaltungskriterien ab. Generell gilt also, dass eine Einbindung von Lieferanten oder Produktentwicklungspartnern zu unterschiedlichen Zeitpunkten des Produktentwicklungsprozesses möglich ist (John 2010, S. 82). Die Abbildung 17 stellt den Zeitpunkt einer möglichen Integration von Lieferanten in den oben gebildeten fünf aggregierten Phasen dar.

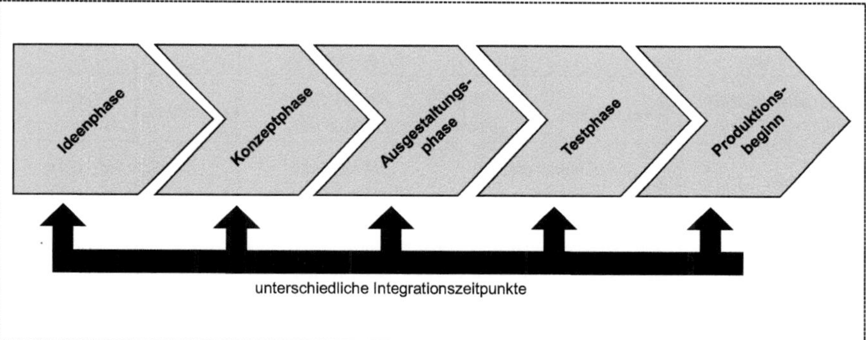

Abbildung 17: Unterschiedliche Integrationszeitpunkte im Produktentwicklungsprozess

Wesentlicher Einflussfaktor auf den idealen Einbindungszeitpunkt ist die Produktart. Bei der Entwicklung von strategischen Produkten sollte die Einbindung möglichst früh, am besten schon in der Ideenphase erfolgen. Bei Hebel- oder Engpassprodukten sollte die Einbindung in der Konzept- oder Ausgestaltungsphase erfolgen. Zulieferer unkritischer Routineprodukte werden meist in späteren Entwicklungsphasen wie der „Ausgestaltungsphase“ integriert (John 2010, S. 84). Weitere Einflussfaktoren für den Integrationszeitpunkt sind inhaltliche Ziele, Umfang der Produktentwicklungsanforderung, Zusammenarbeit und Grad der Parallelisierung. In Tabelle 9 (S. 42) sind die wichtigsten Gliederungskriterien zusammengestellt (vgl. Steinhorst 2005, S. 96).

Durch eine frühzeitige Integration von Lieferanten oder Entwicklungspartnern in den Produktentwicklungsprozess können u. a. folgende Vorteile entstehen (John 2010, S. 84):

- Gewinn an zusätzlichem Know-how,
- Intensivierung der Zusammenarbeit,
- Verringerung der Entwicklungszeiten und -kosten,
- Senkung der Material-, Produktions- und Logistikkosten,
- bessere Berücksichtigung von Kundenwünschen sowie
- Verbesserung der Qualität.

Im Kontext dieser Arbeit soll Produktentwicklung nicht ausschließlich als reine Entwicklungstätigkeit verstanden werden, sondern als prozessuale Phase, die von der Ideengewinnung bis zur Produktion reicht. Dabei können Produkte sowohl als Sach- oder Dienstleistungen generiert werden (Verworn 2005, S. 13). Hinsichtlich des Entwicklungsergebnisses kann zwischen einer Anpassungs-, Weiter- und Neuentwicklung unterschieden werden (Eherer 1994, S. 10 ff.), die sich u. a. hinsichtlich ihres Komplexitäts- und Neuheitsgrades unterscheiden. Beide Unterscheidungsmerkmale sind bei Neuentwicklungen eher hoch, bei Anpassungsentwicklungen dagegen eher gering (Voigt 1998, S. 170).

Kriterien	Ausprägung				
Integrationszeitpunkt	*Ideenphase*	*Konzeptphase*	*Ausgestaltungsphase*	*Testphase*	*Produktionsbeginn*
Produktart	strategisches Produkt	Hebel- oder Engpassprodukt	unkritisches oder Routineprodukt		
inhaltliches Ziel	Prozessentwicklung	Prototypenbau	Werkzeugerstellung	Versuch	Planungsunterstützung
Umfang	Einzelteil	Komponente	System	Multisystemmodul	
Zusammenarbeit	arbeitsteilig, eigenverantwortlich, Übergabedokumente	Übergabe Spezifikation an Team		paralleles Arbeiten	
		Konstruktionsteam	Entwicklungsteam	ohne Übergabe und Abnahme	mit Übergabe und Abnahme
Grad der Parallelisierung	sequenziell	Mischformen	parallel		

Tabelle 9: Gestaltungskriterien sowie Ausprägungen im Produktentwicklungsprozess (in Anlehnung an Steinhorst 2005, S. 96)

3.1.3 Erfolgsfaktoren kooperativer Produktentwicklung

Als Erfolgsfaktoren werden in der betriebswirtschaftlichen Erfolgsfaktorenforschung (u. a. Herr 2007, S. 38; Krol 2010, S. 40 ff.) „[...] die Einflussgrößen, die sowohl unternehmensintern als auch unternehmensextern emigrieren und den Unternehmenserfolg beeinflussen", bezeichnet (Himpel 2004, S. 194). Die ermittelten Einflussgrößen sollen Erfolg oder Misserfolg erklären. Kritische Erfolgsfaktoren sind wichtige Faktoren, „[...] die in Form von Informationen für das Management eines Unternehmens von hoher Bedeutung für Controlling, Führung und Steuerung von Unternehmen oder Unternehmensbereichen sind" (Krol 2010, S. 40).

Die nachfolgende Abbildung 18 stellt einen Auszug aus einer im Rahmen der vorliegenden Arbeit durchgeführten Literaturanalyse zum Themenfeld „Erfolgsfaktorenforschung im Bereich kooperativer (Neu-)Produktentwicklung" dar. Basierend auf den umfangreichen Vorarbeiten von Held (2015) konnten aus einem Pool von derzeit 931 Veröffentlichungen (Stand: Mai 2015) für die weitere Analyse der vorliegenden Arbeit 337 relevante Veröffentlichungen extrahiert werden (Held 2015, S. 3 f.). Diese bestehen aus 276 Fachzeitschriftartikeln, 25 Buchkapiteln sowie 36 Konferenzbeiträgen und Forschungsberichten. Der überwiegende Teil verteilt sich auf knapp einhundert englischsprachige Fachzeitschriften, wie z. B. „Journal of Product Innovation Management", „Industry Marketing Management", „International Journal Operations & Production Management" und „Journal of Supply Chain Management". Für die weitere Analyse wurde der über insgesamt 30 Jahre reichende Untersuchungszeitraum in drei Dekaden (1985–1994, 1995–2004 und 2005–2014) unterteilt (vgl. Abbildung 19, S. 44).

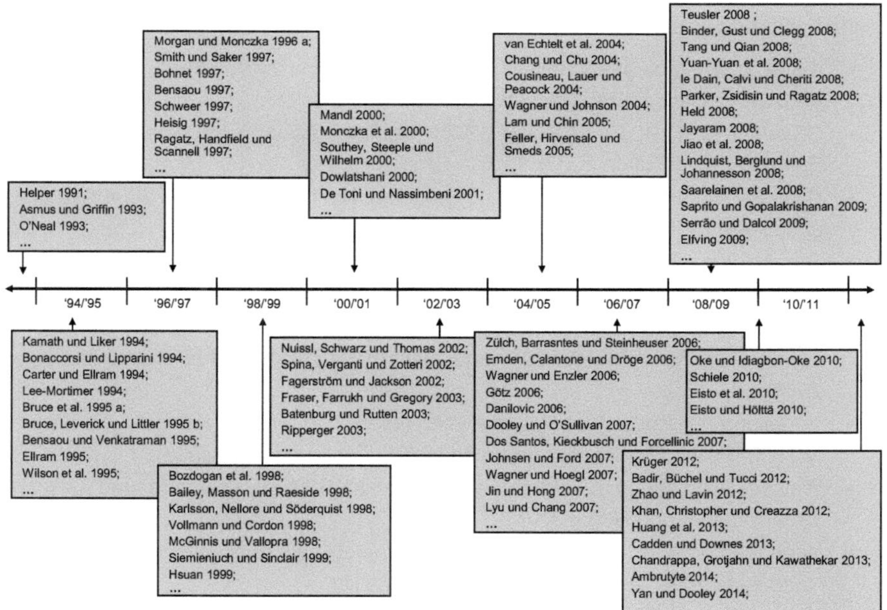

Abbildung 18: Übersicht zur Erfolgsfaktorenforschung kooperativer Neuproduktentwicklung

Auffällig ist, dass eine Vielzahl der Forschungsarbeiten auf einzelne Branchen, wie z. B. die Automobilindustrie, fokussieren. Allerdings befassen sich nur wenige Arbeiten mit Gießereien (u. a. Saarelainen et al. 2008; Eisto et al. 2010; Eisto und Hölttä 2010). Auch der Themenbereich der Ökologie ist in der Erfolgsfaktorenforschung nur sehr selten vertreten. Abbildung 19 (S. 44) stellt die am häufigsten genannten Erfolgsfaktoren dar.

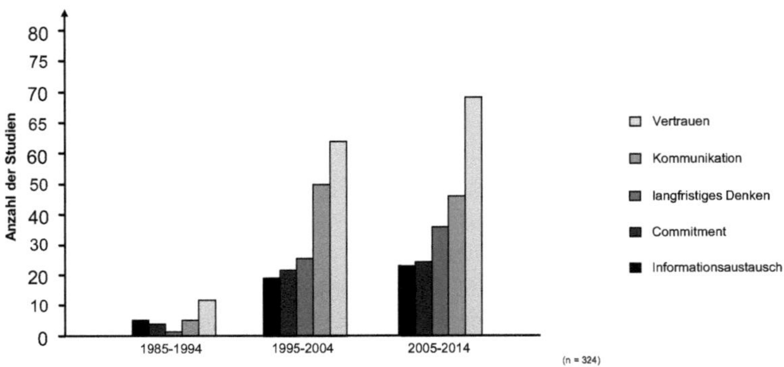

Abbildung 19: Häufigkeit der Nennung ausgewählter Erfolgsfaktoren im Zeitraum 1985–2014

Ergänzend zu den vorhergehenden Einflussfaktoren werden in der Literatur noch folgende Faktoren erwähnt:

- Kultur (u. a. Bruce et al. 1995 a; Bailey, Masson und Reaside 1998; Johnsen und Ford 2007; Cadden und Downes 2013),
- Offenheit (u. a. Roy und Potter 1996; Karlsson, Nellore und Söderquist 1998; Batenburg und Rutten 2003),
- IT-Systeme und Schnittstellen (u. a. Emden, Calantone und Dröge 2006; Wagner und Hoegl 2006; Ambrutyte 2014),
- Gemeinsame Ziele (u. a. Ellram 1995 b; Bensaou 1997; Bozdogan et al. 1998; Dooley und O'Sullivan 2007; Elfving 2009),
- Projektplanung (u. a. Bruce, Leverick und Littler 1995 b; Monczka et al. 2000; Wynstra und van Echtelt 2001; Chang und Chu 2004; Binder, Gust und Clegg 2008),
- Verteilung der Rollen und Verantwortlichkeiten (u. a. Fraser, Farrukh und Gregory 2003; Feller, Hirvensalo und Smeds 2005; Tang und Qian 2008),
- Win-win-Situation (u. a. Morgan und Monczka 1996 a; Vollmann und Cordon 1998; Wagner und Hoegl 2007),
- Vereinbarung über Risiko und Nutzen (u. a. McGinnis und Vallopra 1998; Yuan-Yuan et al. 2008; le Dain, Calvi und Cheriti 2011),
- Historie der Beziehung (u. a. Spina, Verganti und Zotteri 2002; Jin und Hong 2007; Parker, Zsidisin und Ragatz 2008; Serrão und Dalcol 2009; Zhao und Lavin 2012),
- einheitliche Regeln (u. a. Wilson et al. 1995),
- frühzeitige Lieferantenintegration (u. a. O'Neal 1993; De Toni und Nassimbeni 2001; Danilovic 2006; Held 2008; Khan, Christopher und Creazza 2012; Chandrappa, Grotjahn und Kawathekar 2013),
- gemeinsame Trainings (u. a. Siemieniuch und Sinclair 1999; Cousineau, Lauer und Peacock 2004; Huang et al. 2013),

- Co-Location (u. a. Ragatz, Handfield und Scannell 1997; Wagner und Johnson 2004; Jayaram 2008),
- persönliche Treffen (u. a. Hsuan 1999; Fagerström und Jackson 2002; Yan und Dooley 2014),
- Monitoring (u. a. Bensaou und Venkatraman 1995; Southey, Steeple und Wilhelm 2000; Lyu und Chang 2007; Jiao et al. 2008; Schiele 2010),
- Top-Management-Unterstützung (u. a. Dowlatshani 2000; Dos Santos, Kieckbusch und Forcellinic 2007; Lindquist, Berglund und Johannesson 2008).

Bedingt durch die zunehmende Nutzung moderner Informationstechnologien in der Produktentwicklung erschienen in jüngster Zeit häufiger Forschungsarbeiten, die „[...] den technologischen Faktor stärker in den Fokus ihrer Betrachtung rückten" (Heindorf 2010, S. 5). Die wichtigsten Erfolgsfaktoren im Kooperationsprozess bei Entwicklungskooperationen sind offene Kommunikation, gemeinsame Ziele, langfristiges Denken, frühzeitige Lieferantenintegration und gemeinsame Trainings (siehe auch Wildemann 2004, S. 65). Speziell das Vertrauen, das langfristige Denken sowie der Informationsaustausch haben im Zeitraum 1995 bis 2014 an Bedeutung gewonnen (vgl. Abbildung 19, S. 44). Nachfolgend werden kurz die bedeutsamsten Einflussgrößen erläutert.

3.1.3.1 Vertrauen

Ripperger definiert „Vertrauen" als einen „[...] Mechanismus zur Stabilisierung unsicherer Erwartungen und zur Verringerung der damit einhergehenden Komplexität menschlichen Handelns" (Ripperger 2003, S. 13). Insbesondere bei Kooperationen gilt: „Vertrauen verstärkt also Kooperationen und kann durch Kooperationen wiederum Verstärkung erfahren" (Nuissl, Schwarz und Thomas 2002, S. 21). Auf Vertrauen basierende Kooperationen operieren erfolgreicher und sind ökonomisch leistungsfähiger als solche, die auf Misstrauen basieren (Götz 2006, S. 191). Vertrauen kann sich auf Basis von Gefühlen oder Gewohnheiten entwickeln (Asmus und Griffin 1993). Auf der Grundlage von „[...] Gefühlen wie Sympathie oder Zuneigung kann ein Akteur ebenso Vertrauen gewähren" (Krüger 2012, S. 135). Smith und Saker beschreiben in ihrer in der Automobilindustrie angesiedelten Studie das Vertrauen als ein sicheres, positiv gesinntes Gefühl gegenüber dem Zulieferer. Zusammenfassend beschreiben Smith und Saker den Erfolgsfaktor Vertrauen als Funktion vergangener Erfahrungen basierend auf persönlichen Treffen und der Zufriedenheit mit den erreichten Ergebnissen (Smith und Saker 1997). Zusätzliche positive Erfahrungen, die sich am materiellen Output der Kooperation orientieren und somit das Vertrauen verstärken, können allerdings in bestimmten Fällen auch eine mangelhafte Leistungserbringung zur Folge haben und nachhaltig das Vertrauen trüben (Zülch, Barrasntes und Steinheuser 2006, S. 93).

3.1.3.2 Kommunikation

Kommunikation wird als „[...] direkte, beidseitige verbale Interaktion zweier oder mehrerer Individuen“ definiert (Bohnet 1997, S. 29). Nach Badir, Büchel und Tucci steht vor allem die betriebsübergreifende Kommunikation im Fokus von Kooperationen (Badir, Büchel und Tucci 2012, S. 921). Im Rahmen formaler und informaler Kommunikation findet der Austausch von explizitem oder implizitem Wissen statt (Teusler 2008, S. 61). Je nach Medieneinsatz unterscheiden sich der Informationsreichtum, die Geschwindigkeit und die Kapazität für sofortiges Feedback sowie die Fähigkeit, soziale Hinweise zu übermitteln (Saprito und Gopalakrishanan 2009). Die Intensität der Kommunikation reflektiert die psychische Nähe zum Partner, das Kommunikationsmedium hingegen den Typ der Beziehung (Oke und Idiagbon-Oke 2010, S. 444). Die verschiedenen Formen des Medieneinsatzes bei der Kommunikation lassen sich dabei wie folgt unterteilen (u. a. Lam und Chin 2005; Badir, Büchel und Tucci 2012; Beutner et al. 2013, S. 23):

- Multimedia (Verarbeitung von Text, Grafik, Foto, Audio- bzw. Videomaterial),
- Telekooperation (E-Mail-Verkehr, Intranet, Internet, Videokonferenzen, Webmeetings),
- Datenbank-Technologien,
- Electronics-Engineering-Plattformen etc.

Auch bei der Kommunikation spielt das Vertrauen eine entscheidende Rolle, „[...] Kooperation und Kommunikation können nur auf einer Vertrauenskultur aufbauen“ (Mandl 2000, S. 90). Nach Teusler (2008) können als „Bedingungen der Kommunikation für die Kooperation [eine] umfassende, regelmäßige und gegenseitige Kommunikation zwischen den Kooperationspartnern [und] eine offene und überschaubare Kommunikation“ angesehen werden (Teusler 2008, S. 81).

3.1.3.3 Langfristiges Denken

Sydow und Manning (2006) beschreiben, dass bei „[...] projektbezogenen Kooperationen die Unterscheidung zwischen Partner und Wettbewerber verschwimmt. Um in diesem neuen Markt zu bestehen, bedarf es für den Aufbau von Allianzen [...] klarer Spielregeln, jedoch auch den Willen zu langfristigen Kooperationen, auch über Landesgrenzen und Kontinente hinweg“ (Sydow und Manning 2006, S. 206). Speziell bei Kooperationen, die auf Nachhaltigkeit ausgerichtet sind, ist langfristiges Denken unabdingbar (Seidel und Strebel 1993). Langfristiges Denken und Handeln der Kooperationspartner ist ein stabilitätserhöhender Faktor (Rauscher 2002, S. 70).

3.1.3.4 Commitment

Das Commitment in einer Kooperation ist eine tragende Säule für die Zusammenarbeit. Dabei ist wichtig, dass das Commitment zwischen den Partnern gleich stark ist und sich dadurch Bindungskräfte entwickeln können (Teusler 2008, S. 81), die die Zusammenarbeit weiter stärken und die es gleichzeitig ermöglichen, die Zahl an Zulieferern durch die Nichteinbeziehung von potenziellen Kooperationsalternativen zu reduzieren (Lettice, Wyatt und Evans 2010, S. 312 f.). Nach Anderson und Weitz (1992) führt Commitment dazu, dass die Partner sich eine stabile Beziehung wünschen und bereit sind, kurzfristig schlechte Entwicklungen für die Beziehung zu ertragen (Anderson und Weitz 1992, S. 26 f.).

3.1.3.5 Ökologie

Im Kontext der vorliegenden Arbeit gilt es insbesondere, Ansätze zu ökologischen Erfolgsfaktoren zu ermitteln. Für den Zeitraum 1985 bis 2014 wurden insgesamt 22 Veröffentlichungen zum Themenbereich Ökologie identifiziert und analysiert, wobei 13 Arbeiten „ökologieorientierte Produktentwicklung" als Erfolgsfaktor benennen (vgl. Abbildung 20).

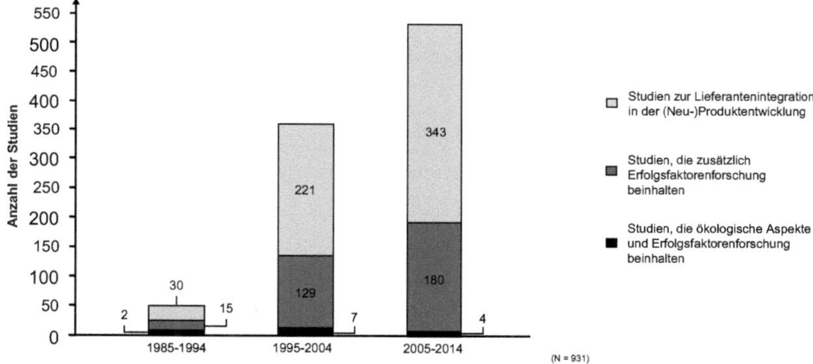

Abbildung 20: Ökologische Erfolgsfaktorenforschung im Zeitraum 1985–2014

Für den nachfolgenden Überblick wurden Untersuchungen berücksichtigt, die Erfolgsfaktoren sowie Hintergründe „ökologieorientierter Produktentwicklung" analysieren. Tabelle 10 (S. 48) gibt eine Kurzübersicht über die Rahmenbedingungen der hier ausgewählten Veröffentlichungen.

Die folgende Tabelle 10 (S. 48) zeigt die Bandbreite der recherchierten Studien. Es wird deutlich, dass mehrere der Einflussfaktoren, z. B. Unterstützung durch das Top-Management, umweltbezogene Wissensressourcen im Unternehmen oder ökologische Zielsetzungen, je nach Ausprägung in einigen Untersuchungen als Erfolgsfaktor, in anderen wiederum als Hemmnisse beschrieben werden. Nach Ostmeier sowie Boks und Pascual sollte eine Verankerung von Umweltbestrebungen sowohl auf normativer als auch auf strategischer Managementebene (Unterstützung durch das Top-Management) erfolgen (Ostmeier 1990; Boks und Pascual 2004). Ein Mangel an Unterstützung durch das Top-Management wird als Hemmnis für ökologische Bestrebungen in der Produktentwicklung angesehen (Crul 1994).

Autoren	Erhebungs-land	Erhebungs-branche	Erhebungs-methode	Forschungs-sample
Ostmeier 1990	Deutschland	produzierende Industrie	Befragung	116
Crul 1994	k. A.	diverse Industrien	Befragung	k. A.
Dowlatshahi 1997	USA	k. A.	k. A.	k. A.
Lenox und Ehrenfeld 1997	k. A.	vier Elektronikunternehmen	Fallstudien	k. A.
Frei und Waser 1998	Schweiz	Maschinen-, Elektro- und Metallindustrie	Befragung	40
IPTS 2000	Europa, USA und Japan	diverse: u. a. Elektronik- und Pharmaindustrie	Befragung	28
Pujari, Wright und Peattie 2003	GB	produzierende Industrie	Befragung	151
Boks und Pascual 2004	Asien	Elektroindustrie	Befragung	k. A.
Pujari 2004	USA	diverse: u. a. Automobil-, Elektro-, Möbelindustrie	Befragung	68
Chiou et al. 2011	Taiwan	acht unterschiedliche Industrien	Befragung	124
Lee und Kim 2011	Korea	Halbleiterindustrie	Fallstudien	k. A.
Caniëls, Gehrsitz und Semeijn 2013	Deutschland	Automobilindustrie	Befragung	54
van den Berg, Labuschagne und van den Berg 2013	Südafrika	11 unterschiedliche Industrien	Befragung	75

Tabelle 10: Übersicht von Erfolgsfaktoruntersuchungen zur ökologieorientierten Produktentwicklung

Die Analysen von Lenox und Ehrenfeld befassen sich mit den umweltbezogenen Wissensressourcen als Erfolgsfaktor (Lenox und Ehrenfeld 1997). Dabei wird deutlich, dass im Unternehmen vorhandenes fachliches und methodisches Wissen über z. B. ökologische Auswirkungen und Anforderungen an Produkte sowie die Anwendung von Eco-Design-Tools und Datenbanken von besonderer Bedeutung bei der ökologieorientierten Produktentwicklung sind. Bei Crul werden fehlende Wissensressourcen auch als Hemmnisse betrachtet (Crul 1994), wobei der ökologischen Kompetenz im Unternehmen eine hohe Bedeutung zugewiesen wird, dieser aber keine besondere Relevanz für die ökologieorientierte Produktentwicklung zugeschrieben wird (Boks und Pascual 2004).

Die Untersuchungen von Frei und Waser sowie Boks und Pascual belegen, dass bei den von ihnen betrachteten Unternehmen, ungeachtet des vorherrschenden Wissens über die Wichtigkeit von „ökologieorientierter Produktentwicklung“ oder auch dem Vorliegen von „umweltrelevanten Unternehmensstrategien“, ein Mangel an ökologischen Bestrebungen bei einzelnen Entwicklungsprojekten besteht (Frei und Waser 1998; Boks und Pascual 2004). Eine klare Formulierung von ökologischen Zielen wird hierbei als Erfolgsfaktor beschrieben, wodurch bei der Entstehung von unternehmerischen Interessens- und Zielkonfliktfällen die Bedeutung einerseits wirtschaftlich anderseits technischer Entwicklungsziele im Vordergrund steht. Die Analysen von Crul und dem Institut für technologische Zukunftsforschung (engl. Institute for Prospective Technological Studies; IPTS) zeigen, dass Unsicherheit über Kostenentwicklung, Zeitmangel, befürchtete Qualitätsverluste und unterschiedliche Projektanforderungen solche Zielkonflikte zur „ökologieorientierten Produktentwicklung“ darstellen können (Crul 1994; IPTS 2000).

Nach Pujari, Wright und Peattie ist es für Unternehmen ratsam, entsprechende Umweltaudits durchzuführen und dabei ihre Lieferanten mit einzubeziehen (Pujari, Wright und Peattie 2003). Im Allgemeinen können nach Chiou et al. Unternehmen durch ein spezielles Umweltmanagement oder durch ein sogenanntes „Green Supply Chain Management“ ihre Umweltleistung erhöhen (Chiou et al. 2011). Wettbewerbsvorteile basierend auf der Reduktion von negativen Umwelteinwirkungen sind durch langfristige Unternehmenskooperationen zu realisieren. Lee und Kim bestätigen, dass es für eine „grüne“ Produktentwicklung besonders wichtig ist, in langfristigen Beziehungen zu kooperieren (Lee und Kim 2011). Zudem sei eine effiziente Kommunikation zwischen den Partnern für eine zeitnahe und innovative Produktentwicklung unter Berücksichtigung „ökologischer“ Faktoren essentiell.

Laut Caniëls, Gehrsitz und Semeijn werden im deutschen Automobilsektor durch eigenerstellte Umweltstandards, die über die ISO-Normen hinausgehen, hohe Umweltleistungen erzielt (Caniëls, Gehrsitz und Semeijn 2013). Besonders wichtig in diesem Zusammenhang ist, dass vor allem Unternehmen in langfristigen Kooperationsbeziehungen und mit wenigen Kooperationspartnern gewillt sind, nachhaltig zu arbeiten. Weiterhin schaffe der Austausch von Informationen Vertrauen. Dies wiederum werde seitens der Lieferanten zum Anlass genommen, spezifische Investitionen zur Produktivitätssteigerung zu tätigen, um auch in Zukunft von dieser Beziehung profitieren zu können. Dies wird als wichtiger Erfolgsfaktor ökologieorientierter Produktentwicklung beschrieben. Nach van den Berg, Labuschagne und van den Berg müssen die Kunden ihre Zulieferer im Rahmen des Green Supply Chain Managements bei der Einhaltung und Umsetzung der umweltbedingten Regularien und Zertifizierungsanforderungen unterstützen (van den Berg, Labuschagne und van den Berg 2013). Aufgabe des Lieferanten ist es dabei, Neuprodukte umweltgerecht zu entwickeln. Zu den Qualitätsmerkmalen dieser Entwicklung gehöre beispielsweise eine Gewichtsreduktion des Bauteils, eine Materialreduktion sowie die Energieeffizienz. Ein Bauteil solle so konstruiert sein, dass nur ein minimaler Anteil von Material bei der Verarbeitung verloren geht (Dowlatshahi 1997).

Zusammenfassend lässt sich feststellen, dass keine der im Rahmen der vorliegenden Arbeit ausgewerteten Studien explizit ökologische Kennzahlen wie Energieverbrauch bzw. CO_2-Emissionen heranzieht. Die Auswertung zeigt hingegen, dass bislang überwiegend innerbetriebliche Erfolgsfaktoren und daran anschließende Maßnahmen untersucht wurden. Weiterhin wird deutlich, dass bisher keine Untersuchung zur deutschen Gießereiindustrie in Verbindung mit den Gussteilabnehmern existiert.

3.1.4 Kooperative Produktentwicklung von Gussteilen

Eine Beteiligung von Gießereien an der Gussteilentwicklung ist von entscheidender Bedeutung (VDG 2001, S. 81). Auf dieser Basis können Mittel der Gießereitechnik rechtzeitig für die optimale Bauteilgestaltung genutzt werden (Bartels 2006, S. 44). Die wichtigste und grundlegendste Voraussetzung für die Herstellung eines Gussteils ist „[...] die gussgerechte Konstruktion" (Laczkovich 1986, S. 25). Allgemein beeinflussen Konstruktion und Entwicklung eines Gussteils maßgeblich die späteren Arbeitsschritte. Dazu gehören u. a. die Herstellung des Modells, die anzuwendende Formmethode, die erforderlichen Kerne sowie das Anschnitt- und Speisungssystem des Gussteils (Fritz und Schulze 2012, S. 77). Infolgedessen bedarf die Entwicklung von Gussteilen neben der Berücksichtigung von Eigenschaften der Gießproduktionsverfahren gewisser Gestaltungsrichtlinien. Es liegt bereits eine Vielzahl an fertigungs- und beanspruchungsorientierten Gestaltungsregeln vor. Im Weiteren werden einige Regeln bzw. Empfehlungen aufgeführt, die ein Konstrukteur beachten sollte (u. a. Ambos, Hartmann und Lichtenberg 1992; Westkämper und Warnecke 2010, S. 80):

- einfach herstellbare Formen anstreben und Aushebeschrägen vorsehen,
- Kerne einfach gestalten und ihre Anzahl minimieren,
- Werkstoffanhäufungen, insbesondere an Stellen, die für eine Speisung unzugänglich sind, vermeiden (Lunkergefahr),[21]
- Wanddickenübergänge für gerichtete Erstarrung sorgfältig gestalten,
- Spannungs- und Eigenspannungsspitzen durch Umgestaltung abbauen,
- scharfe Kanten vermeiden,
- Festigkeitseigenschaften der Werkstoffe beachten,
- Spannmöglichkeiten der Werkstücke und Bearbeitungsauslauf für Werkzeuge beachten.

Die genannten Punkte verdeutlichen die Komplexität der Gussteilgestaltung und die Notwendigkeit von entsprechendem Know-how, damit ein Gussteil den gießtechnischen Parametern gerecht wird. Durch zunehmende Anforderungen könnte eine Entwicklungspartnerschaft aller am Gussteil beteiligten Personen notwendig werden, wobei Konstrukteure im Maschinenbau „[...] üblicherweise nicht in Roh- oder Fertigteilen denken, sondern in Funktionen einbaufertiger Teile und Komponenten. Entwicklungspartner

[21] Lunker sind Schwindungshohlräume, die durch die Behinderung nachfließender Schmelze entstehen und somit die Belastbarkeit verringern (Conrad 2013, S. 218).

müssen diese Denkweise verstehen und bei der ganzheitlichen Optimierung hilfreich sein. Das setzt ausgeprägte Kundenorientierung und umfassendes Funktionsverständnis voraus“ (du Maire 2001 b, S. 24).

Eine Beratung oder weitergehende Unterstützung durch eine Gießerei als Entwicklungspartner kann erhebliches Einsparpotenzial bergen und zugleich eine bessere Funktionserfüllung mit höherem Funktionsnutzen unter Ausschöpfung aller form- und gießtechnischen Möglichkeiten gewährleisten (du Maire 2001 b, S. 24). Dies wird bei der parallelen Abwicklung zum Teil auch als Simultaneous Engineering (SE) bezeichnet und sollte bereits in der frühen Phase der Konstruktion und Entwicklung erfolgen (vgl. Abbildung 21).

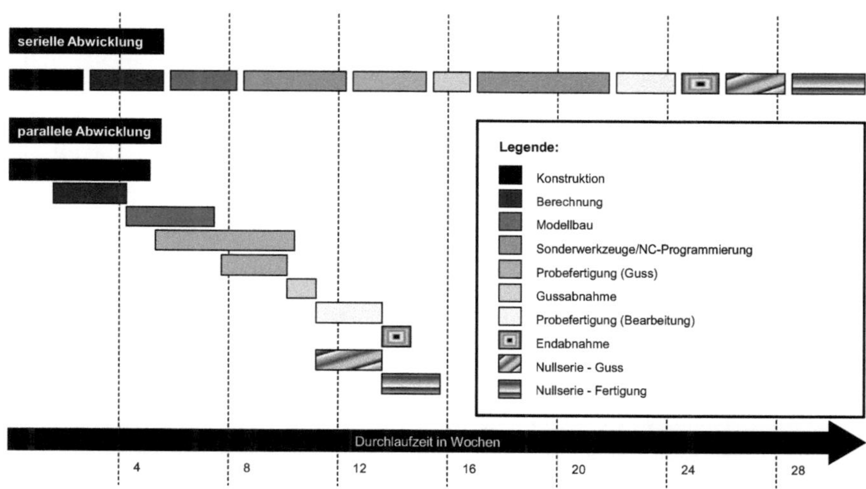

Abbildung 21: Serielle Abwicklung versus parallele Abwicklung bei der Gussteilentwicklung (in Anlehnung an du Maire 2001 a, S. 18)

Im Allgemeinen wird SE als eine Vorgehensweise betrachtet, die über die Parallelisierung von Aktivitäten kürzere Produktentwicklungszeiten ermöglicht (Schäppi 2005, S. 18). Nach Ehrlenspiel ist SE „[...] die zielgerichtete, interdisziplinäre Zusammen- und Parallelarbeit von Produkt-, Produktions- und Vertriebsentwicklung mithilfe eines straffen Projektmanagements, wobei der gesamte Produktlebenslauf betrachtet wird“ (Ehrlenspiel 2013, S. 217). SE kann als Leitkonzept zur Gestaltung des Produktentwicklungsprozesses verstanden werden. Das Ziel besteht darin, Entscheidungen zur Produktdefinition nicht erst in den der Produktentwicklung folgenden Phasen der Produktherstellung und Produktnutzung als richtig oder falsch zu erkennen, sondern zum frühestmöglichen Zeitpunkt. Hierdurch können Fehler mit geringeren Ressourcenverlusten korrigiert werden (Spur und Krause 1997, S. 581). Abbildung 21 stellt den Zeitgewinn bei der Prototypen-Herstellung durch SE dar, wobei eine wesentliche Voraussetzung für

SE der enge Kontakt zwischen Gießerei, Kunde und Werkzeugbauer darstellt (siehe auch Flender 1997). Eine Vielzahl von Entwicklungsprojekten der vergangenen Jahre hat gezeigt, dass in einer frühzeitigen parallelen Zusammenarbeit erhebliches Potenzial in Bezug auf Kosteneinsparungen und Qualitätsverbesserungen liegt (Bähr et al. 2005, S. 2). Erreicht wird dies u. a. durch die zeitliche Überlappung der Bereiche Konstruktion und Berechnung (vgl. Abbildung 21, S. 51). Heutige Möglichkeiten der schnellen Datenübertragung und des zeitparallelen Arbeitens an demselben Entwicklungsvorhaben trotz räumlicher Entfernung und unterschiedlichen Zuständigkeiten verdeutlichen das Zusammenwirken von CAD-Konstruktion, Topologie, Berechnung und Simulation (vgl. Abbildung 22).

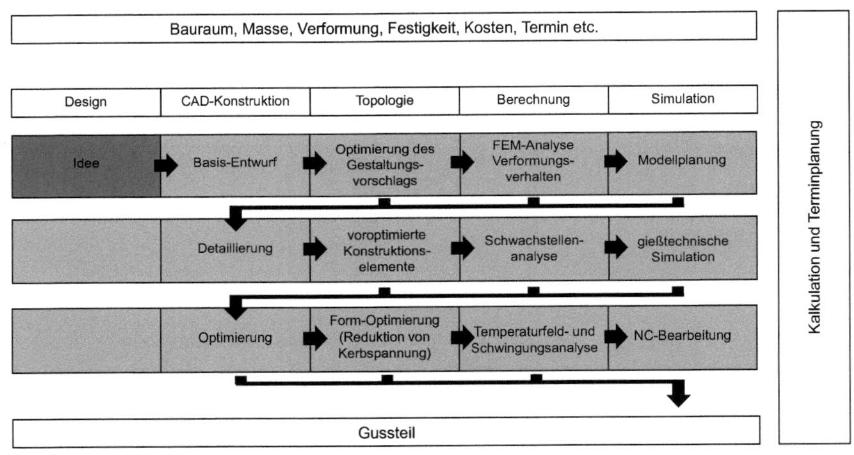

Abbildung 22: Vereinfachter Ablauf einer Produktentwicklung von Gussteilen (du Maire und Schmidt 2005, S. 124)

Zu Entwicklungsbeginn werden alle relevanten Restriktionen, die die Belastungsrandbedingungen, Umgebungsbedingungen und die Baugröße betreffen, zusammengetragen (Warnke 2005, S. 12). Im Anschluss erfolgt die Festlegung der Grobgeometrie sowie des erforderlichen Bauraums. Weiterhin gilt es, die benötigten Funktionsflächen zu berücksichtigen. Die Beschränkungen und Anforderungen an das Gussteil werden seitens der Abnehmer definiert und der Gießerei im Regelfall vor Entwicklungsbeginn mitgeteilt. Oftmals entsteht hierbei das Problem, „[...] dass die vom Kunden in Auftrag gegebenen Gussteilzeichnungen nicht den Erfordernissen der fertigungsgerechten Gestaltung entsprechen und kurzfristig entschieden werden muss, ob das betreffende Gussteil überhaupt bzw. mit welchen geometrischen Änderungen kostendeckend gegossen werden kann" (Hartmann und Martin 1997, S. 201). Hilfestellung kann dabei die Ähnlichkeitsbetrachtung von Gussteilen durch Klassifikationsverfahren bieten. Köllen identifiziert fünf Verfahren aus den 1960-er und 1970-er Jahren mit Beschränkung auf die Technologie des Urformens (Köllen 1980, S. 21). Nach König existieren bis heute vier solcher in der Gießereiindustrie anwendbarer Klassifikationsverfahren (König 2008, S. 30). Diese werden im Folgenden in *technologische* und *absolute* Verfahren unterteilt und kurz vorgestellt:[22]

- **technologisches Klassifikationsverfahren nach Málek und Burda**
  Málek und Burda stellten im Jahr 1962 eine technologisch orientierte Klassifikation für Gussteile mit Hauptgruppen- und Gruppeneinteilung vor (Málek und Burda 1962, vgl. auch Pacyna 1972, S. 25; Köllen 1980, S. 27). In der Hauptgruppe werden die Außensperrigkeit und Kernschwierigkeit des Gussteils beurteilt. In die Gruppeneinteilung geht die geometrische Gestalt des Gussteils mit ein (vgl. hierzu auch König 2008, S. 30).
- **technologisches Klassifikationsverfahren nach Rosenberger**
  Die Klassifikation von Gussteilen nach Rosenberger aus dem Jahr 1965 gründet sich auf einer technologischen Betrachtungsweise. Diese lässt sich wiederum in einzelne Merkmale unterteilen (Rosenberger 1965). Dabei werden von 13 untersuchten Merkmalen für die Bildung eines Klassifikationsverfahrens die Hauptgruppen „Schwierigkeit der Formarbeit“, „Schwierigkeit der Kernarbeit“ und „Realisierbarkeit der geometrischen Gestalt (Grundform)“ verwendet (Köllen 1980, S. 27).
- **absolutes Klassifikationsverfahren nach Czikel**
  Im Jahr 1964 stellte Czikel seine Klassifikation von Gussteilen durch Gruppierung nach Schwierigkeitsmerkmalen und Gestalt der Gussteile vor (Czikel 1964). Durch mathematische Verknüpfung der drei Ausgangsgrößen Volumen, Oberfläche und Kernvolumen werden die Merkmale „Proportionierung“ (Flächenentwicklung) und „Dimensionierung“ (Körperaufblähung) gebildet (vgl. Pacyna 1972, S. 25 und Köllen 1980, S. 28).
- **absolutes Klassifikationsverfahren nach Pacyna**
  Die Klassifikation von Pacyna aus dem Jahr 1972 umfasst 34 Gruppen, wobei 4 dieser Gruppen betriebswirtschaftliche Daten enthalten können (Pacyna 1972, S. 23). Der Fokus liegt auf der Erstellung einer Kalkulation, welche die Gussstückklassifikation nach den fünf Merkmalen der Gestalt, dem Werkstoffvolumen, dem Werkstoff, der Losgröße und den Eigenschaft des Kundenwunschs unterteilt (König 2008, S. 34).

Zusammenfassend wird deutlich, dass die hier beschriebenen Klassifikationsverfahren Unterschiede in der Bedeutung der einzelnen Merkmale aufweisen, teilweise auf subjektiv ermittelten Eingangsgrößen basieren sowie einen ungleichen Aufwand bei der Datenerhebung erfordern.

[22] Unter *technologischen* Klassifikationsverfahren werden größtenteils in Schlagworte unterteilte verfahrenstechnische und gestaltbeschreibende Ordnungsmerkmale dargestellt. Die *absoluten* Klassifikationsverfahren basieren hingegen auf mathematischen Formeln zur Berechnung von Ordnungskennzahlen (Pacyna 1972, S. 24).

Nachdem alle Lasten, Randbedingungen sowie der Bauraum definiert worden sind, folgt als nächster Schritt der Produktentwicklung die Gestaltfindung und -optimierung. Zunächst wird durch den Konstrukteur ein fertigungsgerechtes Modell entworfen, welches anschließend berechnet und gegebenenfalls in mehreren Iterationen weiter optimiert wird (du Maire 2003, S. 22). Die Entwürfe beruhen in hohem Maße auf Erfahrung, Intuition und Wissen des Konstrukteurs. Hierbei entstandene Fehler können in den nachfolgenden Schritten nicht mehr grundsätzlich behoben werden (Bartels 2006, S. 64). Gegenüber der oben genannten Vorgehensweise unterscheidet sich der Entwicklungsprozess mit integrierter Topologieoptimierung dadurch, dass als Ausgangsbasis das CAD-Modell des verfügbaren Bauraums fungiert. Ziel dieser Optimierung ist es, passende Gestaltungsvorschläge entsprechend den definierten Optimierungszielen zu generieren. Innerhalb des vorgegebenen Bauraums soll somit eine optimale, belastungsgerechte Materialverteilung ermittelt werden. Mögliche Optimierungsziele können dabei eine:

- Optimierung der Steifigkeit,
- Reduzierung des Gewichts,
- Erhöhung/Minderung der Eigenfrequenz oder
- Kombination der genannten Ziele sein.

Bereits Mattheck verweist auf die besondere Eignung von Gusserzeugnissen für eine rechnergestützte Gestaltoptimierung. Das zur damaligen Zeit am Kernforschungszentrum Karlsruhe entwickelte Computer-Aided-Optimization-Verfahren (CAO-Verfahren) „ist die mit der Finite-Elemente-Methode (FEM) vollzogene Simulation des adaptiven Wachstums von Bäumen, die sich durch mechanisch gesteuerten Korrektivwuchs optimal an die jeweilige Lastsituation anpassen“ (Mattheck 1989, S. 16). Zusammen mit der Soft Kill Option (SKO), mit der Bereiche, die nicht zum Kraftfluss beitragen, iterativ reduziert bzw. entfernt werden (Mattheck 1996, S. 50 ff.), bildet das CAO-Verfahren die Basis für moderne Topologieoptimierungsprogramme, deren Berechnungsalgorithmen die Wachstumsvorgänge biologischer Strukturen nachbilden und somit Gestaltvorschläge für kraftflussgerechte, steife Strukturen liefern. Der Einsatz von Programmen wie z. B. „Tosca“ des Unternehmens Dassault Systèmes Deutschland GmbH oder „OptiStruct“ (Firma Altair Engineering, Inc.) in der frühen Phase des Entwicklungsprozesses ermöglicht das automatische Ermitteln einer beanspruchungsgerechten Gestalt, basierend auf Vorgaben wie dem zulässigen Entwurfsraum, der Lagerung und der Belastung (Schumacher 2013, S. 211). Dabei müssen jedoch im Vorfeld alle auftretenden Lastfälle und Worst-Case-Szenarien aus möglichen Lastfallkombinationen bekannt sein und vom Konstrukteur berücksichtigt werden, da die Gestaltoptimierung eine speziell für diese Belastung angepasste Gussteilgestalt hervorbringt (Mattheck 1996, S. 234). Während der Topologieoptimierung werden auch fertigungstechnische Restriktionen wie Mindestwandstärken, Ausformrichtungen oder Speisung von der Software berücksichtigt. Der erhaltene Gestaltvorschlag wird in das CAD-System importiert und unter Berücksichtigung gießtechnologischer Aspekte wie Formteilung, Aushebeschrägen, Radien und Schrumpfung in eine gießgerechte Konstruktion überführt, die anschließend mittels

FEM-Analyse auf zulässige Spannungen und Verformungen hin überprüft wird. Führt diese Analyse zu unzulässigen Ergebnissen, wird die Berechnung mit angepasstem Restvolumen, erhöhten Wandstärken oder verändertem Werkstoff erneut durchgeführt. Werden alle Zielvorgaben erfüllt, ist aus dem Eingangsmodell des Auftraggebers ein funktionsgerechtes und materialeffizientes Modell mit einer optimierten Gestalt entstanden. Anschließend wird dieser Modellentwurf hinsichtlich der Gießbarkeit geprüft. Zwar werden bereits gießtechnisch konstruktive Besonderheiten bei der Gestaltfindung und -optimierung durch den Konstrukteur eingebracht, dennoch können durch die Formfüllungs- und Erstarrungssimulation weitere potenzielle Fehlermöglichkeiten erkannt und beseitigt werden. Basis einer solchen Simulation ist das funktionsgerechte CAD-Modell des Gussteils. Dieses wird um die Bearbeitungszugaben an den späteren Funktionsflächen sowie um das Gießsystem (Anschnitt- und Speisungstechnik) ergänzt (u. a. VDG 2013). Bei der Simulation des Formfüllungs- und Erstarrungsvorgangs werden die sich gegenseitig beeinflussenden technischen, physikalischen und chemischen Einflussgrößen berücksichtigt, um Aussagen zum optimalen Dichtspeisen des Gussteils und zur Gefüge- und Eigenschaftsbildung an jeder Stelle eines Gussteils treffen zu können (Roller et al. 2013, S. 216). Weitere Vorteile des Einsatzes von Formfüllungs- und Erstarrungssimulationen in der Produktentwicklung sind u. a.:

- Reduzierung der Anzahl von Probeabgüssen bzw. deren vollständiger Entfall,
- frühzeitiges Erkennen von Schwindungsfehlern,
- Optimierung des Anschnitt- und Speisungssystems,
- Einhaltung der geforderten Werkstoff- und Werkstückeigenschaften sowie
- Kosteneinsparungen durch verkürzte Entwicklungs- und Produktionszeiten (Werner und Bethge 2000, S. 21 f.).

Anhand der Simulationsergebnisse lassen sich unmittelbar Aussagen zum Ablauf der Formfüllung, der Erstarrung, der Gefüge- und Eigenschaftsbildung sowie der Bildung von Eigenspannungen und Verzug der Gussteile treffen, ohne dafür eigens Probeabgüsse erstellen zu müssen (Flender 1997, S. 267). Hieraus entstandene notwendige Modifikationen der Gussteilgeometrie können umgehend durch den Konstrukteur am CAD-Modell bearbeitet werden. Aktuelle Simulationsprogramme wie z. B. „MAGMASOFT“ (MAGMA Gießereitechnologie GmbH) oder „ProCAST/QuikCAST“ des Unternehmens ESI GmbH sind darüber hinaus in der Lage, den Konstrukteur mit eigenen optimierten Vorschlägen für Anschnitt- und Speisungstechnik zu unterstützen (siehe auch Flender und Sturm 2009; Dieckhues, Rockmann und Sturm 2011). Dieser nun gießtechnisch optimierte Entwurf wird abschließend erneut einer FEM-Analyse unterzogen. Werden dabei die zulässigen Spannungen und Verformungen eingehalten sowie alle weiteren Abnehmervorgaben erfüllt, ist aus dem einfachen Entwurfsmodell ein den Anforderungen des Abnehmers entsprechendes Gussteil unter gleichzeitiger Berücksichtigung der form- und gießgerechten Konstruktion eines Gussteils entstanden (u. a. Ambos und Soethe 1990; du Maire und Schmidt 2004 a).

Zahlreiche in Fachzeitschriften[23] veröffentlichte Artikel lassen den Schluss zu, dass die dargestellte Vorgehensweise mit der Produktentwicklung in deutschen Gießereien, die Entwicklungsleistungen anbieten, nahezu identisch ist – dies belegen auch die im Rahmen der vorliegenden Arbeit durchgeführten Experteninterviews (vgl. Abschnitt 5.1.2).

3.2 Nachhaltigkeit in der Gießereiindustrie

3.2.1 Nachhaltigkeit

„Nachhaltigkeit gilt als spröder Begriff" (BMBF 2004, S. 4), von dem sich eine Vielzahl unterschiedlicher Begrifflichkeiten u. a. „ökologisches Wirtschaften", „Kreislaufwirtschaft", „Dematerialisierung", „Faktor 4", „Lebenszyklusanalyse" usw. ableiten lassen. Sein begrifflicher Ursprung ist durch den Aspekt der „nachhaltigen Entwicklung" geprägt. Diese ist die gebräuchliche Übersetzung des englischen Begriffs „Sustainable Development", welcher besonders prominent in der International Union for the Conservation of Nature (IUCN) im Rahmen der World Conservation Strategy (WCS) verwendet wurde. Nachhaltige Entwicklung kann demnach definiert werden als:

„[...] eine Entwicklung, die die Grundbedürfnisse der Gegenwart befriedigt, ohne zu riskieren, dass künftige Generationen nicht in der Lage sind, ihre eigenen Grundbedürfnisse zu befriedigen" (WCED 1987, S. 53).

Nachhaltige Entwicklung bedeutet folglich, so zu handeln, dass das Wachstum von heute nicht die natürlichen Lebensgrundlagen und die wirtschaftlichen Wachstumschancen für künftige Generationen infrage stellt. Dabei geht es im Kern um eine langfristig tragfähige Gestaltung der gesellschaftlichen Entwicklung unter Berücksichtigung von ökonomischen, ökologischen und sozialen Dimensionen (Hauff und Kleine 2009, S. 41). Die Nachhaltigkeit von Produkten und Prozessen ist dabei in jüngster Zeit immer stärker in den Fokus von Kunden, Umweltorganisationen, Politik und der öffentlichen Meinung gerückt (Birkhofer 2013, S. 3). Eine empirische Studie unter 140 amerikanischen Großunternehmen belegt: Hauptgründe für Nachhaltigkeitsengagement sind neben zunehmenden gesetzlichen Umweltanforderungen, dass durch Nachhaltigkeit einerseits der Ruf des Unternehmens verbessert wird (90 %) und andererseits viele Kunden erwarten, dass die von ihnen erworbenen Produkte nachhaltig hergestellt wurden (vgl. Abbildung 23, S. 57).

Die Berücksichtigung von Nachhaltigkeitsaspekten ist in der Entwicklung von Produkten deshalb so bedeutsam, da Umweltbeeinträchtigungen zunächst während des Herstellungsprozess eines Produkts entstehen können. Die Produktentwicklung kann somit richtungsweisend zur Minimierung der Umweltbeeinträchtigungen beitragen (Birkhofer 1996).

[23] Siehe u. a.: „Konstruieren und Giessen" 1981 bis 2007, „Giesserei und Praxis" 2007 bis 2008, „Giesserei" 2009 bis 2014.

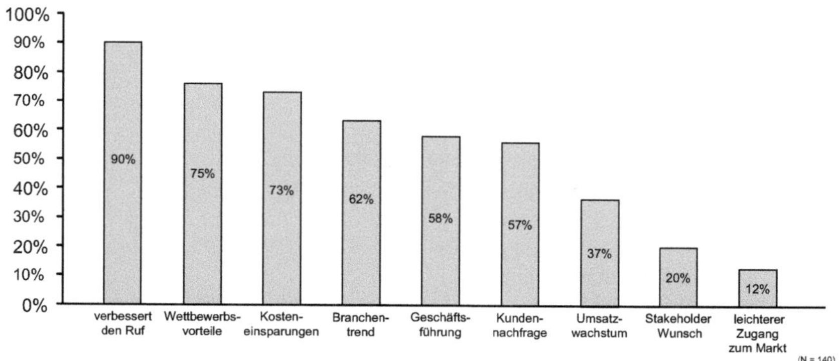

Abbildung 23: Gründe für unternehmerisches Nachhaltigkeitsengagement (in Anlehnung an Prexl 2010, S. 92)

Entscheidungen im Zuge der Produktentwicklung haben einen direkten Einfluss auf alle Phasen des Produktlebenslaufs (vgl. Abbildung 14, S. 29). Neben der Zielsetzung der Minimierung von Umweltbeeinträchtigungen muss der Produktentwickler bzw. Konstrukteur eine Vielzahl weiterer Ziele bei der Produktentwicklung beachten. Abbildung 24 gibt einen Überblick über wichtige Einflussfaktoren während der Entwicklung eines Produktes.

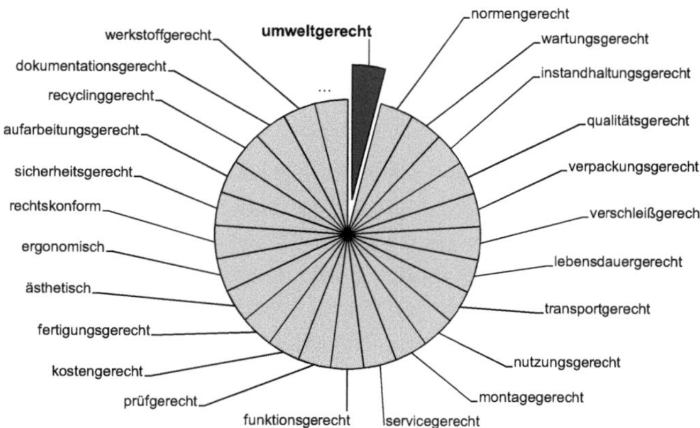

Abbildung 24: Einflussfaktoren in der Produktentwicklung (Auswahl nach Luttrop und Züst 1998, S. 53)

Der Produktentwickler/Konstrukteur trägt somit eine weitreichende Verantwortung für das von ihm geschaffene Produkt. Die Eigenschaften eines Produktes hinsichtlich der Auswirkungen auf seine Nachhaltigkeit – und damit u. a. seine Eignung zur Umweltgerechtheit – werden durch den Produktentwickler/Konstrukteur maßgeblich mitbestimmt. Ein nachhaltiges Produkt liegt dann vor, wenn der Produktentwickler/Konstrukteur im

Sinne einer „Life-Cycle-Analysis“ alle verfügbaren Kenntnisse über Umwelt- und Recyclinganforderungen an Produktion, Gebrauch und Entsorgung berücksichtigt und somit ein geschlossenes Ganzes gestaltet hat (Brinkmann, Ehrenstein und Steinhilper 1996). Basisanforderungen an Produkte können u. a. sein:

- eine emissionsarme Herstellung,
- die Eignung für Produkt- und Materialrecycling und
- die geringe Umweltbelastung bei der endgültigen Entsorgung.

Im weiteren Verlauf der vorliegenden Arbeit wird im Speziellen die emissionsarme Produktherstellung vertiefend betrachtet.

3.2.2 CO_2-Emissionen

In den letzten Jahrzehnten wurde vermehrt Aufmerksamkeit auf die zu erwartenden schwerwiegenden Auswirkungen der globalen Erwärmung gelegt (WMO 2013). Dabei wurde vorrangig die weltweite Entwicklung des Ausstoßes von Treibhausgasen (engl. greenhouse gas; GHG), speziell von CO_2 – dem mit großem Abstand wichtigsten Treibhausgas –, untersucht. Emissionen in Form von Abgasen oder Abwärme treten bei fast allen Prozessen auf und belasten die Umwelt. Daher werden aus Gründen der Standardisierung und zur Schaffung eines einheitlichen Maßes sämtliche Treibhausgase bei der Angabe von Emissionsdaten in ein sog. CO_2-Äquivalent (CO_2e) umgerechnet. Durch Multiplikation mit dem Global Warming Potential (GWP), auch Treibhauspotenzial genannt, wird die unterschiedlich starke Klimawirkung der verschiedenen Gase berücksichtigt.[24] Das CO_2e wird wie folgt definiert:

„CO_2-equivalent emission is the amount of CO_2-emission that would cause the same time-integrated radiative forcing, over a given time horizon, as an emitted amount of a longlived GHG or a mixture of GHGs" (IPPC 2007 b, S. 36).

Im Jahr 2009 verabschiedeten die Teilnehmer der UN-Klimakonferenz in Kopenhagen auf Empfehlung des Intergovernmental Panel on Climate Change (IPCC) mit dem sog. Copenhagen-Accord das Ziel, die bis Ende des 21. Jahrhunderts zu erwartende Klimaerwärmung auf maximal 2 °C zu begrenzen, und damit verbunden, die Emissionen von Treibhausgasen zu reduzieren (UNFCCC 2010, S. 5). Im Dezember 2010 folgte die offizielle Unterzeichnung der Ziele durch die 194 Mitgliedsstaaten der Klimakonvention der Vereinten Nationen während der Klimakonferenz in Cancun (UNFCCC 2010, S. 3). Die Erreichung dieses Ziels wird für möglich erachtet, sofern die globalen Emissionen ihren Maximalwert vor 2020 erreichen und danach konstant sinken würden.

Für 2020 wird ein Wert von ca. 44 Gt CO_2e angestrebt, der in den darauffolgenden Jahren um durchschnittlich 2,5 % fallen müsste (UNEP 2012, S. 3). Forscher sind sich einig, dass dieses Ziel sowohl theoretisch als auch praktisch mit den technisch zur Verfü-

[24] Eine Umrechnungstabelle für Treibhausgase in das CO_2-Äquivalent und die Werte für die GWPs auf Basis verschiedener Zeiträume kann u. a. UN 1995 und IPPC 2007 a entnommen werden.

gung stehenden Mitteln erreichbar ist. Die derzeitigen Entwicklungen entsprechen allerdings diesem Vorhaben nicht (The World Bank 2012, S. xiv).

Die zunehmende Sorge um die Umwelt in weiten Teilen der Öffentlichkeit, begründet u. a. durch vermehrte Umweltkatastrophen (Sturmfluten, Dürren usw.), erhöht den Druck auf Unternehmen, Umweltauswirkungen nicht nur für eine bestimmte Branche, sondern über die gesamte Wertschöpfungskette hinweg zu reduzieren (UNEP 2012). In der Konsequenz werden Unternehmen zunehmend auch Verantwortung für Umweltprobleme ihrer Lieferanten übernehmen müssen (Koplin, Seuring und Mesterharm 2007). Laut dem World Energy Council (WEC) umfassen derzeit global die Energiekosten im Durchschnitt knapp 10 % der Herstellkosten von Produkten, wobei sich dieser Prozentsatz nach entsprechenden Prognosen noch auf über 25 % in den nächsten 10–15 Jahren erhöhen könnte (Robison 2011).

3.2.3 Stoff- und Energiebilanzen

Die Stoff- und Energiebilanz, kurz Ökobilanz (engl. Life Cycle Assessment), wird seit 1997 durch die DIN EN ISO 14040 definiert und beschreibt die mit einem Produkt verbundenen Umweltwirkungen während des gesamten Lebenswegs. Das Verfahren der Ökobilanzierung umfasst nach der DIN EN ISO 14044 die folgenden vier Schritte:

- **Festlegung des Ziels und des Untersuchungsrahmens**
  Für eine Ökobilanz muss im Vorfeld immer ein Ziel festgelegt werden. Dies beinhaltet sowohl die Darstellung der Hintergründe als auch die beabsichtigten Anwendungen und Zielgruppen. Die Zieldefinition bezieht sich auf den Anwendungsbereich und betrifft die Umweltkategorien sowie die Lebenszykluskriterien. Die Festlegung der Bilanz- und der Systemgrenzen ist allerdings nicht wissenschaftlich fundiert.
- **Sachbilanz**
  Die Sachbilanz beinhaltet die Verfahren zur Sammlung und Bewertung der Daten. Dabei geht es um die Zusammenstellung und Quantifizierung von In- und Output bei Betrachtung des gesamten Lebenszyklus eines Produktes. Die räumliche Systemgrenze für die Datensammlung bezieht sich auf die elementaren Stoffflüsse. Diese sind auf der Inputseite die natürlichen Ressourcen und auf der Outputseite die Emissionen in Luft, Wasser und Boden. Die Sachbilanz bildet den Ausgangspunkt einer Ökobilanz. Ströme mit sehr kleinen Massen- oder Energieanteilen, z. B. mit weniger als 1 % (Kreissig et al. 1997), brauchen nicht berücksichtigt zu werden, vorausgesetzt die ökologische Bilanz des Produktsystems bleibt unbeeinflusst.
- **Wirkungsabschätzung**
  Um die Ergebnisse der Sachbilanz zu interpretieren, ist es erforderlich eine Wirkungsabschätzung durchzuführen. Hierzu steht z. B. die CML-Methode (Centrum voor Milieukunde der Rijksuniversiteit Leiden, Niederlande) zur Verfügung (Gün-

ther 2008, S. 292). Für die Wirkungsabschätzung ist zunächst eine Auswahl an zu berücksichtigenden Wirkkategorien zu treffen. Jede Wirkkategorie repräsentiert dabei ein gewisses Umweltthema. Die DIN EN ISO 14044 bietet zwar Hilfestellung bei der Auswahl, schreibt jedoch keine bestimmten Kategorien vor.

- **Auswertung**
  Den Abschluss einer Ökobilanz bildet die Auswertung. Dabei werden auf Basis der vorherigen Ergebnisse signifikante Parameter identifiziert (z. B. aus einzelnen Lebensphasen oder Wirkungskategorien). Bei der nachfolgenden Ergebnisbeurteilung sollte zudem eine Prüfung der Vollständigkeit, der Sensitivität sowie der Konsistenz mit der Zieldefinition und dem Untersuchungsrahmen erfolgen (Mensinger et al. 2009, S. 8). Schlussendlich werden im Rahmen der Auswertung Schlussfolgerungen, Empfehlungen und Einschränkungen abgeleitet. Eine Ökobilanz hat jedoch auch Schwachpunkte, die es bei der Auswertung zu beachten gilt: Die gewählten Vorgehensweisen, die getroffenen Annahmen und die Auswahl der Wirkkategorien sind subjektiv. Die Modelle für die Sachbilanzen oder die Wirkungsabschätzung können durch diese Annahmen eingeschränkt sein und stehen möglicherweise nicht für alle potenziellen Wirkungen oder Anwendungen zur Verfügung. Die Ergebnisse von Ökobilanzstudien können wegen ihrer Ausrichtung auf globale und überregionale Aspekte für örtliche und regionale Anwendungen ungeeignet sein. Fehlende räumliche und zeitliche Dimensionen bei Sachbilanzen, die für die Wirkungsabschätzung benutzt werden, führen zu Unsicherheiten bei den Resultaten. Letztlich wird die Aussagekraft einer Ökobilanz maßgeblich durch Zugänglichkeit oder Verfügbarkeit von relevanten Daten beeinflusst.

Da sich die oben genannten Arbeitsschritte gegenseitig beeinflussen, können sie nicht getrennt voneinander betrachtet werden. Ziel einer Ökobilanz ist das Aufzeigen von Möglichkeiten für eine umweltfreundliche Gestaltung von Produkten in den verschiedenen Phasen ihres Lebensweges. Darüber hinaus dient die Ökobilanz als Hilfsmittel bei der ökologischen Entscheidungsfindung von Regierungen, Industrie und Nichtregierungsorganisationen. Wegen der bedeutenden Umweltwirkungen, die von Gussprozessen und Tätigkeiten ausgehen, werden seit einigen Jahren auch Gießereien und deren Produkte mithilfe von Stoff- und Energiebilanzen erforscht (siehe hierzu Abschnitt 3.2.5).

Die Untersuchung von Gießereien ist allerdings aufgrund der unterschiedlichen Fertigungsverfahren sowie der Vielzahl an Werkstoffen bis heute mit methodischen Schwierigkeiten verbunden. Es ist daher Vorsicht geboten, wenn Ergebnisse einer Stoff- und Energiebilanz losgelöst von jeglichen Rahmenbedingungen und Zusammenhängen diskutiert und verallgemeinert werden.

3.2.4 *Weitere Methoden zur Wirkungsabschätzung und Auswertung*

Für die Wirkungsabschätzung und die Auswertung im Rahmen einer Ökobilanz haben sich in der Vergangenheit neben den in DIN EN ISO 14044 vorgeschlagenen Verfahren auch weitere Methoden etabliert. Im Folgenden werden einige dieser Methoden mit häufiger Anwendung vorrangig in der Gussteilentwicklung und im betrieblichen Umfeld vorgestellt.

3.2.4.1 *ABC-Analyse*

Diese weder quantitative noch formalisierte Methode des Deutschen Instituts für Wirtschaftsforschung (DIW) in Berlin wird in erster Linie von Unternehmen zur Entscheidungsfindung und ökologischen Optimierung von Produkten und Prozessen angewendet. Die erstellte Sachbilanz wird dabei anhand eines ABC-Rasters subjektiv durch das jeweilige Unternehmen bewertet. Hierbei kategorisiert man zwischen:

- A: ökologisch besonders relevantem Problem mit hohem Handlungsbedarf,
- B: ökologisches Problem mit mittelfristigem Handlungsbedarf,
- C: nach jetzigem Kenntnisstand geringes Problem, zurzeit kein Handlungsbedarf.

Mit der gebildeten Prioritätenfolge sollen Kernpunkte definiert und entsprechende Maßnahmen abgeleitet werden. Die Vorgehensweise ist einfach anwendbar und hat einen geringen Arbeitsaufwand. Jedoch ist die ABC-Einteilung mit nur drei Möglichkeiten sehr begrenzt, wodurch die Gefahr von unscharfen Ergebnissen gegeben ist. Zudem kann diese Methode wegen der fehlenden Zuordnung zu konkreten Wirkkategorien nicht innerhalb der EN ISO 14040 ff. verwendet werden. Eine Anwendung in der Produktentwicklung erscheint aber, bedingt durch den geringen Aufwand, möglich.

3.2.4.2 *Eco-Indicator*

Der Eco-Indicator wurde durch die niederländische Firma PRè Consultants entwickelt (Goedkoop 1995). Im Jahr 1999 wurde dieser Faktor dann einer grundlegenden Überarbeitung unterzogen (Goedkoop und Spriensma 2000). Der Anwendungsbereich des Eco-Indicator umfasst vorrangig die Produktentwicklung. Der Produktentwickler soll Hinweise auf ökologische Verbesserungspotenziale erhalten sowie unterschiedliche Konstruktionsvarianten unter ökologischen Gesichtspunkten vergleichen. Dabei kommt es zu einer ganzheitlichen Betrachtung des Lebenszyklus eines Produktes. Die Anwendung der Methode gliedert sich in fünf Schritte:

1. Formulierung des Zwecks der Eco-Indicator Berechnung,
2. Definition des Lebenslaufs des Produkts,
3. Quantifizierung der Materialien und Prozesse,
4. Dokumentation mittels Formblatt und
5. Auswertung und Interpretation der Ergebnisse.

Für eine ganzheitliche Betrachtung ist es unerlässlich, alle Werkstoffe und Prozesse entlang des Produktlebens zu identifizieren. Im Vergleich zur Ökobilanz sind hierbei jedoch keine spezifischen Kenntnisse notwendig, wodurch die Methode insgesamt praktikabler erscheint.

3.2.4.3 MIPS-Methodik

Die MIPS-Methodik wurde 1992 am Wuppertal Institut Klima, Umwelt, Energie GmbH (WI) entwickelt. MIPS steht dabei für „Material Input per Service Unit“ und zielt auf eine grobe Abschätzung der Umweltintensität von Produkten ab. Dabei wird der Ressourcenverbrauch pro Serviceeinheit bilanziert, inklusive der Materialbewegung z. B. dem Verbrauch des Energieeinsatzes während der gesamten Lebensdauer (Zhao 2012, S. 24). Dabei berücksichtigt die Methode lediglich den Input von Prozessen. Outputströme wie Emissionen werden dagegen nicht berücksichtigt (Grüner 2001, S. 21). Die MIPS-Methode kann als „Screening-Verfahren“ eingesetzt werden, um ökologisch relevante Aspekte möglichst schnell zu identifizieren. Weiterhin wird eine ökologisch ganzheitliche Betrachtung von Prozessen im Produktverlauf untersucht. Die MIPS-Methode kann unabhängig von der Produktentwicklung angewendet werden.

3.2.4.4 Kumulierter Energieaufwand

Mithilfe des „Kumulierten Energieaufwands“ (KEA) werden die energietechnischen Daten eines Produkts bzw. Prozesses in einem einheitlichen Rahmen aufgenommen und bewertet (VDI-Richtlinie 4600, 2012). Zudem werden energiebedingte Umweltbelastungen und energetische Einsparpotenziale aufgedeckt. Von den Sachbilanzdaten im Sinne der DIN EN ISO 14044 (vgl. Abschnitt 3.2.3) werden folglich die Energieflüsse behandelt, dabei unterscheidet man zwischen zwei Verfahren:

- **Verfahrensweise 1**
  Nach der VDI-Richtlinie 4600 muss in der Gesamtbilanz der Energiegehalt von Stoffen berücksichtigt werden, die bei ihrer chemischen Umsetzung eine Reaktionsenthalpie aufweisen (z. B. Schwefel). Diese Stoffe werden folglich als Brennstoffe definiert. Darüber hinaus werden auch die Energieinhalte von Energieträgern, welche nicht energetisch genutzt werden, in Form von Heizwerten in der Bilanz mitgerechnet. Dies gilt auch für Stoffe, die nicht als Brennstoffe verwendet werden (z. B. Erdöl für Kunststoffe, Holz für Dachkonstruktionen). Dieser Rechenansatz wird durch entsprechende Gutschriften bei der energetischen Nutzung und Wiederverwendung am Ende des Produktlebenszyklus gerechtfertigt. Die Heizwerte der einzelnen zur Erstellung des Produkts benötigten Stoffe werden demzufolge dem System wieder zur Verfügung gestellt. Problematisch wird dieser Ansatz bei Produkten mit einem offenen Entsorgungssystem, d. h., wenn Produkte (z. B. Glas) unterschiedlichen Alters gemischt und in verschiedene Entsorgungs- bzw. Wiederverwertungsanlagen geleitet werden. Da diese Anlagen kontinuierlich weiterentwickelt werden, unterliegen sie einer ständigen Verände-

rung. Die Bestimmung von Gutschriften ist somit vom Stand der Technik abhängig und nur bedingt bestimmbar. Ein weiterer Kritikpunkt der VDI-Methode ist das Aufsummieren sämtlicher Energien zu einem KEA-Wert ohne Unterscheidung von erneuerbaren und nicht-erneuerbaren Energiequellen.

- **Verfahrensweise 2**
  In einer zweiten und mittlerweile gängigeren Methode werden zur Bestimmung des KEAs lediglich Energieanteile, die sich direkt aus dem energetisch genutzten Energieinhalt von Brennstoffen bzw. Primärenergien ergeben, mitberechnet (u. a. Fritsche, Rauch und Simon 1999). Der Heizwert von stofflich genutzten potenziellen Energieträgern sowie die Reaktionsenthalpien von Stoffen sind nicht relevant. Außerdem wird der Nutzungsgrad jeder Primärenergiegewinnung auf 100 % gesetzt. Nur so kann die Vergleichbarkeit von KEA-Ergebnissen und die Kompatibilität mit der nationalen und internationalen Energiestatistik gewährleistet werden. Zudem wird der gesamte KEA (KEAges) je nach Art der Energiequelle in mehrere Komponenten aufgeteilt. Der kumulierte Energieaufwand setzt sich folgendermaßen zusammen:

  $$\mathbf{KEA} = \mathbf{KEA_H} + \mathbf{KEA_N} + \mathbf{KEA_E}$$

  mit: KEA_H = Kumulierter Energieaufwand für die Herstellung
  KEA_N = Kumulierter Energieaufwand für die Nutzung
  KEA_E = Kumulierter Energieaufwand für die Entsorgung

Um den Ressourcenverbrauch zu optimieren, ist es erforderlich, die verursachenden Stoffströme zu erfassen. Hierzu dient der sogenannte Kumulierte Stoffaufwand (KSA). Er beinhaltet sämtliche stofflich genutzten Ressourcen, die zur Bereitstellung eines Produkts notwendig sind. Beispielsweise werden innerhalb des KSAs Stoffe, die nicht als Brennstoffe verwendet werden (z. B. Erdöl für Kunststoffe, Holz für Dachkonstruktionen) mitbilanziert. Auch beim KSA wird eine Aufteilung je nach Art des verbrauchten Rohstoffs empfohlen. Der systemweite Ressourcenverbrauch von Produkten kann auch durch die Bestimmung des MIPSs (vgl. Abschnitt 3.2.4.3) abgeschätzt werden (Schmidt-Bleek 1999). Der Zahlenwert berechnet sich als Quotient aus dem Materialinput, der für die Produktion notwendig ist, und der Serviceeinheit, die ein Maß für die Nutzung des Produkts darstellt. Der Materialinput umfasst auch die „ökologischen Rucksäcke“, d. h. den mit dem Produkt indirekt verbundenen Materialverbrauch (z. B. Abraum bei Steinkohlegewinnung).

3.2.4.5 CO_2-Bilanz

Die CO_2-Bilanz ist ein hilfreiches Mittel, um die Klimaauswirkungen von Produkten über den gesamten Produktlebenszyklus zu erfassen. Sie wird auch Carbon Footprint (CFP) eines Produktes genannt. Die CO_2-Emissionen werden häufig in Tonnen pro Jahr gemessen. Andere Treibhausgasemissionen werden mit dem CO_2e auf das Treibhauspotenzial von Kohlendioxid umgerechnet. Der Produktlebenszyklus soll die gesamte Wertschöpfungskette einschließen:

- Herstellung, Gewinnung und Transport der Rohstoffe und Vorprodukte,
- Produktion und Distribution,
- Nutzung, Nachnutzung sowie Entsorgung/Recycling.

Die DIN CEN ISO/TS 14067 legt Anforderungen an sowie Grundsätze und Leitlinien für die Quantifizierung und die Kommunikation des CFP auf der Grundlage u. a. der DIN EN ISO 14040 (Ökobilanz) zur Quantifizierung sowie zu Umweltkennzeichnungen und -deklarationen (DIN EN ISO 14020) zur Kommunikation fest. Die Norm dient zur einheitlichen Erstellung des CFP, um die Vergleichbarkeit verschiedener Produkte zu ermöglichen. Sie beinhaltet die Erstellung einer CFP-Studie, Berechnungsansätze sowie die Auswertung der aufgenommenen Daten. Die Anwendung in der Produktentwicklung ist in einzelnen Branchen (z. B. Automobilindustrie) alltägliche Praxis (u. a. Ahsen 2006; Reichen 2014).

3.2.4.6 Abbildung durch Software-Tools

Ziel von Software-Tools ist es, bestimmte Werkzeuge, wie z. B. zur Erstellung von Stoff- und Energiebilanzen, mit Lebenszykluskostenanalysen im Rahmen von Entwurf, Bemessung und Konstruktion der Produkte zu verknüpfen. Derartige Software-Tools existieren bereits in unterschiedlicher Form. Sie richten sich vorwiegend an Produktentwickler in frühen Entwurfsphasen und ermöglichen meistens die Erfassung der Stoff- und Energieströme. Je nach Programm wird darüber hinaus die Erstellung von Sachbilanzen, ganzen Ökobilanzen oder Lebenszykluskostenanalysen ermöglicht. Einige Programme, wie z. B. LEGOE, BuildDesk oder SolidWorks Sustainability, beinhalten sogar eine Schnittstelle zu CAD-Systemen. Das Tool „SolidWorks Sustainability“ umfasst neben Lebenszyklusinformationen über Werkstoffe und Bauteile, die in Echtzeit bei der Konstruktionsarbeit ausgegeben werden können, Berichte zur Bewertung der jeweiligen Produktkonzepte. Somit wird die Vergleichbarkeit einzelner Produkte gewährt. Weiterhin ist eine Werkstoffsuche nach mechanischen Eigenschaften unter Ausgabe der Umwelteigenschaften des Produktes möglich. Eine Zuordnung von getroffener Entscheidung z. B. zum Bauteil(konzept) ist bei dieser Software speziell für Gießereien allerdings nicht möglich. Es werden zudem keine direkten Verbrauchswerte abgerufen.

3.2.5 Bestehende Arbeiten im Kontext der Gießereiindustrie

In der gießereispezifischen Literatur haben sich bisher nur wenige Autoren mit betriebswirtschaftlichen Kennzahlen, insbesondere solchen, die dem Produkt direkt zuzuordnen sind, oder auch der Betrachtung von Nachhaltigkeitsaspekten auseinandergesetzt. Die vorhandenen Ansätze lassen sich in kennzahlen- und planungsorientierte Verfahren unterteilen.

➢ ***kennzahlenorientierte Verfahren***

Herfurth erfasst und ermittelt Daten für die Formgebung durch Gießen und die spangebende Bearbeitung an ausgewählten Beispielen von neun beteiligten Unternehmen der Gießereiindustrie (Erarbeitung von Stoff-, Energie- und CO_2-Bilanzen; Herfurth 1991).

Wagner untersucht Formverfahren mittels einer Prozesskettenanalyse bei der Gussteilherstellung unter ökologischen Aspekten (wie z. B. Abfällen, Emissionen sowie Energieaufwand) im Rahmen einer Produkt-Ökobilanz (Wagner 1998).

Huppertz konzipiert ein Kennzahlensystem zur Bestimmung des kumulierten Energieaufwandes für die Herstellung von Gussteilen. In diesem Zusammenhang konnte ein Modell aufgebaut und anhand eines Unternehmens der Gießereiindustrie validiert werden (Huppertz 2000).

Worell und Price entwickeln ein Werkzeug zum Benchmarking mit dem Fokus auf die Einsparung von Energien bei der Eisen- und Stahlindustrie in den USA. Ein Hauptbestandteil bei der Modellierung ist die Standardisierung von (Guss-)Prozessen zur besseren Vergleichbarkeit (Worell und Price 2004).

Hribernik und Sipos erarbeiten ein Konzept zu Nachhaltigkeitskennzahlen für die Werkstoffindustrie, das ein Benchmarking ermöglicht sowie Verbesserungspotenziale aufzeigt (Hribernik und Sipos 2005).

Bernard, Perry und Delplace stellen einen Ansatz zur Kostenverbesserung in Gießereien bereit. Hauptbestandteil ist die Betrachtung der Herstellkosten sowie die Identifizierung wesentlicher Einflussfaktoren (Bernard, Perry und Delplace 2006).

Kuchenbuch modelliert ein prozessorientiertes Konzept zur integrierten betrieblichen Leistungsmessung basierend auf Stoffstrom- und Kosteninformationen deutscher Unternehmen der Gießereiindustrie. Daraus resultierend ermöglicht das prozessbezogene Controlling eine Ableitung von Kennzahlen zur Bewertung von organisatorischen Schwachstellen und deren Verbesserungspotenzialen (Kuchenbuch 2006).

Weber definiert einen Ansatz, um hauptsächlich in der Form- und Kernherstellung verwendete Binder und Zusatzstoffe auf umwelt- und energiefreundliche anorganische gebundene Sande umzustellen (Weber 2006).

Siempelkamp untersucht verschiedene Konzepte und Maßnahmen zur Senkung des spezifischen Energieverbrauchs in der Gussproduktion. Dabei sollen die angestrebten Maßnahmen Modellcharakter aufweisen und damit einen Beitrag zur rationellen Energieverwendung in der Gießereiindustrie leisten (Siempelkamp-Giesserei GmbH & Co. 2006).

Das Forschungsprojekt „**EnEffGieß**“ entwickelt ein Prozess- und Bewertungsmodell, das Gießereibetriebe unterschiedlicher Gussprodukte bei der Identifikation von Potenzialen zur Energieeffizienzsteigerung unterstützt (EnEffGieß 2015; Coss et al. 2015).

➢ ***planungsorientierte Verfahren***

Lohmann unternimmt eine branchenweite Situationsanalyse zum Themenfeld Durchlaufzeit in Gießereien. Verschiedene Verfahren zur Ermittlung der Durchlaufzeit werden umfassend analysiert und davon Ansätze zu Reduzierung von Durchlaufzeiten abgeleitet (Lohmann 1992).

Passinger führt eine Untersuchung zum (Guss-)Prozess (Formherstellung) bei deutschen Unternehmen der Gießereiindustrie durch. Es wird eine praxisorientierte Entscheidungshilfe entwickelt, um ein unternehmensindividuelles PPS-System zum Einsatz zu bringen (Passinger 1992).

Spall entwickelt einen Lösungsansatz zur ganzheitlichen Ermittlung und Bewertung kumulierter Energieverbräuche am Beispiel des Gießereibetriebes eines Automobilunternehmens (Spall 1997).

Schefczyk untersucht kritische Erfolgsfaktoren in schrumpfenden Branchen am Beispiel der Gießereiindustrie und führt Ansätze zur Erfolgsfaktorenrechnung weiter. Dabei wird dem Themenfeld „Nachhaltigkeit“ keine hohe Bedeutung beigemessen (Schefczk 1998).

Wolf entwickelt ein Werkzeug zur Optimierung von (Guss-)Prozessen auf Basis von Evolutionsstrategien (Wolf 2000).

Becker beschreibt einen Ansatz zur Konstruktions- und Fertigungsoptimierung auf Basis von Simulationstechniken in der Gießereiindustrie (Becker 2000).

Nottmeyer analysiert operative und organisatorische Risiken und leitet ein methodisches Verfahren zur Risikobestimmung für Gießereien ab (Nottmeyer 2008).

König untersucht die Angebotserarbeitung am Beispiel einer Gießerei mit geometrisch ähnlichen Gussteilen. Untersuchungsergebnis ist eine Vorgehensweise zur schnellen Auswahl technologisch ähnlicher Gussteile aus dem Teilefundus der betrachteten Gießerei sowie die Identifizierung vergangener Fehlerquellen (König 2008).

Eisto ermittelt Erfolgsfaktoren bzw. Hemmnisse bei der überbetrieblichen Produktentwicklung zwischen finnischen Gießereien und deren Kunden basierend auf einer qualitativen Analyse (Eisto 2008; vgl. hierzu auch Eisto et al. 2010; Eisto und Hölttä 2010 sowie die Vorarbeiten von Saarelainen et al. 2008).

Rösch untersucht Erfolgsfaktoren von Gießereien und deren Steuerungs- und Überwachungsinstrumentarien (Rösch 2013).

Eine zusammenfassende Bewertung der untersuchten Verfahren lässt den Schluss zu, das erste Ansatzpunkte für die Auseinandersetzung von Gießereien mit Umweltfragen vorliegen (siehe Spall 1997; Huppertz 2000; Kuchenbuch 2006; Coss et al. 2015). Keine dieser Untersuchungen befasst sich jedoch mit den direkt am Gussteil ansetzenden Möglichkeiten bzw. den prozesszugehörigen CO_2-Emissionen. Somit ist keiner der hier vorgestellten Ansätze direkt auf die der vorliegenden Arbeit zugrundeliegende Frage- und Zielstellung transferierbar.

3.2.6 Energieeinsatz in der Gießereiindustrie

Die Industrie ist in Deutschland für mehr als 40 % des gesamten Energieverbrauchs verantwortlich (Neugebauer 2008). Die Gießereiindustrie ist besonders energieintensiv. Als Konsequenz spielen Maßnahmen zur Energieeinsparung eine wichtige Rolle für die Rentabilität und Nachhaltigkeit deutscher Gießereibetriebe (Trauzeddel 2009). Abbildung 25 stellt die Ergebnisse einer Literaturrecherche zum Thema „Energieeffizienz in der Gießereiindustrie“ für den Zeitraum 2007 bis einschließlich 2014 in den Fachzeitschriften „Giesserei“, „Gießerei-Praxis“ und „Gießerei-Erfahrungsaustausch“ vor.

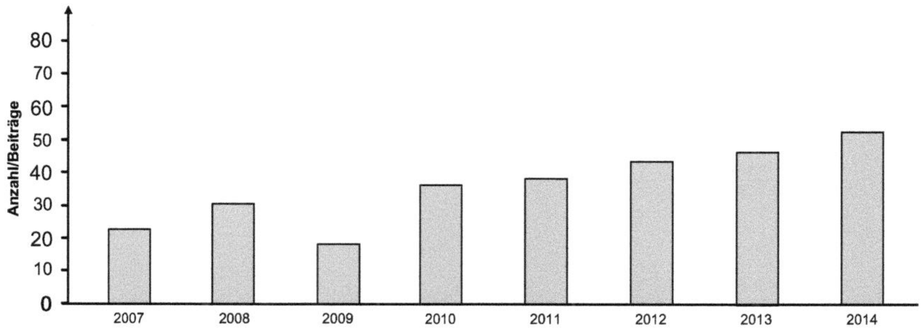

Abbildung 25: Anzahl wissenschaftlicher Beiträge zum Thema Energieeffizienz

Abbildung 25 ist eindeutig zu entnehmen, dass das Thema Energieeffizienz in den letzten Jahren für die Gießereiindustrie an Bedeutung gewonnen hat. Der Energieverbrauch in Gießereien variiert je nach Gussmaterial, Verfahren und Messmethoden sowie speziell nach Wahl der Bilanzierungsgrenzen erheblich (vgl. Abbildung 26, S. 68).

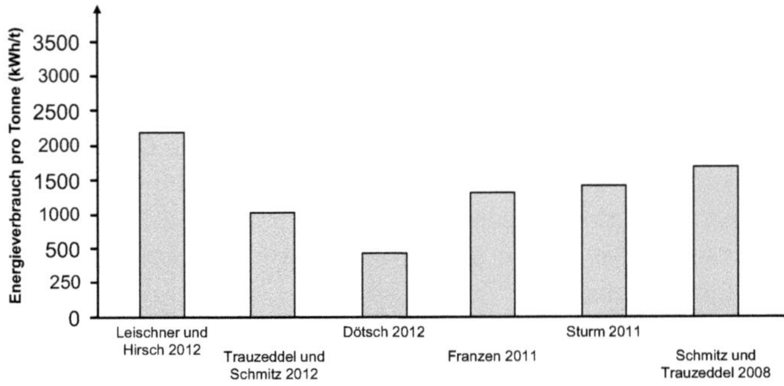

Abbildung 26: Energieverbrauch pro Tonne „guter Guss“ für Gusseisenwerkstoffe

Die deutlichen Unterschiede im ermittelten Verbrauch legen die Vermutung nahe, dass noch zahlreiche Einsparpotenziale vorhanden sind. Durchschnittlich entfallen bei globaler Betrachtung ca. 60 bis 70 % des Gesamtenergieverbrauchs einer Gießerei auf den Schmelzprozess (Bührig-Polaczek, Michaeli und Spur 2014), wobei konkret bei deutschen Eisengießereien durchschnittlich 40 bis 55 % des Energieverbrauchs für den Schmelzbetrieb notwendig sind (Bosse 2012). So beträgt der erforderliche Energieverbrauch zum Schmelzen von Gusseisenwerkstoffen bei einer Temperatur von bis zu 1.500 °C zwischen 490 und 520 kWh/t. Die durchschnittlichen Energieverbrauchswerte in Eisengießereien liegen aber oftmals noch deutlich höher (vgl. Abbildung 26; so auch Donsbach, Schmitz und Trauzeddel 2005, S. 7).

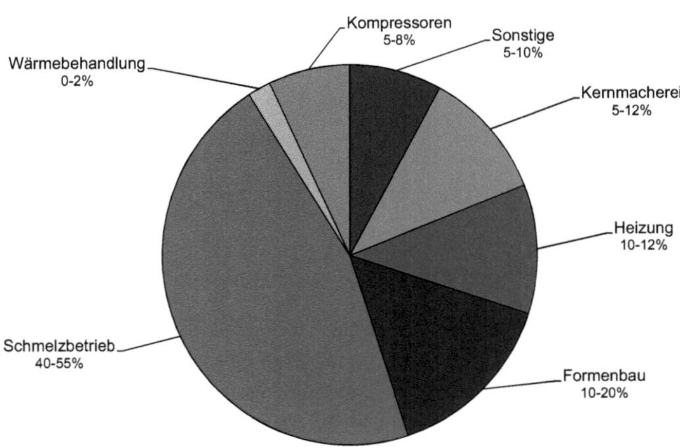

Abbildung 27: Energieverbrauch bei deutschen Eisengießereien (Bosse 2012)

Abbildung 27 (S. 68) verdeutlicht, dass eine Reihe weiterer energieintensiver Fertigungsprozessschritte in einer Eisengießerei von Bedeutung sind: Eine Betrachtung des Energieverbrauchs einer Eisengießerei darf sich daher nicht ausschließlich auf den Schmelzbetrieb beschränken, da rund die Hälfte des Energieeinsatzes in vor- und nachgelagerten Prozessen stattfindet (Spall 1997). Somit existiert die Notwendigkeit für ein einheitliches, konsistentes und qualitätsgesichertes Werkzeug zur Messung und Bewertung der Energie- und Kosteneffekte im Rahmen der Gussteilentwicklung (Fandl, Held und Kersten 2014, S. 8).

Darüber hinaus müssen für eine Zertifizierung gemäß DIN EN ISO 50001 die übrigen Energieverbraucher im Gießereibetrieb erfasst werden. Im Hinblick auf die Anforderungen der DIN EN ISO 50001 lassen sich zunächst mindestens zwei Bilanzgrenzen unterscheiden. Zum einen bildet der Gießereibetrieb bzw. der Standort eine Bilanzgrenze. Hierbei werden ausschließlich der betriebliche Endverbrauch sowie die Emissionen bilanziert, die bei der Endenergieanwendung innerhalb der Gießerei anfallen. Weitere Bilanzgrenzen sind der Primärenergieverbrauch und alle bei der Umwandlung bis zur Endenergie anfallenden Emissionen. In der betrieblichen Praxis findet man häufig eine undifferenzierte Vermischung beider Bilanzgrenzen sowie einen gewissen „Handlungsspielraum“, da subjektive Einflüsse von Mitarbeitern der Gießereiunternehmen nicht auszuschließen sind (Kuchenbuch 2006, S. 76).

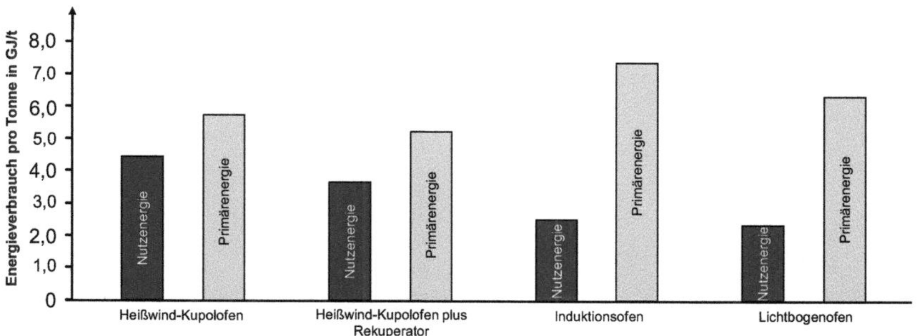

Abbildung 28: Energieverbrauch in Nutzenergie vs. Primärenergie (Huppertz 2000, S. 31)

Am Beispiel des spezifischen Energieverbrauchs für das Schmelzen von einer Tonne Gusseisen in zwei brennstoffbeheizten bzw. in zwei elektrisch betriebenen Schmelzöfen zeigt sich eindrucksvoll der Unterschied zwischen den beiden Betrachtungsweisen nach Nutz- und Primärenergie (vgl. Abbildung 28). Zur Begriffsbestimmung sind der Energieeinsatz oder Energiebedarf zu nennen, die errechnete oder prognostizierte Werte darstellen. Zum Beispiel bezeichnen die Kennzahlen des spezifischen Energieverbrauchs die bezogene Energiemenge (kWh pro Tonne Guss im Gießereibetrieb).

Ketscher und Herfurth haben darauf hingewiesen, dass das Formgießen vergleichsweise energiesparend ist (Ketscher und Herfurth 1997). Dennoch ist in den Jahren 1990 bis 2005 ein stetiger Anstieg des Energieeinsatzes zu verzeichnen. Ausschlaggebende Gründe sind u. a.:

- Übergang von Kupolöfen zu Elektroöfen,
- Erhöhung des Kreislaufanteils, bedingt durch komplexe Gussgestaltung und teilweise Substitution von Gusseisen mit Lamellengraphit durch Gusseisen mit Kugelgraphit,
- Zunahme der Mechanisierung und Automatisierung,
- Energieaufwand für den Umweltschutz sowie
- eine höhere Wertschöpfung der Gussprodukte.

Seit Mitte 2005 ist in der Gießereiindustrie beim Energieverbrauch eine fallende Tendenz zu verzeichnen (u. a. EIPPCB 2005). Auslöser ist hierbei der hohe Strompreis in den letzten Jahren. Infolgedessen muss die Gießereiindustrie mit deutlich niedrigeren Strommengen produzieren können. Im Vergleich zu anderen europäischen Ländern zahlen deutsche Gießereien fast 24 % höhere Strompreise – im Durchschnitt lagen diese bei 14,87 Cent/kWh im Jahr 2014. Im Vergleich zu den größten Mitbewerbern aus den USA und China sind dies sogar über 50 % mehr (vgl. Abbildung 29). Die gestiegenen Energiepreise führten in Deutschland u. a. dazu, dass zahlreiche zertifizierte Energiemanagementsysteme aufgebaut wurden. Dies trägt zusätzlich zu einer Reduzierung des Energieverbrauchs bei.

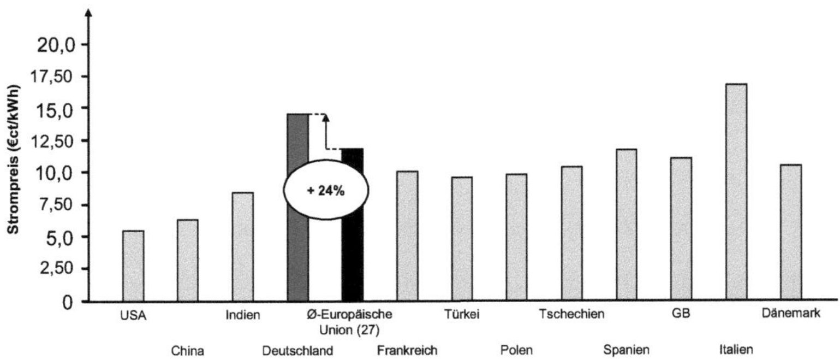

Abbildung 29: Strompreise im internationalen Vergleich (Bosse 2014)

Für ein qualifiziertes Energiemanagement genügt es nicht, den Energieverbrauch des Gießereibetriebs insgesamt zu kennen. Zusätzlich werden Informationen über die Verwendung der Energie in den innerbetrieblichen Fertigungsprozessketten, d. h. differenzierte Stoff- und Energiebilanzen, benötigt (u. a. Kuchenbuch, Schroll und Helber 2003).

3.2.7 Stoff- und Energiebilanzen in der Gussteilfertigung

Balbi et al. analysierten acht Gießereien für Gusseisen mit GJS sowie weitere acht Gießereien für Stahlguss. Bei der Untersuchung wurde eine energetische Bewertung sowohl des Direktenergieaufwandes in der Gießerei als auch der für die Produktion notwendigen Materialien (u. a. Roheisen, Ferrolegierungen, feuerfeste Werkstoffe, Sauerstoff) vorgenommen (Balbi et al. 1981). Unter Berücksichtigung der Ausbringung und des Schmelzverlustes wurden die erhobenen Bilanzen (Stoff- und Energieverbrauch) auf die bereitzustellende Menge an Schmelze für die Herstellung von einer Tonne Gussteile bezogen.

Die aus den Analysen von Balbi et al. hervorgehenden Untersuchungsergebnisse für die Bereitstellung der Schmelze, z. B. zur Herstellung von Gussteilen aus GJS, umfassen folgende Abgrenzungsmerkmale (vgl. hierzu auch Huppertz 2000, S. 35):

- Produktions- und Produktabfall wie u. a. Kreislaufmaterial wurden energetisch mit Null bewertet.
- Den größten Energieaufwand verursachte der Einsatz von Roheisen, Ferrolegierungen, Magnesiumvorlegierungen und Koks (bei Kupolöfen) sowie Elektroenergie (für Induktionsöfen).
- Der Energieaufwand für Aufbereitung, Sortierung sowie Transport von Produktions- und Produktabfall wurde dem Gussteil zugerechnet.

Die Ergebnisse der Stoff- und Energiebilanz (Angaben in Primärenergie) für die Bereitstellung der Schmelze für eine Tonne Gussteile aus GJS oder Stahlguss weisen ein breites Spektrum in Abhängigkeit von u. a. der Art des Schmelzofens, der Chargenführung und der Art der metallischen Einsatzstoffe auf.

Nach Lownie wurde für eine Gießerei, die Gussteile aus GJL herstellt, der spezifische Energieverbrauch durch Verflechtung des Stoff- und Energieverbrauchs erhoben (Lownie 1978). Abbildung 30 (S. 72) stellt den erforderlichen spezifischen Energieaufwand (kWh) für die Herstellung von einer Tonne Gussteile aus GJL exemplarisch dar.

Von hoher Bedeutung sind, wie in Abbildung 30 (S. 72) zu erkennen ist, die Bilanzgrenzen zur Ermittlung des spezifischen Energieverbrauchs. So sollte entweder der direkte Energieverbrauch in einer Gießerei als Grundlage genommen werden oder der Energieverbrauch für die Bereitstellung der in der Gießerei verbrauchten Materialien mit einbezogen werden (Huppertz 2000, S. 37).

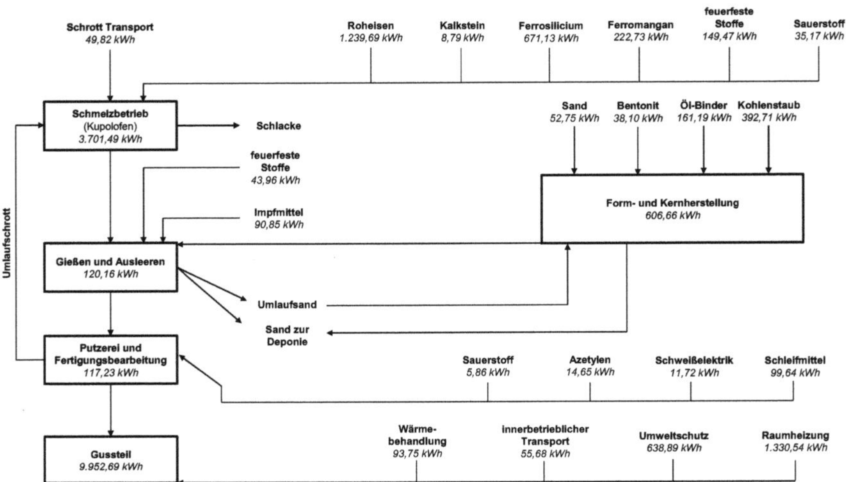

Abbildung 30: Darstellung des spezifischen Energieaufwandes für die Herstellung von einer Tonne Gussteile aus Gusseisen mit Lamellengraphit (in Anlehnung an Huppertz 2000, S. 37)

Bei dem im Folgenden beschriebenen zweiten Ansatz lässt sich nach Lownie ein spezifischer Energieaufwand für die Herstellung von Gussteilen aus GJL von 9.952,69 kWh/t berechnen (vgl. Abbildung 30). Umgerechnet in CO_2-Emissionen ergibt sich damit ein Wert von 5.732,74 kg CO_2-Emissionen pro Tonne Gussteile. Der spezifische Energieverbrauch innerhalb der Gießerei betrug dabei 6.694,44 kWh/t. Dies entspricht 67,5 % des Gesamtverbrauchs pro einer Tonne Gussteile. Der Energieverbrauch für die in die Gießerei gelieferten Stoffe betrug 3.250 kWh/t und entspricht den verbleibenden 32,5 % des Gesamtverbrauchs.

Wie in Abbildung 30 zu erkennen ist, benötigt der Fertigungsbereich Schmelzbetrieb (hier dargestellt durch einen Kupolofen) den höchsten Energieverbrauch, gefolgt vom Energieverbrauch für die Raumheizung und dem Energieverbrauch für den Umweltschutz. Die Fertigungsbereiche Form- und Kernherstellung weisen den vierthöchsten Energieverbrauchswert auf. Bei den gelieferten Materialien entfällt der höchste Energieverbrauchswert auf die Bereitstellung von Roheisen.

Eine Untersuchung der Angaben des spezifischen Energieaufwands für die Herstellung von einer Tonne Gussteile aus Gusseisen zeigte erhebliche Schwankungen (siehe auch Spall 1997 sowie Huppertz 2000) so u. a.:

- 9.952,69 kWh/t spezifischer Energieverbrauch (Primärenergie) mit zugelieferten Stoffen (Lownie 1978),
- 1.166,66 kWh/t bis 3.500 kWh/t Energieverbrauch (Nutzenergie) ohne zugelieferte Stoffe (Ulmer 1978),

- 2.637,50 kWh/t spezifischer Energieverbrauch in Eisen- und Stahlgießereien (IfG 2009),
- 2.093 kWh/t Werksdaten einer Eisengießerei (Sobota und Görtz 2015, S. 9).

Dies bestätigt, dass für die Stoff- und Energiebilanzen in der Gussteilfertigung keine einheitlichen Kennzahlen vorliegen. Es wird deutlich, dass u. a. das Gussmaterial selbst sowie die Bilanzierungsgrenzen von großer Bedeutung sind. Zudem wird ausschließlich von einer Tonne Gusseisen ausgegangen, eine differenzierte Zuordnung zu unterschiedlichen Gussteilen ist nicht möglich.

3.3 Nachhaltige Gussteilentwicklung in der Gießereiindustrie

Zur Erweiterung der im konzeptionellen Bezugsrahmen erfolgten Recherche in Bezug auf den wissenschaftlichen Forschungsbedarf wird nun unterstützend durch die explorative Methode (Küsters 2009) – die eine Mischung aus den in Abschnitt 3.1 und Abschnitt 3.2 durchgeführten Literaturrecherchen und Experteninterviews darstellt – eine empirische Vorstudie in der deutschen Gießereiindustrie und bei ihren Kunden aus dem deutschen Maschinenbau (speziell Werkzeugmaschinenhersteller) beschrieben.

3.3.1 Experteninterviews

Der explorative Teil besteht zum einen aus Experteninterviews sowie zum anderen aus einer Recherche in einschlägigen Fachzeitschriften der Branche. Die Experten kommen aus der Gießereiindustrie (Fe- und NE-Gießereien), den Verbänden sowie der Wissenschaft und verfügen über Erfahrungen sowohl im Umfeld der Gießereiindustrie als auch im Bereich der überbetrieblichen Gussteilentwicklung. Der überwiegende Teil der Interviews fand in Form persönlicher Treffen statt. Alle weiteren Interviews erfolgten telefonisch oder in schriftlicher Form.

Die ersten Interviews, die bereits Anfang 2012 durchgeführt wurden, bestätigten den Eindruck, dass nachhaltige Produktentwicklungspartnerschaften in der Gießereiindustrie, in den Verbänden sowie in der Wissenschaft von Relevanz und zunehmendem Interesse sind. Zusätzlich wurde im Rahmen eines jährlich stattfindenden zweitägigen Konstruktionsworkshops einer Eisengießerei mit rund 25 Experten aus Konstruktion und Produktion unter dem Motto „nachhaltige Produktentwicklungspartnerschaften – Potenziale, Herausforderungen und Erfolgsfaktoren“ vertiefend diskutiert.

Die Auswertung hat u. a. gezeigt, dass rund 90 % der Unternehmen die Verbindung von wirtschaftlichen Aspekten mit Nachhaltigkeitsgesichtspunkten als bedeutsam für die weitere Unternehmensentwicklung erachteten. Weiterhin wurde deutlich, dass der überwiegende Teil der Unternehmen nur geringe bis gar keine Kenntnis von den Umweltwirkungen ihrer Gussteile besaß (vgl. Abbildung 31). Die Erkenntnisse der Interviews dienten der Vorbereitung einer sich anschließenden empirischen Vorstudie.

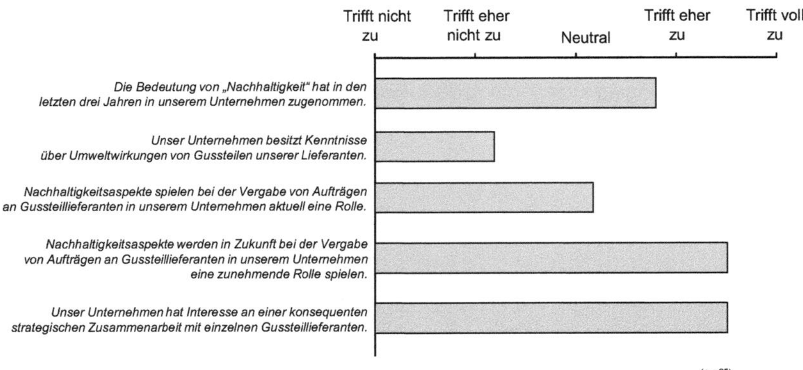

Abbildung 31: Auswertung der Befragung im Zuge des Konstruktionsworkshops (Fandl und Mutschler 2012)

3.3.2 *Empirische Vorstudie*

3.3.2.1 Entwicklung und Aufbau der Befragung

Generell initiiert eine Idee Forschungstätigkeiten – insbesondere solche, die „das bestehende Wissen in dem Untersuchungsfeld erweitern und bereichern, [...] also in gewisser Weise ein „Neuigkeitswert" [...]" geschaffen wird (Raab-Steiner und Benesch 2010, S. 31). Dies trifft auch für die Idee, die der vorliegenden Arbeit zugrunde liegt, zu.[25] Unter Berücksichtigung der in den vorherigen Abschnitten bereits behandelten Schwerpunkte wurden für die empirische Vorstudie folgende Themenschwerpunkte definiert:

- Unternehmensprofil,
- Zusammenarbeit mit Kunden bei der Gussteilentwicklung,
- Nachhaltigkeit und
- Bedeutung von ökologischen Aspekten bei der Gussteilentwicklung mit Kunden.

Im Anschluss erfolgte die Festlegung der Rahmenbedingungen, wie z. B. der Art und Länge der Befragung. Als Datenerhebungsmethode wurde die schriftliche Befragung in Form eines Online-Fragebogens gewählt. Zum einen ist diese Variante relativ kosten-

[25] Eine entsprechende Recherche der Primär- und Sekundärquellen (u. a. der VDGLIT-Literaturdatenbank des Vereins Deutscher Gießereifachleute: www.vdglit.com bzw. www.bdgusslit.de), eine dreistellige Anzahl an vom Autor der vorliegenden Arbeit geführten Experteninterviews und die Analyse einzelner Fachzeitschriften im Gießereiumfeld ergaben, dass bislang noch keine Studien zur Berücksichtigung von ökologischen Aspekten in der Zusammenarbeit zwischen Gießereien und Kunden existieren.

günstig und leicht praktikabel. Zum anderen eignet sie sich besonders für die Befragung großer homogener Gruppen (Raab-Steiner und Benesch 2010, S. 44), wie in diesem Fall der Mitarbeiter der Gießereiindustrie sowie derer Kunden aus dem Maschinenbau. Die Länge des Fragebogens wurde auf drei DIN A4-Seiten begrenzt. Der Versand erfolgte an alle potenziellen Teilnehmer als PDF-Datei im E-Mailanhang sowie als Link zur Online-Version. Zudem wurden 100 Personen aus der Stichprobe zusätzlich per Brief mit ausgedrucktem Fragebogen angeschrieben.[26]

3.3.2.2 Durchführung der Befragung

Die Befragung fand Ende des Jahres 2012 bzw. Anfang 2013 statt. Befragt wurden Akteure der deutschen Gießereiindustrie und deren Kunden (u. a. aus dem deutschen Maschinenbau). Thema der Befragung war die Bedeutung und Ausgestaltung von Nachhaltigkeitsaspekten bei der partnerschaftlichen Gussteilentwicklung. Im Zuge der Breitenbefragung wurden Fachexperten aller in Deutschland ansässigen Eisen- und NE-Metallgießereien aus den Bereichen Vertrieb, Gussteilentwicklung und Geschäftsführung kontaktiert. Auf Seite der Kunden wurden mehrere Mitarbeiter von Werkzeugmaschinenherstellern kontaktiert. Aus dem Pool potenzieller Teilnehmer aus deutschen Gießereien (N = 1.156) bearbeiteten 215 die Befragung vollständig. Dies entsprach einer Rücklaufquote von 18,6 %, was verallgemeinerungsfähige Aussagen zuließ. Bei den Werkzeugmaschinenherstellern (N = 494) haben insgesamt 48 Befragte teilgenommen, womit eine Rücklaufquote von 9,7 % erreicht wurde.

3.3.2.3 Ergebnisse

Ein Aspekt der Befragung betraf die Verteilung der Teilnehmer nach der Größe ihrer Unternehmen. Dies wurde mithilfe der Anzahl an Vollzeitbeschäftigten des jeweiligen Unternehmens abgefragt (vgl. Abbildung 32, S. 76): Teilnehmer aus Unternehmen mit einer Beschäftigtenzahl von 101 bis 250 waren mit 30 % in der Mehrzahl. Es folgte mit 21 % die Kategorie der Unternehmen mit weniger als 50 Mitarbeitern und dahinter mit 19 % die Kategorie der Großunternehmen (> 500 Mitarbeiter). 18 % der Befragten waren in Unternehmen mit 251 bis 500 Mitarbeitern angestellt. Mit 13 % machte die Kategorie 51 bis 100 Mitarbeiter die kleinste Teilnehmergruppe aus.

Weiterhin erfolgte eine Unterteilung der Unternehmen nach Gusswerkstoffen. In Anlehnung an Abschnitt 2.1 wurde die Gießereiindustrie in vier Teilbranchen gegliedert, wobei einige Gießereien zwei oder mehreren dieser Teilbranchen zuzuordnen waren. Die größte Kategorie stellten mit 43 % der Befragten die Eisengießereien dar, gefolgt von den Leichtmetallgießereien mit einem Anteil von 32 %. Insgesamt 7 % der Teilnehmer arbeiteten in Unternehmen der Stahlgießerei.

---

[26] Im Anhang befinden sich die Fragebögen für die Gießereiindustrie (vgl. Anhang A.II) und für die Werkzeugmaschinenhersteller (vgl. Anhang A.III).

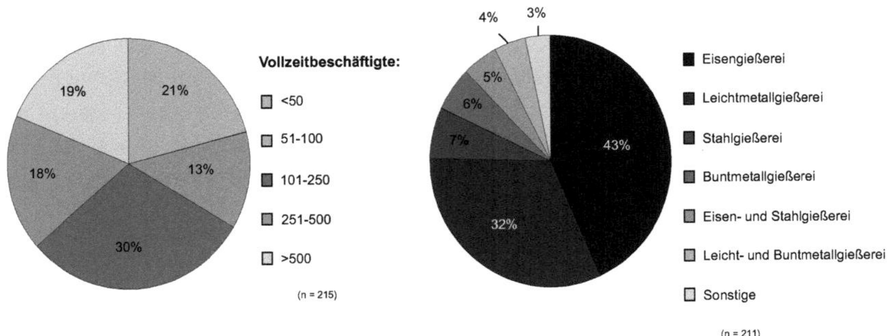

Abbildung 32: Verteilung der Teilnehmer der Befragung nach Unternehmensgröße und Gusswerkstoff

Den Teilnehmern wurden die in Abbildung 33 beschriebenen, für diese Befragung relevanten Zertifikate zur Auswahl gestellt. Es zeigte sich, dass eine klare Mehrheit von 87 % der Unternehmen nach DIN EN ISO 9001 zertifiziert war (vgl. auch Kindler 2013). Eine solche Zertifizierung erwarteten auch 83 % der Werkzeugmaschinenhersteller von ihren Gussteillieferanten. Diese Norm stellte für viele Unternehmen auch die Grundlage weiterführender Zertifizierungen dar. Es folgte die DIN EN ISO 14001 (Umweltmanagement-Norm) mit einem Anteil von 41 % und, sechs Prozentpunkte geringer, der Anteil der Unternehmen, die nach der TS 16949 zertifiziert waren; Werkzeugmaschinenhersteller forderten zu 11 % lieferantenseitig die Zertifizierung nach DIN EN ISO 14001. Nur 23 % der befragten Gießereien besaßen das Zertifikat der Energiemanagement-Norm nach DIN EN ISO 50001 bzw. DIN EN 16001. Zusätzlich wurde u. a. geprüft, inwieweit eine Abhängigkeit der Zertifizierung nach DIN EN ISO 50001 bzw. DIN EN 16001 von der Größe der befragten Unternehmen gegeben war (vgl. Abbildung 33).

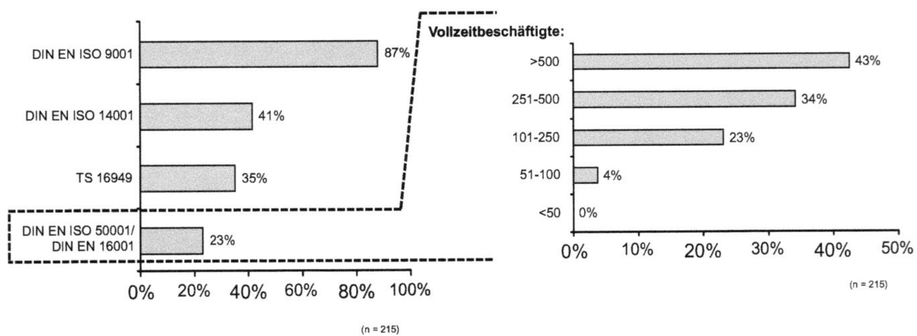

Abbildung 33: Zertifikate in der deutschen Gießereiindustrie – im Fokus der Anteil DIN EN ISO 50001 bzw. DIN EN 16001 zertifizierter Unternehmen

Auffällig war, dass der Anteil an Unternehmen mit Zertifikat mit der jeweiligen Unternehmensgröße korrelierte: Je kleiner die Unternehmensgröße war, desto seltener besaßen diese Unternehmen eine Zertifizierung gemäß DIN EN ISO 50001 bzw. DIN EN

16001. Kleinunternehmen wiesen zum Zeitpunkt der Befragung keine Energiemanagement-Zertifizierung auf. Aufgrund der Möglichkeit der Erneuerbare-Energien-Gesetz-Ausgleichsregelung war hier eine deutliche Zunahme an zertifizierten Gießereien zu erwarten (Fandl, Held und Kersten 2013, S. 133; hierzu auch Bosse 2014, S. 71).

Laut den Teilnehmern der Studie kamen bei der überbetrieblichen Gussteilentwicklung regelmäßig Entwicklungswerkzeuge wie CAD-Software (bei Gießereien zu 91 % und bei Werkzeugmaschinenherstellern zu 98 %) zum Einsatz (vgl. Abbildung 34). Jedoch verwendeten die Unternehmen ihre Entwicklungswerkzeuge in vielen Fällen unabhängig voneinander.

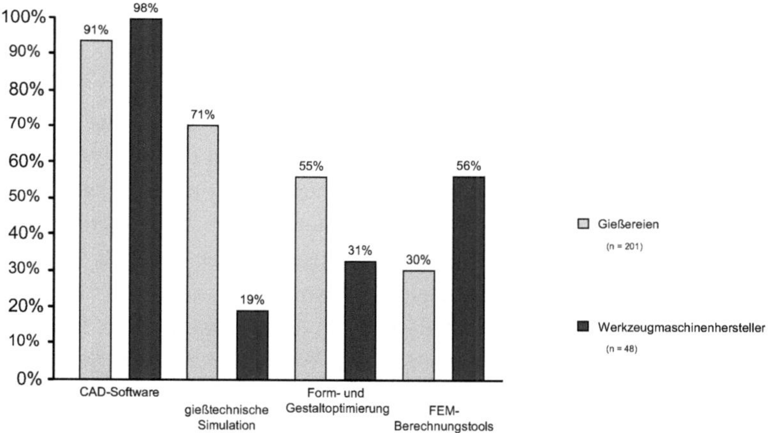

Abbildung 34: Einsatz von Entwicklungswerkzeugen bei der überbetrieblichen Gussteilentwicklung

Ein Aspekt, der bei der überbetrieblichen Gussteilentwicklung besonderer Beachtung bedarf, ist der Integrationszeitpunkt, von dem an Kunden eine Gießerei in die Entwicklung eines Gussteils einbinden (vgl. Abbildung 35, S. 78). Die Befragung ergab, dass etwa die Hälfte der teilnehmenden Gießereien von keinem oder nur sehr wenigen Kunden bereits zu einem frühen Zeitpunkt – d. h. in der Ideen-/Konzeptphase – in die Gussteilentwicklung eingebunden wurde. Nur rund ein Fünftel wurde von vielen oder sogar den meisten Kunden in dieser Phase bereits integriert. Bezüglich der Ausgestaltungsphase gaben 48 % der Befragten an, von vielen bzw. den meisten ihrer Kunden in die Gussteilentwicklung eingebunden zu werden. Insgesamt war festzustellen, dass Kunden Gießereien oftmals erst zu einem späteren Zeitpunkt in die Gussteilentwicklung eingebunden haben.

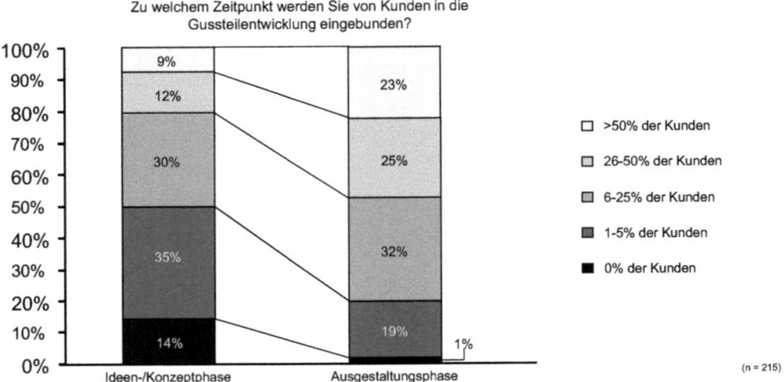

Abbildung 35: Integrationszeitpunkt der Gießereien in die Gussteilentwicklung mit Kunden

Ergänzend erfolgte ein Split nach Kundenbranchen, die im Rahmen der vorliegenden Studie als wesentliche Gussteilabnehmer angegeben wurden (vgl. Abschnitt 2.1.4). Ergebnis war, dass 78 % der Befragten, die den Fahrzeugbau zu einer ihrer Hauptkundenbranchen zählten, von vielen bzw. den meisten Kunden bereits vor der Produktionsphase in die Gussteilentwicklung mit einbezogen wurden. Dies traf hingegen nur bei 61 % der Befragten mit Kunden aus der Bauindustrie und nur ca. der Hälfte der Teilnehmer mit Kunden aus der Elektrotechnik zu. Auffällig war zudem, dass nur 56 % der Befragten, deren Kunden hauptsächlich dem Maschinenbau zugehörig waren, von vielen bzw. den meisten Kunden in einer der beiden ersten Phasen in Gussteilentwicklungsprojekte involviert wurden. Dies macht deutlich, dass besonders Kunden aus dem Maschinenbau ihre Gussteilzulieferer tendenziell zu einem späteren Zeitpunkt eingebunden haben und damit die Einflussmöglichkeiten der Gießereien auf produktionsgerechtere Teile einschränkt waren (Fandl, Held und Kersten 2013, S. 135).

Die vertiefte Zusammenarbeit mit Kunden weist laut den Teilnehmern erhebliche Potenziale auf, die es zukünftig zu fördern gilt (vgl. Abbildung 36, S. 79). Die Teilnehmer, die von ihren Kunden bereits früh in die Gussteilentwicklung einbezogen wurden und damit auch einen relativ großen Einfluss auf die Gestaltung und die damit einhergehenden Potenziale derselben hatten, bewerteten die Potenziale zudem deutlich über dem Durchschnitt. Dies verstärkt nochmals das Befragungsergebnis, dass die Wahrscheinlichkeit, Verbesserungen zu erreichen, durch eine enge Zusammenarbeit erhöht werden kann. Es ist festzustellen, dass die deutliche Mehrheit der Befragten eine vertiefte Zusammenarbeit mit Kunden bei der Gussteilentwicklung als vorteilhaft bewertet und speziell Aspekte wie Gewichtsreduktion, Entwicklungszeiten, Entwicklungskosten und eine verbesserte Funktionalität von Gussteilen als potenzialträchtig einschätzt.

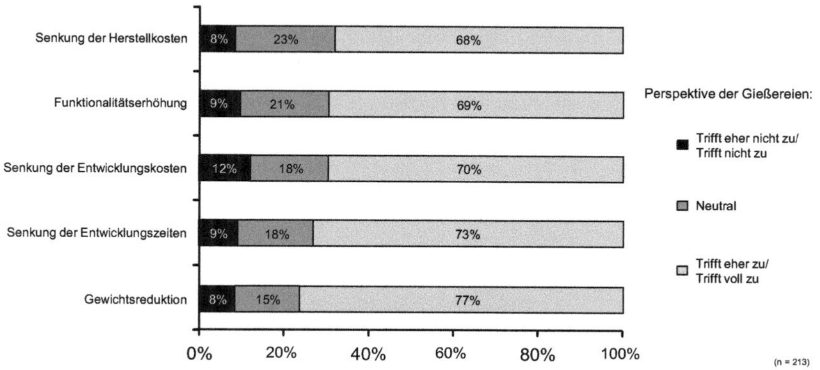

Abbildung 36: Potenziale bei der überbetrieblichen Gussteilentwicklung mit Kunden

In Abbildung 37 wird deutlich, dass 89 % der Befragten auf Seiten der Gießereien davon überzeugt waren, dass eine intensive Einbindung von Gießereien bei der Gussteilentwicklung zielführend ist. Diese Aussage wurde auch auf Seiten der Werkzeugmaschinenhersteller von 70 % der Befragten bestätigt.

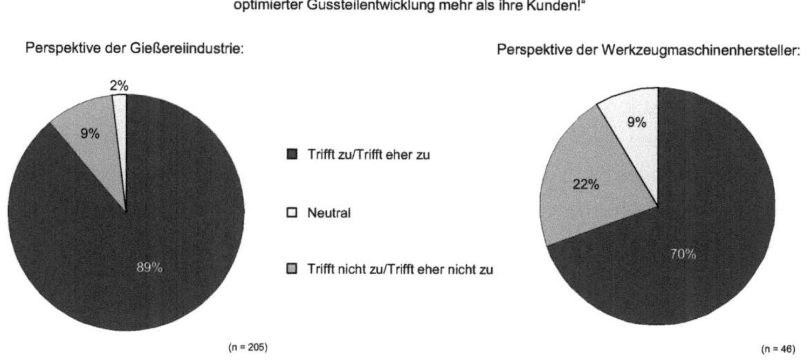

Abbildung 37: Beurteilung der Einbindung von Gießereien bei der Gussteilentwicklung

Abbildung 38 (S. 80) zeigt den Zusammenhang zwischen ökologischen Aspekten und überbetrieblicher Gussteilentwicklung. Die Mehrheit der Befragten war überzeugt, dass positive Effekte in Bezug auf ökologische Aspekte durch Kooperation mit ihren Kunden bei der Gussteilentwicklung erreicht werden könnten. Die befragten Teilnehmer bestätigten, dass aus der Sicht ihrer Kunden Umweltaspekte ein wichtiges Lieferanten-Auswahlkriterium in der Zukunft darstellen würden (vgl. auch Humphreys, Wong und Chan 2003). Allerdings wären die ökologischen Aspekte für ihre Kunden aktuell noch nicht so bedeutsam, was sich auch darin widerspiegelt, dass die Mehrheit der befragten Kunden keine Aussagen oder Kennzahlen zu ökologischen Aspekten erwartet. Dies deutet auf einen Aufklärungsbedarf hinsichtlich der Berücksichtigung ökologischer Aspekte in der Gussteilentwicklung hin (Fandl, Held und Kersten 2013, S. 138).

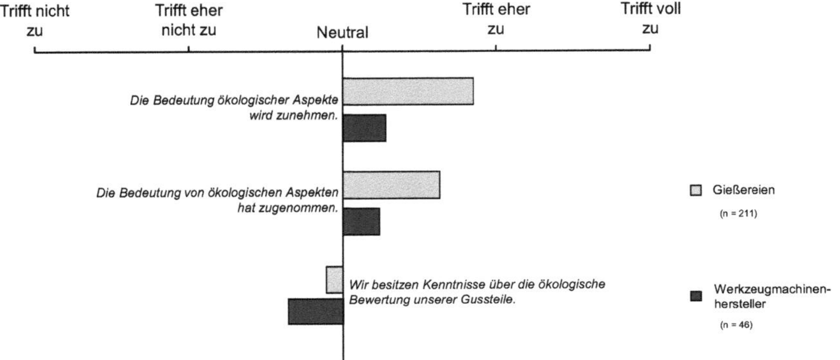

Abbildung 38: Ökologische Aspekte bei der Gussteilentwicklung

Überwiegend stimmten die Befragten der Vermutung zu, dass die Bedeutung ökologischer Aspekte in den nächsten Jahren allgemein zunehmen wird. Etwas geringer fiel die Zustimmung zu der Aussage aus, dass die Bedeutung ökologischer Aspekte bereits in den letzten Jahren zugenommen habe. Weiterhin war tendenziell die Zustimmung zu der Aussage, dass ökologische Aspekte in der Gussteilentwicklung zukünftig verstärkt Berücksichtigung finden werden, zu erkennen. Die Befragung ergab hingegen auch, dass ökologische Aspekte bei der Gussteilentwicklung derzeit nur wenig Berücksichtigung finden. Zudem gaben die meisten Teilnehmer an, momentan nur geringe Kenntnisse bezüglich der ökologischen Bewertung ihrer Gussteile zu besitzen.

Weiterhin verdeutlichten die Ergebnisse der Studie, dass die meisten Methoden zur ökologischen Prozessverbesserung sich in der Regel eher auf den Produktionsbereich bezogen und seltener auf die Entwicklung und Gestaltung von Gussteilen (Fandl, Held und Kersten 2013, S. 138).

Eine Auswertung der gesammelten Freitexte führte zudem zur Identifikation der Bereiche mit den zum Befragungszeitpunkt häufigsten ökologieorientierten Gießereiprojekten: Einführung von Energiemanagementsystemen, Wärmerückgewinnung, Verfahren und Investitionen in effizientere Öfen und Abgassysteme. Vereinzelt war bereits ein Trend zur partnerschaftlichen Optimierung von Gussteilen zu erkennen.

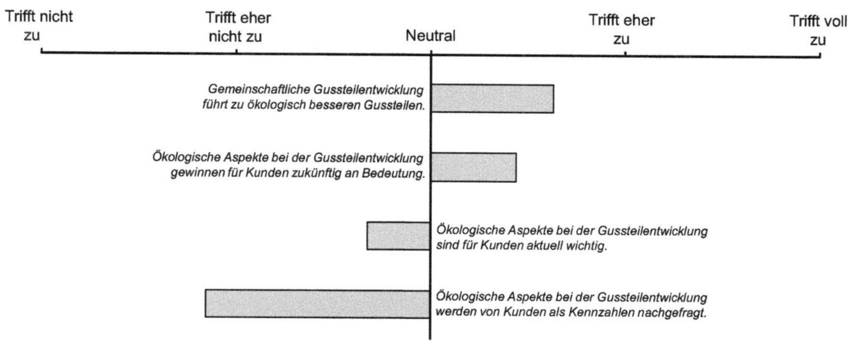

Abbildung 39: Bedeutung ökologischer Aspekte bei der Gussteilentwicklung in Zusammenarbeit mit Kunden

Abbildung 39 spiegelt die Verbindung von ökologischen Aspekten und partnerschaftlicher Produktentwicklung wider. Deutlich wurde, dass der Großteil der Befragten von den positiven Auswirkungen der Zusammenarbeit mit Kunden auf ökologische Aspekte der Gussteilentwicklung überzeugt war. Laut den Befragten würden ökologische Aspekte in Zukunft aus Kundensicht ein zunehmend wichtigeres Kriterium darstellen. Allerdings waren die ökologischen Aspekte für die Kunden aktuell noch nicht so bedeutsam, was sich auch darin widerspiegelte, dass die Mehrheit der befragten Kunden keine Aussagen oder Kennzahlen zu den ökologischen Aspekten erwartete.

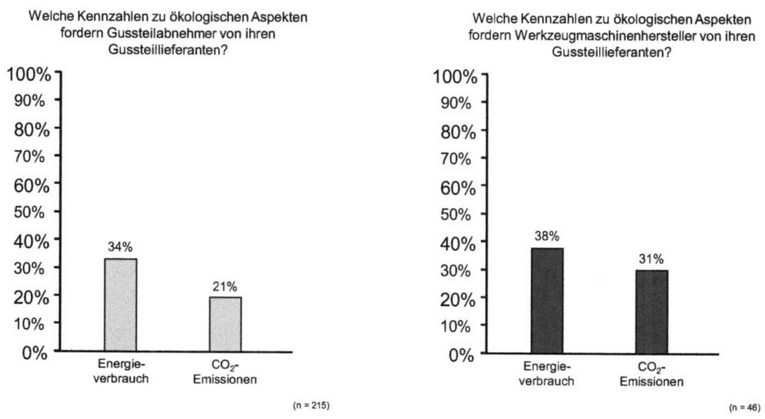

Abbildung 40: Kennzahlen zu ökologischen Aspekten für Gussteilentwicklungsprojekte

Sofern den Kunden bei der Gussteilentwicklung seitens der Gießereien ökologische Kennzahlen von Gussteilen zur Verfügung gestellt wurden, waren dies zu 34 % Informationen über den Energieverbrauch (vgl. Abbildung 40, S. 81). 21 % der Befragten, die Umweltkennzahlen übermitteln, gaben an, ihren Kunden Informationen bezüglich der CO_2-Emissionen bereitzustellen. Etwa ein Fünftel stellte den Kunden zudem Kennzahlen zum Wasserverbrauch zur Verfügung. Hierbei ist allerdings zu berücksichtigen, dass insgesamt nur 39 % der Befragten überhaupt Umweltkennzahlen an ihre Kunden übermittelten. Immerhin erwarteten 38 % der befragten Werkzeugmaschinenhersteller von ihrem Gussteillieferanten Kennzahlen zum Energieverbrauch und 31 % Angaben zu CO_2-Emissionen.

3.4 Zusammenfassung

Das dritte Kapitel gab einen vertiefenden Einblick in die Grundlagen und den aktuellen Wissensstand der Forschung zur Beantwortung der ersten Forschungsfrage (FF 1) der vorliegenden Arbeit (vgl. Abschnitt 1.2): „Wodurch ist die kooperative Gussteilentwicklung in der deutschen Gießereiindustrie gekennzeichnet?“

Ressourcenknappheit, steigendes Umweltbewusstsein und die weltweite Entwicklung des Treibhausgasausstoßes, speziell die steigenden CO_2-Emissionen, zwingen Industrieunternehmen, insbesondere auch deutsche Gießereien, zu einer nachhaltigeren Nutzung von Rohstoffen und Energien.

Die durchgeführte Literaturrecherche ergab erste Ansatzpunkte für eine Auseinandersetzung von Gießereien mit Umweltfragen. Jedoch liegen bislang keine Untersuchungen vor, die sich direkt mit dem am Gussteil ansetzenden Energieverbrauch und den zugehörigen CO_2-Emissionen befassen.

Die hier durchgeführte Befragung bestätigte, dass Entwicklungspartnerschaften zwischen deutschen Gießereien und ihren Kunden derzeit noch sehr unterschiedlich ausgeprägt sind. Zusammenfassend kann auf Basis der empirischen Vorstudie festgestellt werden, dass eine engere zukünftige Zusammenarbeit mit Kunden überwiegend mit positiven Assoziationen verbunden und nach Meinung der meisten Befragten zunehmend an Bedeutung gewinnen wird.

Sowohl das Bewusstsein für die Bedeutung ökologischer Aspekte als auch das Wissen über Energieverbrauch und CO_2-Emissionen sind bei der überbetrieblichen Gussteilentwicklung aktuell noch nicht sehr ausgeprägt. Jedoch lassen die hier vorgetragenen Ergebnisse erhoffen, dass sich dies in naher Zukunft ändern wird. Darüber hinaus ist festzustellen, dass derzeit noch angemessene Bewertungsmethoden fehlen, die bereits in frühen Phasen der kooperativen Gussteilentwicklung mit Kunden eine Abschätzung möglicher Energie-, CO_2-Emission- und Herstellkosteneinsparungen erlauben würden.

4 Methoden der empirischen Untersuchung

In Abbildung 41 findet sich eine Übersicht über die in der vorliegenden Arbeit angewandten empirischen Untersuchungsmethoden. Weiterhin lässt sich die schrittweise Vorgehensweise zur Beantwortung der einzelnen Forschungs- sowie der dazugehörigen Unterfragen erkennen.

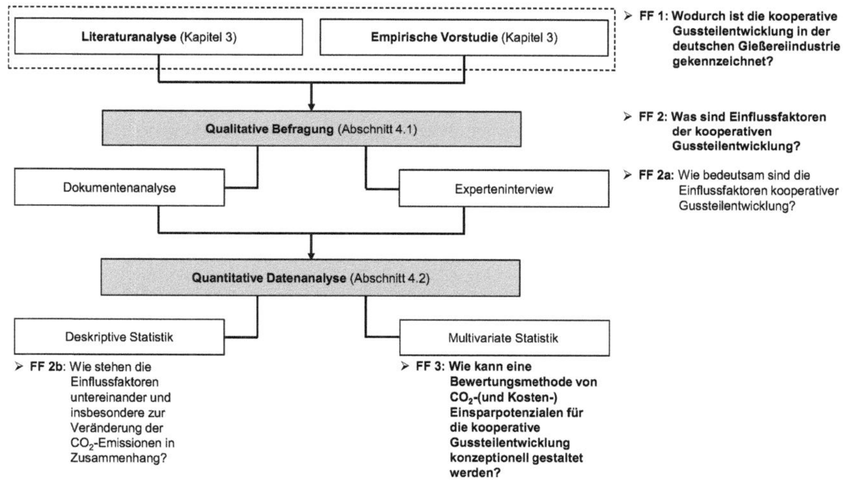

Abbildung 41: Übersicht der Vorgehensweise und der Methoden zur Beantwortung der Forschungsfragen

Zu Beginn des vierten Kapitels erfolgt zunächst die Darstellung der hier zum Einsatz kommenden Erhebungsmethoden aus dem Bereich der qualitativen Forschung (Abschnitt 4.1). Im Anschluss wird die Auswertung der erhobenen Daten mithilfe der quantitativen Datenanalyse dargelegt (Abschnitt 4.2).

4.1 Qualitative Forschung

Zur Analyse einer gegebenen Situation in Unternehmen bot sich für die vorliegende Arbeit die die Nutzung einer Fallanalyse an (Yin 2003, S. 39). Bei der Fallanalyse, in der das gesamte Spektrum sozialwissenschaftlicher Erhebungsmethoden abgebildet ist (Witzel 1982, S. 78), handelt es sich um eine vielschichtige methodische Vorgehensweise (Hartfiel 1982). Im Speziellen kam hier die „Einzelfallstudie“ zur Anwendung, wobei es sich nach Lamnek nicht um eine genuine Erhebungstechnik, sondern einen Forschungsansatz handelt (Lamnek 2005, S. 298–328).

Im Rahmen der vorliegenden Untersuchung wurden die Erhebungsmethoden der qualitativen Befragung aus der empirischen Sozialforschung zur Analyse der Einzelfallstudie herangezogen. Im ersten Schritt erfolgte die Auswahl des zu betrachtenden Falls. Da es sich um eine Primärerhebung handelte, wurde eine Stichprobe gezogen, anhand derer die Daten erhoben wurden. Dazu wurden im zweiten Schritt geeignete Erhebungsinstrumente ausgewählt und die Erhebung der Daten durchgeführt (vgl. Abbildung 42). Dabei konnten verbale Daten in Form von Erzählungen (z. B. narratives Interview) oder durch leitfadengestützte Interviews gewonnen werden (Mayer 2013, S. 37). Ergänzend konnten in der Erhebung prozessproduzierte Daten, aus z. B. Zeichnungen, Plänen und Dokumenten, verwendet werden. Der dritte Schritt umfasste die Aufbewahrung und Aufbereitung der erhobenen Daten. Dieser Schritt beinhaltete sowohl die Anonymisierung und Archivierung der Daten als auch die Eingabe und Bereinigung der Daten im Zuge ihrer Aufbereitung. Bei der Durchführung dieses Schrittes kann es zu Überschneidungen der einzelnen Tätigkeiten kommen. Der Auswertprozess (vierter Schritt) bestand in der strukturierten Informationsverdichtung sowie deren Umsetzung z. B. durch geeignete Softwareprogramme.

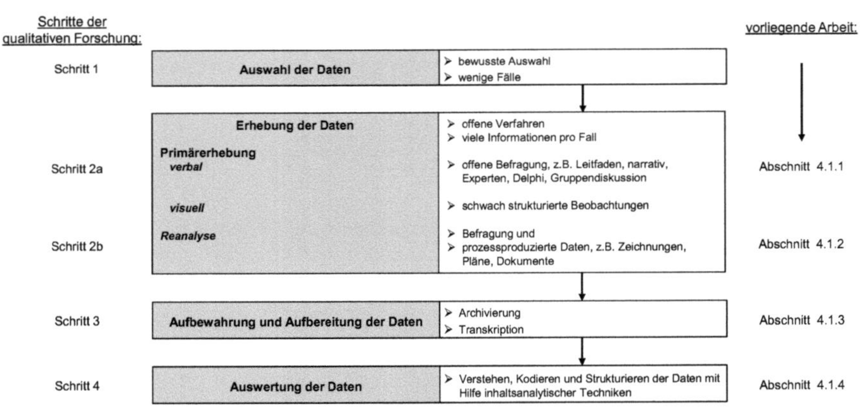

Abbildung 42: Vorgehen der qualitativen Forschung (in Anlehnung an Akremi, Baur und Fromm 2011, S. 15)

Weiterhin standen der jeweilige Fallverlauf und der Kontext der persönlichen Erfahrung, d. h. die Expertise der Experten, im Vordergrund der Fragestellung. Unter den Leitfadeninterviews der qualitativen Forschung wurde für die vorliegende Arbeit die spezielle Form des Experteninterviews sowie unterstützend die Dokumentenanalyse verwendet.

4.1.1 Experteninterview

Das Experteninterview bildet in der empirischen Sozialforschung das am häufigsten eingesetzte Verfahren (Meuser und Nagel 2010, S. 465). Der Befragte ist in diesem Fall weniger als Person zu betrachten, „[...] sondern in seiner Funktion als Experte für bestimmte Handlungsfelder" (Mayer 2013, S. 38). Der Begriff des „Experten" bzw. „Experteninterviews" wird dabei verwendet, um „[...] die spezifische Rolle des Interviewpartners als Quelle von Spezialwissen über die zu erforschenden sozialen Sachverhalte" zu verstehen (Gläser und Laudel 2010, S. 12). Die Anzahl an Lehrbüchern, die sich mit den methodischen Grundlagen, der Entwicklung von Leitfäden sowie der Auswertmethodik befassen, hat seit 2004 deutlich zugenommen (Bogner und Menz 2009, S. 19). Besonders zwei Merkmale der Experten werden in diesen Veröffentlichungen betont. Erstens stellen die Experten ein Medium für den Wissenschaftler dar, das den Know-how-Transfer gewährleistet sowie den Wissenschaftlern mit Sachkenntnis zur Seite steht. Zweitens haben die Experten „[...] eine besondere, mitunter sogar exklusive Stellung [...]" im Kontext der Untersuchung (Gläser und Laudel 2010, S. 13).

Unter Berücksichtigung dieser Merkmale können präzise solche Untersuchungen abgegrenzt werden, „[...] in denen soziale Situationen oder Prozesse rekonstruiert werden sollen [...]". Dabei liegen Funktion und Wert von Experteninterviews weder ausschließlich im Status des Interviewpartners noch in einer bestimmten Form von Interview (z. B. leitfadengestütztes Interview). Im Wesentlichen „[...] sind vielmehr das Ziel der Untersuchung, der daraus abgeleitete Zweck des Interviews und die sich daraus ergebende Rolle des Interviewpartners" von Bedeutung (Gläser und Laudel 2010, S. 13).

Bei der qualitativen Befragung wird der Interviewpartner mithilfe eines Leitfadens befragt. Dabei ist der Leitfaden (d. h. die Frageliste) weder in der Reihenfolge der Fragen noch in der Formulierung verbindlich (Gläser und Laudel 2010, S. 42). Es handelt sich vielmehr um eine Auflistung von Themenbereichen, die im Rahmen des Experteninterviews offen geführt werden.

Der Leitfaden bildet das Ergebnis einer Operationalisierung. Es geht dabei darum, „[...] die Leitfragen in Interviewfragen zu übersetzen, die an den Alltag des Interviewpartners anschließen" (Gläser und Laudel 2010, S. 142). Die Antworten auf die gestellten Fragen beinhalten die Informationen, anhand derer der jeweilige Prozess rekonstruiert werden kann.

Gläser und Laudel erläutern ausführlich Auswahl, Formulierung und Anordnung der Fragen für einen Leitfaden (Gläser und Laudel 2010, S. 144 ff.). Gemäß Rösch lassen sich für die Erstellung eines Leitfadens folgende Empfehlungen ableiten (Rösch 2013, S. 109 mit Verweis auf Mayer 2009, S. 95):

- Besondere Sachverhalte sollen den allgemeinen Sachverhalten folgen.
- Einfache Sachverhalte sollen den vertrauten Sachverhalten folgen.
- Komplexe Sachverhalte sollen dem Einfachen folgen.

Abschließend lautet die aus der Forschungsethik stammende wichtigste Regel für die Zulässigkeit von Fragen, „[...] dass den Teilnehmern an einer Untersuchung daraus kein Schaden entstehen darf [...]" (Gläser und Laudel 2010, S. 145 f.).

4.1.2 Dokumentenanalyse

Die Dokumentenanalyse ist eine Form der Beobachtungsmethode (Akremi, Baur und Fromm 2011, S. 35) und wird als Teil der qualitativen Forschung angesehen (Mayring 2002, S. 114 ff.). Anzumerken ist, dass das Datenmaterial nicht ausschließlich für den Zweck der Untersuchung erstellt wurde. Dokumente jeglicher Art, welche für eine Dokumentenanalyse zusammengetragen wurden, wurden hauptsächlich zur betrieblichen Verwendung generiert und erst im Nachgang für den Untersuchungszweck genutzt (Derek 1999, S. 55 mit Verweis auf Escher 1997). Diesem Datenmaterial liegt keine direkte Interaktion zwischen untersuchten und untersuchenden Personen zugrunde. Daher wird die Dokumentenanalyse in der empirischen Sozialforschung zu den sogenannten nichtreaktiven Verfahren zugeordnet (Petermann und Noack 1987). Die Dokumentenanalyse wird häufig in Verbindung mit der Erhebungsmethode des Experteninterviews gesehen, da hierbei vertiefende Informationen gewonnen werden.

Die Vorgehensweise einer Dokumentenanalyse gliedert sich in vier Schritte:

- Formulierung der Fragestellung,
- Bestimmung der zu sammelnden Dokumente,
- Einschätzung des Aussagewertes der ausgewählten Dokumente sowie
- Auswertung und Interpretation.

Da die Dokumentenanalyse ergänzend zu den Experteninterviews durchgeführt wird, gelten die Fragestellungen, die anhand der Experteninterviews untersucht werden, auch für die Dokumentenanalyse. Die Herkunft der Dokumente, die Art der Dokumente sowie der Zweck, dem das Dokument dient, sind ausschlaggebende Kriterien für die Aussagekraft eines Dokuments.

4.1.3 Aufbewahrung und Aufbereitung

Unter Berücksichtigung der Erhebungsmethode der Experteninterviews kann eine transkribierte Audioaufnahme verwendet werden (Mayer 2013, S. 46). Aufbewahrung (z. B. Archivierung) sowie anschließende Aufbereitung können anhand verschiedener Modelle erfolgen (vgl. dazu z. B. Mayer 2013, S. 47; Gläser und Laudel 2010, S. 191). Insbesondere bei den Experteninterviews ist anzumerken, dass „[...] es keine eindeutige Interpretation von Texten gibt, sodass jedes Interview einer Anzahl konkurrierender Deutungen offen steht." (Mayer 2013, S. 47 mit Verweis auf Spöhring 1995, S. 159).

4.1.4 Auswertmethodik

Zielsetzung bei der Auswertung von Experteninterviews ist es, durch Vergleich der erhobenen Daten das Individuell-Gemeinsame herauszuarbeiten (Meuser und Nagel 1991, S. 452). Bei Einzelfallstudien wird dazu oftmals das Verfahren der komparativen Kasuistik aus der Entwicklungspsychologie angewandt (Lamnek 2005, S. 318). Ziel dieser Auswertmethode ist es, „[...] die kurze Charakterisierung des Einzelfalls unter den für das untersuchte Phänomen interessanten psychologischen Gesichtspunkten“ zu deuten (Lamnek 2005, S. 319).

Bei der Auswertung liegt der Schwerpunkt nicht auf der exakten und ausführlichen Interpretation einzelner Interviews, sondern darauf „[...] Problembereiche zu identifizieren, die den einzelnen Fragen des Leitfadens des Interviews zugeordnet werden können. Nicht jeder Satz muss also bei der Auswertung herangezogen werden“ (Lamnek 1995, S. 206).

Bei der Auswertung der Dokumente können sowohl qualitative als auch quantitative Methoden eingesetzt werden. In der vorliegenden Arbeit wurden die in den gesammelten Dokumenten enthaltenen Daten und Informationen sowie die aus den Experteninterviews gewonnenen Daten und Informationen aggregiert und gemeinsam einer quantitativen Datenanalyse unterzogen.

4.2 Quantitative Datenanalyse

Die quantitative Datenanalyse lässt sich der quantitativen Forschung zuordnen. Abbildung 43 veranschaulicht die einzelnen Schritte quantitativer Forschung. Im ersten Schritt erfolgt die Auswahl der Daten, wobei im Vergleich zur qualitativen Forschung meist eine deutlich höhere Anzahl von Fällen untersucht wird (Mayer 2013, S. 59).

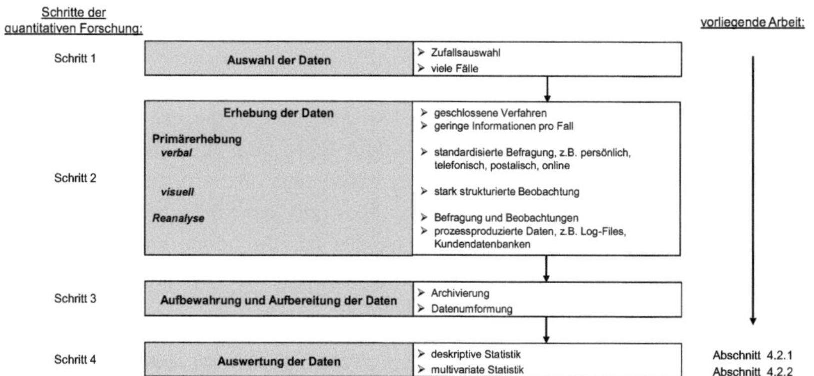

Abbildung 43: Vorgehen der quantitativen Forschung (in Anlehnung an Akremi, Baur und Fromm 2011, S. 15)

Im Rahmen der quantitativen Forschung wird häufig die Erhebungsmethode mithilfe eines standardisierten Fragebogens angewandt (Mayer 2013, S. 58), wobei die Durchführung telefonisch, postalisch, online oder persönlich erfolgen kann (zweiter Schritt). Im dritten Schritt der Datenaufbewahrung und -aufbereitung kann es wie bei der qualitativen Forschung zu Überschneidungen bei der Durchführung kommen (vgl. Abschnitt 4.1). Bei der Auswertung der Daten wird die Zielsetzung der quantitativen Forschung deutlich, da die Überprüfung von Hypothesen sowie die Ermittlung der jeweiligen Stärke der Effekte angestrebt wird (Mayer 2013, S. 68).

Im Folgenden werden sowohl die deskriptive Statistik als auch die Regressionsanalyse aus der multivariaten Statistik näher beschrieben.

4.2.1 Deskriptive Statistik

Die deskriptive Statistik „[...] stellt Methoden bereit, mit deren Hilfe man die Gesamtinformationen, die in Rohdaten stecken, numerisch oder grafisch so darstellen bzw. komprimieren kann, dass wesentliche Aspekte erkennbar sind, ohne allzu viel an wichtiger Information zu verlieren“ (Hatzinger und Nagel 2013, S. 27). In diesem Zusammenhang verwendet die deskriptive Statistik verschiedene Hilfsmittel wie Tabellen und Diagramme. Vorteil der Visualisierung ist, dass „[...] komplexe Zusammenhänge schnell und einfach verständlich [...]“ gemacht werden können (Rasch et al. 2014, S. 1).

4.2.1.1 Aufbereitung der Daten

Eine anschauliche Darstellung der erhobenen Daten ermöglicht eine systematische Betrachtung der Werte und lässt erste Schlüsse (ohne die Anwendung komplizierter statistischer Verfahren) zu. Die ermittelten Rohdaten (z. B. aus Experteninterviews bzw. Dokumentenanalysen) besitzen noch wenig Aussagekraft. Im Folgenden gilt es daher, die Rohdaten zu strukturieren, um sie im ersten Schritt tabellarisch darzustellen. Dabei werden den gesammelten Daten Zahlen zwecks Codierung zugeordnet. Die Erfassung geschieht z. B. mittels Softwareprogrammen wie MS Excel oder SPSS.

Zur Codierung der Daten ist es notwendig, den unterschiedlichen Ausprägungen der Variablen (oder Einflussfaktoren) Zahlen zuzuordnen. Dabei gilt es, zwei quantitative und qualitative Merkmalstypen zu unterscheiden. Beim quantitativen Merkmal stellen die zur Verfügung stehenden Ausprägungen keine klar abzugrenzenden Kategorien dar, sie sind zahlenmäßig erfassbar (z. B. das Alter oder die Körpergröße). Anders verhält es sich bei qualitativen Merkmalen, wobei die zur Verfügung stehenden Ausprägungen klar definierte und abgrenzbare Kategorien (z. B. das Geschlecht) darstellen, deren Ausprägungen erst kodiert werden müssen.

Das Wichtigste bei der Charakterisierung von Variablen ist das Skalenniveau (Jann 2005, S. 13). Je nach Art der vorliegenden Daten „[...] wird von unterschiedlichen Messniveaus bzw. Skalentypen [...]“ gesprochen (Jann 2005, S. 13). Dabei hängt die Festlegung von zwei Faktoren ab: Zum einen von den Eigenschaften der zu messenden Variable und zum anderen der Art der Abbildung der Variablen durch Messinstrumente. In Anlehnung an Mayer und Rasch et al. lassen sich Messwerte in vier Kategorien einteilen (vgl. Tabelle 11) (Mayer 2013, S. 71; Rasch et al. 2014, S. 10).

Skalentyp	Aussage	Beschreibung	Beispiel
Nominalskala	Gleichheit/ Verschiedenheit	Messwerte sind gleich oder verschieden	Geschlecht, Nationalität, etc.
Ordinalskala	Größer-Kleiner-Relation	Messwerte lassen sich der Größe nach ordnen	Schulbildung, Uni-Rankings, etc.
Intervallskala	Abstand	Abstände zwischen den Messwerten sind darstellbar	Celsius-Skala, Intelligenzquotient, etc.
Verhältnisskala	Verhältnis	Messwerteverhältnisse können berechnet werden	Kelvin-Skala, Alter, etc.

Tabelle 11: Übersicht der Skalentypen

4.2.1.2 Darstellung der Daten

Auf Basis der im oberen Abschnitt entstandenen Codierung, ist es nun möglich, die Daten auszuwerten. Oftmals wird hierbei eine sogenannte Häufigkeitsverteilung gewählt, da verschiedene Ausprägungen einer (univariaten) Variablen unterschiedlich häufig zu beobachten sind. Die Abkürzung f_k (engl. frequency) bezeichnet die Angabe der absoluten Häufigkeit eines Wertes k. Die relative Häufigkeit ist definiert als die absolute Häufigkeit f_k dividiert durch den Stichprobenumfang n, also (Rasch et al. 2014, S. 4):

$$f_{relk} = \frac{f_k}{\mathrm{n}} \quad (4.1)$$

Durch Multiplikation der relativen Häufigkeit mit dem Faktor 100 ergibt sich die prozentuale Häufigkeit, abgekürzt $\%_k$:

$$\%_k = f_{relk} \times 100\,\% \quad (4.2)$$

Die grafische Darstellung von Daten ist wesentlich anschaulicher als eine Tabelle für sich allein, obwohl die grafische Darstellung keinerlei neue Informationen enthält. In diesem Zusammenhang gibt es verschiedene Möglichkeiten der Visualisierung (vgl. Abbildung 44, S. 90).

Bei der grafischen Darstellung u. a. von Kreis- und Balkendiagrammen (Säulendiagrammen) sind die Häufigkeiten der Werte einer nominalskalierten Variablen abzulesen.

Beim Balkendiagramm werden auf der Abszisse (x-Achse) die Ausprägungen der Variablen oder deren Kategorien abgetragen, auf der Ordinate (y-Achse) werden die Häufigkeiten dieser Ausprägung dargestellt (Bortz und Schuster 2010, S. 45). Die Entscheidung, ob ein Kreis- oder Balkendiagramm zur Darstellung geeigneter ist, ist von der Anzahl der Ausprägungen der Variablen abhängig.

Eine weitere grafische Darstellung von Merkmalsverteilungen bildet der Boxplot, auch Box-Whisker-Plot oder Kastengrafik genannt. Vorteil eines Boxplot ist der grafische Vergleich der Variablenverteilung in zwei oder mehreren Gruppen (Hatzinger und Nagel 2013, S. 203 f.). Der Boxplot verwendet Quartile zur Darstellung der Streuungs- und Lagemaße (vgl. Abschnitt 4.2.1.3), ergänzend werden Ausreißer dargestellt (Stahel 2008, S. 26).

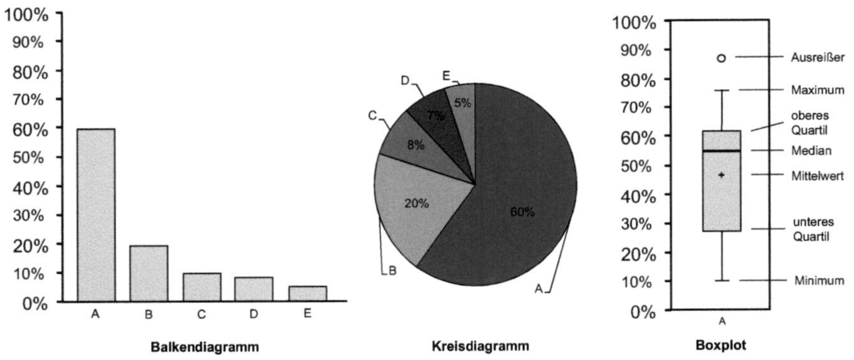

Abbildung 44: Visualisierungsformen Balkendiagramm, Kreisdiagramm und Boxplot (in Anlehnung an Bortz und Schuster 2010, S. 41 ff.)

4.2.1.3 Statistische Kennwerte

Im Anschluss an die grafische Darstellung der Daten erfolgt nun gemäß dem unterschiedlichen Skalenniveau die Zuordnung zu statistischen Kennwerten. Dabei haben statistische Kennwerte das Ziel, „[...] bestimmte Eigenschaften einer Verteilung numerisch wiederzugeben, sodass mit ihnen gerechnet werden kann" (Rasch et al. 2014, S. 10).

Zu Beginn erfolgt die Betrachtung „univariat", die Unterteilung erfolgt in:

- Maße der zentralen Tendenz und
- Streuungsmaße.

Die Maße der zentralen Tendenz fassen alle Messwerte einer Verteilung zusammen. Dabei repräsentieren der Modalwert, der Medianwert sowie der arithmetische Mittelwert die gebräuchlichsten Formen. Tabelle 12 stellt eine Übersicht zu den Maßen der zentralen Tendenz für die unterschiedlichen Skalentypen dar.

Skalentyp	Maß der zentralen Tendenz
Nominalskala	Modalwert
Ordinalskala	Modal- und Medianwert
Intervall-/Verhältnisskala	Modal-, Median- und arithmetischer Mittelwert

Tabelle 12: Einteilung von Skalentypen und Maßen der zentralen Tendenz

Im Folgenden werden die Maße der zentralen Tendenz beschrieben:

- Der Modalwert (oder Modus) bildet den Wert ab, welcher unter Betrachtung einer einzelnen Variablen am häufigsten vorkommt. Bei einer grafischen Darstellung stellt der Modalwert das Maximum dar. Die Berechnung des Modalwerts erfordert einen nominalen Skalentyp.
- Der Medianwert (oder Median) stellt den Wert dar, von dem alle übrigen Werte im Durchschnitt am geringsten abweichen. Zusammengefasst teilt der Median eine Verteilung in zwei Hälften. Es muss mindestens ein ordinaler Skalentyp vorliegen.
- Das arithmetische Mittel (kurz Mittelwert) ist mathematisch die Summe aller Werte dividiert durch deren Anzahl. Dabei gibt der Mittelwert den Durchschnittswert einer Verteilung an. Für die Berechnung des Mittelwerts sind mindestens intervallskalierte Daten notwendig.

Zusätzlich zu den Maßen der zentralen Tendenz sind die Streuungsmaße zur Charakterisierung einer Datenverteilung sinnvoll. Es wird unterschieden zwischen Spannweite, Varianz und Standardabweichung:

- Die Spannweite gibt die Größe des Bereichs an, in dem die Messwerte liegen. Sie wird aus der Differenz zwischen dem größten und dem kleinsten Messwert berechnet.
- Die Varianz stellt den Wert dar, bei dem die Streuung der Messwerte um den Mittelwert liegt. Sie wird aus der Summe der quadrierten Abweichung aller Messwerte vom arithmetischen Mittelwert dividiert durch die Anzahl aller Messwerte minus eins gebildet. Dabei kann die Varianz nur ab intervallskalierten Daten berechnet werden.
- Die Quadratwurzel aus der Varianz ist die Standardabweichung. Sie stellt den Abstand des Mittelwerts zum Wendepunkt einer Normalverteilung dar.

Am Anfang der statistischen Kennwertuntersuchung werden die einzelnen Variablen getrennt voneinander – univariate Verteilung – analysiert. Danach wird der Zusammenhang zweier Variablen untereinander – also bivariat – untersucht. Unter Berücksichtigung der Skalentypen können bei der bivariaten Verteilung unterschiedliche Verfahren verwendet werden (siehe hierzu Cleff 2012, S. 80).

Im Rahmen der vorliegenden Arbeit soll insbesondere auf das Zusammenhangsmaß nach Bravais und Pearson sowie Spearman-Rho eingegangen werden.[27] Es wird für die vorliegenden metrischen Daten der „[...] empirische Korrelationskoeffizient (r) nach Bravais und Pearson (auch linearer Korrelationskoeffizient, Produkt-Moment-Korrelationskoeffizient oder kurz: Pearson's r) verwendet“ (Jann 2005, S. 86). Dabei wird die Stärke und Richtung des linearen Zusammenhangs zwischen zwei Variablen gemessen. Dieser wird gemäß untenstehender Formel bestimmt (Bortz und Schuster 2010, S. 157):

$$r = \frac{n\sum_i x_i \times y_i - (\sum_i x_i) \times (\sum_i y_i)}{\sqrt{[n\sum_i x_i^2 - (\sum_i x_i)^2] \times [n\sum_i y_i^2 - (\sum_i y_i)^2]}} \qquad (4.3)$$

Bei ordinalskalierten Daten wird der Rangkorrelationskoeffizient nach Spearman-Rho (r^{rho}) berechnet. Für diese „[...] ordinalen Daten wird der Rang beim ersten Merkmal mit dem Rang beim zweiten Merkmal verglichen“ (Hadler 2005, S. 74). Folgende vereinfachte Berechnungsformel zur Bestimmung des r^{rho} ergibt sich (Bortz und Schuster 2010, S. 178):

$$r^{rho} = \frac{6 \times \sum_{i=1}^{n} d_i^2}{n \times (n^2 - 1)} \qquad (4.4)$$

Für die Aussagekraft des Pearson's r sowie des Rangkorrelationskoeffizienten gilt: Die Summe der Zähler wird als Kovarianz bezeichnet, die das Vorzeichen des Korrelationskoeffizienten bestimmt. Da durch die Standardabweichung alle x_i und y_i Werte geteilt werden, ist der Wertebereich auf −1 und +1 beschränkt. Ein positives Vorzeichen bedeutet, dass die beiden Variablen in gleicher Richtung korrelieren, d. h., wenn x_i größer wird, wächst auch y_i, während ein negatives Vorzeichen auf einen gegenläufigen Zusammenhang hinweist: Wenn x_i wächst, nimmt y_i ab. Die Korrelation kann in folgende Grenzen eingeteilt werden (vgl. Tabelle 13):

Betrag von r	**Aussage**
0	keine Korrelation
über 0 bis 0,2	sehr geringe Korrelation
0,2 bis 0,4	geringe Korrelation
0,4 bis 0,6	mittlere Korrelation
0,6 bis 0,8	hohe Korrelation
0,8 bis unter 1	sehr hohe Korrelation
1	perfekte Korrelation

Tabelle 13: Interpretation von Korrelationskoeffizienten (in Anlehnung an Brosius 2013, S. 523)

[27] Weiterführende Erläuterungen zu den Verfahren „bivariater Zusammenhänge“ lassen sich Cleff 2012 sowie Bortz und Schuster 2010 entnehmen.

Zur Prüfung der Stärke des Zusammenhangs können Prüfgrößen (vgl. Tabelle 15, S. 94) berechnet werden, die im Ergebnis Aussagen zur sogenannten Irrtumswahrscheinlichkeit (p) erlauben. Tabelle 14 veranschaulicht, dass „[...] mit je größerer Sicherheit man eine Fehlentscheidung vermeiden will, desto niedriger wählt man die Grenze der Irrtumswahrscheinlichkeit" (Bühl 2012, S. 171).

Irrtumswahrscheinlichkeit	Aussage	Symbolisierung
$p > 0{,}05$	nicht signifikant	ns
$p \leq 0{,}05$	signifikant	*
$p \leq 0{,}01$	sehr signifikant	**
$p \leq 0{,}001$	höchst signifikant	***

Tabelle 14: Einstufung der Irrtumswahrscheinlichkeit (in Anlehnung an Bühl 2012, S. 171)

Zur weiteren Analyse der Korrelationen bietet sich eine Korrelationsmatrix an. In dieser werden die Korrelationskoeffizienten, die Signifikanzen sowie die Anzahl der gültigen Fälle „[...] einmal in einer Spalte und einmal in einer Zeile" abgetragen (Hadler 2005, S. 75 f.). Im Anschluss an die Untersuchung liegt der Fokus auf den relevanten und signifikanten Korrelationen, wobei die Suche nach signifikanten Korrelationen nicht bedeutet, [...] dass man einfach alles mit allem korreliert und danach die signifikanten Ergebnisse herauspickt" (Hadler 2005, S. 77). Abschließend sollte bei der Untersuchung bivariater Zusammenhänge gelten, dass erst ein Zusammenhang vorliegt, wenn dieser erstens signifikant ist und zweitens auch eine gewisse Stärke aufweist.

4.2.2 Regressionsanalyse

Die Korrelationsanalyse der bivariaten Zusammenhänge ist ungerichtet, d. h. es können ausschließlich Aussagen über die Stärke und das Vorzeichen eines Zusammenhangs losgelöst von Hypothesen über Kausalität zwischen den betrachteten Variablen vorgenommen werden. Die lineare Regression schließt hieran an, indem sie nicht nur die Stärke eines Zusammenhangs misst, „[...] sondern den Betrag der in der Punktewolke erkennbaren Steigung in Betracht zieht" (Jann 2005, S. 167). Da die Steigung durch eine Skalierung von x und y manipuliert werden kann, ist bei der Regressionsanalyse (abgrenzend zur Korrelation) die Einheit der betrachteten Variablen von Relevanz. Es handelt sich somit bei der Regressionsanalyse um ein gerichtetes Analyseinstrumentarium zur Untersuchung eines funktionalen Zusammenhangs.

4.2.2.1 Einfache lineare Regression

Die lineare Regression berechnet ein Modell für einen linearen Zusammenhang zwischen „[...] einer abhängigen Variablen und einer oder mehreren unabhängigen Variablen" (Backhaus et al. 2005, S. 46). Der besondere Fokus der Regression liegt zum einen auf der quantitativen Beschreibung von Zusammenhängen und zum anderen auf der Abschätzung und Vorhersage von Werten abhängiger Variablen (Backhaus et al. 2005, S. 46).[28]

Dabei ist die lineare Regression an einige statistische Annahmen gekoppelt (Field 2005, S. 169 f.). Insbesondere darf keine stark lineare Abhängigkeit der unabhängigen Variablen vorliegen, denn mit zunehmender Multikollinearität werden die Standardfehler der Regressionskoeffizienten größer und damit deren Schätzung unzuverlässiger. Der Varianzinflationsfaktor (kurz VIF) kann in diesem Zusammenhang angeben, um welchen Faktor die Schätzvarianz durch Multikollinearität erhöht wird (u. a. Albers et al. 2009, S. 225).

Eine weitere Prämisse umfasst den Aspekt der Autokorrelation. Dieses bekannte Phänomen aus Studien mit Längsschnittcharakter tritt dann auf, wenn Unternehmen mehrfach zu unterschiedlichen Zeitpunkten berücksichtigt werden – dies kann bei der vorliegenden Arbeit ausgeschlossen werden. Falls eine Form der Autokorrelation vorliegt, wird gegen die geforderte Unabhängigkeit der Störgrößen der Regression verstoßen. Eine Überprüfung erfolgt mit dem Durbin-Watson-Test (Field 2005, S. 170 f.); niedrige Werte sprechen für eine positive, große Werte für eine negative Autokorrelation, wobei der Wert abhängig von der Stichprobengröße ist und um zwei liegen sollte (Bühl 2012, S. 446). Die Verletzung der gemeinhin geforderten Prämissen führt dann zu einer Verzerrung der Schätzwerte und einer Ineffizienz der Schätzung.

Eine weitere Voraussetzung bildet die Normalverteilung der Residuen (bekannt als Fehlerterm) der linearen Regression (Albers und Skiera 2000, S. 208). Liegt keine Normalverteilung vor, ist von einer schiefen Verteilung der Variablen auszugehen (Hair et al. 2013, S. 173 ff.). Überprüft werden kann dies mit dem Kolomogorov-Smirnov-Test. Sollte ein signifikantes Ergebnis vorliegen, kann gegebenenfalls durch Transformation der Variablen Abhilfe geschaffen werden (Hair et al. 2013, S. 173 ff.). Überprüft wird die Güte des Modells mit den in Tabelle 15 enthaltenen Kriterien.

Prüfgrößen	Aussage	Irrtumswahrscheinlichkeit
R-Quadrat	Das R-Quadrat dient der Beurteilung der Güte des Modells.	$\geq 0{,}2$
F-Statistik	Überprüfung, ob der Einfluss der unabhängigen Variablen auf die abhängige Variable und somit ob das Modell signifikant ist.	$p \leq 0{,}05$
t-Statistik	Überprüfung der Signifikanz der einzelnen Regressionskoeffizienten, deren Einflüsse auf die abhängige Variable als ß-Werte dargestellt werden.	$p \leq 0{,}05$

Tabelle 15: Übersicht der Gütekriterien der linearen Regression (in Anlehnung an Hair et al. 2013, S. 173 ff.)

[28] Eine Zusammenfassung weiterführender Literatur zur Regressionsanalyse liegt in Rudolf und Müller 2004 vor.

Die Regressionsgleichung kann nach der folgenden Mustergleichung berechnet werden (Crawley 2005, S. 125 ff.). Das ŷ steht dabei für den geschätzten Wert der abhängigen Variable und x steht für die unabhängige Variable. b_0 steht für eine Konstante, bei der die Regressionsgerade die y-Achse schneidet, und b_1 für die Steigung der Regressionsgeraden pro Einheit von x. Die Regressionsgleichung lautet wie folgt:

$$\hat{y} = b_0 + b_1 \times x \tag{4.5}$$

Da ein Modell nicht hundertprozentig mit den Daten übereinstimmt, gibt es für jeden Wert von x (x_i) eine Abweichung des geschätzten Wertes $\hat{y}_i$ vom wirklichen Wert y_i. Diese Abweichung $y_i - \hat{y}_i$ wird als Schätzfehler (Error, kurz ε_i) oder Residualwert bezeichnet. Für die Schätzung einzelner Werte von y kann die Formel somit auch folgendermaßen geschrieben werden (Field 2005, S. 145):

$$y_i = b_0 + b_1 \times x_i + \varepsilon_i \tag{4.6}$$

Der geschätzte y-Wert ($\hat{y}_i$) für einen bestimmten Wert von x_i ist also die Konstante b_0 plus die Steigung der Regressionsgraden b_1 mal dem entsprechenden x_i-Wert. Um den tatsächlichen y-Wert (y_i) zu erhalten, muss zu dem Ergebnis noch der Residualwert (ε_i) addiert werden.

Der Berechnung liegen verschiedene Verfahren zugrunde, die gebräuchlichste Methode ist die sogenannte Methode der kleinsten Quadrate (Ordinary Least Squares, kurz OLS; Jann 2005, S. 170). Dabei werden die Werte für b_0 und b_1 berechnet, bei denen die Summe der quadrierten Residualwerte den kleinstmöglichen Wert annimmt. Die Werte b_0 und b_1 werden nach folgender Formel berechnet (Crawley 2005, S. 129 f.):

$$b_1 = \frac{\mathrm{SSXY}}{\mathrm{SSX}} \text{ entspricht } b_1 = \frac{\sum_i (x_i - \bar{x}_i) \times (y_i - \bar{y}_i)}{\sum (x_i - \bar{x}_i)^2} \tag{4.7}$$

$$b_0 = \bar{y} - b_1 \bar{x} \tag{4.8}$$

Um die Güte eines Regressionsmodells zu bestimmen, wird im Folgenden das sogenannte Bestimmtheitsmaß R-Quadrat (R^2) berechnet. R-Quadrat gibt an, welcher Anteil der Gesamtstreuung y unter Zuhilfenahme der Regressionsgleichung erklärt wird (Jann 2005, S. 172). Das R-Quadrat greift auf die „Methode der kleinsten Quadrate" zurück. Um das Ausmaß der Streuung um die Regressionsgerade zu quantifizieren, werden die Abweichungen aufsummiert. Da sich aber positive und negative Abweichungen auslöschen und letzten Endes zu Null aufsummieren würden, werden diese vor der Addition quadriert. Daraus ergibt sich die Quadratsumme der Gesamtabweichung (Sum of Squares Total, kurz SST), dabei entspricht die SST der Varianz der abhängigen Variable mit der Formel: $\sum_i (y_i - \bar{y}_i)^2$.

Diese Gesamtvarianz lässt sich anschließend in zwei Untervarianzen aufteilen. Die Quadratsumme des Modells (Sum of Squares Model, kurz SSM) bildet den Teil der Gesamtabweichung, der durch das Modell erfasst wird (Formel: $\sum_i(\hat{y}_i - \bar{y}_i)^2$). Die Restvarianz umfasst das summierte Quadrat der Residuen mit der Formel: $\sum_i(y_i - \hat{y}_i)^2$.

Das R-Quadrat ist nun definiert als der Anteil der Quadratsumme des Modells an der Gesamtquadratsumme und gibt somit den Anteil der durch das Modell erklärten Gesamtvarianz an (Crawley 2005, S. 133 ff.):

$$R^2 = \frac{SSM}{SST} \text{ entspricht } R^2 = \frac{\sum_i(\hat{y}_i - \bar{y}_i)^2}{\sum_i(y_i - \bar{y}_i)^2} \tag{4.9}$$

Die Werte für R-Quadrat liegen zwischen null und eins, wobei höhere Werte auf eine höhere Erklärungskraft des Modells (entsprechend der erklärten Varianz), also auf eine höhere Güte hinweisen (Jann 2005, S. 173; Schnell, Hill und Esser 2008, S. 456). Inhaltlich lässt eine hohe Güte auf einen starken bzw. deutlichen Zusammenhang schließen (Jann 2005, S. 173). Weiterhin gibt das R-Quadrat an, „[...] um wieviel Einheiten die abhängige Variable ansteigt, wenn die unabhängige Variable um eine Einheit ansteigt“ (Schnell, Hill und Esser 2008, S. 456). Zusammenfassend bedeutet dies, dass das R-Quadrat die Stärke des Einflusses der unabhängigen Variablen auf die abhängige Variable abbildet. Speziell dieser Aspekt wird bei einer multiplen linearen Regression interessant.

4.2.2.2 Multiple lineare Regression

Die multiple lineare Regression untersucht den linearen Zusammenhang zwischen mehreren unabhängigen Variablen und einer abhängigen Variablen.[29] Insbesondere bei Fragestellungen mit einer großen Anzahl von Variablen eignet sich die multiple Regression, um diejenigen auszuwählen, die zur Vorhersage der abhängigen Variable optimal geeignet sind (Rudolf und Müller 2004, S. 41).

Nach dem gleichen Muster wie bei der einfachen linearen Regression wird also ŷ auf mehrere erklärende Variablen regressiert. Die allgemeine Formel für die multiple lineare Regression lautet (Backhaus et al. 2005, S. 60):

$$\hat{y} = b_0 + b_1 \times x_1 + b_2 \times x_2 + \cdots + b_k \times x_k \tag{4.10}$$

Dabei stehen $x_1, \ldots, x_k$ für die im Modell berücksichtigten unabhängigen Variablen. Die dazugehörigen b_k-Werte geben den Zusammenhang jeweils adjustiert für alle anderen Variablen an. Zur Schätzung für die Varianz der Residuen der Regressionsgeraden kann ähnlich wie bei der einfachen linearen Regression die folgende Formel genutzt werden (Jann 2005, S. 175):

$$\hat{\sigma}_\varepsilon^2 = \frac{1}{\text{n-k-1}} \sum_{i=1}^{n} \hat{\varepsilon}_i^2 \text{ entspricht} = \frac{1}{\text{n-k-1}} \sum_{i=1}^{n} (y_i - \hat{y}_i)^2 \tag{4.11}$$

Weiterhin sind die Voraussetzungen sowie Annahmen und statistischen Eigenschaften der einfachen linearen Regression identisch mit denen der multiplen linearen Regressi-

29 Eine umfassende Einführung in die multiple lineare Regression bietet z. B. Rudolf und Müller 2004.

on. Nachfolgende Punkte sollten jedoch hervorgehoben werden (siehe auch Jann 2005, S. 175 f.; Kuß 2012, S. 248 ff.; Schendera 2014, S. 132 ff.):

- Der Umfang der Stichprobe (n) zur Ermittlung einer Regressionsgleichung sollte mindestens gleich viele Fälle (Beobachtungen) wie unabhängige Variablen bzw. die zu schätzenden Parameter enthalten.
- Es sollte keine perfekte Multikollinearität vorliegen, weshalb keine Variable unter Zuhilfenahme der Linearkombination anderer Variablen „perfekt" dargestellt werden können.

Das R-Quadrat der obigen Formel (vgl. Abschnitt 4.2.2.1, Formel 4.9) muss bei der multiplen Regression in Abhängigkeit von der Anzahl der unabhängigen Variablen interpretiert werden (Jann 2005, S. 177). Folgende Formel ergibt sich:

$$R^2 = \frac{SSM}{SST} \text{ entspricht } R^2 = 1 - \frac{SSR}{SST} \quad (4.12)$$

Bei einer multiplen Regression wird zur Beurteilung der Güte eines Modells nicht das R-Quadrat, sondern das korrigierte R-Quadrat genutzt (Jann 2005, S. 177). Dies beruht auf der Erkenntnis, dass bei stetiger Hinzunahme von unabhängigen Variablen das R-Quadrat kontinuierlich ansteigt (basierend ggf. auf Zufallseffekten). Daher kann „[...] unter Umständen ein sehr hohes R^2 erreicht werden, obwohl man kaum von einer Verbesserung des Modells sprechen würde [...]" (Jann 2005, S. 177). Das korrigierte R-Quadrat ist wie folgt definiert (Rudolf und Müller 2004, S. 48):

$$R^2_{korr} = R^2 - \frac{k \times (1-R^2)}{n-k-1} \quad (4.13)$$

Aufbauend auf der Bedeutung des korrigierten R-Quadrats liegen weitere Analysemethoden wie Merkmalsselektionsverfahren und die hierarchische Regression vor. Dabei verfolgt das Merkmalsselektionsverfahren das Ziel, mit einer geringen Anzahl an unabhängigen Variablen eine gute Vorhersage der abhängigen Variablen zu erzielen (Rudolf und Müller 2004, S. 48). Es lassen sich fünf Herangehensweisen unterscheiden (siehe auch Rudolf und Müller 2004, S. 48 f.; Janssen und Laatz 2007, S. 445 f.; Stahel 2008, S. 278; Bühner und Ziegler 2009, S. 683 f.; o. V. 2015, S. 104 f.):

- **Vorwärts-Verfahren** (engl. forward selection)
  Die unabhängigen Variablen mit dem höchsten Korrelationskoeffizienten werden schrittweise mit der abhängigen Variablen in die Regressionsgleichung aufgenommen. Dies geschieht solange, bis es keine Variable mehr gibt, die einen wesentlichen Beitrag zur Klärung von y leisten kann.
- **Rückwärts-Verfahren** (engl. backward selection)
  Zu Beginn werden alle unabhängigen Variablen in einem einzigen Schritt in die Analyse eingeschlossen und im Anschluss diejenigen Variablen mit dem kleinsten Korrelationskoeffizienten mit der abhängigen Variablen nacheinander entfernt, soweit der zugehörige Regressionskoeffizient nicht signifikant ist. Dies ge-

schieht solange, bis keine im Modell enthaltene Variable ausgeschlossen werden kann, ohne die Vorhersage deutlich zu verschlechtern.

- **Schrittweise-Verfahren** (engl. step-up or step-down selection)
  Das Schrittweise-Verfahren ist angelehnt an die Vorwärts- und Rückwärts-Verfahren. In Anlehnung an das Vorwärts-Verfahren startet das Schrittweise-Verfahren mit einem sogenannten Nullmodell und schließt schrittweise diejenigen unabhängigen Variablen ins Modell ein, die den höchsten Korrelationskoeffizienten an der Erklärung von y_i haben. Zusätzlich wird überprüft, ob eine Variable aufgrund ihrer Beziehung zu den anderen Variablen überflüssig geworden ist und entfernt werden kann (vgl. Rückwärts-Verfahren).
- **Einschluss- bzw. Ausschluss-Verfahren** (engl. all-subset selection)
  Alle unabhängigen Variablen werden beim Einschluss-Verfahren in einem Schritt in die Analyse einbezogen. Umgekehrt werden beim Ausschluss-Verfahren alle Variablen in einem einzigen Schritt ausgeschlossen.

Zusammenfassend lässt sich in Bezug auf die obigen Verfahren feststellen, „[...] dass es sich um exploratorische, hypothesengenerierende Verfahren handelt, die vor allem im Rahmen von Modellbildung Bedeutung haben“ (Rudolf und Müller 2004, S. 49).

4.3 Begründung der Analysemethodik

Die Einzelfallstudie als Forschungsansatz ermöglicht den Einsatz verschiedener Erhebungstechniken und stellt eine wissenschaftlich akzeptierte Methode der qualitativen Forschung dar (Lamnek 2005, S. 317). Der im Rahmen von Einzelfallstudien zur Verfügung stehende Freiraum bei der Wahl der jeweiligen Erhebungstechnik eignet sich besonders gut für offen gestaltete Forschungsfragen, wie sie auch der vorliegenden Arbeit zugrundliegen.

Da jedes Unternehmen die Produktentwicklung sowie das Zusammenspiel von Gussteillieferant bzw. -abnehmer individuell organisiert, können die Einflussfaktoren kooperativer Gussteilentwicklung nicht direkt mit einem generellen Fragebogen erfasst werden. Daher wird das Verfahren der qualitativen Befragung mittels Experteninterviews gewählt (vgl. Abbildung 41, S. 83). Das Interview ist naturgemäß aufwendiger, erlaubt jedoch komplizierte Fragstellungen und hat eine niedrige Verweigerungsquote (Heiler und Michels 1994, S. 25). Als Hilfsmittel wird ein teilstrukturierter Leitfaden verwendet, der es erlaubt, stärker auf den Interviewpartner einzugehen. Ergänzend wird die Dokumentenanalyse genutzt, um die Expertenaussagen zu stützen und ein tieferes Verständnis der während der gemeinsamen überbetrieblichen Gussteilentwicklung zu beobachtenden Interaktionen aufbauen zu können.

Insbesondere vor dem Hintergrund der Zielsetzung der Arbeit, ein Verfahren zur Vorhersage künftiger CO_2-Emissionen bei gemeinsamer überbetrieblicher Gussteilentwicklung zu entwickeln, erscheint die Methode der Regressionsanalyse als geeignetes Mittel zur Beantwortung von Forschungsfrage zwei (FF 2, vgl. Abschnitt 1.2) sowie zumindest teilweise auch von Forschungsfrage drei (FF 3) (vgl. auch Abbildung 41, S. 83). Die kritisch zu beurteilenden Grenzen für eine erfolgreiche Regressionsanalyse, d. h. die für das entwickelte Schätzmodell angestrebte geringe Irrtumswahrscheinlichkeit, sind in dem betrachteten Forschungssample der vorliegenden Untersuchung zu sehen. Die hier durchgeführte Literaturrecherche (vgl. Abschnitt 3.1.3) ergab, dass den diversen Studien zur überbetrieblichen Produktentwicklung ein durchschnittliches Forschungssample von 34,5 zugrunde lag (vgl. Tabelle 16).

Autoren	Erhebungsland	Erhebungsbranche	Forschungssample
Clark 1989	USA, Japan, West Europa	Automobilindustrie	29
Clark und Fujimoto 1989	USA, Japan, West Europa	Automobilindustrie	24
Zirger und Hartley 1996	USA	Elektronikindustrie	44
Takeishi 2001	Japan	Automobilindustrie	45
Primo und Amundson 2002	USA	Elektronikindustrie	38
Takeishi 2002	Japan	Automobilindustrie	45
Oliver, Dostaler und Dewberry 2004	USA, Japan, GB, Kanada	Elektronikindustrie	21
Bstieler 2006	Australien	Maschinenbau	44
Militaru 2009	Rumänien	Automobilindustrie	12
Elfving 2009	Schweden	Maschinenbau	34
Bstieler und Hemmert 2010	Südkorea	Maschinenbau	47
Syan und White 2011	Europa	Automobilindustrie	31
durchschnittliche Größe des Forschungssamples			**34,5**

Tabelle 16: Studien zur überbetrieblichen Produktentwicklung unter Anwendung multivariater Analyseverfahren

Unter Berücksichtigung der Branchenstruktur und der teilweise problematischen Zugänglichkeit von innerbetrieblichen Informationen war eine branchenweite Studie im

Rahmen der vorliegenden Arbeit nicht möglich.[30] Der eingeschränkte Zugang zu innerbetrieblichen Informationen verdankt sich u. a. dem zunehmenden Wettbewerb etwa zwischen Gießereien mit ähnlichem Leistungsspektrum sowie dem Wettbewerb um qualifiziertes Personal (speziell Nachwuchskräfte). Hinzu kommt, dass Fragestellungen zur überbetrieblichen Produktentwicklung zwischen Gießerei und ihren Kunden häufig durch umfangreiche Geheimhaltungsklauseln sowie die Androhung hoher Vertragsstrafen erschwert werden.

Wie auch die hier durchgeführte empirische Vorstudie des Verfassers belegen konnte, ist seit dem Jahr 2010 sehr wohl ein deutlich steigendes Umweltbestreben des Gießereiverbands zu verzeichnen (erkennbar u. a. an der Bildung von Arbeitsgruppen, der Ausrichtung von Umwelttagungen etc.). Dieser Trend führt wiederum zu einem teilweise erleichterten Zugang zu umweltrelevanten Informationen, u. a. auch dadurch, dass viele Unternehmen ihr Umweltbewusstsein mithilfe digitaler Medien bewerben. Jedoch spielen hierbei überbetriebliche Belange wie etwa die Ermittlung des CO_2-Ausstoßes von Produkten häufig nur eine begrenzte Rolle. Zudem werden entsprechende Daten nur selten publiziert.[31] Größtenteils beschränken sich Gießereien sowie Gussteilabnehmer auf innerbetriebliche Produktionsprozesse (vgl. auch Abschnitt 3.3.2.3). Vereinzelt werden Entwicklungspartnerschaften anhand ausgewählter Projekte in Konstruktionsworkshops wie „Giessgerechtes Konstruieren“ (Verein Deutscher Ingenieure in Verbindung mit der Claas Guss GmbH) oder „Alles aus einem Guss“ (Heidenreich & Harbeck GmbH) diskutiert. Jedoch wird dabei oft nur kurz auf wichtige Ergebnisse wie z. B. die Reduzierung von Entwicklungsdauer und -kosten eingegangen. Auch findet häufig keine direkte Zuordnung hinsichtlich ökologischer Potenziale (z. B. kWh/pro Gussteil) statt. Konkrete Erläuterungen zu moderierenden Einflussgrößen werden vermieden.

In Abhängigkeit von der Zielgruppe der vorliegenden Untersuchung (größtenteils mittelständisch geprägte Gießereien und ihre Kunden aus dem Maschinenbau) sowie den bekannten Defiziten bisheriger empirischer Studien (u.a. deren hohes Abstraktionsniveau) scheinen daher das Experteninterview und die Dokumentenanalyse für das hier definierte Forschungsziel die geeignetsten Methoden zu sein, wenngleich diese Vorgehensweise mit erheblichem zeitlichen und explorativen Aufwand verbunden ist.

30 Vgl. Rösch 2013, S. 103 f. sowie eine Vielzahl geführter Experteninterviews mit Gießereifachleuten.

31 Siehe u. a. die Ergebnisse kooperativer Forschungsprojekte am Beispiel der Automobilindustrie zur ökologischen Bewertung von kompletten Supply Chains mit dem Fokus auf die CO_2-Bilanzierung (Köhler und Steinhilper 2011).

5 Durchführung und Auswertung der empirischen Untersuchung in der deutschen Gießereiindustrie

In Abschnitt 5.1 wird die Vorgehensweise der Untersuchung, beginnend mit der Bestimmung des Stichprobenumfangs über die Durchführung der Interviews bis hin zur statistischen Auswertung, kurz dargestellt. Darauf folgt die Beschreibung der Fallstudiengießerei (Abschnitt 5.2), der Bilanzgrenzen zur Ermittlung der innerbetrieblichen Stoff- und Energieflüsse sowie der Entwicklung eines IT-Tools zur Abschätzung der CO_2-Emissionen. Daran anschließend erfolgt die detaillierte Beschreibung von vier Einzelfallstudien überbetrieblicher Gussteilentwicklung (Abschnitt 5.3), die Eingrenzung der potenziellen Einflussfaktoren sowie die Bildung von Hypothesen (Abschnitt 5.4). Abschließend werden relevante Einflussfaktoren zur Vorhersage von Veränderungen der CO_2-Emissionen bei überbetrieblicher Gussteilentwicklung ausgewertet und darlegt (Abschnitt 5.5).

5.1 Vorgehensweise

Die hier durchgeführte Untersuchung begann im Oktober 2013 und endete im Dezember 2014. Insgesamt wurden dabei 78 abgeschlossene Entwicklungsprojekte einer deutschen Eisengießerei und ihrer Gussteilabnehmer, die im Zeitraum von 2006 bis 2014 realisiert worden sind, untersucht.

5.1.1 Bestimmung des Stichprobenumfangs

Zu Untersuchungsbeginn wurden alle abgeschlossenen Entwicklungsprojekte für den Zeitraum von Januar 2006 bis Oktober 2014 tabellarisch aufgenommen. Es erfolgte eine erste Einordnung nach Branche der betreffenden Gussteilabnehmer (u. a. Fahrzeug- und Maschinenbau, Bauwirtschaft etc.), nach Typ des Entwicklungsprojektes (Neuentwicklung oder Anpassung/Weiterentwicklung), nach Werkstoff (Eisen-, Stahl- und Nichteisenmetalle) sowie nach Rohteilgewicht des zu produzierenden Gussteils.

Schwerpunkt der vorliegenden Arbeit bilden Entwicklungsprojekte mit einem sehr hohen Grad an Einflussnahme seitens der betrachteten Fallstudiengießerei. Der Fokus der Untersuchung liegt dabei auf „Neuentwicklungsprojekten“. Weiterhin sollte das zu entwickelnde Gussteil in der betrachteten Eisengießerei selbst produziert werden, um CO_2-Emissionen zuordnen zu können. Daher wurden für die weitere Untersuchung nur Neuentwicklungsprojekte mit den Werkstoffen „GJL“ (Gusseisen mit Lamellengraphit) und „GJS“ (Gusseisen mit Kugelgraphit) ausgewählt. Weiterhin sollte das zu produzierende Gussteil die Kapazitäten des Standorts (max. 8.000 kg Stückgewicht) nicht überschreiten. Abbildung 45 (S. 102) stellt die Gesamtzahl (N = 78) der erhobenen Entwicklungsprojekte (kurz Projekte) sowie der für die weitere Untersuchung relevanten Projekte dar.

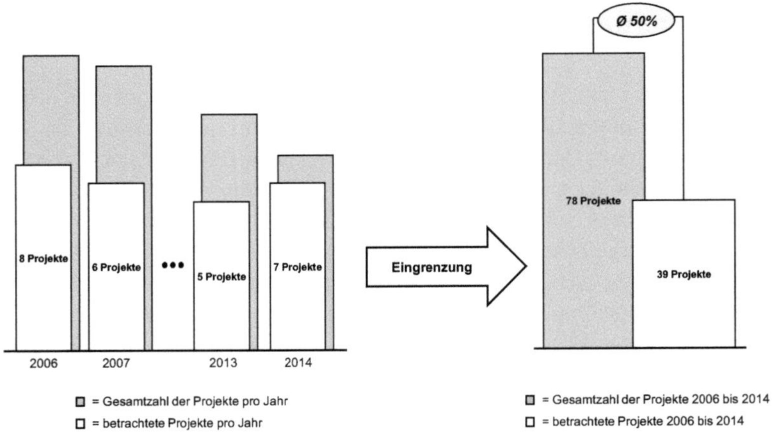

Abbildung 45: Eingrenzung der Entwicklungsprojekte für die empirische Untersuchung

Wie der oberen Grafik zu entnehmen ist, bildet genau die Hälfte der betrachteten Entwicklungsprojekte die Stichprobe (n = 39) für die weitere Untersuchung.

5.1.2 Kontaktaufnahme zu den Interviewpartnern

85 % der im Zuge der Erhebung der einzelnen Neuentwicklungsprojekte in der Fallstudiengießerei durchgeführten Interviews fanden persönlich vor Ort in den Unternehmensbereichen Vertrieb, Arbeitsvorbereitung, Produktion (insbesondere dem Modellbau) und in der F&E-Abteilung statt, 15 % der Interviews erfolgten telefonisch. Bei der Befragung wurden insbesondere zwei Interviewpartner herangezogen, die durch ihre Tätigkeit unmittelbar mit einem Großteil der durchgeführten Neuentwicklungsprojekte in Berührung gekommen waren. Tabelle 17 charakterisiert kurz den fachlichen Hintergrund dieser exemplarischen Interviewpartner.

Kurzprofil		
Abschluss/Ausbildung	Dr.-Ing. (Maschinenbau)	Dipl.-Ing. (Maschinenbau)
Tätigkeitsbeschreibung	Entwicklungsleiter und Energiemanagementbeauftragter der deutschen Fallstudiengießerei	Projektleiter in der Entwicklung bei der deutschen Fallstudiengießerei
Dauer der Tätigkeit	15 Jahre	25 Jahre

Tabelle 17: Interviewpartner der F&E-Abteilung der Fallstudiengießerei

Ausgehend von den Entwicklungsunterlagen der betrachteten Fallstudiengießerei, erfolgte die Kontaktaufnahme zu allen auf Seiten der Gussteilabnehmer an den Neuentwicklungsprojekten beteiligten Personen:

Zu Beginn wurden diese Interviewpartner mittels E-Mail kontaktiert. Die jeweiligen E-Mails beinhalteten sowohl Informationen zur Zielsetzung der Untersuchung als auch die Ankündigung der telefonischen Kontaktaufnahme zwecks terminlicher Feinabstimmung. Zwei bis drei Tage nach dem ersten Anschreiben wurde telefonisch Kontakt zu den Interviewpartnern aufgenommen. Mithilfe der vorliegenden Kontaktdaten (basierend auf den umfangreichen Daten der Fallstudiengießerei) konnte zu mehr als 75 % der Personen auf diesem Wege ein direkter Kontakt hergestellt werden. Die verbleibenden potenziellen Interviewpartner, die so nicht erreicht werden konnten und die größtenteils nicht mehr im Unternehmen beschäftigt waren, wurden z. B. über berufliche Netzwerke wie „Xing" kontaktiert. Bei rund 7 % der an den Neuentwicklungsprojekten beteiligten Personen auf Seiten der Gussteilabnehmer bestand keine Möglichkeit der Kontaktaufnahme.

Knapp über die Hälfte (52,8 %) der Interviews wurden am Dienstsitz der Gussteilabnehmer geführt. Weitere Interviews wurden entweder in telefonischen Einzelgesprächen oder mit mehreren Interviewpartnern in Telefonkonferenzen umgesetzt. Aufgrund des unterschiedlichen Beteiligungsgrades an den Neuentwicklungsprojekten wurden vorrangig Interviewpartner aus den F&E-Abteilungen befragt. Hinzu kamen ergänzend Mitarbeiter aus dem Einkauf, dem Vertrieb sowie der Produktion (vgl. Tabelle 18).

Unternehmensbereich	**Anzahl der Interviewpartner**	**Anteil [%]**
F&E	46	41,1
Einkauf	26	23,2
Vertrieb	19	16,9
Produktion	21	18,8
Gesamtzahl	**112**	**100**

Tabelle 18: Gesamtübersicht befragter Interviewpartner der Gussteilabnehmer (n = 39)

In der vorliegenden Arbeit wurden insgesamt 192 Interviews mit Vertretern der Fallstudiengießerei und der Gussteilabnehmer geführt. Dabei ging es um insgesamt 39 Neuentwicklungsprojekte. Anzumerken ist, dass bei einigen Gussteilabnehmern mehrere Neuentwicklungsprojekte im Zeitraum von 2006 bis 2014 verwirklicht wurden. Zusammen stellten 27 Unternehmen als Gussteilabnehmer die Neuentwicklungsprojekte. Innerhalb der Stichprobe kam es zu drei Unternehmenszusammenschlüssen (kurz: Fusion) sowie zwei Insolvenzverfahren (kurz: Insolvenz) mit einhergehender Betriebsschließung (vgl. Tabelle 19, S. 104).

Gussteilabnehmer ...	Anzahl der Gussteilabnehmer	Anteil [%]
... nach der Fusion	3	11,1
... nach der Insolvenz	2	7,4
... keine Veränderung	22	81,5
Gesamtzahl	**27**	**100**

Tabelle 19: Analyse der Gussteilabnehmer der Stichprobe (n = 39)

Im Folgenden werden die jeweiligen Interviewpartner und Unternehmen aus Datenschutzgründen nicht explizit genannt. Diese Vereinbarung wurde mit den beteiligten Interviewpartnern der Fallstudiengießerei und der Gussteilabnehmer abgestimmt. Eine solche Anonymisierung bietet den Vorteil, dass Daten und Informationen publiziert werden können, die ansonsten nicht verfügbar wären (Yin 2003, S. 143).

5.1.3 Durchführung der Untersuchung

Die einzelnen Schritte bei der Durchführung der empirischen Untersuchung bauen aufeinander auf. Die nachfolgende Abbildung 46 gibt einen schematischen Überblick des Vorgehens.

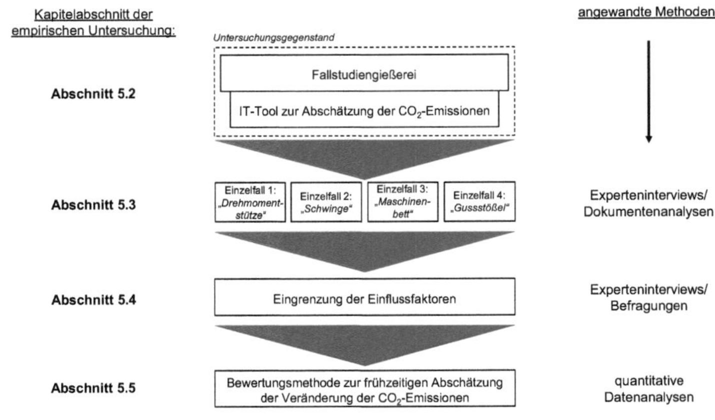

Abbildung 46: Überblick über die einzelnen Analyseschritte

Der erste Schritt bildet die Beschreibung der Fallstudiengießerei (Abschnitt 5.2). Dabei wird insbesondere auf die Entwicklung eines IT-Tools zur Abschätzung von CO_2-Emissionen fokussiert.

Für die Analyse von überbetrieblichen Gussteilentwicklungspartnerschaften bot sich im vorliegenden Fall als nächster Schritt die Nutzung einer Fallanalyse an (Yin 2003). Im Folgenden wurden vier exemplarische Einzelfallstudien zu dem Pool aus insgesamt 39 Neuentwicklungsprojekten durchgeführt (Abschnitt 5.3), die ein besseres Verständnis und eine theoretische Replikation ermöglichten (vgl. Eisenhardt 1989; McDonough 2000; Lamnek 2005; Miles und Huberman 2014).[32] Die vier Einzelfälle wurden u. a. aufgrund der Unternehmensgröße sowie der Größe der F&E-Abteilung, gemessen an der Anzahl der Vollzeitbeschäftigten, ausgewählt (Fandl, Held und Kersten 2014, S. 296 ff.). Bei der Untersuchung wurden als Erhebungsmethoden leitfadengestützte Experteninterviews sowie eine Dokumentenanalyse genutzt (Mayer 2013).

In der vorliegenden Arbeit wird die überbetriebliche Gussteilentwicklung wie folgt definiert:

Sie beginnt, sobald ein Kunde die Fallstudiengießerei zum ersten Mal über ein Neuentwicklungsprojekt informiert, und endet, wenn die Fallstudiengießerei dem Kunden den Entwicklungsabschlussbericht mit den gemeinsam erarbeiteten endgültigen technischen Zeichnungen und Spezifikationen übergibt.

Folgende Daten und Informationen konnten im Rahmen der Dokumentenanalyse der Neuentwicklungsprojekte verwendet werden:

- Entwicklungsanfragen,
- Entwicklungsverträge,
- Unternehmensprofile von Entwicklungspartnern,
- „Aktivitätsprofile" der beteiligten Personen, die z. B. die Analyse des gesamten E-Mail-Verkehrs aller Projekte umfassten,
- technische Daten und Zeichnungen (insbesondere wurde eine detaillierte Analyse aller Änderungen der CAD-Modelle während der Entwicklungszeit durchgeführt),
- Interviewprotokolle und Statusberichte sowie
- Entwicklungsabschlussberichte.

Die Interviews wurden von dem Autor der vorliegenden Arbeit geleitet. Zur Durchführung der Interviews diente ein teilstrukturierter Interviewleitfaden. Es wurde bewusst auf eine Standardisierung des Leitfadens in der Interviewvorbereitung verzichtet: Im Besonderen geht es im Leitfaden um die Erfassung des interaktiven Austauschs bei der überbetrieblichen Gussteilentwicklung zwischen der Fallstudiengießerei und ihren Gussteilabnehmern (anhand der abgeschlossenen Neuentwicklungsprojekte). Der Leitfaden war dabei in sechs Gliederungsabschnitte unterteilt:

[32] Anzumerken ist, dass bei den übrigen 35 Neuentwicklungsprojekten die Daten zur überbetrieblichen Gussteilentwicklung in vergleichbarem Umfang und ähnlicher Tiefe vorlagen, sodass die vier Einzelfallstudien als beispielhaft für die gesamte Stichprobe anzusehen sind.

- **Unternehmensprofil**
  Hierbei sollten kurz die Rolle des Interviewpartners (Name, beruflicher Werdegang, Tätigkeitsfeld) sowie allgemeine Aspekte des Unternehmens (u. a. Branchenzugehörigkeit, Mitarbeiterzahl etc.) angesprochen werden. Vorab konnten via Internet ermittelbare Informationen gesammelt werden, die einen schnellen und einfachen Gesprächseinstieg ermöglichten.
- **partnerschaftliche Zusammenarbeit**
  Hier wurde der Interviewpartner nach seinen Erfahrungen im Zusammenhang des gemeinsamen überbetrieblich entwickelten Neuentwicklungsprojekts befragt. Außerdem wurde eine erste Einschätzung der aus der Literatur bekannten Merkmale der partnerschaftlichen Zusammenarbeit vorgenommen. Prinzipiell wurde im Gesprächsverlauf darauf geachtet, dass der Interviewpartner die gestellten Fragen auf das gemeinsame Neuentwicklungsprojekt bezog. Sofern verallgemeinerte Aussagen getroffen wurden, wurde eine klare Abgrenzung zum betrachteten Neuentwicklungsprojekt vorgenommen.
- **Information und Kommunikation**
  Dieser Abschnitt bildete eine umfangreiche Beschreibung der partnerschaftlichen Zusammenarbeit anhand des gemeinsamen Neuentwicklungsprojekts. Der Interviewpartner wurde detailliert nach Daten und Informationen ab dem Integrationszeitpunkt befragt. Ferner wurden getroffene Entwurfsentscheidungen/Restriktionen nachvollziehbar dargestellt sowie die kompletten Kommunikationsstrukturen/ -medien offengelegt. Da bestimmte Einflussfaktoren, wie z. B. der Zeitpunkt der Integration, in anderen Forschungsarbeiten besonders häufig genannt und auch aufgrund der hier durchgeführten Vorstudie als relevant eingestuft wurden, wurden diese hier detailliert geprüft.
- **Instrumente und Methoden**
  Entlang der gemeinsamen Informations- und Kommunikationsstruktur wurden die eingesetzten Methoden und Instrumente abgefragt. Im Speziellen wurde der Ablauf des Neuentwicklungsprojekts auf der Folie eines idealisierten Ablaufplans beschrieben sowie einzelnen Phasen aus dem vorherigen Abschnitt (Information und Kommunikation) zugeordnet. Abschließend wurde der Interviewpartner losgelöst vom Neuentwicklungsprojekt nach den betrieblichen Möglichkeiten zur Schulung/Weiterbildung im Bereich der Gusstechnik befragt.
- **umweltgerechte Gussteilentwicklung**
  Der vorletzte Teil der Befragung umfasste die umweltgerechte Produktentwicklung. Inhalte waren zum einen die innerbetrieblichen Zuständigkeiten, wie Fragen zur Bildung von Kennzahlen bei dem jeweiligen Neuentwicklungsprojekt, und zum anderen die Anwendung von Methoden, Richtlinien oder Normen zur Erstellung eines *ökologischen Profils*. Auch wurde explizit auf die Themen *Energie* und *Energiemanagement* eingegangen.

- **Diskussion**
  Zum Abschluss der Interviews wurden drei allgemeine Fragen zu *nachhaltigen Produktentwicklungspartnerschaften* gestellt und via Brainstorming einzelne Anmerkungen der Interviewpartner erfasst.

Audioaufnahmen der Interviews waren in vielen Fällen von den Interviewpartnern nicht erwünscht, sodass für die weitere Auswertung überwiegend handschriftliche Notizen zugrunde lagen. Diese Mitschriften wurden in eine tabellarische Übersicht übertragen. Es erfolgte eine erste Einordnung sowie die Bildung von Oberbegriffen potenzieller Einflussfaktoren. Diese wurden im Anschluss in einem Bericht zusammengefasst und den jeweiligen Interviewpartnern zur Abstimmung vorgelegt.

In Abschnitt 5.4 der vorliegenden Arbeit erfolgt dann die Ableitung und Eingrenzung der Einflussfaktoren sowie die Bildung von (Untersuchungs-)Hypothesen für die weitere Untersuchung. Zunächst wurde dabei die Gesamtheit potenzieller Einflussfaktoren aus den Einzelfallstudien durch eine entsprechende Literaturanalyse komplementiert. Im nächsten Schritt wurde mittels der Erhebungsmethode des Experteninterviews und mittels eines teilstrukturierten Leitfadens eine Eingrenzung der Einflussfaktoren vorgenommen. Daneben wurden auch persönliche Erfahrungen der Interviewpartner abgefragt. Dadurch sollte geprüft werden, ob die bislang eruierten Einflussfaktoren auch aus der Perspektive der Interviewpartner hinreichend präzise zur Beschreibung der überbetrieblichen Gussteilentwicklung waren oder ob es etwaiger Ergänzungen bedurfte.

Im Anschluss erfolgte mithilfe einer standardisierten Befragung eine weitere Eingrenzung der aus den Experteninterviews gewonnenen Einflussfaktoren. Dabei wurde eine dichotome Fragestellung angewandt. Zusätzliche Anmerkungen konnten hierbei durch die Standardisierung nicht berücksichtigt werden. Nach erfolgter Eingrenzung möglicher Einflussfaktoren bei der überbetrieblichen Gussteilentwicklung wurden für die weitere Untersuchung Hypothesen gebildet. Dabei wurde auf die geschilderten Sachverhalte zu den einzelnen Einflussfaktoren aus den vorherigen Experteninterviews zurückgegriffen.

Abschnitt 5.5 umfasst schließlich die Entwicklung einer Bewertungsmethode zur frühzeitigen Abschätzung der Veränderung von CO_2-Emissionen bei überbetrieblicher Gussteilentwicklung. Dazu wurden mithilfe der deskriptiven Statistik erste Zusammenhänge zwischen den potenziellen Einflussfaktoren und der Veränderung der CO_2-Emissionen analysiert. Anschließend wurden diese Zusammenhänge in Bezug auf ihre Stärke geprüft und in eine multivariate Statistik (Regressionsanalyse) überführt. Abschließend erfolgte die Ableitung verschiedener Erklärungsmodelle, wobei ein Erklärungsmodell unter Beachtung der Voraussetzungen der multiplen Regressionsanalyse die Grundlage für die Bewertungsmethode lieferte.

5.1.4 Inhaltsanalyse und statistische Auswertung

In Anlehnung an die qualitative Forschung (vgl. Abschnitt 4.1) wurden im ersten Schritt mithilfe einer Inhaltsanalyse die einzelnen Einflussfaktoren aus den Einzelfallstudien identifiziert. Dazu wurden die Textquellen mittels quantitativer Werkzeuge untersucht, um mögliche Einflussfaktoren extrahieren und kategorisieren zu können. Aufgrund der dargelegten Forschungsfragen und -methoden waren gemäß Leitfaden die Kategorien der kundenspezifischen und projektspezifischen Einflussfaktoren sowie die einzelnen Gliederungsabschnitte vorgegeben. Je nach Gliederungsabschnitt wurden die in den Einzelfallstudien enthaltenen möglichen Einflussfaktoren Oberbegriffen mit unterschiedlichen Ausprägungen zugeordnet. Die ausgefüllten Interviewleitfäden wurden anschließend in eine Datenbank, bestehend aus einer entsprechend komplexen Excel-Tabelle, eingetragen und operationalisiert. Ergebnis der Analyse war somit ein breiter Datensatz aus den vier Einzelfallstudien, der die über die gemeinsame überbetriebliche Gussteilentwicklung erhobenen Informationen inhaltlich kategorisiert und die extrahierten Einflussfaktoren für die weitere Analyse nutzbar gemacht hat.

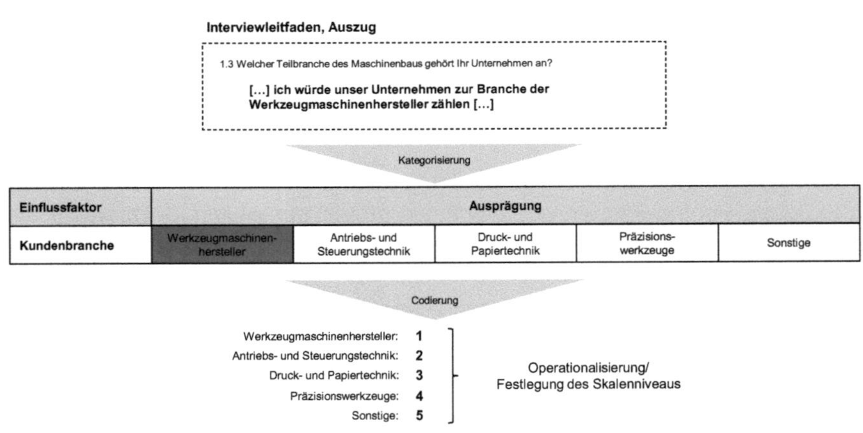

Abbildung 47: Auszug der Codierung eines Einflussfaktors

Im zweiten Schritt erfolgte unter Hinzunahme weiterer potenzieller Einflussfaktoren aus der Forschungsliteratur (vgl. Abschnitt 5.4.1) sowie unter Eingrenzung der Einflussfaktoren durch die Expertenmeinungen (vgl. Abschnitt 5.4.2) eine Anpassung der Datenbank. Antwortete ein Interviewpartner anders oder umfangreicher als seine Vorgänger in bereits stattgefundenen und ausgewerteten Interviews, war das bisher verwendete Auswertungsmuster nicht mehr korrekt anwendbar und musste entsprechend geändert werden. Nachdem der entstandene Änderungsbedarf in die Excel-Liste eingearbeitet wurde, wurden die bereits bearbeiteten Einflussfaktoren gemäß geändertem Sachverhalt erneut überprüft. Auf Basis dieser Eingrenzungsmethode von Einflussfaktoren wurde ein Erhebungsschema für weitere Neuentwicklungsprojekte entwickelt. Im Folgenden werden die Informationen dargestellt, die als Ausprägung für verschiedene Einflussfaktoren ermittelt wurden. Dabei wurden zunächst die Daten aus den ausgefüllten Leitfäden zwecks Codierung in eine Datenbank transformiert und alle Antworten operationalisiert (vgl. Abbildung 47, S. 108).

Im Anschluss erfolgte die Auswertung überwiegend mittels Rating-Skalen. Bei allen ordinalskalierten Einflussfaktoren wurde eine Unterteilung der möglichen Antwortvorgaben in fünf Ausprägungen vorgenommen, was den Voraussetzungen für ein quantitatives Skalenniveau weitgehend entspricht (Mayer 2013, S. 83). Zur statistischen Auswertung wurde die Analysesoftware SPSS in der Version 22 verwendet. Neben der Auswertung der Häufigkeiten wurden die Korrelationen der einzelnen Einflussfaktoren untereinander geprüft. Dabei wurde mittels SPSS das Signifikanzniveau als p-Wert analysiert. Da es sich bei der Fragestellung um eine explorative Untersuchung mit einem niedrigen Stichprobenumfang handelte, wurde ein p-Wert von 0,05 als statistisch „signifikant" festgesetzt (vgl. Tabelle 14, S. 93). Ein p-Wert von 0,10 wurde in der vorliegenden Arbeit hingegen als statistisch „tendenziell signifikant" bezeichnet (u. a. Bortz und Schuster 2010, S. 101).

5.2 Fallstudiengießerei

Zunächst werden die betrachtete Fallstudiengießerei beschrieben, die Bilanzgrenzen der CO_2-Bestimmungen dargestellt sowie die Entwicklung eines IT-Tools zur Abschätzung der Veränderung der CO_2-Emissionen (und z. B. auch der Senkung der Herstellkosten) beschrieben.

5.2.1 Die Fallstudiengießerei mit Entwicklungsleistung

Bei der betrachteten Fallstudiengießerei handelte es sich um eine mittelständische Eisengießerei im norddeutschen Raum. Das Kerngeschäft bestand in der Fertigung gegossener Komponenten für den Maschinenbau. Im Leistungsportfolio bot die Fallstudiengießerei Gusskomponenten an, die mit hohen Qualitätsanforderungen entwickelt, gegossen und teilweise einbaufertig bearbeitet wurden. In Klein- und Mittelserien wurden Werkstoffe gemäß DIN EN 1561 und DIN EN 1563 in den Gewichtsklassen von ca. 50 bis 8.000 kg gegossen. Die Fallstudiengießerei verfügte über eine Zertifizierung gemäß DIN EN ISO 9001 und DIN EN ISO 50001. Folgende Einrichtungen wies die Gießerei auf:

- Modellbauabteilung mit 3-D-Frästechnik,
- Instandhaltung,
- Werkstoff- und Sandlabore sowie Prüfabteilungen (u. a. 3-D-Meßmaschine mit rechnergestützter Streubreitenauswertung),
- rechnerunterstützte Rohstoff-Gattierung,
- prozessgesteuerte Sandaufbereitungsanlage,

- Kernschießmaschinen mit 5 l bis 130 l Schießvolumen in Cold-Box-Verfahren,
- Halbautomatische Formanlage mit SEIATSU-Luftstrom-Pressformverfahren; Kastengröße 1.100 × 800 × (400 + 400) mm³,
- Furanharz-Handformerei und Handkernmacherei (bis 2.700 l),
- mechanisierte Handformstrecke; Kastengröße bis 2.700 × 2.100 × (1.000 + 1.000) mm³,
- Schmelzanlage: Mittelfrequenzinduktionstiegelofen mit 2 × 3,5 t Fassungsvermögen (Anschlussleistung: 2.500 kW, Frequenz: 290 Hz),
- Durchlauf-/Hängebahnstrahlanlagen u. a. bis zu 7.000 mm Länge (× 2.000 × 2.000 mm²),
- halbautomatisierte Putzerei (u. a. Einsatz von Putzrobotern).

In der F&E-Abteilung wurden neben 3-D-CAD-Software und FEM-Berechnungstools u. a. auch Entwicklungswerkzeuge zur Topologieoptimierung und gießtechnischen Simulation (z. B. Temperatur- und Strömungssimulation) eingesetzt.

5.2.2 Bilanzgrenze der Fallstudiengießerei

Die Bilanzgrenze der betrachteten Fallstudiengießerei wird im Folgenden schematisch dargestellt und anschließend erläutert (vgl. Abbildung 48).

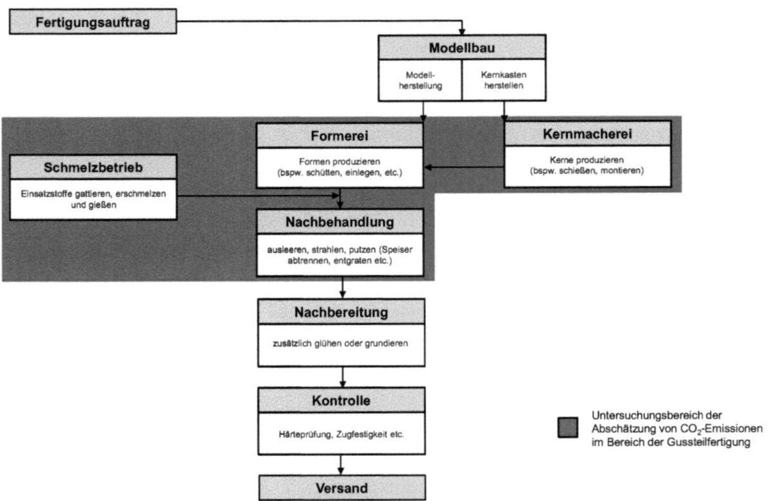

Abbildung 48: Bilanzgrenze bei der betrachteten Fallstudiengießerei

Die Herstellung von Gussteilen erfolgt im Wesentlichen in den vier Fertigungsbereichen:

- Kernmacherei,
- Formerei,

- Schmelzbetrieb,
- Nachbehandlung.

Im Fertigungsbereich Kernmacherei werden die Kerne maschinell im Cold-Box-Verfahren oder von Hand im Furanharz-Verfahren hergestellt. Abhängig von der Größe und Gestalt der zu produzierenden Kerne kann das Kernmachen manuell oder maschinell erfolgen. Da für die Herstellung zum überwiegenden Teil regenerierter Altsand verwendet wird, ist neben der Kernfertigung eine umfangreiche Aufbereitung des Altsandes notwendig. Die Kerne (z. B. mittels einer Kernschießmaschine produziert) bestehen aus regeneriertem Altsand (Regenerat), Neusand und gegebenenfalls Chromerzsand, die durch Mischen mit Harz und Härter versetzt werden. Im Anschluss wird mittels Druckluft die Mischung in Kernkästen geschossen und mit einem Amin-Stickstoff-Gasgemisch ausgehärtet sowie mit warmer, trockener Luft gespült. Abschließend werden die Kerne entgratet und geschliffen. Danach erhalten sie durch das „Tauchen" im Schlichtebecken einen Überzug. Dabei schließen sich die Poren der Kernoberfläche und der Kern wird glatter, wodurch die Gussteiloberfläche beim späteren Ausgießen gleichmäßiger wird. Die Kerne werden abschließend getrocknet und gelagert.

Die Formerei bildet einen weiteren Fertigungsbereich bei der Herstellung von Gussteilen. Die Form ist das Außenteil zum Kern, wobei darüber hinaus zwischen Maschinen- und Handformen unterschieden wird. Dabei wird, wie bei der Kernherstellung, zum größten Teil aufbereiteter Formaltsand zusammen mit Bentonit, Kohlenstaub, Porosit und Wasser gemischt. Bentonit-gebundener Sand wird für die Formanlage verwendet, wo Gussteile bis zu 400 kg pro Kasten in Fließfertigung über Rollbahnen hergestellt werden. Die Handformerei ermöglicht große Gussteile bis zu 7 m Länge und 8.000 kg Gesamtgewicht zu schütten. Des Weiteren lassen sich die Arbeitsschritte z. B. des Bohrens von Gusstrichter und Gaskanälen, das Schlichten der Form, das Kerneinlegen sowie das Schließen der Ober- und Unterkästen (z. B. mithilfe von Klammern) dem Fertigungsbereich Formerei zurechnen.

Der anschließende Fertigungsbereich ist das Kernelement jeder Gießerei: Im Schmelzbetrieb werden die festen Einsatzstoffe (vorwiegend Roheisen, Gussbruch, Stahlschrott, Kreislaufmaterial sowie Legierungsträger) aufgeschmolzen und durch Mittelfrequenzinduktionstiegelofen in einen flüssigen Zustand (auf ca. 1.500 °C) überführt. Im Anschluss an das Erschmelzen wird die Form kernlos oder mit eingelegten Kernen bis zum Ausfüllen der Gusstrichter und Steiger ausgegossen. Im Abkühlbereich erstarrt das Eisen und kühlt bis auf Auspacktemperatur ab.

Die Nachbehandlung bildet den abschließenden Fertigungsbereich, sofern keine mechanische Bearbeitung stattfindet. Dabei wird z. B. der Kernkasten eines großen Gussteils aus der Handformerei mittels Krananlagen zur Ausleerstation bewegt. Im Anschluss werden die Klammern gelöst und die Formkästen abgehoben. Die Formkästen werden dem Prozessbereich Handformerei zurückgeführt. Der Formstoff wird mittels

Vibration der Ausleerstation vom Rohgussteil gelöst. Der freigewordene Formstoff wird zur Wiederverwendung in einer prozessgesteuerten Sandaufbereitungsanlage (über 95 % Recyclinggrad) aufbereitet. In einem weiteren Schritt wird das Rohgussteil in der Strahlanlage von Sandanhaftungen befreit. Im letzten Schritt wird der Gusstrichter und die Steiger (u. a. Kreislaufmaterial für die Gattierung) manuell entfernt und die Oberfläche entgratet. Das Gussteil kann im Weiteren zusätzlich geglüht oder grundiert werden bevor abschließend die Endkontrolle des Gussteils erfolgt. Eine Auslieferung an Gussabnehmer ist bei Erfüllung der Prüfanforderungen nun möglich.

Zwischen den einzelnen Fertigungsbereichen sind diverse Transportmittel im Einsatz, wie z. B. Krananlagen, Flurförderzeuge und Förderbänder. Weiterhin erfolgt eine Aufteilung in direkte zur Herstellung eines Gussteils notwendige Fertigungsprozessschritte sowie indirekte Fertigungsbereiche, wie Verwaltung (Unternehmens-, Betriebsleitung und Organisation), Sozialräume, Werkstoff- und Sandlabor sowie Prüfabteilungen, Instandhaltung, Versand, Modellbau, Lackiererei, Maschinenfabrik (u. a. Schleifhalle) usw. Die indirekten Fertigungsbereiche werden im Zuge der weiteren Betrachtung der Energie- und Stoffflüsse der Eisengießerei nicht weiter berücksichtigt, das heißt, dass ausschließlich die direkten Fertigungsbereiche im Zuge der Energie- und Stoffflusserhebung betrachtet werden.

5.2.3 Energie- und Stoffflüsse in der Fallstudiengießerei

Durch Datenerhebung in der Feldebene galt es, die Datenbasis für eine verursachungsgerechte Verbrauchszuordnung zu schaffen (Gleich und Klein 2014, S. 146). Hierbei erfolgte die Erfassung von Energie- und Stoffmengen (Input), die zur Gussteilherstellung benötigt wurden. Diese umfassten:

- Rohstoffe (Stahlschrott, Gussbruch, Roheisen, Legierungsträger usw.),
- Hilfsstoffe (Quarzsand, Bentonit, Glanzkohlebinder usw.),
- Betriebsstoffe (Trennmittel, Schmierstoffe usw.) sowie
- Energien (Kraftstrom, Erdgas usw.).

Da die Inputmengen unterschiedliche Bezeichnungen aufwiesen, wurden Stoffmengen in der Einheit [t] und Energien in der Einheit [kWh] erfasst (u. a. mithilfe von Messinstrumenten wie Zangenstrommessern). Abbildung 49 (S. 113) stellt ausgewählte Messpunkte zur Erfassung der Energieverbräuche (Kraftstrom) in der Fallstudiengießerei dar.

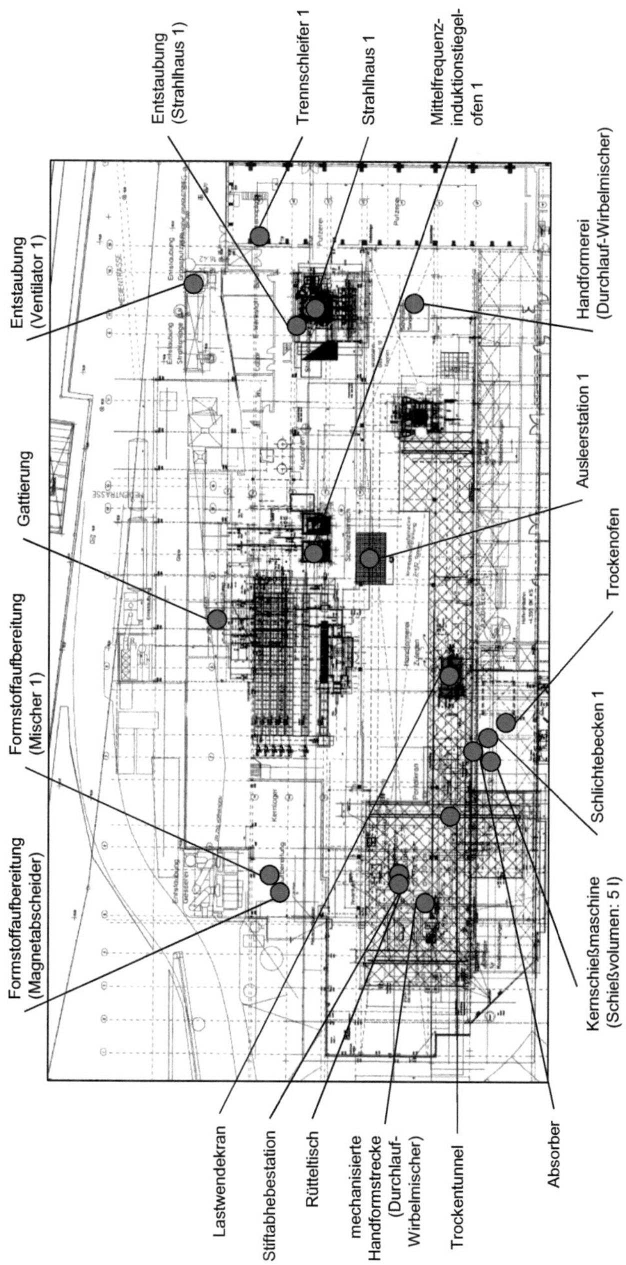

Abbildung 49: Darstellung ausgewählter Messpunkte innerhalb der Fallstudiengießerei

lfd. Nr.	Betriebs-teil	Verbraucher	Leis-tung	Einsatz	Einsatzdauer	Einsatzart	Verbraucher [kW/h]			Daten-quelle
			[kW]	[%]	[h/Schicht]	[d/Schichten]	[.../Schicht]	[.../Tag]	[.../Monat]	
1	Druckluftver-sorgung	Kompressor 1	6,90	50 %	8	3	28	83	1.822	Datenblatt
2	Druckluftver-sorgung	Kompressor 2	75,00	38 %	8	3	230	691	15.198	AIRL_X_2012
3	Druckluftver-sorgung	Kompressor 3	75,00	7 %	8	3	39	118	2.605	AIRL_X_2012
					...					
82	Kernherstel-lung	Schlichtebecken	0,40	100 %	8	3	3	10	211	MSG_F_2013
83	Kernherstel-lung	Schießmaschine (H5)	4,72	100 %	8	2	38	76	1.661	MSG_F_2013
84	Kernherstel-lung	Schießmaschine (V40)	9,10	100 %	8	2	73	146	3.203	MSG_F_2013
					...					
280	Sandaufbe-reitung	Band 66	3,30	100 %	8	2	26	53	1.162	DEIB_E_2008
281	Sandaufbe-reitung	Leuchtstoffröhren (18 W x 2)	0,04	100 %	8	2	0	1	13	EnMB_2013
282	Sandaufbe-reitung	Leuchtstoffröhren (58 W x 31)	1,80	100 %	8	2	14	29	633	EnMB_2013

Tabelle 20: Aufteilung der Energieverbräuche auf Basis der erhobenen Daten (Auszug)[33]

[33] Aus Gründen der Vertraulichkeit wurden die hier dargestellten Werte leicht verändert.

Zur Datenerhebung wurde die Inventarliste der betrachteten Fallstudiengießerei erweitert bzw. modifiziert. Neben den bisherigen Angaben (wie Bezeichnung, Baujahr und Ort) wurden Daten über Leistungsaufnahme [in kW] der Verbraucher in verschiedenen Betriebszuständen sowie Einsatzdauern erfasst und mussten dafür z. T. vor Ort erhoben werden (vgl. Tabelle 20, S. 114).

Die aufgenommenen Daten umfassten 282 energierelevante Maschinen und technische Anlagen sowie die Kosten der einzelnen Fertigungsprozessschritte auf Basis von Maschinenstundensätzen. Die nachfolgende Abbildung 50 verdeutlicht die Aufteilung des monatlichen Energieverbrauchs unterteilt in 22 Betriebsteile innerhalb der vier Fertigungsbereiche.

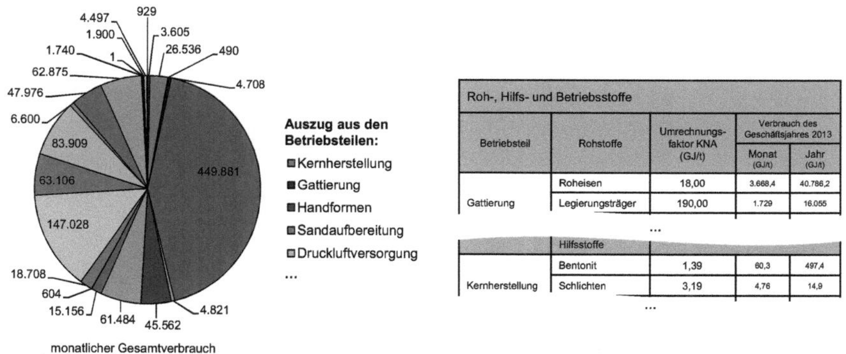

Roh-, Hilfs- und Betriebsstoffe				
Betriebsteil	Rohstoffe	Umrechnungs-faktor KNA (GJ/t)	Verbrauch des Geschäftsjahres 2013	
			Monat (GJ/t)	Jahr (GJ/t)
Gattierung	Roheisen	18,00	3.668,4	40.786,2
	Legierungsträger	190,00	1.729	16.055
...				
	Hilfsstoffe			
Kernherstellung	Bentonit	1,39	60,3	497,4
	Schlichten	3,19	4,76	14,9
...				

Abbildung 50: Darstellung des Gesamtenergieverbrauchs sowie Erfassung des kumulierten Stoffaufwands der Fallstudiengießerei

Zusätzlich wurden den energierelevanten Anlagen die wichtigsten zugehörigen Roh-, Hilfs- und Betriebsstoffe zugerechnet (vgl. Abbildung 50). Ausgehend von den Einsatzstoffen wurden in Anlehnung an die VDI-Richtlinie 4600 die Werte der stofflichen Verwendung (KSA) ermittelt (monatlich sowie der Gesamtverbrauch des Geschäftsjahrs 2013). Huppertz und umfangreiche Umweltdatenbanken wie „ProBas" oder „GaBi" lieferten einzelne Umrechnungsfaktoren zwecks Zuordnung der Einsatzstoffe (Huppertz 2000, S. 39; BMUB 2014; LBP 2014). Anzumerken ist, dass nicht für jeden der eingesetzten Stoffe ein Umrechnungsfaktor gefunden werden konnte. Unter Berücksichtigung des prozentualen Einsatzes im Geschäftsjahr 2013 wurden Werte unter 10 % nicht betrachtet, sodass im Allgemeinen eine zutreffende Datenbasis angenommen werden kann. In einem weiteren Schritt erfolgte exemplarisch für die vier betrachteten Fertigungsbereiche die Verrechnung des KNA zum Kumulierten Energieaufwand (KEA). Hierbei ergab sich, dass der spezifische Energieaufwand von 7,38 GJ (diese entsprechen 2.050,1 kWh oder 1.180,8 kg/CO_2-Emissionen) und 2,7 GJ verwendeter Stoffe benötigt wurden, um eine Tonne Gusseisen herzustellen.

Im Rahmen der Abschätzung der CO_2-Emissionen war es notwendig, die eingesetzten Energie- und Stoffflüsse pro Fertigungsprozessschritt abzubilden. Zur Erfassung erschien ein IT-Tool sinnvoll, dessen Entwicklung im Folgenden beschrieben wird. Bei der weiteren Analyse der Energie- und Stoffflüsse hinsichtlich des Outputs (CO_2-Emissionen) ist zu bemerken dass nur teilweise eine vertiefende prozessorientierte Umweltkostenrechnung im Rahmen der vorliegenden Arbeit durchgeführt wurde (siehe hierzu Kuchenbuch 2006, S. 97 ff.).

5.2.4 Entwicklung eines IT-Tools zur Abschätzung der Veränderung der CO_2-Emissionen

Unter Berücksichtigung der gewählten Bilanzgrenzen erfolgte eine detaillierte Datenerhebung der Stoff- und Energieströme als In- und Output der Fertigungsprozessschritte sowie eine klare Abgrenzung von nichtintegrierten Stoff- und Energieströmen. Die Erhebung basierte zu Teilen auf der DIN EN ISO 14040 (Ökobilanz) sowie VDI-Richtlinie 4600 (Kumulierter Energieaufwand) und wurde an entsprechender Stelle erweitert (vgl. Abbildung 51).

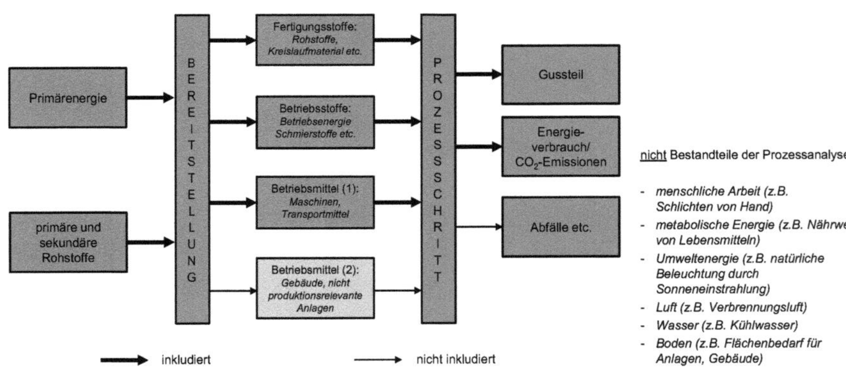

Abbildung 51: Abgrenzung betrachteter Stoff- und Energieflüsse für Fertigungsprozessschritte

Das entwickelte IT-Tool unterstützte in Teilen das Energiemanagementsystem der Fallstudiengießerei und wurde mittels MS Excel realisiert (Fandl, Held und Schmidt 2014, S. 11). Das IT-Tool setzte sich aus einzelnen Arbeitsblättern entsprechend der Fertigungsbereiche innerhalb der Bilanzgrenzen zusammen (vgl. Abschnitt 5.2.1.1).

Die im Abschnitt 5.2.2 erläuterte Berechnung des KEA „pro Tonne guter Guss" forderte von dem IT-Tool zur Abschätzung der CO_2-Emissionen bzw. Herstellkosten ein hohes Maß an Genauigkeit und Flexibilität hinsichtlich einzelner Parameter, wie u. a.:

- Materialzusammensetzung (DIN EN 1561 oder DIN EN 1563),
- Gießgewicht (Rohteilgewicht mit Anschnitt- und Speisungssystem),
- Gussteilgewicht (Rohteil),
- produzierte Jahresmenge,
- Formerei: Fertigungsart (z. B. Handformen), Taktzeit, Größe (Formkastenvolumen), Kastenbelegung und Handling,
- Kernmacherei: Fertigungsart (z. B. Kernschießmaschinen), Taktzeit, Kernanzahl, Größe (Kernvolumen),
- Schmelzbetrieb: Schmelztemperatur und Schmelzzeit.

Das IT-Tool soll nachfolgend kurz beschrieben werden. Beispielhaft umfasst das in MS Excel enthaltene Arbeitsblatt den direkten Fertigungsbereich *Nachbehandlung* und die darin inkludierten Fertigungsprozessschritte *Ausleeren, Strahlen* und *Putzen* des Gussteils mit den dazugehörigen Stoff- und Energieverbrauchern. Nach Abbildung 52 bilden z. B. Maschinen (die zum Ausleeren des Formkastens benötigt werden) sowie die Taktzeit (Einsatzzeiten der Maschine) Eingabefelder für den Anwender.

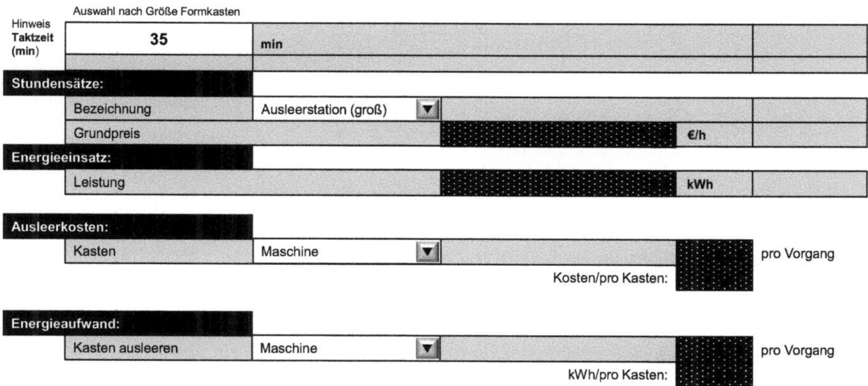

Abbildung 52: Fertigungsprozessschritt „Ausleeren" (Auszug)

Nach Eingabe der Daten wurden auf Basis der Prozesskostenrechnung im ersten Schritt sowohl die Kosten [€] für den Fertigungsprozessschritt Ausleeren als auch der verursachte Energieaufwand [kWh] berechnet und ausgewiesen. Für die vor- und nachgelagerten Fertigungsprozessschritte erfolgte ein ähnliches Vorgehen, wobei das Ausleeren mit einem hohen Automatisierungsgrad einen einfacheren Fertigungsprozessschritt im Vergleich zur Kern- und Formenherstellung darstellt.

Abbildung 53 stellt eine Übersicht der Hauptansicht „Gesamtbewertung" (Arbeitsblatt) von den Fertigungsprozessschritten der „Nachbehandlung" dar, in denen durch Verlinkungen zum vorherigen Arbeitsblatt (vgl. Abbildung 52, S. 117) die Kosten [€] und der Energieverbrauch [kWh] pro Gussteil für „Nachbehandlung ohne Entwicklungsleistung" und „Nachbehandlung mit Entwicklungsleistung" aufgeführt sowie mittels Umrechnung mit dem CO_2-Emissionenfaktor (CO_2e in kg/kWh) ausgewiesen werden.

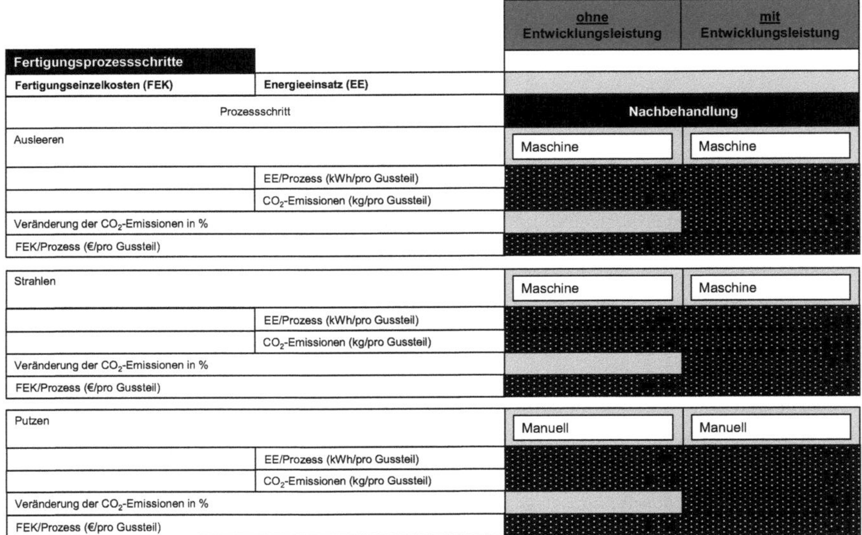

Abbildung 53: Fertigungsprozessschritte der „Nachbehandlung" (Auszug)

Ausgehend von der Berechnung der CO_2-Emissionen [und Kosten] eines Gussteils, einerseits auf Basis der unmittelbaren Kundenvorgaben (z. B. auf deren 2- bzw. 3-D-Modellen basierend) und andererseits nach Abschluss der partnerschaftlichen, überbetrieblichen Entwicklung, kann dann die Emissionsdifferenz zwischen der Kundenvorgabe und der finalisierten Entwicklung ermittelt werden. Das IT-Tool erlaubte es der Entwicklungs- und Konstruktionsabteilung der Fallstudiengießerei, sowohl die CO_2-Emissionen als auch die Herstellkosten systematisch abzuschätzen. Damit ist es – soweit dem Verfasser der vorliegenden Arbeit bekannt – erstmals möglich gewesen, einzelnen Gussteilen spezifische CO_2-Emissionswerte zuzuordnen, ohne auf eine extrem vereinfachende Schlüsselung der Unternehmensgesamtemissionen zurückgreifen zu müssen.

Bei der Entwicklung des IT-Tools wurde deutlich, dass Gussteile ähnlicher Masse erhebliche Unterschiede hinsichtlich ihrer CO_2-Emissionswerte aufweisen können und die bisherige Schlüsselung von Energieverbräuchen, z. B. auf Basis des Teilegewichts, eine Übersimplifikation darstellte, die mithilfe der Ergebnisse der vorliegenden Arbeit überwunden werden konnte.

5.3 Einzelfallstudien zur überbetrieblichen Gussteilentwicklung

Im Rahmen von Kapitel 5.3 werden vier Einzelfallstudien zu überbetrieblicher Gussteilentwicklung zwischen der Fallstudiengießerei und vier ihrer Kunden vorgestellt und anschließend miteinander verglichen.

5.3.1 Einzelfall 1: „Drehmomentstütze"

Dieses Neuentwicklungsprojekt konnte dem Maschinenbau mit der Unterbranche „Antriebs- und Steuerungstechnik" zugeordnet werden. Der Kunde stellte eines der weltweit größten Unternehmen in diesem Bereich mit über 36.500 Mitarbeitern an Fertigungs- und Customizing-Standorten in 25 Ländern dar. Der Hauptsitz befand sich in Deutschland und das Unternehmen war nach DIN EN ISO 9001 und DIN EN ISO 14001 zertifiziert. Die DIN EN ISO 14001 bildet den Abschluss jahrelanger Bemühungen zur Minimierung des innerbetrieblichen Ressourcenverbrauchs und zeigte die Unternehmensbestrebungen zur Verringerung des Ausstoßes des klimaschädlichen Kohlendioxids. Die Erhebung von Kennzahlen wie „dem Primärenergieverbrauch (kWh)" erfolgte nach Aussage des Umweltmanagementbeauftragten (UMB) des Unternehmens bereits seit Jahren, ebenso die lieferantenseitige Dokumentation basierend auf einem Checklisten-Dokument („Design for the Environment"). Die räumliche Entfernung des Gussteillieferanten zum Kundenstandort belief sich auf über 500 Kilometer. Die F&E-Abteilung des betrachteten Segments des Kunden verfügte über mehr als 500 Beschäftigte. Davon beschäftigte der Unternehmensbereich „Getriebe", aus dem das untersuchte Neuentwicklungsprojekt entstammte, rund 60 Mitarbeiter. Weniger als 10 der F&E-Beschäftigten hatten einen gießtechnischen Hintergrund. Der Kunde verwendete aktuelle CAD-Software, FEM-Berechnungstools und umfangreiche Projektplanungssoftware.

Im November 2011 erhielt die Entwicklungs- und Konstruktionsabteilung der Fallstudiengießerei von der Abteilung „Projekteinkauf" des Kunden per E-Mail eine kundenseitige Vorbehaltserklärung als Voraussetzung für eine Projektanfrage. Drei Tage später wurde die Vorbehaltserklärung durch den Leiter der Entwicklungs- und Konstruktionsabteilung der Gießerei unterschrieben und an den Projekteinkauf des Kunden zurückgesandt. Am nächsten Tag wurden die Angebotsunterlagen per E-Mail an die Entwicklungs- und Konstruktionsabteilung der Gießerei übermittelt. Dabei handelte es sich um:

- ein 2-D-Modell der Vorgängerversionen (Anlage 1) sowie
- ein Dokument mit Lastangaben (Anlage 2).

Das 2-D-Modell wurde von der Fallstudiengießerei mit der hausinternen CAD-Software Pro/ENGINEER, die Anlage 2 mittels des zur Verfügung stehenden Office-Pakets geöffnet. Sodann erfolgte gießereiintern mit Unterstützung der Entwicklungs- und Konstruktionsabteilung die Angebotserstellung durch den Vertrieb. Nach Aussage eines Mitarbeiters der Konstruktionsabteilung wurde dabei festgestellt, „dass die Lastangaben für die weitere Projektdurchführung nicht genügend Informationen enthielten", sodass intern eine handschriftliche Übersicht der benötigten Lastangaben erstellt wurde. Losgelöst von den fehlenden Lastangaben wurde drei Tage später das Angebot seitens der Fallstudiengießerei an den Projekteinkauf des Kunden postalisch übermittelt. Inhaltlich umfasste das Entwicklungsangebot die Bauteiloptimierung, u. a. den Aufbau des Volumenmodells, die Entwicklung materialsparender Gestaltvorschläge sowie die Ausarbeitung eines Gestaltvorschlags in eine fertigungsgerechte Konstruktion. Anschließend wurde drei Tage später die Konstruktions- und Entwicklungsabteilung des Kunden gebeten, die noch fehlenden Lastangaben nachzureichen. Nach knapp einer Woche erhielt der Konstruktionsmitarbeiter der Fallstudiengießerei ein 3-D-Modell, weitere Lastangaben sowie den Hinweis, dass es durch die kundenseitige Angebotsbearbeitung/-prüfung und den bevorstehenden Jahreswechsel zu einer Verzögerung bei der Rückmeldung kommen würde.

In der zweiten Kalenderwoche 2012 erfolgte dann durch den Projekteinkauf des Kunden die telefonische Anfrage, ob das Angebot der Gießerei in „Gestaltoptimierung und Detaillierung" aufgeteilt werden könne. Am nächsten Tag wurde von Seiten der Gießerei ein entsprechend modifiziertes Entwicklungsangebot unterbreitet. Im weiteren Verlauf der Woche kam es kundenseitig zu telefonischen Rückfragen bezüglich der Kostenverrechnung; diese konnten nach Aussage des Projekteinkaufs „vollständig und für beide Parteien zufriedenstellend geklärt werden". Zusätzlich stellte der Kunde nach Vertragsabschluss einen Leitfaden zur Verwendung der CAD-Software zur Verfügung (u. a. Parametrierung zum Modellaufbau, Farbwahl). Am Monatsende wurde per E-Mail durch einen Mitarbeiter der Entwicklungsabteilung des Kunden der geplante Zeitplan für die Entwicklung angefragt. Am selben Tag übermittelte der Entwicklungsleiter der Gießerei (per E-Mail) eine Korrektur des kundenseitigen Lastenhefts sowie vorläufige Angaben zur Zeitplanung zwecks weiterer Feinabstimmung (vgl. Abbildung 54).

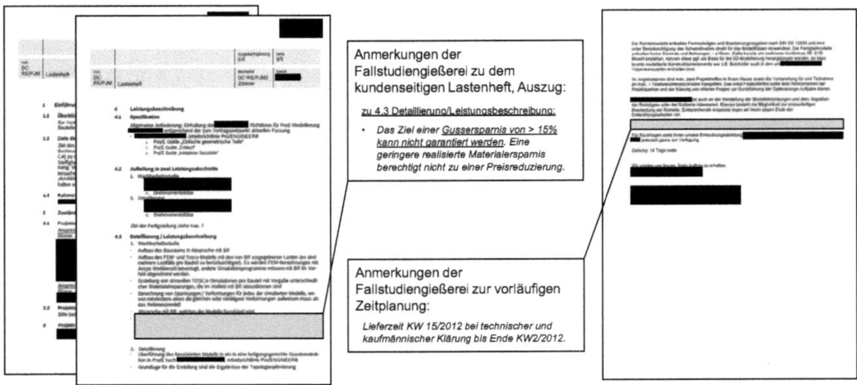

Abbildung 54: Auszug aus dem kundenseitigen Lastenheft (links) und der innerbetrieblichen Projektplanung seitens der Fallstudiengießerei (rechts)

Das Ausgangsmaterial war der Werkstoff „EN-GJS-400", das Rohteilgewicht des projektierten Gussteils lag bei ca. 1.520 kg. Das vorliegende Gussteil wurde von der Gießerei als sehr komplex im Vergleich zu anderen Neuentwicklungsprojekten bewertet, u. a. aufgrund umfangreicher Freiformflächen.

Die Projektkommunikation zwischen dem Kunden und dem Gussteillieferanten erfolgte regelmäßig via E-Mail. Eine Kommunikation per Telefon fand nur gelegentlich statt. Netmeetings fanden in unregelmäßigen Abständen statt und wurden via E-Mail bzw. per Telefon angekündigt (vgl. Abbildung 55).

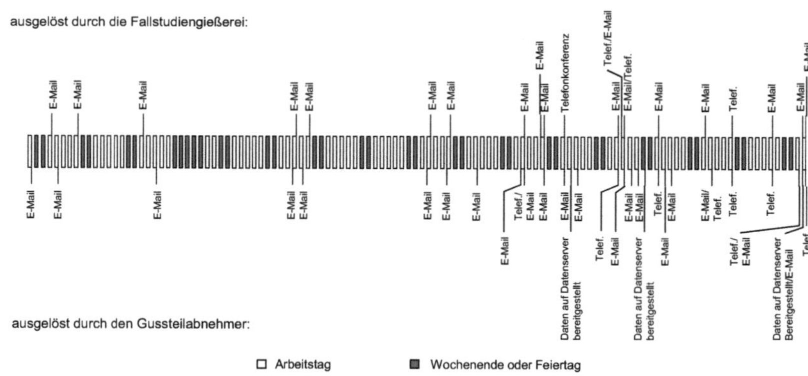

Abbildung 55: Überbetriebliche Projektkommunikation bei der Einzelfallstudie 1

Zusätzlich wurde über die komplette Projektlaufzeit eine zugangsbeschränkte Datenbank verwendet. Persönliche Vororttreffen zwischen Kunden und Fallstudiengießerei fanden insgesamt vier Mal statt. Im Zuge der überbetrieblichen Entwicklung mussten dabei z. B. Schnittstellenprobleme gelöst werden, die u. a. auf unterschiedlichen Lizenzen von FEM-Berechnungstools sowie abweichend konfigurierter CAD-Software basierten.

Die Beziehung zwischen der Fallstudiengießerei und dem Gussteilabnehmer wurde zu Entwicklungsbeginn beidseitig durch einen gewissen Mangel an Vertrauen, geringfügig unterschiedliche Prioritäten sowie zum Teil unklare Verantwortlichkeiten charakterisiert. Im Projektverlauf verbesserte sich die Beziehung allerdings. Nach Aussage des Gruppenleiters der technischen Berechnung des Kunden erfolgte während des Projektverlaufs eine Entwicklung in Richtung einer „partnerschaftlichen Beziehung", die abschließend mit der Schulnote „gut" bewertet wurde; diese Aussage bestätigte auch der Entwicklungsleiter der Fallstudiengießerei.

Die Entwicklungsergebnisse fielen prinzipiell positiv aus: Das Ausgangsmaterial wurde beibehalten; unter Berücksichtigung der Form- und Gestaltmodifikation durch die F&E-

Abteilung der Fallstudiengießerei wurde ein zusätzlicher Kern zur Herstellung des Gussteils aufgenommen. Die Kundenziele einer Reduzierung des Gussteilgewichts, einer verbesserten dynamischen Steifigkeit sowie einer Reduzierung der Produktionskosten konnten durch die überbetriebliche Gussteilentwicklung erzielt werden.

5.3.2 Einzelfall 2: „Schwinge“

Das zweite hier dargestellte Neuentwicklungsprojekt „Schwinge" entstammte dem Bereich der Werkzeugmaschinenhersteller. Der Kunde verfügte weltweit über mehr als 4.000 Mitarbeiter und war nach DIN EN ISO 9001 sowie DIN EN ISO 14001 zertifiziert. Die Fallstudiengießerei befand sich knapp 800 Kilometer entfernt. Die F&E-Abteilung des Kunden bestand aus ca. 150 Beschäftigten, die u. a. CAD-Software und FEM-Berechnungstools verwendeten.

Das Neuentwicklungsprojekt mit der Fallstudiengießerei begann im Juli 2012 und endete im Oktober 2012. Es war das zweite Neuentwicklungsprojekt mit der hier untersuchten Gießerei. Der Kunde integrierte die Fallstudiengießerei bereits in die Konzeptphase: Er übermittelte ein „grobes 3-D-Modell“, geometrische Abmessungen, Lastinformationen (x-, y- und z-Richtung, wobei eine Kraft von 8.000 N nur aus einer Richtung zurzeit wirkte) sowie weitere Spezifikationen in Bezug auf Zu- und Abführungen für diverse Medien (Bohrungen) und Montageschnittstellen (vgl. Abbildung 56).

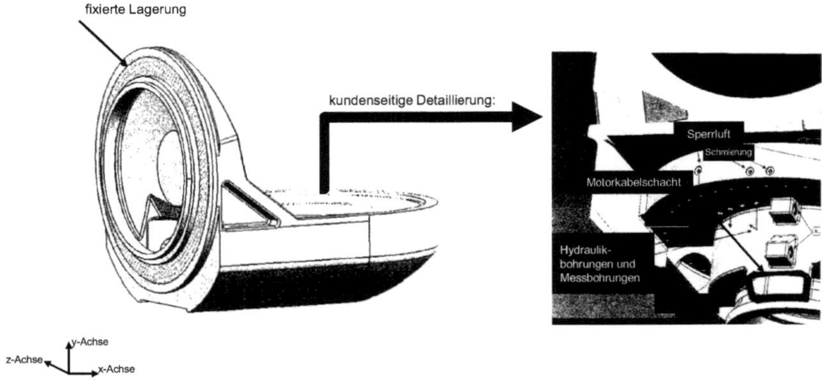

Abbildung 56: Spezifikation „Schwinge“ gemäß Kundenvorgabe (Ausschnitte)

Primär sollte auf die Verschiebung in y-Richtung fokussiert werden. Vom Kunden wurde eine Gewichtung der Steifigkeit von 50 % in y-Richtung gewünscht. Zusätzlich wurde neben der Schwinge ein weiteres 3-D-Modell des zu berücksichtigenden Anbauteils (Rundtisch), das direkt an die Schwinge montiert wurde, an die Fallstudiengießerei gesandt. Nach Aussage des kundenseitigen Entwicklers: „[...] kann der Rundtisch mit in die Optimierung der Schwinge einbezogen werden, sofern es die Steifigkeit der

Schwinge fördert", was jedoch die Kundenvorgaben hinsichtlich der geometrischen Abmessungen der Schwinge nicht beeinträchtigen sollte. Diese und weitere Spezifikationen wurden kundenseitig in einer MS Excel-Datei zusammengetragen und der Gießerei übermittelt. Weiterhin wurde zu Beginn des Neuentwicklungsprojekts der Werkstoff „EN-GJS-400" spezifiziert. Das Rohteilgewicht des Gussteils lag bei ca. 1.350 kg.

Abbildung 57 zeigt zum einem die kundenseitigen Versuche zur Reduzierung des Rohteilgewichts und zum anderen die ab dem Integrationszeitpunkt gemeinsam von Gießerei und Kunden durchgeführten Versuche. Erst durch die von der Gießerei vorgenommene Topologieoptimierung wurde nach Aussage des Leiters der Entwicklungs- und Konstruktionsabteilung der Gießerei deutlich, dass „[...] die Art der Krafteinleitung einen starken Einfluss auf die Geometrie des Gestaltungsvorschlags" hatte. Für die Verrippungen in der Schwinge (Ergebnis aus der Topologieoptimierung) lagen zunächst keine Vorgaben vor. Allerdings sollten Durchgänge für die Durchführung von Leitungen etc. vorhanden sein. Bedingt durch Montageschwierigkeiten hatte der Kunde im Entwicklungsverlauf die Anschlüsse für Kühlmittel sowie für Kabelschächte kurzfristig umgelegt. Weiterhin entfernte der Kunde aus der letzten Version des CAD-Modells „freihändig" Material. Die Fallstudiengießerei wurde anschließend auf Basis des modifizierten CAD-Modells erneut um eine Topologieoptimierung gebeten. Das Ergebnis aus dieser Topologieoptimierung trug später zur gießtechnischen Umsetzung bei. Kurz vor dem „Design-Freeze" durch die Gießerei wurde seitens des Kunden eine erneute Modifikation der Randbedingungen u. a. aufgrund einer modifizierten Krafteinleitung vorgenommen.

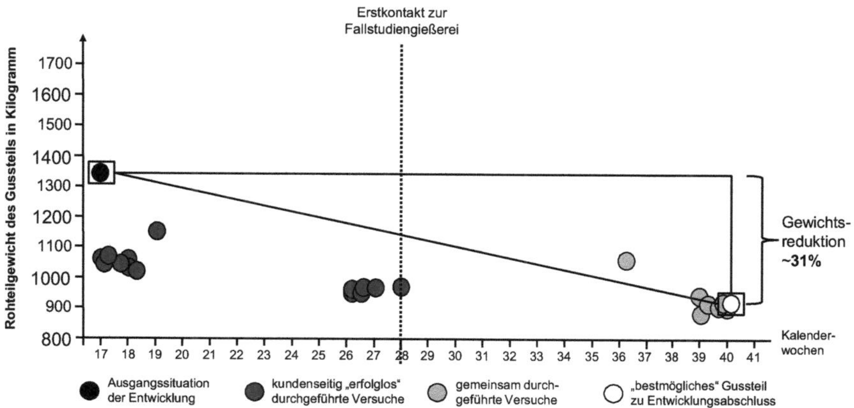

Abbildung 57: Veränderung des Gussteilgewichts während der Entwicklung der „Schwinge"

Am Ende der überbetrieblichen Entwicklung wurde eine Gewichtsreduktion von knapp 31 % im Vergleich zum Ausgangsdesign erreicht. Das Gussteil war durch den Entwicklungsleiter der Gießerei, verglichen mit den durchschnittlichen Neuentwicklungsprojekten der Fallstudiengießerei, als komplex eingestuft worden. Diese Einschätzung basierte auf der geometrischen Form, den Abmessungen sowie auf den als besonders schwierig bewerteten Form- und Kernarbeiten.

Der Daten- und Informationsaustausch während der Projektzeit verlief überwiegend per E-Mail, telefonisch wurde nur gelegentlich kommuniziert. Zu Beginn erhielt der Kunde durch die Fallstudiengießerei eine Installationsdatei des Viewers für die VTF-Dateien der CAD-Modelle der Gießerei. Es fanden keine persönlichen Treffen zwischen Mitarbeitern der Fallstudiengießerei und dem Gussteilabnehmer statt. Nach Aussage eines kundenseitigen Entwicklungsmitarbeiters konnte „die Beziehung als gute, verlässliche Zusammenarbeit“ bezeichnet werden. Inhalte dieser „partnerschaftlichen Beziehung" waren eine enge Abstimmung sowie eine überbetriebliche Diskussion bei Themenkomplexen wie der Form- und Gestaltoptimierung. Seitens des Gussteillieferanten wurden diese Aussagen bestätigt.

Die Entwicklungsergebnisse wurden sowohl durch den Kunden als auch durch die Fallstudiengießerei als „herausragend" bewertet. Der Gussteilabnehmer erzielte eine vergleichsweise kurze Projektdurchlaufzeit, eine bessere Produktqualität und niedrigere Produktkosten. Weiterhin konnte eine funktions- und fertigungsgerechte Konstruktion generiert werden, die sowohl die Kundenvorgabe eines Maximalgewichts von weniger als 950 kg als auch die hinsichtlich der Steifigkeit der „Schwinge“ gestellten Anforderungen erfüllten.

5.3.3 *Einzelfall 3: „Maschinenbett“*

Als drittes Neuentwicklungsprojekt wurde das „Maschinenbett“ analysiert. Dieses Entwicklungsprojekt entstammte dem Bereich der „Präzisionswerkzeuge“. Der Kunde verfügte deutschlandweit über knapp 250 Mitarbeiter und besaß zum Untersuchungszeitpunkt keine gültigen Zertifizierungen. Nach Aussage des kundenseitigen Leiters der Konstruktion wurde eine Rezertifizierung nicht vorgenommen, da „[...] die Kunden sowieso nicht nachfragen. Wir sind zudem ein Nischenanbieter und weltweit führend mit unseren Produkten. Von unseren Lieferanten z. B. Gussteilzulieferern wird im Rahmen einer Bewertung der Kriterienpunkt *gültige Zertifikate* hinsichtlich der DIN EN ISO 9001, DIN EN ISO 14001 sowie der DIN EN ISO 50001 abgefragt.“ Jedoch stellte dies nach Aussage des kundenseitigen Mitarbeiters kein K.O.-Kriterium für den Einkauf dar. Die Fallstudiengießerei befand sich knapp 120 Kilometer entfernt vom Gussteilabnehmer. Die F&E-Abteilung des Kunden bestand aus 3 Vollzeitbeschäftigten, die CAD-Software und FEM-Berechnungstools verwendeten.

Der Projektstart dieser Neuentwicklung war im Juli 2012. Das Projekt konnte bereits knapp eineinhalb Monate später beendet werden. Es handelte sich dabei um das 15. Neuentwicklungsprojekt mit der Fallstudiengießerei. Zu Beginn der 28. Kalenderwoche des Jahres 2012 wurde eine erste nach einem 3-D-Modell des Maschinenbetts angefertigte Entwurfszeichnung, Lastangaben sowie Hinweise zum künftigen Transport der kompletten Maschine (Transportvorrichtungen stirnseitig des Maschinenbetts) per E-Mail an die Gießerei übermittelt. Noch am selben Tag wurden, ausgehend vom kundenseitigen Leiter der Konstruktion, die relevanten Details mit der Fallstudiengießerei telefonisch geklärt: Insbesondere wurden hierbei Details hinsichtlich der Ergebnisse einer im Jahr 2003 durchgeführten Studie zu Verrippungsverfahren, hinsichtlich anfallender Kosten (für Modelländerungen, Abgüsse und die mechanische Bearbeitung des Maschinenbetts) sowie des Entwicklungszeitraums besprochen. Nach Aussage des Leiters der Konstruktionsabteilung des Kunden war eine schriftliche Feinplanung z. B. mithilfe von Tabellenkalkulation oder Projektplanung unnötig, „da durch jahrzehntelange Zusammenarbeit ein hohes Maß an Vertrauen über die Termintreue des Gussteillieferanten hinaus aufgebaut werden konnte".

Der Kunde integrierte die Fallstudiengießerei in der Ausgestaltungsphase, „da eine gute Datenbasis bestand" (Aussage vom Konstruktionsleiter des Kunden).

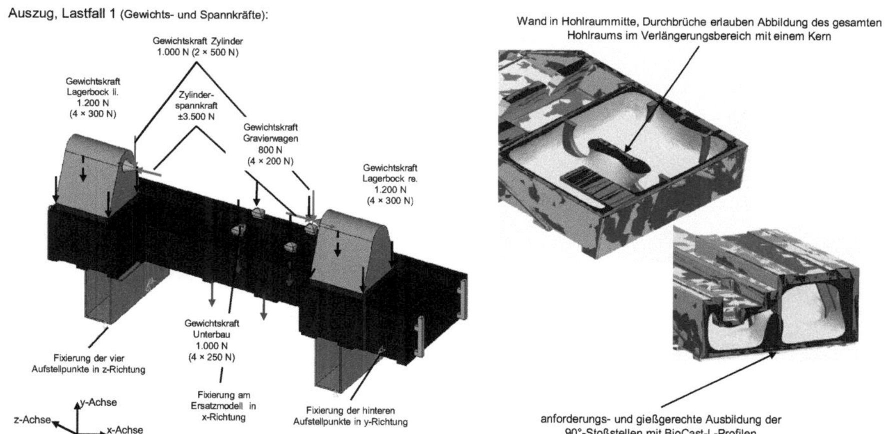

Abbildung 58: Geometrie und Belastungen des Maschinenbetts (links) sowie gemeinsam mit der Gießerei abgeleitete Innengeometrie (rechts) (Ausschnitte)

Als Referenzobjekt für die Neuentwicklung sollte das im Jahr 2003 bei der Fallstudiengießerei entwickelte Maschinenbett dienen. Dieses Maschinenbett zeichnete sich durch seine Ausführung nach dem Prinzip einer konventionellen Drehbank aus (fester Lagerbock und beweglicher Reitstockständer). Die seitlich gelegenen Führungsbahnen für die Graviereinheiten entfielen, was eine sehr einfache Geometrie zur Folge hatte. Die größte Verformung unter Last lag bei maximal 0,008 mm (vgl. Abbildung 58, links). Wegen der zusätzlichen Führungsbahn und der geometrischen Anforderungen wurde die neue Gusskonstruktion mit einer etwas aufwendigeren Verrippung versehen (vgl. Abbildung 58, rechts). Dadurch war es möglich, die Verformung trotz ungünstiger Randbedingungen weit unter den bei der Ausgangskonstruktion erzielten Werten zu halten (ca. 35 %).

Die Masse des neuen Maschinenbetts beträgt ca. 1.980 kg (Rohteil) unter Verwendung des Werkstoffs „EN-GJL-350“.

Auf ausdrücklichen Kundenwunsch hin wurde der Kernbereich des Maschinenbetts mithilfe der Topologieoptimierung detailliert. Die konstruktionsbegleitenden Berechnungen zeigten, dass neben dem Betriebszustand mit den bereits im Jahr 2003 festgelegten Lasten der Transportlastfall betrachtet wurde, deutlich unter der Bauteilspannung von 30 N/mm² liegt (vgl. Abbildung 59).

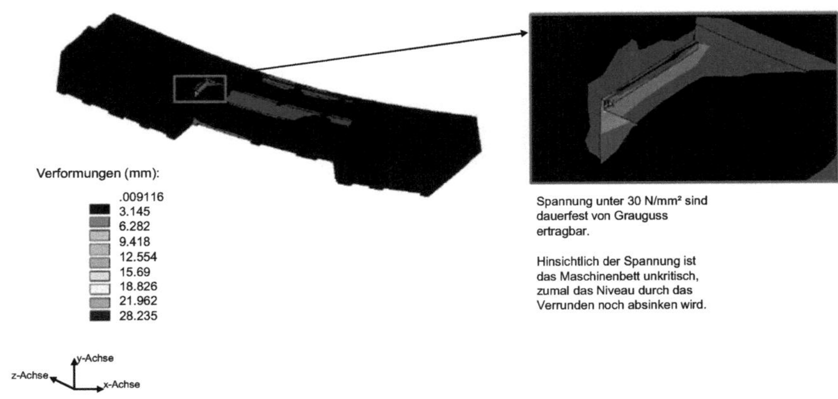

Abbildung 59: Berechnung eines exemplarischen Lastfalls (Ausschnitte)

Eine bleibende Verformung durch den Transport mit stirnseitig angeschlagenen Lastaufnahmemitteln konnte nach Aussage des Entwicklungsleiters der Gießerei sicher ausgeschlossen werden. Darüber hinaus zeigte sich, dass die rundum geschlossene Variante mit innenbelassenem Kernsand leichte Steifigkeitsvorteile gegenüber einer auf der Unterseite durchbrochenen alternativen Ausführung aufwies.

Der Daten- und Informationsaustausch innerhalb der Projektzeit verlief zu 83 % per E-Mail, telefonisch wurde nur zu 17 % kommuniziert. Es wurden keine weiteren Medien wie z. B. Videokonferenzen genutzt. Es fanden auch keine persönlichen Treffen zwischen Mitarbeitern der Fallstudiengießerei und des Gussteilabnehmers statt. Nach Aussage eines kundenseitigen Konstrukteurs konnte das Unternehmen auf eine mehr als zwanzigjährige Zusammenarbeit „[...] in Fragen der Gusstechnik“ blicken, wobei die Beziehung als „herausragende, verlässliche Zusammenarbeit auf Augenhöhe“ bezeichnet wurde. Dabei stützte sich die Beziehung auf „persönliche Sympathie und freundschaftliches Verhältnis zu den Mitarbeitern der Konstruktion- und Entwicklungsabteilung, des Vertriebs als auch der Produktion der Gießerei“. Nach Aussage eines kundenseitigen Einkäufers waren neben dem technischen Know-how und der persönlichen Wertschätzung weitere Merkmale zur Bildung eines „guten Vertrauens“ notwendig, wie

u. a. Qualität, Lieferperformance, kaufmännische Zusammenarbeit (z. B. tadellose Auftragsabwicklung), gute Preispolitik (keine kurzfristigen Preise) sowie die regionale Nähe zur Gießerei. Seitens der Fallstudiengießerei wurde diese Form der „langjährigen partnerschaftlichen Beziehung" in allen Punkten bestätigt.

Das Entwicklungsergebnis wurde durch den Kunden als „sehr gut" eingestuft. Nach Aussage eines Mitarbeiters im Einkauf war es der Fallstudiengießerei „wieder einmal gelungen, technische und wirtschaftliche Leistungen zu verbinden". Der Leiter der Konstruktion ergänzte, „dass trotz der Reduzierung der Gussteilmasse mithilfe des innenbelassenen Kernsands eine bessere Bauteildämpfung erreicht wurde".

5.3.4 Einzelfall 4: „Gussstößel"

Das letzte in diesem Abschnitt untersuchte Neuentwicklungsprojekt „Gussstößel" konnte dem Maschinenbau und speziell der Unterbranche der Werkzeugmaschinenhersteller zugeordnet werden. Kunde war ein Unternehmen mit über 300 Vollzeitbeschäftigten, das im nördlichen Teil Deutschlands seinen Firmensitz hatte. Das Unternehmen war nach DIN EN ISO 9001 und DIN EN ISO 14001 zertifiziert. Die F&E-Abteilung des Unternehmens verfügte über 5 Vollzeitbeschäftigte. Der Kunde verwendete die CAD-Software Pro/ENGINEER sowie verschiedene FEM-Berechnungstools.

Das Neuentwicklungsprojekt begann im Juli 2011 und endete im Dezember 2011. Es war das vierte Neuentwicklungsprojekt mit der Fallstudiengießerei. Bereits während der „Ideenphase" wurde die Fallstudiengießerei in den Entwicklungsprozess einbezogen. Basierend auf einem Telefonat zwischen den beiden Entwicklungsleitern von Gießerei und Kunden mit der Anfrage von Entwicklungsleistung in der 29. Kalenderwoche 2011 erfolgten die Übermittlung eines 3-D-Modells und von Lastangaben (u. a. seitlich wirkende Kräfte von 8.530 N) sowie eine nähere Werkstoffspezifikation („EN-GJS-400"). Das Startgewicht des Rohteils betrug 630 kg. Der kundenseitige Leiter der Entwicklung machte anhand des „Erstentwurfs" deutlich, dass das Modell – zumindest nach seinem Verständnis – gießbar gestaltet wurde, „abgesehen von Details wie Schrägen und Rundungen" (vgl. Abbildung 60, S. 128). Der Erstentwurf „[...] war zwar systematisch aufgebaut, aber nicht unbedingt ideal", so hingegen die Einschätzung des Leiters der Konstruktions- und Entwicklungsabteilung der Gießerei. Kundenseitig wurde im ersten Schriftverkehr speziell auf die Verknüpfung des „technisch und wirtschaftlich vernünftigsten Weg" verwiesen sowie der Liefertermin für die Gesamtmaschine benannt.

Knapp 14 Tage später erfolgte per E-Mail durch den Entwicklungsleiter der Gießerei eine Rückmeldung zur Angebotserstellung verbunden mit einzelnen fertigungstechnischen Fragestellungen zum Erstentwurf (wie z. B. zu einem Zwischenraum zwischen den breiten Schrägrippen). Am Tag darauf erfolgte telefonisch die Klärung noch offener Punkte, worauf in der folgenden Woche, der 32. Kalenderwoche 2011, ein Angebot an den Gussteilabnehmer versandt wurde.

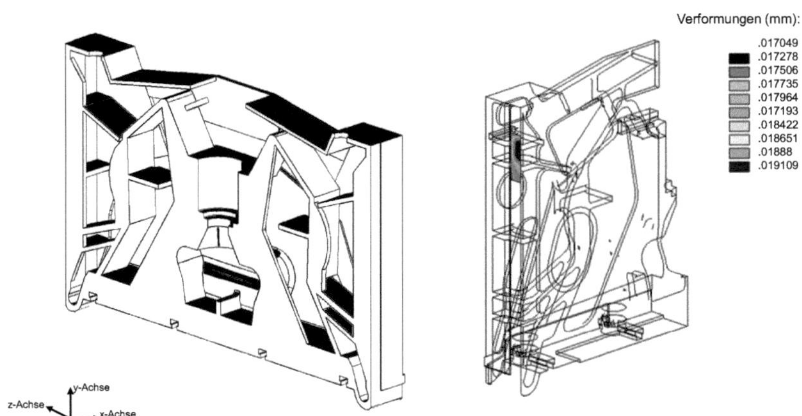

Abbildung 60: Kundenseitige Ausgangskonstruktion, halbes Modell (links) und ein Viertel Berechnungsmodell, Lastfall F-Vorspann (rechts)

Knapp eineinhalb Monate später verwies der Leiter der kundenseitigen Konstruktion per E-Mail auf „[…] eine neue Anforderung, die in den Entwurf mit eingearbeitet werden musste", was zu einer Verzögerung der Angebotsbearbeitung führte. Noch am selben Tag antwortete per E-Mail der Entwicklungsleiter der Gießerei mit dem Hinweis, dass erst ab Mitte November Entwicklungskapazitäten zur Verfügung stehen würden, jedoch eine Bestellung dringend ausgelöst werden sollte. Mitte Oktober 2011 empfing der Entwicklungsleiter der Fallstudiengießerei ein weiteres Update zum Gussstößel. Hierbei war explizit auf die im Modell zu berücksichtigenden Details, wie z. B. Zusatzeigenschaften der Abführung von Schmiermitteln, durch konstruktive Lösungen hingewiesen worden. Weiterhin war die Projektzeit seit der telefonischen Anfrage „mitgewandert", „sodass sich die Terminlage nicht verschärft hatte" (Leiter der kundenseitigen Entwicklung). Ergänzend wurde um Aktualisierung des Angebots gebeten, woraufhin der kundenseitige Einkauf verstärkt integriert wurde. Die Bestellung der Entwicklungsleistung erfolgte wenige Tage später durch den Einkauf des Gussteilabnehmers, ergänzt um die Bestellung eines Prototyps. Bedingt durch die Auftragserweiterung kam es seitens der Fallstudiengießerei zur Verzögerung der Auftragsbearbeitung, da Durchlaufzeiten für die Fertigung des Prototyps angepasst werden mussten.

In der 46. Kalenderwoche 2011 startete die Entwicklung des Gussstößels, wobei seitens der Fallstudiengießerei per E-Mail nochmals der aktuelle Stand der Lasten- und Randbedingungen angefragt wurde. Daraufhin gingen elektronisch die neuen Berechnungs-, Belastungs- und Akzeptanzdefinitionen in Form einer VRML-Datei und einer PDF-Datei ein. Abbildung 60 veranschaulicht einen sogenannten Lastfall „F-Vorspann" (Kraft-Vorspannung) der horizontalen Flächennormallasten von 8350 N pro Bereich auf dem Flächenbereich der oberen Führungsnut.

Das Gussteil war durch den Entwicklungsleiter der Fallstudiengießerei als ähnlich komplex wie die „Drehmomentstütze" (Einzelfall 1) eingestuft worden. Zur Überprüfung der konstruktiven Details des Gussstößels, die sich als versagenskritisch erweisen könnten, wurden für die beiden Lastsätze „Betrieb“ und „F-Vorspann“ Dauerfestigkeitsnachweise durchgeführt.

Die Kommunikation während des Projekts verlief überwiegend elektronisch und nur selten telefonisch. Die initiale Kontaktaufnahme erfolgte allerdings telefonisch, wobei bereits erste konstruktive Details angesprochen wurden. Während der gesamten Entwicklungszeit fanden keinerlei persönliche Treffen zwischen den Mitarbeitern des Kunden und der Fallstudiengießerei statt.

Die Ergebnisse des Projekts waren teilweise unerwartet: Der ursprünglich vorgesehene Werkstoff wurde zwar beibehalten, jedoch konnte die Anzahl der Kerne um vier reduziert werden. Das gesamte Kernsandvolumen wiederum blieb konstant. Kundenziele wurden durch Gewichtsreduktion, Projektkostensenkung und verschiedene Einzelheiten bei der Gusskonstruktion, wie z. B. eine verbesserte Steifigkeit, erreicht. Es zeigte sich, dass trotz der frühen Integration und Anwendung der besten zur Verfügung stehenden gießtechnischen Möglichkeiten die Gussteilfertigung zumindest nach Aussage des Entwicklungs- und Konstruktionsleiters der Gießerei: „nicht so optimal war, was auf sehr dünne innenliegende Rippen zurückzuführen war, welche kundenseitig gefordert wurden.“

5.3.5 Vergleich der Einzelfallstudien

In diesem Abschnitt werden zunächst die Kunden-Lieferanten-Beziehungen der Einzelfallstudien miteinander verglichen (vgl. Tabelle 21, S. 130). Anschließend erfolgt eine erste deskriptive Gegenüberstellung ausgewählter überbetrieblicher Parameter mit potenziellem Einfluss auf die Veränderung der CO_2-Emissionen durch gemeinsame Gussteilentwicklung.

Im Fall „Gussstößel" war die Integration stärker als bei den anderen Neuentwicklungsprojekten: Die Fallstudiengießerei war bereits während der Ideenphase beteiligt und besaß die Möglichkeit zur umfangreichen Einflussnahme auf die Gussteilgestaltung. Mehrere neuere Studien deuten darauf hin, dass eine frühzeitige Lieferantenintegration vorteilhaft für die Kunden-Lieferanten-Beziehung ist (siehe u. a. Handfield et al. 1999; Petersen, Handfield und Ragatz 2005; Schmidt 2009). Als Ergebnis der im Rahmen der vorliegenden Arbeit geführten Experteninterviews lässt sich bestätigen, dass eine frühe Integration von Lieferanten in die Gussteilentwicklung einen direkten Einfluss speziell auf das Rohteilgewicht des Gussteils sowie Entwicklungszeiten und Entwicklungskosten hat. Sie kann erheblich zu einer verbesserten Funktionalität und Herstellbarkeit von Gussteilen beitragen.

Einflussfaktor	Drehmoment-stütze	Schwinge	Maschinenbett	Gussstößel
kundenseitiges Umweltmanage-mentsystem	vorhanden	vorhanden	nicht vorhanden	vorhanden
räumliche Entfernung (km)	~ 500	~ 800	~ 120	~ 50
kundenseitig eingesetzte Ent-wicklungswerk-zeuge	CAD-Software, FEM-Berechnungs-tools, Projektpla-nungssoftware	CAD-Software, FEM-Berechnungs-tools	CAD-Software	CAD-Software, FEM-Berechnungstools
Entwicklungszeit	11.2011–04.2012	07.2012–10.2012	07.2012–08.2012	07.2011–12.2011
Kundentyp	Neukunde	Bestandskunde (ein Altprojekt)	Bestandskunde (mehr als zehn Altprojekte)	Bestandskunde (drei Altprojekte)
Rohteilgewicht zu Entwick-lungsbeginn (kg)	1.520	1.350	1.982	630
Komplexität im Vergleich zu an-deren Entwick-lungsprojekten	sehr hoch	durchschnittlich	gering	hoch
Veränderung der Kernanzahl im Zuge des Ent-wicklungsprojek-tes	+1	−3	+1	−4
Integrationszeit-punkt der Fall-studiengießerei in die Gussteil-entwicklung des Kunden	Ausgestaltungs-phase	Konzept-phase	Ausgestaltungs-phase	Ideen-phase

Tabelle 21: Übersicht über die betrachteten Einzelfallstudien

Einen weiteren Aspekt bildet der Einsatz überbetrieblicher Entwicklungswerkzeuge. Tabelle 21 veranschaulicht, dass im Rahmen der Kunden-Lieferanten-Beziehungen durchgängig 3-D-CAD-Software verwendet wurde. Zusätzlich wurden in den Einzelfallstudien 1, 2 und 4 FEM-Berechnungstools zur Interaktion eingesetzt. Nur der größte Kunde setzte bei der überbetrieblichen Gussteilentwicklung eine Projektplanungssoftware ein, die über die eigenen Unternehmensgrenzen hinaus reichte.

Als Herausforderung wurde von einigen Befragten die unterschiedliche Unternehmensgröße von Kunden und Gussteillieferanten erachtet, u. a. wegen abweichender Lizenzrechte bei den Entwicklungswerkzeugen (vgl. Einzelfall 1). Weiterhin ergab die Analyse, dass ein Zusammenhang zwischen dem „Zertifizierungsgrad" und der Größe eines Unternehmens bestand; der Standard DIN EN ISO 9001 stand bereits durchgängig in mittleren und großen Unternehmen zur Verfügung, jedoch lag bei keinem der betrachteten kleinen bis mittelständischen Kunden eine Zertifizierung nach DIN EN ISO 14001 vor. Darüber hinaus hatten Kunden unterschiedlicher Unternehmensgröße verschiedene Unternehmenskulturen und Gussteilentwicklungsprozesse, was zu einem jeweils anderen Umfang und einer anderen Tiefe bei der Lieferantenintegration sowie zu unterschiedlichen Kommunikationsformen beitrug. In der Literatur wird zudem häufig auf die Bedeutung von gegenseitigem Vertrauen sowie eine offene und stetige Kommunikation als Erfolgsfaktor verwiesen (u. a. Monczka et al. 2000; Koufteros, Cheng und Lai 2007; Aune und Gressetvold 2011).

Mithilfe des entwickelten IT-Tools (vgl. Abschnitt 5.2.3) wurden die Veränderungen bei den CO_2-Emissionswerten sowie die Herstellkosten der Neuentwicklungsprojekte berechnet, die durch Einbindung der Fallstudiengießerei in die überbetriebliche Entwicklung realisiert werden konnten (vgl. Tabelle 22). Ergänzend hierzu wurde die prozentuale Gewichtsveränderung der untersuchten Gussteile ermittelt.

Veränderung ... durch gemeinsame überbetriebliche Gussteilentwicklung	**Drehmomentstütze**	**Schwinge**	**Maschinenbett**	**Gussstößel**
... des Rohteilgewichts [%]	−19,41	−30,07	−20,28	−2,38
... der CO_2-Emissionen [%]	−9,74	−16,01	−10,38	−6,38
... der Herstellkosten [%]	−19,07	−27,73	−15,38	−7,69

Tabelle 22: Gesamtübersicht der Veränderung des Rohteilgewichts des Gussteils, der CO_2-Emissionen und der Herstellkosten durch gemeinsame überbetriebliche Gussteilentwicklung der Fallstudien

Die Ergebnisse der Berechnung zeigten, dass die CO_2-Einsparung im Fall „Schwinge" den höchsten Wert aufwies. Auch in den hier untersuchten Fällen 1 und 3 ließen sich erhebliche CO_2-Einsparungen erkennen. Hervorzuheben ist, dass die Veränderung der CO_2-Emissionen nicht eins zu eins mit der Veränderung des Gussteilgewichts bzw. der Herstellkosten einherging. Für die Senkung der Herstellkosten ließ sich jedoch eine positive Wirkung belegen. Im Folgenden galt es zu untersuchen, was genau zur Senkung der CO_2-Emissionen führte.

5.4 Einflussfaktoren und Hypothesenbildung

Ausgehend von einer umfassenden Literaturrecherche (vgl. Abschnitt 3) sowie den Ergebnissen aus den Einzelfallstudien (vgl. Abschnitt 5.3) erfolgt nun die schrittweise Ableitung möglicher Einflussfaktoren auf die überbetriebliche Gussteilentwicklung und auf CO_2-Einsparpotenziale. Anschließend werden Hypothesen für den Fortgang der Untersuchung gebildet.

5.4.1 Einflussfaktoren überbetrieblicher Gussteilentwicklung auf CO_2-Emissionen

Aus der Forschungsliteratur ließ sich bereits eine Vielzahl potenzieller Einflussfaktoren v. a. im Zusammenhang mit der Verzahnung von Abnehmern und Lieferanten sowie der Produktentwicklung im Allgemeinen entnehmen (vgl. Abschnitt 3.1.3). Bei genauerer Betrachtung der Einflussfaktoren wurde deutlich, dass der überwiegende Teil aus Erhebungen der Automobilindustrie und einiger weiterer Industriezweige (z. B. Elektro- und Pharmaindustrie) stammte. Die überbetriebliche Gussteilentwicklung wurde dabei nur äußerst selten thematisiert; hier liegen nur wenige Kurzberichte aus der industriellen Praxis vor (so u. a. du Maire 2001 b; Vollrath 2004; Hölttä, Eisto und Mahlamäki 2009). Die in den letzten Jahren durchgeführten Projekte bezogen sich in erster Linie auf Prozessverbesserungen im Produktionsbereich und seltener auf die Entwicklung und Gestaltung von Gussteilen und deren ökologische Auswirkungen (Fandl und Held 2015 a, S. 82).

Auf Basis der Ergebnisse aus der Literaturrecherche und unter Nutzung der Fallanalysen der vier Neuentwicklungsprojekte aus Abschnitt 5.3 wurden die potenziellen Einflussfaktoren überbetrieblicher Gussteilentwicklung extrahiert. Tabelle 23 (S. 132 ff.) zeigt eine ungeordnete Gesamtübersicht der Kategorien potenzieller Einflussfaktoren.

Einflussfaktor	in der Literatur erwähnt …	zusätzlich im Zuge der Einzelfallstudien ermittelt …	für die weitere Analyse verwendet …
Kundenbranche	✓[1]		✓
Wertschöpfungsstufe	✓[2]		✓
kundenseitige Managementsysteme	✓[3]		✓
angeforderte Zertifikate vom Gussteillieferant	○	✓	✓
dokumentierte Gussteilentwicklung beim Kunden	○	✓	✓
Unternehmensgröße	✓[4]		✓
Größe der F&E-Abteilung	○	✓	✓
räumliche Entfernung	✓[5]		✓
Kundentyp	✓[6]		✓

Einflussfaktor	in der Literatur erwähnt ...	zusätzlich im Zuge der Einzelfallstudien ermittelt ...	**für die weitere Analyse verwendet ...**
Entwicklungszeit	✓[7]		✓
Projekttyp	○	✓	✓
Bauteiltyp	✓[8]		✓
Ausgangswerkstoff*	✓[9]		✓
Rohteilgewicht des Gussteils*	○	✓	✓
Schwierigkeit der Kernarbeit	✓[10]		✓
Kernanzahl*	○	✓	✓
Schwierigkeit der Formarbeit	✓[10]		✓
Schwierigkeit der Realisierbarkeit der geometrischen Form und Abmessungen	✓[10]		✓
Komplexität im Vergleich zu anderen Entwicklungsprojekten	○	✓	✓
Stückzahl	✓[11]		✓
Projektanforderungen	✓[12]		✓
Vertrauen	✓[13]		✓
kulturelle Unterschiede	✓[13]		✓
unterschiedliche Prioritäten	✓[13]		✓
unklare Verantwortlichkeiten	✓[13]		✓
kundenseitiges Entwicklungs-Know-how	○	✓	✓
Wissensabfluss	○	✓	✓
Wissensstand zur Gusstechnik	✓[14]		✓
Daten und Informationen	✓[15]		✓
Datenqualität	○	✓	✓
Integrationszeitpunkt	✓[2]		✓
Änderung von erteilten Anforderungen	✓[15]		✓
Betreuung im Projektverlauf	✓[15]		✓
persönliche Treffen	✓[15]		✓
Häufigkeit der Kommunikation	✓[15]		✓
Kommunikationsmedien	✓[17]		✓
Methoden, Richtlinien oder Normen	○	✓	✓

* Diese Einflussfaktoren wurden zusätzlich mit dem hier entwickelten IT-Tool zur Abschätzung der CO_2-Emissionsdifferenzen erhoben.

Einflussfaktor	in der Literatur erwähnt ...	zusätzlich im Zuge der Einzelfallstudien ermittelt ...	für die weitere Analyse verwendet ...
kundenseitig eingesetzte Entwicklungswerkzeuge	○	✓	✓
Anbieter und Lizenzumfang der kundenseitigen CAD-Software	○	✓	✓
Schnittstellenprobleme zwischen Kunde und Lieferant	✓[15]		✓
Unterstützung durch das kundenseitige Management	✓[15]		✓
Integration der Einkaufsabteilungen	○	✓	✓
Unterstützung durch das Management des Gussteillieferanten	✓[15]		✓
ressourcenschonende Entwicklung	✓[18]		✓
ressourcenschonende Fertigung	✓[18]		✓
Tätigkeitsprofil kundenseitiger Umweltmanagementbeauftragter	✓[19]		✓
		Gesamtzahl möglicher Einflussfaktoren	**48**

Legende: ✓= zutreffend ○= nicht zutreffend

Auswahl aus der Literatur:
[1]Bruhn 2010; [2]John 2010; [3]Schneider und Schmidpeter 2012; [4]Zerfaß und Möslein 2009; [5]Kühbauch 2009; [6]Helmke, Uebel und Dangelmaier 2013; [7]Specht, Beckmann und Ameling-meyer 2002; [8]Ehrlenspiel et al. 2014; [9]Weißbach 2012; [10]Rosenberger 1965; [11]Vahs und Burmester 2005; [12]Vollrath 2002; [13]Kachler 2013; [14]Gemünden, Walter und Helfert 1996; [15]Däcke 2013; [16]Vajna 2014; [17]Heinz 2005; [19]VDG 2005; [19]Grüner 2001

Tabelle 23: Darstellung möglicher Einflussfaktoren überbetrieblicher Gussteilentwicklung auf CO_2-Emissionen

5.4.2 Eingrenzung betrachteter Einflussfaktoren

Nach Tabelle 23 (S. 132ff.) konnten insgesamt 48 Einflussfaktoren, die das Potenzial zur CO_2-Einsparung bei überbetrieblicher Gussteilentwicklung aufweisen, identifiziert werden.

Für die weitere Analyse wurden in einem ersten Schritt Experten aus Industrie und Wissenschaft danach befragt, für wie bedeutsam sie die aufgeführten Einflussfaktoren hinsichtlich des Zusammenhangs mit der potenziellen Veränderung von CO_2-Emissionen durch überbetriebliche gemeinsame Gussteilentwicklung einschätzen (Anhang A.IV).

Die entsprechenden qualitativen Interviews erfolgten im Zeitraum Januar 2014 bis April 2014. Die Interviews mit den beteiligten Experten aus Industrie und Wissenschaft wurden als persönliche Gespräche sowohl an den Unternehmensstandorten (Gießereien und Werkzeugmaschinenhersteller) als auch auf der „Industrie Messe 2014“ in Hannover geführt.

Die Gültigkeit der Einflussfaktoren wurde nach der Dichotomie „trifft nicht zu“ bzw. „trifft zu“ abgefragt. Zusätzlich wurden in den Gesprächen weitere Anmerkungen und Tendenzaussagen aus dem langjährigen Erfahrungswissen der Experten aufgenommen und dokumentiert.

Die Expertenaussagen bildeten dabei den Ausgangspunkt zur Formulierung von Hypothesen für die weitere Untersuchung. Tabelle 24 (S. 135 ff.) stellt die Ergebnisse der qualitativen Befragung von sechs Experten anhand der weiter oben gebildeten Kategorien dar (vgl. Tabelle 23, S. 132 ff.). In der Spalte „Summe“ ist die Anzahl der Zustimmungen hinsichtlich der genannten Einflussfaktoren und ihres Zusammenhangs mit der Veränderung von CO_2-Emissionen addiert.

Einflussfaktor	Mitarbeiter des Bundesverbands der Deutschen Gießerei-Industrie	Mitarbeiter des Verbands Deutscher Maschinen- und Anlagenbauer	Entwicklungsleiter einer deutschen Eisengießerei	Berechnungsingenieur einer deutschen Eisengießerei	Konstrukteur eines deutschen Werkzeugmaschinenherstellers	Einkaufsleiter eines deutschen Werkzeugmaschinenherstellers	**Summe**
Kundenbranche	1	1	1	–	1	1	**5**
Wertschöpfungsstufe	1	1	1	–	1	1	**5**
kundenseitige Managementsysteme	1	1	1	1	–	1	**5**
angeforderte Zertifikate vom Gussteillieferant	–	–	1	1	1	1	**4**
dokumentierte Gussteilentwicklung beim Kunden	1	–	1	–	1	–	**3**
Unternehmensgröße	1	1	1	–	1	1	**5**
Größe der F&E-Abteilung	1	1	1	1	1	1	**6**
räumliche Entfernung	–	1	1	–	1	1	**4**
Kundentyp	1	1	1	1	–	1	**5**
Entwicklungszeit	1	1	1	1	1	1	**6**
Projekttyp	1	–	1	–	1	1	**4**
Bauteiltyp	1	1	1	–	–	1	**4**
Ausgangswerkstoff*	1	–	1	–	1	1	**4**
Rohteilgewicht des Gussteils*	1	1	1	1	1	1	**6**
Schwierigkeit der Kernarbeit	1	–	1	1	1	–	**4**

Einflussfaktor	Mitarbeiter des Bundesverbands der Deutschen Gießerei-Industrie	Mitarbeiter des Verbands Deutscher Maschinen- und Anlagenbauer	Entwicklungsleiter einer deutschen Eisengießerei	Berechnungsingenieur einer deutschen Eisengießerei	Konstrukteur eines deutschen Werkzeugmaschinenherstellers	Einkaufsleiter eines deutschen Werkzeugmaschinenherstellers	**Summe**
Kernanzahl*	1	–	1	1	1	–	**4**
Schwierigkeit der Formarbeit	1	–	1	1	1	–	**4**
Schwierigkeit der Realisierbarkeit der geometrischen Formen und Abmessungen	1	1	1	1	1	–	**5**
Komplexität im Vergleich zu anderen Entwicklungsprojekten	1	1	1	1	1	1	**6**
Stückzahl	1	1	1	1	1	1	**6**
Projektanforderungen	1	1	1	1	1	1	**6**
Vertrauen	1	1	1	–	1	1	**5**
kulturelle Unterschiede	1	1	1	1	–	1	**5**
unterschiedliche Prioritäten	1	1	1	–	1	–	**4**
unklare Verantwortlichkeiten	–	1	1	1	–	1	**4**
kundenseitiges Entwicklungs-Know-how	1	1	1	1	1	1	**6**
Wissensabfluss	–	1	1	1	–	1	**4**
Wissensstand der Gusstechnik	–	–	1	–	1	–	**2**
Daten und Informationen	1	–	1	1	–	1	**4**
Datenqualität	1	–	–	1	1	1	**4**
Integrationszeitpunkt	1	1	1	1	1	1	**6**
Änderung von erteilten Anforderungen	1	1	1	1	1	–	**5**
Betreuung im Projektverlauf	1	1	1	–	–	1	**4**
persönliche Treffen	–	1	1	1	1	1	**5**
Häufigkeit der Kommunikation	1	1	1	1	1	1	**6**
Kommunikationsmedien	–	1	1	–	1	1	**4**
Methoden, Richtlinien oder Normen	1	–	1	1	1	1	**5**
kundenseitig eingesetzte Entwicklungswerkzeuge	1	1	1	1	1	–	**5**
Anbieter und Lizenzumfang der kundenseitigen CAD-Software	–	–	–	–	–	–	**0**

* Diese Einflussfaktoren wurden im entwickelten IT-Tool als zusätzliche Eingabegröße zur Abschätzung der CO_2-Emissionsdifferenz erhoben.

Einflussfaktor	Mitarbeiter des Bundesverbands der Deutschen Gießerei-Industrie	Mitarbeiter des Verbands Deutscher Maschinen- und Anlagenbauer	Entwicklungsleiter einer deutschen Eisengießerei	Berechnungsingenieur einer deutschen Eisengießerei	Konstrukteur eines deutschen Werkzeugmaschinenherstellers	Einkaufsleiter eines deutschen Werkzeugmaschinenherstellers	**Summe**
Schnittstellenprobleme zwischen Kunde und Lieferant	1	–	1	–	1	1	**4**
Unterstützung durch das kundenseitige Management	1	1	1	–	1	1	**5**
Integration der Einkaufsabteilungen	–	1	–	1	1	1	**4**
Unterstützung durch das Management des Gussteillieferanten	1	1	1	1	–	–	**4**
ressourcenschonende Entwicklung	–	–	1	–	–	1	**2**
ressourcenschonende Fertigung	1	–	1	–	–	1	**3**
Tätigkeitsprofil kundenseitiger Umweltmanagementbeauftragter	–	–	1	–	1	–	**2**
Integration des Umweltmanagementbeauftragten in die F&E-Abteilung des Kunden	1	–	1	–	1	–	**3**
kundenseitige Umweltgesichtspunkte in der Gussteilentwicklung	1	–	1	–	–	1	**3**
Legende: 1 = zutreffend – = nicht zutreffend							

Tabelle 24: Ergebnisse der qualitativen Befragung (Experteninterviews)

Zusammenfassend konnte festgestellt werden, dass die Mehrheit der Befragten (mehr als drei Zustimmungen) bei den meisten genannten Einflussfaktoren einem denkbaren Zusammenhang zwischen potenzieller CO_2-Einsparung und überbetrieblicher Gussteilentwicklung zustimmten. Lediglich acht der genannten Einflussfaktoren wurden als weniger bedeutsam für die überbetriebliche Gussteilentwicklung bewertet (null bis drei Zustimmungen). Daher wurden diese im Folgenden nicht weiter untersucht (so u. a. Anbieter und Lizenzumfang der kundenseitigen CAD-Software). Zudem trugen die Expertengespräche dazu bei, die Relevanz der hier herangezogenen Einflussfaktoren zu validieren und sicherzustellen, dass keine wesentlichen Faktoren vernachlässigt wurden.

Im weiteren Verlauf wurde eine quantitative Befragung unter den Teilnehmern der zweiten internationalen Fachtagung „CastTec 2014 – Die Welt der Gusseisenwerkstoffe – Vielfalt für die Zukunft" durchgeführt: Die verbleibenden 40 für die weitere Analyse als bedeutsam erachteten Einflussfaktoren wurden erneut mithilfe der Fragestellung: „Welche der Einflussfaktoren haben eine Wirkung auf die Veränderung der CO_2-Emissionen bei nachhaltigen Produktentwicklungspartnerschaften in der Gießereiindustrie?" abgefragt. Die Teilnehmer der CastTec 2014 (rund 130 Experten aus Industrie und Wissenschaft des Gießereiumfelds) hatten die Möglichkeit mithilfe eines sogenannten „Classroom-Response-Systems" die jeweiligen Einflussfaktoren wiederum nach „trifft nicht zu" bzw. „trifft zu" zu bewerten. Da nur 100 Exemplare des Abstimmsystems zur Verfügung standen, konnten von Vorherein nur knapp drei Viertel der Experten an der Beantwortung teilnehmen. Letztlich beteiligten sich insgesamt 62 der anwesenden Teilnehmer an der Befragung. Abbildung 61 stellt die Ergebnisse dieser Befragung dar.

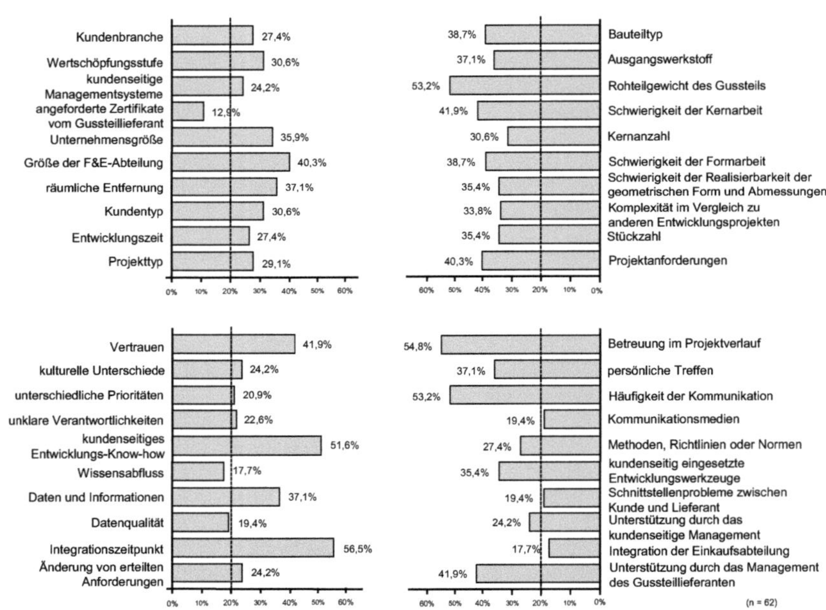

Abbildung 61: Ergebnisse der Befragung auf der CastTec 2014 zu den potenziellen Einflussfaktoren überbetrieblicher Gussteilentwicklung

Es wird deutlich, dass nicht alle der aufgeführten Einflussfaktoren bezüglich ihrer potenziellen Wirkung auf die CO_2-Einsparung überbetrieblicher Gussteilentwicklung als bedeutsam bewertet wurden. Der überwiegende Teil der Befragten (56,5 %) bestätigte z. B. die Bedeutung des Integrationszeitpunkts als Einflussfaktor auf die potenziellen CO_2-Einsparungen. 54,8 % der Beteiligten bewerteten, dass der Einflussfaktor „Ansprechpartner" eine große Bedeutung hat: Permanent wechselnden Ansprechpartnern wurde eine negative Wirkung auf die Güte der Zusammenarbeit zugeschrieben. An dritter bzw. vierter Stelle mit je 53,4 % wurden die Einflussfaktoren „Häufigkeit der Kommunikation" und das „Gussteilgewicht" genannt. In der Literatur wurde vielfach auf offene und häufige Kommunikation sowie gegenseitiges Vertrauen als Erfolgsfaktor partnerschaftlicher Beziehungen verwiesen (vgl. Abschnitt 3.1.3), was z. B. innerhalb der Beziehung zwischen Gussteillieferant und -abnehmern zu differierendem Umfang und unterschiedlicher Tiefe der Lieferantenintegration beitragen kann (Eisto et al. 2010). Darüber hinaus wurde die Bedeutung des kundenseitigen Entwicklungs-Know-hows mit 51,6 % als bedeutsam bewertet.

Für die weitere Analyse wurden diejenigen Einflussfaktoren ausgewählt, die von mindestens 20 % aller Teilnehmer der Befragung als bedeutsam eingeschätzt wurden. Es erfolgte so eine Reduktion auf 34 potenzielle Einflussfaktoren. Eine Vielzahl von während der CastTec 2014 geführten Gesprächen bestätigte, dass aus Sicht der Experten keine zusätzlichen Einflussfaktoren ergänzt werden mussten und somit die bereits gelisteten Einflussfaktoren für die weitere Analyse hinreichend waren.[34] Abbildung 62 fasst die beschriebene Vorgehensweise zur Ermittlung potenzieller Einflussfaktoren auf CO_2-Emissionen bei überbetrieblicher gemeinsamer Gussteilentwicklung zusammen. Hervorzuheben ist, dass die nachfolgende quantitative Datenanalyse eine „tiefe“ und „detaillierte“ Analyse einzelner Neuentwicklungsprojekte darstellt, die auch auf Einschätzungen von Experten seitens der Fallstudiengießerei sowie der kundenseitigen Ansprechpartner basiert und durch eine Breitenbefragung nicht abbildbar gewesen wäre. Dies stellt zudem eines der zentralen Alleinstellungsmerkmale der vorliegenden Arbeit dar.

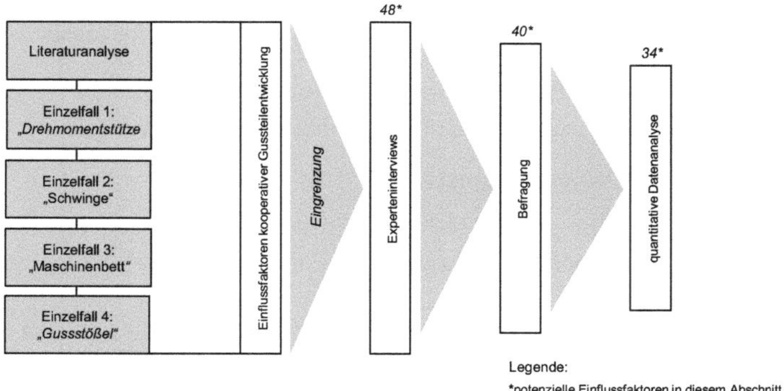

Abbildung 62: Vorgehensweise zur Eingrenzung potenzieller Einflussfaktoren

Im Folgenden wurden für die verschiedenen Einflussfaktoren Hypothesen hinsichtlich ihrer potenziellen Wirkung auf die CO_2-Emissionen formuliert.

34 Eine eingehende Beschreibung der für die weitere Analyse genutzten Einflussfaktoren findet sich im Anhang A.V.

5.4.3 Hypothesenbildung

Die inhaltliche Formulierung der Hypothesen basierte auf den Ergebnissen, die aus den Gesprächen mit den Interviewpartnern der Einzelfallstudien und den ergänzenden Abstimmungen mit den Experten aus Industrie und Wissenschaft gewonnen wurden (vgl. Abschnitt 5.4.2).[35] In Summe handelt es sich dabei um 27 Hypothesen zur überbetrieblichen Gussteilentwicklung mit Kunden, die einen denkbaren Zusammenhang mit der Senkung von CO_2-Emissionen aufweisen. Die Gliederung orientierte sich weiterhin an der Reihenfolge der obigen Abschnitte.

In Bezug auf die Veränderung der CO_2-Emissionen bei der überbetrieblichen Gussteilentwicklung wurden für die Kundenparameter folgende Hypothesen formuliert:

Hypothese 1: Je höher die Wertschöpfungsstufe des Gussteilabnehmers, desto höher potenzielle CO_2-Einsparungen bei überbetrieblicher Gussteilentwicklung.
Hypothese 2: Je höher die Anzahl kundenseitiger Managementsysteme, desto höher potenzielle CO_2-Einsparungen bei überbetrieblicher Gussteilentwicklung.
Hypothese 3: Je größer die Anzahl an Vollzeitbeschäftigten des Kunden, desto geringer potenzielle CO_2-Einsparungen bei überbetrieblicher Gussteilentwicklung.
Hypothese 4: Je größer die Anzahl an Vollzeitbeschäftigten in der F&E-Abteilung des Kunden, desto geringer potenzielle CO_2-Einsparungen bei überbetrieblicher Gussteilentwicklung.
Hypothese 5: Je geringer die räumliche Entfernung zum Gussteilabnehmer, desto höher potenzielle CO_2-Einsparungen bei überbetrieblicher Gussteilentwicklung.

Unter Berücksichtigung der Projektparameter entstanden folgende Hypothesen in Bezug auf CO_2-Einsparpotenziale bei überbetrieblicher Gussteilentwicklung:

- **Allgemeine Projektparameter**

Hypothese 6: Je länger die bisherige Zusammenarbeit zwischen Gussteillieferant und Kunde, desto höher potenzielle CO_2-Einsparungen bei überbetrieblicher Gussteilentwicklung.
Hypothese 7: Je länger die verfügbare Entwicklungszeit für das Gussteil, desto höher potenzielle CO_2-Einsparungen bei überbetrieblicher Gussteilentwicklung.
Hypothese 8: Je höher die geplante Stückzahl, desto höher potenzielle CO_2-Einsparungen bei überbetrieblicher Gussteilentwicklung.
Hypothese 9: Je höher die „Summe" der Projektanforderungen, desto höher potenzielle CO_2-Einsparungen bei überbetrieblicher Gussteilentwicklung.

[35] Für die nachfolgende univariate Analyse (vgl. Abschnitt 5.5) wurden eingangs 34 Einflussfaktoren der überbetrieblichen Gussteilentwicklung genutzt. Abschließend der Untersuchung erfolgte eine Eingrenzung der Einflussfaktoren aufgrund von Alleinstellungsmerkmalen der betrachteten Fallstudiengießerei sowie durch gruppieren einzelner Einflussfaktoren.

Hypothese 10: Je größer die Unterstützung durch das kundenseitige Management bei der überbetrieblichen Zusammenarbeit, desto höher potenzielle CO_2-Einsparungen bei überbetrieblicher Gussteilentwicklung.
Hypothese 11: Je größer die Unterstützung durch das Management des Gussteillieferanten bei der überbetrieblichen Zusammenarbeit, desto höher potenzielle CO_2-Einsparungen bei überbetrieblicher Gussteilentwicklung.

- **Charakterisierung des Gussteils**

Hypothese 12: Je „komplizierter" der Bauteiltyp, desto höher potenzielle CO_2-Einsparungen bei überbetrieblicher Gussteilentwicklung.
Hypothese 13 a 1: Je höher der Schwierigkeitsgrad bei der Kernarbeit (nach Rosenberger 1965), desto höher potenzielle CO_2-Einsparungen bei überbetrieblicher Gussteilentwicklung.
Hypothese 13 a 2: Je höher der Schwierigkeitsgrad bei der Formarbeit (nach Rosenberger 1965), desto höher potenzielle CO_2-Einsparungen bei überbetrieblicher Gussteilentwicklung.
Hypothese 13 a 3: Je höher der Schwierigkeitsgrad bei der Realisierung der geometrischen Form und den Abmessungen (nach Rosenberger 1965), desto höher potenzielle CO_2-Einsparungen bei überbetrieblicher Gussteilentwicklung.
Hypothese 14: Je höher das Rohteilgewicht des Gussteils, desto höher potenzielle CO_2-Einsparungen bei überbetrieblicher Gussteilentwicklung.
Hypothese 15: Je höher die Kernanzahl, desto höher potenzielle CO_2-Einsparungen bei überbetrieblicher Gussteilentwicklung.
Hypothese 16: Je komplexer das Neuentwicklungsprojekt im Vergleich zu anderen Neuentwicklungsprojekten, desto höher potenzielle CO_2-Einsparungen bei überbetrieblicher Gussteilentwicklung.

- **Information und Kommunikation**

Hypothese 17: Je größer das Vertrauen zwischen Gussteilabnehmer und -lieferant, desto höher potenzielle CO_2-Einsparungen bei überbetrieblicher Gussteilentwicklung.
Hypothese 18: Je geringer die Hemmnisse partnerschaftlicher Beziehung, desto höher potenzielle CO_2-Einsparungen bei überbetrieblicher Gussteilentwicklung.
Hypothese 19: Je geringer das kundenseitige Entwicklungs-Know-how, desto höher potenzielle CO_2-Einsparungen bei überbetrieblicher Gussteilentwicklung.
Hypothese 20: Je umfangreicher die vorliegenden Daten und Informationen, desto höher potenzielle CO_2-Einsparungen bei überbetrieblicher Gussteilentwicklung.
Hypothese 21: Je früher der Integrationszeitpunkt vom Gussteillieferanten im Entwicklungsprozess des Gussteils, desto höher potenzielle CO_2-Einsparungen bei überbetrieblicher Gussteilentwicklung.
Hypothese 22: Je häufiger Änderungen der erteilten Anforderungen, desto höher potenzielle CO_2-Einsparungen bei überbetrieblicher Gussteilentwicklung.

Hypothese 23: Je geringer der Wechsel von Ansprechpartnern beim Kunden, desto höher potenzielle CO_2-Einsparungen bei überbetrieblicher Gussteilentwicklung.

Hypothese 24: Je höher die Anzahl persönlicher Treffen zwischen Gussteillieferant und -abnehmer, desto höher potenzielle CO_2-Einsparungen bei überbetrieblicher Gussteilentwicklung.

Hypothese 25: Je häufiger der Austausch von Daten und Informationen (häufigere Kommunikation), desto höher potenzielle CO_2-Einsparungen bei überbetrieblicher Gussteilentwicklung.

- **Methoden und Instrumente**

Hypothese 26: Je höher die „Summe" an eingesetzten Methoden, Richtlinien oder Normen, desto höher potenzielle CO_2-Einsparungen bei überbetrieblicher Gussteilentwicklung

Hypothese 27: Je höher die „Summe" verwendeter kundenseitiger Entwicklungswerkzeuge bei der überbetrieblichen Zusammenarbeit, desto höher potenzielle CO_2-Einsparungen bei überbetrieblicher Gussteilentwicklung.

Abbildung 63 fasst die grundlegenden Hypothesen der vorliegenden Arbeit zusammen. Es wird ersichtlich, dass hier der Einfluss auf die Veränderung der CO_2-Emissionen im Vordergrund steht.

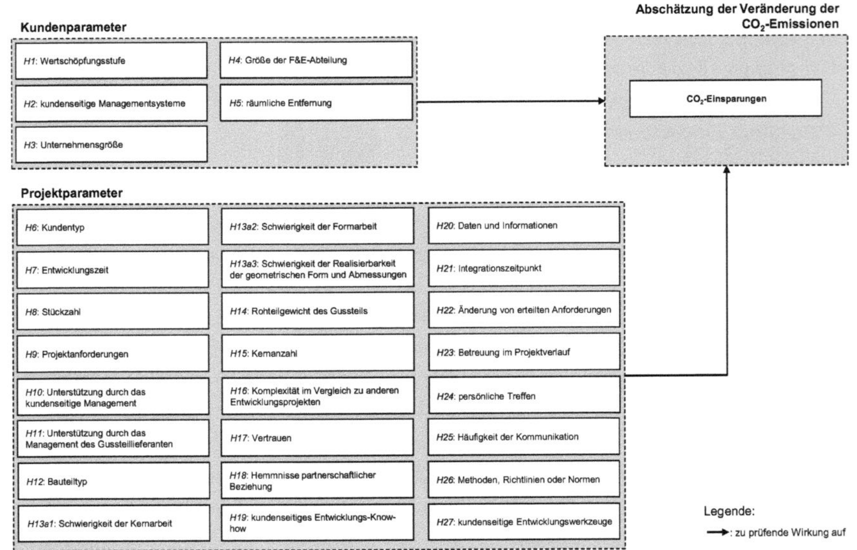

Abbildung 63: Überbetriebliche Parameter mit potenziellem Einfluss auf CO_2-Einsparungen durch Integration von Gießereien in die überbetriebliche Gussteilentwicklung

Mit der Ableitung der obigen Hypothesen war die Formulierung denkbarer Zusammenhänge zwischen Einflussfaktoren der gemeinsamen überbetrieblichen Gussteilentwicklung und potenziellen CO_2-Einsparungen in dieser Arbeit abgeschlossen.

5.5 Beschreibung der Einflussfaktoren

Um ein grundlegendes Verständnis für die erhobenen Daten zu bekommen, werden im ersten Schritt die Häufigkeiten – absolute Häufigkeiten und Prozentanteile – als erstes Indiz zur Hypothesenprüfung herangezogen. Im zweiten Schritt werden die Korrelationen der Einflussfaktoren untereinander errechnet sowie die bivariate Darstellung einzelner Zusammenhänge vorgenommen.

5.5.1 Univariate Verteilung der Kundenparameter

Die Kundenzielgruppe der betrachteten Fallstudiengießerei kam aus der Branche des Maschinenbaus. Die größte Unterbranche bildeten die Werkzeugmaschinenhersteller (siehe auch Abschnitt 2.1.4). Dieses bestätigte sich bei den hier untersuchten Neuentwicklungsprojekten (vgl. Abbildung 64). Für eine weitergehende Analyse wurde der Einflussfaktor „Kundenbranche“ nicht weiter berücksichtigt, da die Unterbranchen des Maschinenbaus vergleichsweise ähnliche Unternehmensstrukturen aufwiesen.

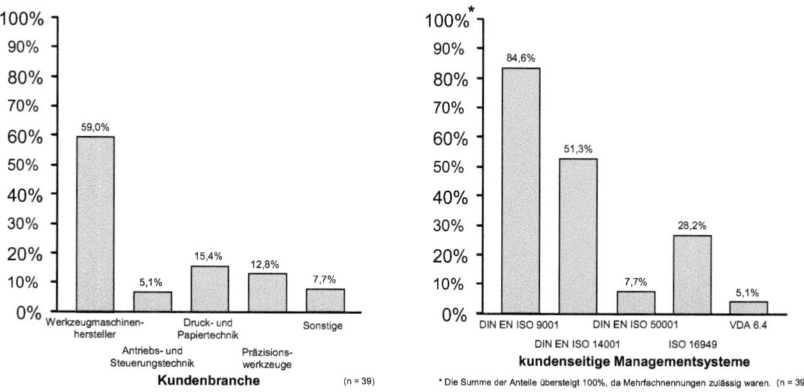

Abbildung 64: Kundenparameter: Kundenbranchen und Managementsysteme

Die Interviewpartner wurden nach relevanten Managementsystemen, d. h. nach vorliegenden Zertifizierungen, vorzugsweise unter Berücksichtigung von Zertifizierungen im Bereich Umwelt, befragt. Es wurde deutlich, dass die Mehrzahl von 84,6 % der Kunden nach der DIN EN ISO 9001 zertifiziert war. Es folgte die Umweltmanagement-Zertifizierung nach der DIN EN ISO 14001 mit einem Anteil von 51,3 %. Nur 7,7 % der Kunden der untersuchten Neuentwicklungsprojekte besaßen eine Zertifizierung ihres Energiemanagements gemäß DIN EN ISO 50001.

Die Analyse ergab, dass der überwiegende Teil der Unternehmen standardisierte Prozesse vorweisen konnte; 87,2 % der Unternehmen verfügten über mindestens eine Zertifizierung. Die Ermittlung der Anzahl kundenseitiger Managementsysteme ergab,[36] dass im Mittel 2,82 Zertifizierungen (Median 3,00 Zertifizierungen) vorlagen,[37] die Standardabweichung betrug s = 1,07. In Bezug auf die Umweltmanagement-Zertifizierungen war ein Potenzial zum nachweislichen ökologischen Handeln der betrachteten Unternehmen zu erkennen, da unter den drei Zertifizierungen an zweiter Stelle die Zertifizierung gemäß DIN EN ISO 14001 ermittelt wurde.

In der weiteren Zusammensetzung der Kundenparameter repräsentierten die Kunden verschiedene Stufen der untersuchten Gießerei-Wertschöpfungskette, von Materiallieferanten bis zu Anlagenherstellern. Der überwiegende Teil (89,7 %) umfasste Anlagenhersteller.

Im Hinblick auf die Unternehmensgröße wiesen die Unternehmen der Kunden bei den Neuentwicklungsprojekten einen weit gespreizten Wertebereich auf, wobei die Mehrheit der befragten Unternehmen über weniger als 250 oder aber über mehr als 1.000 Vollzeitbeschäftigten verfügte. Der Mittelwert lag bei 2.849,46 Vollzeitbeschäftigten (Median 452,00 Vollzeitbeschäftigte), die Standardabweichung lag bei s = 8.337,87. Gemessen an der Anzahl der Vollzeitbeschäftigten in den F&E-Abteilungen war dieser Anteil bedeutend geringer. In mehr als einem Drittel der betrachteten Neuentwicklungsprojekte waren mehr als 20 Vollzeitbeschäftigte in den kundenseitigen F&E-Abteilungen beschäftigt, darauf folgte mit 25,6 % die Kategorie von Unternehmen mit weniger als 5 Vollzeitbeschäftigten in ihren F&E-Abteilungen (vgl. Abbildung 65).

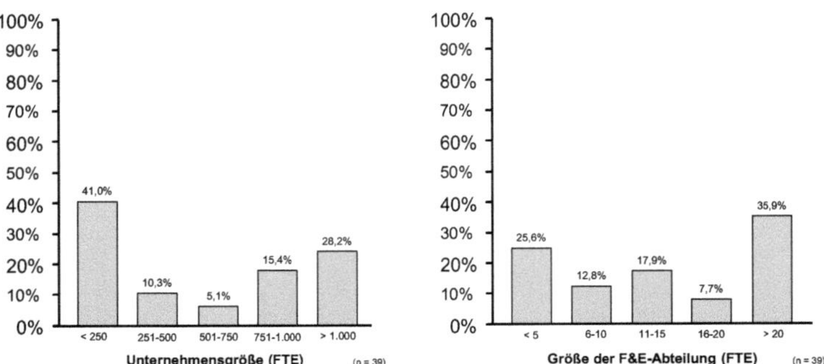

Abbildung 65: Kundenparameter: Unternehmensgrößen und Größe der F&E-Abteilungen

36 Durch Überführung des erhobenen qualitativen Einflussfaktors in ein „metrisches" Datenniveau (vgl. Tabelle 11, S. 89) lassen sich u. a. die „Weniger-Mehr-Relationen", d. h. die Anzahl von kundenseitigen Managementsystemen ermitteln (u. a Cleff 2012, S. 21 f.). Anzumerken ist, dass nachfolgend keine Aussage zur jeweiligen Bedeutung bzw. Wichtigkeit einer Ausprägung abgeleitet werden kann (z. B.: „Eine Zertifizierung gemäß DIN EN ISO 14001 ist viermal so bedeutsam wie die nach DIN EN ISO 50001." o. ä.).

37 Die Abkürzung „Mittel" wird für das arithmetische Mittel verwendet (vgl. Abschnitt 4.2.1.3).

Die durchschnittliche Entfernung zwischen der Fallstudiengießerei und den Gussteilabnehmern betrug über alle analysierten Neuentwicklungsprojekte 499,51 km (Median 545,00 km), die Standardabweichung lag bei s = 342,28. Der überwiegende Teil (41,0 %) war zwischen 501 und 750 km entfernt. 28,2 % der Gussteilabnehmer befanden sich weniger als 250 km vom Gussteillieferanten entfernt. Die größte Entfernung betrug knapp 1.900 km und die geringste weniger als 15 km.

5.5.2 Univariate Verteilung der Projektparameter

Zu Beginn der Analyse der Projektparameter erfolgte die Einordnung der unterschiedlichen Typen von Entwicklungsprojekten (Projekttyp). Bedingt durch die Fokussierung auf „Neuentwicklungsprojekte“ (vgl. Abschnitt 5.1.1) wurden die unterschiedlichen Projekttypen im Rahmen der weiteren Analyse als Einflussfaktor vernachlässigt.

Bei der nun folgenden Analyse der Projektparameter wurden die Kunden zunächst einem bestimmten „Kundentyp“ zugeordnet. Dabei wurde deutlich, dass es sich bei 23,1 % der Kunden um „Neukunden“ handelte. 76,9 % der Neuentwicklungsprojekte fanden somit zwischen Gießerei und Bestandskunden statt, wobei 25,6 % ein bis drei Altprojekte mit der Fallstudiengießerei realisiert hatten.

Die Betrachtung der Entwicklungszeit (von Entwicklungsbeginn bis zum Abschluss der überbetrieblichen Gussteilentwicklung) betrug seitens der Fallstudiengießerei im Mittel 66,87 Werktage (Median 48,00), die Standardabweichung lag bei s = 49,47. Kategorisiert entfiel knapp ein Drittel der Neuentwicklungsprojekte auf die Kategorie „31 bis 45 Werktage“; summiert umfassten 51,3 % die Kategorie „bis 45 Werktage“ (vgl. Abbildung 66).

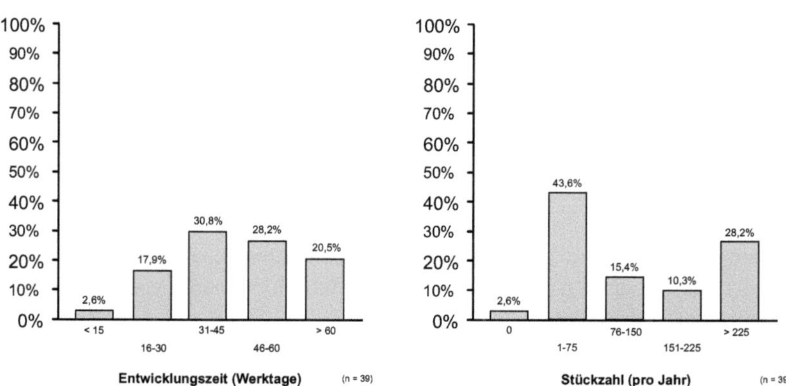

Abbildung 66: Projektparameter: Entwicklungszeit und Stückzahl

Im Hinblick auf die jährlich produzierte Stückzahl der betrachteten Neuentwicklungsprojekte betrug der Mittelwert 175,41 Gussteile (Median 75,00), die Standardabweichung lag bei s = 206,70. Zu 43,6 % wurden „1 bis 75“ Gussteile produziert und mit 28,2 % Gussteile von „mehr als 225“. Bei knapp der Hälfte der Neuentwicklungsprojekte handelte es sich somit um Kleinserien mit weniger als 75 Gussteilen.

Die Projektanforderungen zu Entwicklungsbeginn seitens der Gussteilabnehmer wurden in sieben Kategorien zusammengefasst (vgl. Abbildung 67). Die „statische Steifigkeit“ bzw. die „Reduzierung der Gussteilmasse“ wurden bei den betrachteten Neuentwicklungsprojekten durchgehend als zentrale Projektanforderungen erachtet. Es folgten „Herstellbarkeit“ (92,3 %) sowie „Kostenoptimierung“ (89,7 %) als weitere Ziele.

Die Ermittlung der Anzahl der von den Kunden gestellten Projektanforderungen ergab (ohne Berücksichtigung der Wichtigkeit einzelner kundenseitiger Anforderungen), dass im Mittel 2,92 Projektanforderungen (Median 3,00) von den sieben übermittelt wurden, wobei die Standardabweichung bei s = 1,37 lag.

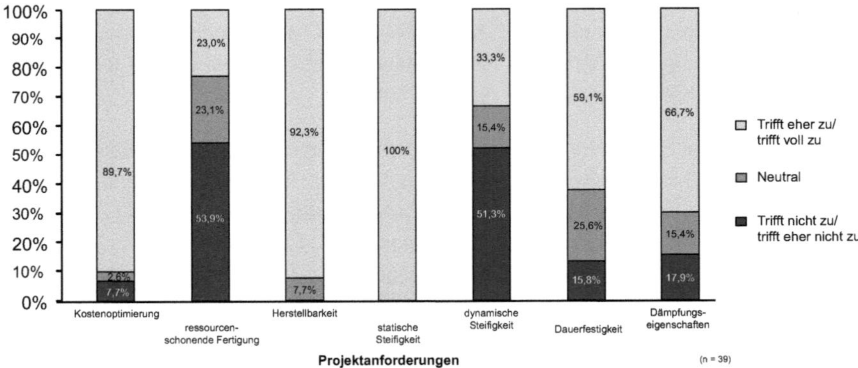

Abbildung 67: Projektparameter: Kundenseitig an das Entwicklungsprojekt gestellte Anforderungen

Die „Unterstützung durch das kundenseitige Management“ bei der überbetrieblichen Gussteilentwicklung wurde seitens der Fallstudiengießerei vielfach als „neutral“ (41,0 %) und mit 23,1 % als „gering“ bewertet. Nur bei 12,8 % der Neuentwicklungsprojekte wurde die Unterstützung durch das Management mit „sehr hoch“ bewertet. Ergänzend wurden die Gussteilabnehmer nach der „Unterstützung durch das Management des Gussteillieferanten“ der Fallstudiengießerei bei der überbetrieblichen Gussteilentwicklung befragt. Zu 51,3 % wurde die Unterstützung als „neutral“, mit 28,2 % als „hoch“ und zu 5,1 % als „sehr hoch“ bewertet.

5.5.2.1 Charakterisierung der überbetrieblich entwickelten Gussteile

Zu Entwicklungsbeginn wurde von den Gussteilabnehmern durchgehend ein Ausgangswerkstoff festgelegt, dabei handelte es sich zu 38,5 % um den Werkstoff „EN-GJL-250“ (vgl. Abbildung 68, S. 147). Größenteils wurde der Werkstoff „GJL“ vom Gussteilabnehmer angefragt. Im Zuge des überbetrieblichen Gussteilentwicklungsprozesses veränderte sich zu 38,5 % die Werkstoffauswahl. Dabei war ein Trend zum Werkstoff „GJS" zu verzeichnen, wodurch im Vergleich zum „GJL" u. a. Zugfestigkeit, Streckgrenze, E-Modul, Dehnung und Schlagzähigkeit verbessert wurden. Aufgrund der Fokussierung auf Eisengusswerkstoffe (vgl. Abschnitt 5.1.1) wurde im Rahmen der weitergehenden Analyse dieser als Einflussfaktor vernachlässigt.

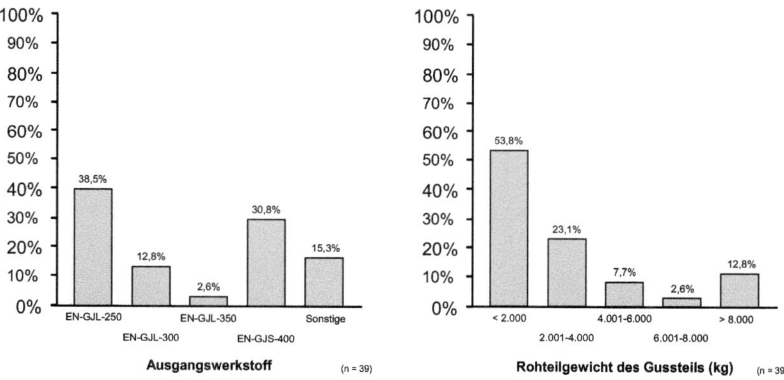

Abbildung 68: Projektparameter: Ausgangswerkstoffe und Rohteilgewichte der Gussteile

Das Rohteilgewicht der Gussteile betrug zu Entwicklungsbeginn im Mittel 3.224,47 kg (Median 1.775,00 kg), die Standardabweichung lag bei s = 3.809,72. Kategorisiert ließen sich die Rohteilgewichte zu 53,8 % der Rubrik „< 2.000" kg zuordnen, gefolgt von 23,1 % in der Rubrik „2.001 bis 4.000" kg. Die Kategorisierung der vorliegenden Daten veranschaulicht Abbildung 68. Anzumerken ist, dass sich das Rohteilgewicht des Gussteils zum Abschluss der überbetrieblichen Gussteilentwicklung im Mittel auf 2.478,31 kg (Median 1.447,00 kg) reduzierte, bei einer Standardabweichung von s = 3.314,30.

Zur Klassifikation der Gussteile nach Schwierigkeitsgrad[38] wurde im ersten Schritt die Unterteilung in Kern- und Formarbeit sowie Realisierbarkeit der geometrischen Gestalt

[38] In Anlehnung an den Abschnitt 3.1.4 erfolgte die Auswahl der Klassifikationsverfahren basierend auf Köllen, bei dem eine Gegenüberstellung gemeinsamer Merkmalsgruppen aus „technologischen" und „absoluten" Klassifikationsverfahren erfolgt (Köllen 1980, S. 33 ff.). Analog findet sich eine Übersicht der Klassifikationsverfahren für Gussteile bei König (König 2008, S. 50). Um ein Neuentwicklungsprojekt zu Entwicklungsbeginn auch bei geringem kundenseitigen Datenniveau bewerten zu können (z. B. bei fehlenden Angaben im 2-/3-D-Modell), erfolgte im ersten Schritt die Eingrenzung auf Klassifikationsverfahren mit „technologischen" Ordnungsmerkmalen. Im zweiten Schritt wurde nach Analyse der verbleibenden Klassifikationen nach Málek und Burda (1962) und Rosenberger (1965) sowie ergänzenden Absprachen mit der Entwicklungs-/Konstruktionsabteilung der Fallstudiengießerei und weiteren kundenseitigen Entwicklungsmitarbeitern für die vorliegende Arbeit das Verfahren nach Rosenberger gewählt. Als vorteilhaft wurde speziell die bildliche Zuordnung in Kombination mit gießtechnischen Werten sowie die leichte Verständlichkeit der Anwendung sowohl bei der Fallstudiengießerei als auch den Kunden aus dem Maschinenbau bewertet.

vorgenommen (Rosenberger 1965).[39] In Abbildung 69 ist zu erkennen, dass es sich zu 35,9 % um „einfache" Kernarbeit und ebenfalls mit 35,9 % um „schwierige" Kernarbeit handelte. Ergänzend wurde die Anzahl der Kerne zu Entwicklungsbeginn und -abschluss erhoben. Zu Entwicklungsbeginn umfassten 58,9 % der Neuentwicklungsprojekte „ein bis fünf Kern(e)". Weitere 15,4 % der Neuentwicklungsprojekte umfassten „sechs bis zehn Kerne". Im Mittel wurden zu Entwicklungsbeginn 6,38 Kerne verwendet (Median 4,00), die Standardabweichung lag bei s = 11,36. Bei Entwicklungsabschluss betrug der Mittelwert hingegen 4,21 Kerne (Median 3,00 Kerne), die Standardabweichung lag bei s = 3,03. Die Formarbeit wurde bei mehr als der Hälfte (51,3 %) der Gussteile als „schwierig" eingestuft. Dies war u. a. auf stark verrippte Außenkonturen einer Vielzahl der betrachteten Gussteile zurückzuführen.

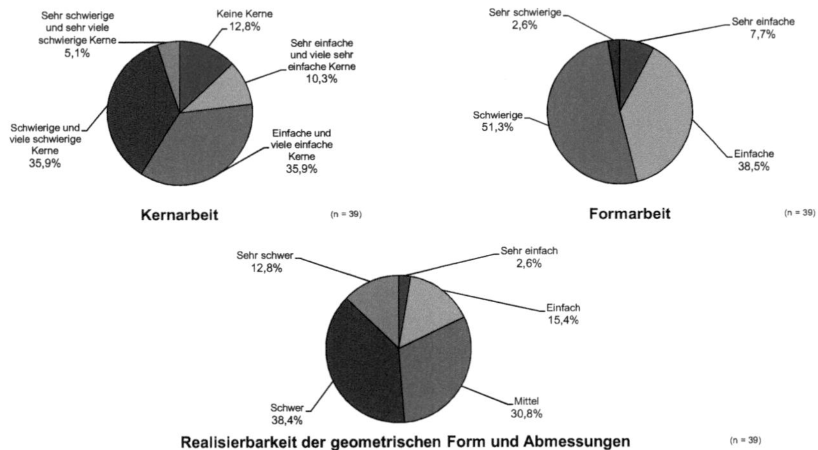

Abbildung 69: Projektparameter: Bewertung der Schwierigkeit (nach Rosenberger 1965)

Die Realisierbarkeit in Bezug auf das Fertigungsverfahren wurde zu 38,5 % als „schwer" eingestuft, während bei 30,8 % eine „mittlere/neutrale" Bewertung erfolgte. Zusätzlich wurde die „Komplexität" der Gussteile im Vergleich zu anderen Neuentwicklungsprojekten bewertet. Über die Gesamtzahl der Gussteile der Neuentwicklungsprojekte ließ sich eine hohe Komplexität erkennen: 38,5 % der Gussteile wurden seitens der Fallstudiengießerei und ihrer Gussteilabnehmer als „komplex", 23,1 % als „sehr komplex" bewertet. Abschließend wurde der Bauteiltyp des Gussteils abgefragt, wobei 41,0 % zur Kategorie „Bauteil (mit zu berücksichtigenden Anbauteilen)" und 30,8 % zur Kategorie „Baugruppe" gehörten.

39 Bei der Kernarbeit wurde zwecks Anpassung an die Neuentwicklungsprojekte der Fallstudiengießerei aus der ursprünglichen Skalierung (eins bis neun) eine Aggregierung der Wertebereiche von „eins bis fünf" vorgenommen.

5.5.2.2 Information und Kommunikation

Weiterhin wurde die auf Seiten der Gussteilabnehmer und der Fallstudiengießerei wahrgenommene Qualität der während der gemeinsamen überbetrieblichen Kooperation eingegangenen Beziehung erfragt. Dabei wurde deutlich, dass in 66,7 % der betrachteten Neuentwicklungsprojekte die Zusammenarbeit beidseitig als „partnerschaftliche Beziehung" beschrieben wurde. Bei einem Drittel der betrachteten 39 Neuentwicklungsprojekte lagen hingegen „Hemmnisse" vor (vgl. Abbildung 70).

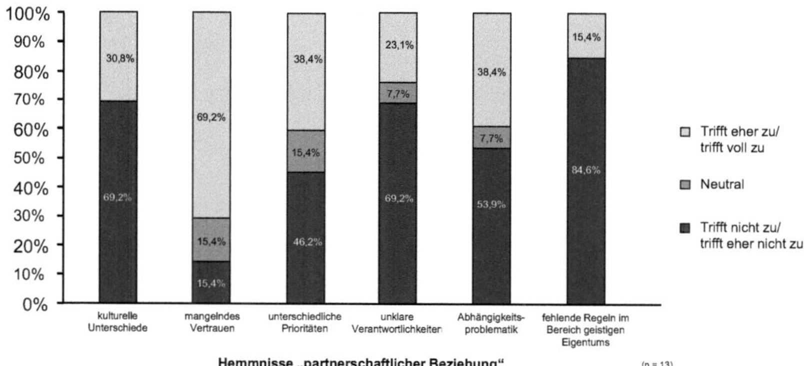

Abbildung 70: Projektparameter: Hemmnisse der partnerschaftlichen Beziehung

Neben Hemmnissen wie „kulturellen Unterschieden", „unterschiedlichen Prioritäten" und „unklaren Verantwortlichkeiten" wurden die Interviewpartner zusätzlich nach „mangelndem Vertrauen", „Abhängigkeitsproblematiken" und „fehlenden Regeln im Bereich geistigen Eigentums" befragt.

Neben anderen Merkmalen einer „partnerschaftlichen Beziehung" zählt u. a. das „Vertrauen" zu den wichtigsten Bedingungen für Zustandekommen und Aufrechterhaltung einer solchen Beziehung (vgl. u. a. John 2010). Hinsichtlich des Vorliegens einer Vertrauensbeziehung befragt, stuften 41,0 % der Befragten das Vertrauen als „neutral" ein, 25,6 % bewerteten es als „hoch" sowie 17,9 % als „sehr hoch". In Summe ließ sich somit zu 43,5 % ein positives Vertrauensverhältnis in einer „partnerschaftlichen Beziehung" erkennen.

Ebenso wurde das gießtechnische Entwicklungs-Know-how, das in den überbetrieblichen Entwicklungsprozess kundenseitig eingebracht wird, von den Gussteilabnehmern abgefragt. Überwiegend wurde dabei das Entwicklungs-Know-how als „sehr gering" (43,6 %) sowie als „gering" (30,8 %) bewertet. Bei den betrachteten Neuentwicklungsprojekten wurde damit die kundenseitige gießtechnische Entwicklungsleistung zu knapp drei Vierteln als eher gering bewertet – diese Tendenz bestätigte die Ergebnisse der empirischen Vorstudie (vgl. Abbildung 37, S. 79).

Der „Integrationszeitpunkt" bei der überbetrieblichen Gussteilentwicklung wurde wiederum sowohl bei den Gussteilabnehmern als auch der Fallstudiengießerei erfragt. In 23,1 % der Fälle wurde der Gussteillieferant erst in der Ausgestaltungsphase der Kunden integriert. Zu 43,6 % fand die Einbindung hingegen in der Konzeptphase statt. Laut Interviewpartnern waren u. a. die folgenden Faktoren für die Wahl des Integrationszeitpunkts ausschlaggebend:

- geplante Entwicklungszeit,
- Komplexität der Entwicklungsaufgabe,
- notwendige Entwicklungskapazität beim Gussteillieferanten,
- Entwicklungskosten,
- Entwicklungsrisiko sowie
- Lieferzeit.

Etwa ein Drittel der Interviewpartner erachtete es für sinnvoll, die Fallstudiengießerei „frühzeitig" in die Ideenphase, d. h. im Zuge der Ideengenerierung und -gewinnung, einzubinden, sodass das umfangreiche gießtechnische Entwicklungs-Know-how der Gießerei optimal genutzt werden kann. Mehrfach betonten die Interviewpartner, dass es beim Integrationszeitpunkt nicht darum ginge, den Gussteillieferanten ausschließlich als Innovationsquelle zu betrachten, sondern dessen gießtechnische Kernkompetenzen für die Entwicklung eines zukunftweisenden Produkts zu nutzen.

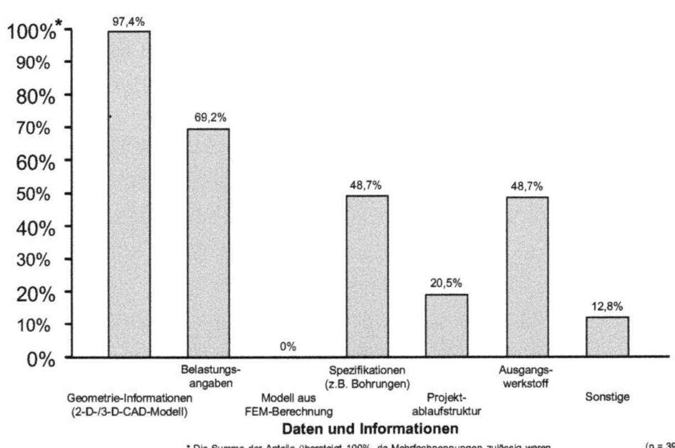

Abbildung 71: Projektparameter: Daten und Informationen beim Erstkontakt

Eine wesentliche Voraussetzung für den erfolgreichen Ablauf der überbetrieblichen Gussteilentwicklung stellte die rechtzeitige Bereitstellung von Informationen durch den Gussteilabnehmer dar. Dabei wurde zwischen den Informationen vor Auftragseingang und nach Auftragserteilung unterschieden. Die Bereitstellung von Informationen erfolgte in 82,1 % der Fälle bereits vor der Auftragserteilung. Neben dem Zeitpunkt der Bereitstellung wurden explizit die jeweils bereits zu Entwicklungsbeginn zur Verfügung stehenden Daten und Informationen erfragt (vgl. Abbildung 71, S. 150).

Bei 97,4 % der betrachteten Neuentwicklungsprojekte lagen Informationen zur Geometrie (größtenteils 3-D-CAD-Modelle), Belastungsangaben (69,2 %) sowie Spezifikationen (48,7 %), wie z. B. Bohrungen, Hohlräume und Wandstärken, vor. Die „Anzahl" bereitgestellter Daten und Informationen[40], d. h. vom Kunden gelieferte Projektparameter, betrug im Mittel 3,64 (Median 4,00), die Standardabweichung lag bei s = 1,27.

38,4 % der Interviewpartner seitens der Gussteilabnehmer und der Fallstudiengießerei bestätigten, dass vereinzelt unvollständige oder unzureichend beschriftete Datensätze übermittelt wurden. In 12,8 % der Fälle gaben die Gussteilabnehmer an, nur sehr geringe Kenntnis über die benötigten Daten der Fallstudiengießerei zu besitzen. Im Gegenzug bestätigten die Interviewpartner der Gießerei, dass die F&E-Abteilungen der Kunden zu 35,9 % einen hohen Kenntnisstand bezüglich der von der Fallstudiengießerei benötigten Daten besaßen.

Nach Aussage aller Interviewpartner waren der Fallstudiengießerei während des Projektverlaufs getroffene Entwurfsentscheidungen bzw. Restriktionen des Gussteilabnehmers nur in 25,6 % der Fälle bekannt. Folglich häuften sich Rückfragen und zusätzliche Absprachen z. B. zu konstruktiven Details. Unter Berücksichtigung des Integrationszeitpunkts (vgl. Abbildung 17, S. 41) kam es bei 61,5 % der Neuentwicklungsprojekte zu „Änderungen von Anforderungen" im Zuge des Projektfortschritts (vgl. Abbildung 72).

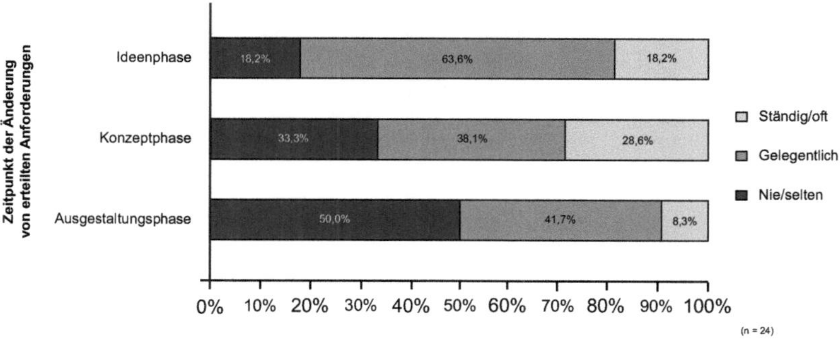

Abbildung 72: Projektparameter: Änderung der kundenseitigen Anforderungen

Die Kommunikationsstruktur zwischen den Kooperationspartnern hing u. a. von eindeutig definierten Ansprechpartnern ab. Während des Projektverlaufs bestanden auf Seiten

[40] In Anlehnung an die DIN 44300 sind unter dem Begriff „Daten" Zeichen oder kontinuierliche Fakten zu verstehen, die Informationen darstellen. Informationen sind demnach geschlussfolgerte Fakten bzw. deren Interpretation (u. a. Weinrauch 2005, S. 20 f; Hoffmann 2010, S. 4 f.).

der Gussteilabnehmer in 89,7 % der Fälle eindeutige und feste Ansprechpartner. Bei 10,3 % kam es einmalig zu einem „kurzfristigen“ Wechsel (zum Ende des jeweiligen Quartals) des am Neuentwicklungsprojekt beteiligten kundenseitigen Entwicklers oder Einkäufers. Die verbleibende Differenz von 7,7 % ließ sich auf einen turnusmäßigen jährlichen Wechsel der Ansprechpartner insbesondere im Bereich der F&E-Abteilungen zurückführen.

Die Kommunikation im Zuge der überbetrieblichen Gussteilentwicklung erfolgte vorrangig über die Medien „E-Mail“ und „Telefon“ (vgl. Abbildung 73). 41,0 % aller Interviewpartner gaben an, „oft“ elektronisch miteinander zu kommunizieren. „Gelegentlich“ (61,5 %) erfolgte auch telefonischer Kontakt, z. B. zwischen kundenseitigem Entwickler und Entwickler der Fallstudiengießerei. Multimedia-Kommunikationsformen wie „Videokonferenzen“ oder „Netmeetings“ wurden hingegen „nie bis selten“ verwendet. „Persönliche Treffen“ fanden zu 64,1 % statt, wobei es sich größtenteils um „drei bis vier“ Treffen, entweder beim Gussteilabnehmer oder vor Ort in der Fallstudiengießerei, handelte. Im Mittelwert kam es zu 2,01 persönlichen Treffen (Median 2,00), die Standardabweichung lag bei s = 1,73. Tendenziell erfolgten diese Treffen zum Entwicklungsbeginn und zum Abschluss der Entwicklung.

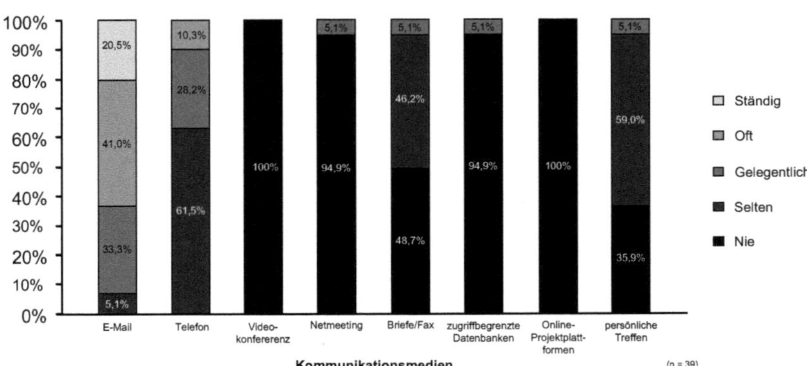

Abbildung 73: Projektparameter: Verwendete Kommunikationsmedien bei überbetrieblicher Gussteilentwicklung

5.5.2.3 Methoden und Instrumente

Bei der Gussteilentwicklung kam eine Vielzahl von Methoden und Instrumenten zum Einsatz. Der Großteil (94,9 %) der Interviewpartner seitens der Gussteilabnehmer und der Fallstudiengießerei besaß Kenntnisse über Methoden, Richtlinien oder Normen der Produktentwicklung. 43,6 % der Interviewpartner gaben an, „fünf bis acht“ solcher Vorgaben bei der Entwicklung neuer Gussteile zu berücksichtigen, 20,5 % wandten mehr als 12 an. Die Analyse der Anzahl zeigte, dass im Mittel 8,97 Methoden, Richtlinien oder Normen (Median 9,00) eingesetzt wurden, die Standardabweichung lag bei s = 2,99.

Aufgrund des umfangreichen Spektrums an Gussteilen existierten umfangreiche Methoden, Richtlinien oder Normen hinsichtlich Produktentwicklung, Produktsicherheit, Qualitätsmanagement etc. Eine der wichtigsten Methoden, speziell kundenseitig, stellte die VDI-Richtlinie 2221 „Methodik zum Entwickeln und Konstruieren technischer Systeme und Produkte" dar.

Seitens der Fallstudiengießerei wurden bei allen betrachteten Neuentwicklungsprojekten die den Werkstoffen GJL bzw. GJS zuzuordnenden Richtlinien DIN EN 1561 sowie DIN EN 1563 genutzt. Ergänzend wurde die DIN EN 12890 bei allen Modelleinrichtungen und Kernkästen verwendet. Als allgemeine Norm für Toleranzen von Gussteilen diente in der Regel die DIN EN 8062. Ebenfalls fanden häufig Details zu geometrischen und technischen Produktspezifikationen aus der Normenreihe DIN EN ISO 8062-1/-2/-3 Berücksichtigung. Zusätzlich wurden Vorgaben z. B. hinsichtlich von technischen Lieferbedingungen (DIN EN 1559), Prüfbescheinigungen (DIN EN 10204) sowie Sicherheitsnormen (u. a. DIN EN ISO 12100) erfüllt (vgl. Abbildung 74).

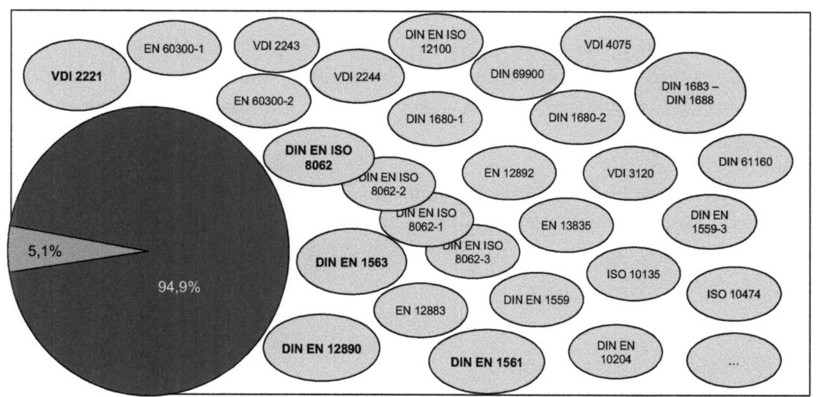

Abbildung 74: Projektparameter: Methoden, Richtlinien oder Normen der Gussteilentwicklung

Die Anwendung von EDV-basierten „Entwicklungswerkzeugen" war für alle Interviewpartner ein wichtiges Thema. Kundenseitig erfolgte zu 56,4 % der Einsatz von „ein bis zwei" Entwicklungswerkzeugen, wobei es sich überwiegend um CAD-Software sowie FEM-Berechnungstools handelte (vgl. auch Abbildung 34, S. 77). Der Mittelwert betrug hier 2,36 (Median 2,00), die Standardabweichung lag bei s = 1,10. Dabei wurde kundenseitig zu 51,3 % die CAD-Software „Siemens NX" genutzt. Zusätzlich erfolgte eine vertiefende Betrachtung der Anbieter von CAD-Software[41] anhand von Entwicklungsprojekten der Fallstudiengießerei aus den Jahren 2000 bis 2006. Es lässt sich feststellen, dass bei den betrachteten Neuentwicklungsprojekten im zeitlichen Verlauf eine „Verdichtung" der Anbieter von CAD-Software stattfand (vgl. Abbildung 75).

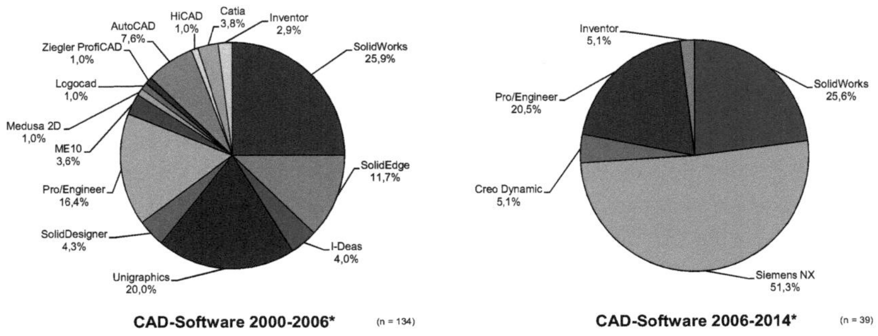

Abbildung 75: Projektparameter: Aufteilung der Anbieter kundenseitig verwendeter CAD-Software

Die in Abbildung 75 dargestellte Nutzung einer nur geringen Anzahl an CAD-Software-Anbietern führte u. a. dazu, dass es in 82,1 % der Fälle keine Schnittstellenprobleme bezüglich der Entwicklungswerkzeuge gab. Kam es in einigen Fällen (17,9 %) dennoch zu Inkompatibilitätsproblemen, wurden diese von den Interviewpartnern als „sehr gering" oder „gering" bewertet.

Nach Aussage der betroffenen Interviewpartner war die Parametrierung der Entwicklungswerkzeuge der größte Problembereich. Während der überbetrieblichen Gussteilentwicklung wurden seitens der Fallstudiengießerei durchgängig die Entwicklungswerkzeuge:

- CAD-Software,
- FEM-Berechnungstools sowie
- Topologieoptimierungssoftware eingesetzt.

Gießtechnische Simulationssoftware kam nur bei 17,9 % der Neuentwicklungsprojekte zum Einsatz. Zusätzlich erfolgte die Komplettierung der Softwaretools vielfach durch Microsoft Office-Anwendungen (z. B. MS Excel oder MS PowerPoint). Zu 23,1 % wurde von den Gussteilabnehmern „Projektplanungssoftware" (u. a. MS Project oder InLoox) verwendet. Separat erfolgte bei einem Großteil der betrachteten Neuentwicklungsprojekte eine interne Meilensteinplanung durch die Fallstudiengießerei. Unter Berücksichtigung der einzelnen Entwicklungsphasen (vgl. Abbildung 17, S. 41) ließ sich feststellen,

[41] Dieser Einflussfaktor wurde nur an dieser Stelle dargestellt, d. h. für die weitere Analyse vernachlässigt.

dass die Entwicklungswerkzeuge, im Speziellen die CAD-Software, durchgängig, d. h. von der Idee bis zum Produktionsbeginn, verwendet wurden. Der Einsatz von FEM-Berechnungstools sowie Topologieoptimierungssoftware erfolgte größtenteils in der Konzeptphase und ausnahmsweise auch in der Ausgestaltungsphase. Der Einsatz gießtechnischer Simulation wurde bei den betrachteten Neuentwicklungsprojekten tendenziell häufiger zum Entwicklungsabschluss durchgeführt.

5.5.2.4 Veränderung der CO_2-Emissionen und Herstellkosten

Unter Anwendung des hier entwickelten IT-Tools (vgl. Abschnitt 5.2.3) erfolgte die genaue Berechnung der Veränderung der CO_2-Emissionen sowie der Herstellkosten für die untersuchten Neuentwicklungsprojekte.

In Abbildung 76 wird deutlich, dass die überbetriebliche Gussteilentwicklung in Summe eine stark positive Wirkung auf die CO_2-Emissionen hatte. Der Mittelwert der Veränderung der CO_2-Emissionen über alle betrachteten Neuentwicklungsprojekte betrug −14,39 % (Median −11,61 %), die Standardabweichung lag bei s = 14,81. Die Veränderung der Herstellungskosten belief sich im Mittel auf −23,18 % (Median −20,94 %), die Standardabweichung lag bei s = 21,78.

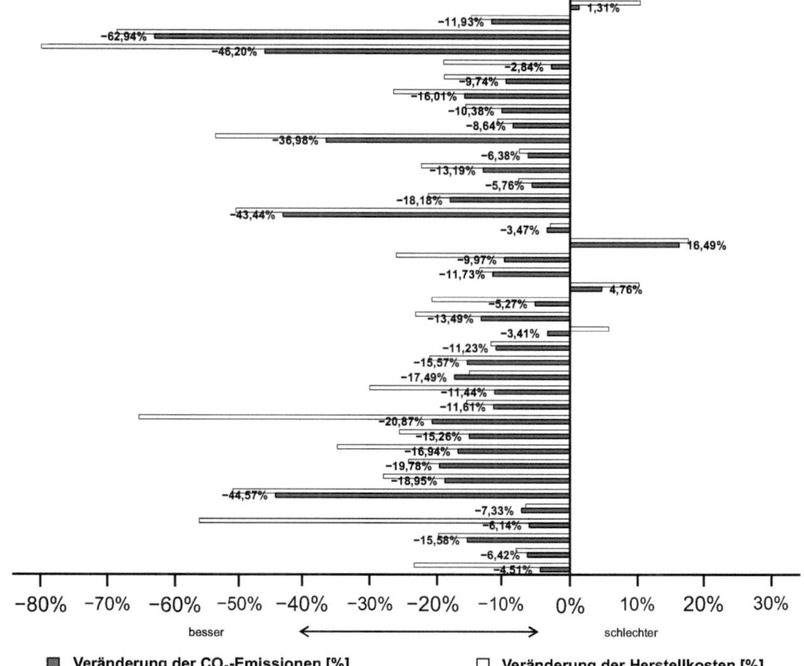

Abbildung 76: Veränderung der CO_2-Emissionen und Herstellkosten der betrachteten Neuentwicklungsprojekte (n = 39)

Anzumerken ist, dass die Reduzierung der CO_2-Emissionen zum überwiegenden Teil mit einer Senkung der Herstellkosten verbunden war. Im weiteren Verlauf wurden die erhobenen CO_2-Emissionen genutzt, um die Einflussfaktoren zu ermitteln, von denen sie abhängig waren.

5.5.3 Bivariate Verteilung: Zusammenhang zwischen Kundenparametern und Veränderung der CO_2-Emissionen

Zu Beginn wurde bei den Kundenparametern die Korrelation zwischen der Veränderung der CO_2-Emissionen und der Wertschöpfungsstufe der Gussteilabnehmer ermittelt. Die Annahme, die Wertschöpfungsstufe würde zur Erhöhung der potenziellen CO_2-Einsparung beitragen, bestätigte sich nicht (vgl. *Hypothese 1,*). Der Mittelwert bei „Komplettanlagen“ (89,7 % aller Neuentwicklungsprojekte) betrug −13,7 %. Die restlichen 10,3 % der Gussteilabnehmer ließen sich den „Systemlieferanten“ zuordnen, die im Mittel eine Veränderung der CO_2-Emissionen von −20,7 % aufwiesen. Insgesamt war nur ein „sehr geringer“ Zusammenhang ($r^{rho} = 0{,}135$, $p > 0{,}05$) festzustellen (vgl. Tabelle 25, S. 158).

Abbildung 77 stellt die Veränderung der CO_2-Emissionen in Abhängigkeit sowohl von der Unternehmensgröße als auch von der Größe der F&E-Abteilung dar.

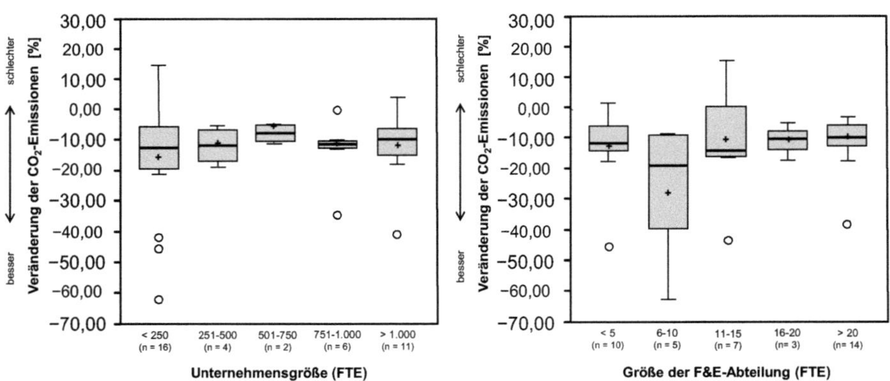

Abbildung 77: Kundenparameter: Unternehmensgröße und Größe der F&E-Abteilung vs. CO_2-Emissionen

Nach *Hypothese 3* ließ sich vermuten, dass kleinere Unternehmen (bis 250 Vollzeitbeschäftigten) ein höheres CO_2-Einsparpotenzial aufwiesen. Die Analyse zeigte, dass kundenseitige Unternehmen mit weniger als 250 Vollzeitbeschäftigten eine CO_2-Einsparung im Mittel von −16,6 % (bei 41,0 % aller Neuentwicklungsprojekte) erzielten (vgl. Abbildung 77). Bei einer Unternehmensgröße von mehr als 1.000 Vollzeitbeschäftigten (28,2 % aller Neuentwicklungsprojekte) wurde im Mittel eine CO_2-Einsparung von

−12,7 % erreicht. Die *Hypothese 3* wurde zwar bestätigt, jedoch ließ die „sehr geringe" Korrelation ($r = 0{,}166$, $p > 0{,}05$)[42] kaum Rückschlüsse auf die Veränderung der CO_2-Emissonen zu.

Die Veränderung der CO_2-Emissionen bei Neuentwicklungsprojekten mit kleineren kundenseitigen F&E-Abteilungen (bis zehn Vollzeitbeschäftigte, zusammengefasst) – vgl. *Hypothese 4* – erzielte einen Mittelwert von −19,0 % CO_2-Einsparung und war somit deutlich niedriger als bei F&E-Abteilungen mit mehr als zehn Vollzeitbeschäftigten (Mittelwert von −11,5 %). Die *Hypothese 4* wurde bestätigt. Die Analyse wies jedoch wiederum eine „sehr geringe" Korrelation ($r^{rho} = 0{,}129$, $p > 0{,}05$) auf.

Abbildung 78 stellt auf der linken Seite die Veränderung der CO_2-Emissionen in Abhängigkeit von der räumlichen Entfernung zum Gussteilabnehmer dar. Unter Berücksichtigung der Korrelationskoeffizienten (vgl. Tabelle 25, S. 158) wies die räumliche Entfernung zwar nur eine „geringe" Korrelation auf, die *Hypothese 5* konnte dennoch bestätigt werden: Je näher sich der Gussteilabnehmer räumlich an der Fallstudiengießerei befinden, desto höher sind die CO_2-Einsparungen. Wie dem Mittelwert zu entnehmen ist, entfielen auf eine Distanz bis 250 Kilometer durchschnittliche CO_2-Einsparungen von −23,5 % bei 28,2 % aller Neuentwicklungsprojekte. Bei einer räumlichen Entfernung von mehr als 250 km betrug der Mittelwert der CO_2-Einsparungen hingegen nur −10,8 %.

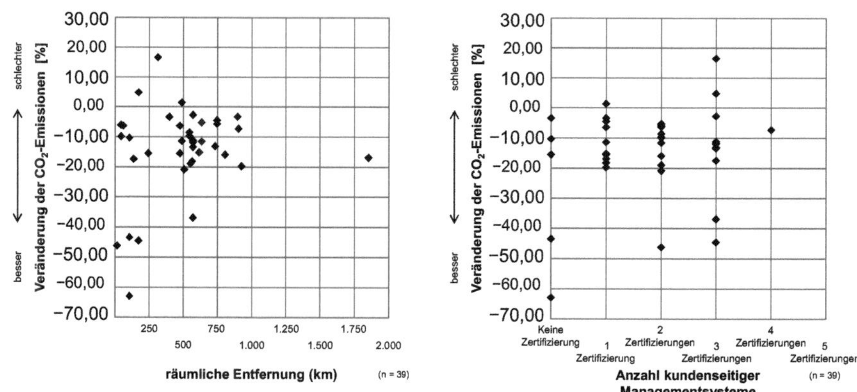

Abbildung 78: Kundenparameter: Räumliche Entfernung und Anzahl kundenseitiger Managementsysteme vs. CO_2-Emissionen

Abbildung 78 (rechts) zeigt weiterhin die Abhängigkeit der CO_2-Emissionen von der Anzahl der kundenseitig eingesetzten Managementsysteme. *Hypothese* 2 bestätigte sich nicht: „keine" bis „eine" Zertifizierung wies einen höheren Mittelwert eingesparter CO_2-Emissionen von −16,4 % (bei 38,5 % aller betrachteten Neuentwicklungsprojekte) auf.

[42] Die hierbei genutzte Logarithmierung der Unternehmensgröße stellt einen wissenschaftlichen Standard dar (vgl. hierzu u. a. Gabriel 2015, S. 123 und Schiffelholz 2014, S. 100).

Ab „zwei" Zertifizierungen wurde ein Mittelwert der Einsparungen von −13,1 % ermittelt, was einer um 3,3 % geringeren CO_2-Einsparung entspricht. Die Korrelation ($r = 0,206$, $p > 0,05$) deutete allerdings auf einen nur „geringen" Zusammenhang hin.

Ergänzend zeigte eine „einfache" binäre Analyse des Zusammenhangs, dass kundenseitige Unternehmen „ohne" die Zertifizierung nach DIN EN ISO 14001 eine im Mittel höhere CO_2-Einsparung von −16,2 % erzielten als vergleichsweise Kunden „mit" vorhandenem Umwelt-Zertifikat gemäß DIN EN ISO 14001 (Mittel von −12,7 % CO_2-Einsparung).

Tabelle 25 fasst die Hypothesen sowie die jeweiligen Korrelationskoeffizienten und Signifikanzen noch einmal zusammen.

Hypothese		Korrelations-koeffizient	Signifikanz
H1	**Wertschöpfungsstufe** ↔ Veränderung der CO_2-Emissionen	,135	,412
H2	**kundenseitige Managementsysteme** ↔ Veränderung der CO_2-Emissionen	,206	,209
H3	**Unternehmensgröße** ↔ Veränderung der CO_2-Emissionen	,166	,314
H4	**Größe der F&E-Abteilung** ↔ Veränderung der CO_2-Emissionen	,129	,432
H5	**räumliche Entfernung** ↔ Veränderung der CO_2-Emissionen	,207	,205

Tabelle 25: Kundenparameter: Zusammenfassung der Ergebnisse der Hypothesentests (n = 39)

5.5.4 Bivariate Verteilung: Zusammenhang zwischen Projektparametern und Veränderung der CO_2-Emissionen

5.5.4.1 Allgemeine Projektparameter

In Anlehnung an die *Hypothesen 6 und 7* wurde die Zuordnung der Veränderung der CO_2-Emissionen zu den Projektparametern Kundentyp und Entwicklungszeit analysiert (vgl. Abbildung 79, S. 159).

Je höher die Anzahl an Altprojekten, desto höher ist die potenzielle CO_2-Einsparung (vgl. *Hypothese* 6). Die weitergehende Betrachtung des Kundentyps „Neukunde" verdeutlichte, dass die CO_2-Einsparung bei diesem einen Mittelwert von −11,7 % (bei 23,1 % der betrachteten Neuentwicklungsprojekte) aufwies. Im Gegenzug betrug die Veränderung der CO_2-Emissionen ab „einem Altprojekt" im Mittel −15,2 %, wobei die höchste CO_2-Einsparung „bei mehr als neun Altprojekten" (ebenfalls 23,1 % der Neuentwicklungsprojekte) erzielt wurde (vgl. Abbildung 79, S. 159). Es bestand eine „geringe" Korrelation ($r = -0,231$, $p > 0,05$).

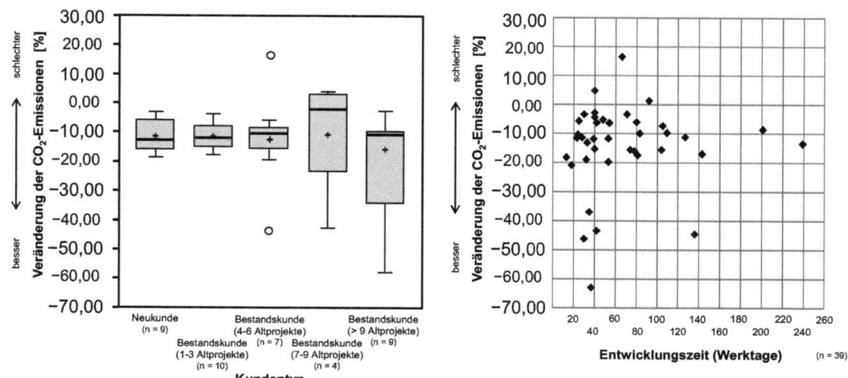

Abbildung 79: Projektparameter: Kundentyp und Entwicklungszeit vs. CO_2-Emissionen

Hypothese 7: „Je länger die Entwicklungszeit, desto höher die CO_2-Einsparung" konnte nicht bestätigt werden. Bei 30,8 % aller Neuentwicklungsprojekte (31 bis 45 Werktage) wurde ein Mittelwert von −18,1 % CO_2-Einsparung erreicht. Bei „mehr als 100 Werktagen" lag der Mittelwert der CO_2-Einsparung hingegen bei −15,9 % (bei 20,5 % der betrachteten Neuentwicklungsprojekte) und somit im Vergleich um 2,2 % niedriger. Der Korrelationskoeffizient wies nur eine „sehr geringe" Korrelation auf (vgl. Tabelle 26, S. 161).

Die mögliche Abhängigkeit der CO_2-Emissionen von der produzierten Stückzahl pro Jahr war Inhalt der *Hypothese 8* (vgl. Abbildung 80, S. 160). Bei „bis zu 100" Gussteilen wurde im Mittel eine −14,1%ige CO_2-Einsparung erzielt (bei 46,2 % der betrachteten Neuentwicklungsprojekte). Mit −19,0 % wies die Veränderung der CO_2-Emissionen bei 23,1 % der Neuentwicklungsprojekte mit mehr als 300 Gussteilen den höchsten Wert auf. Die *Hypothese 8* konnte bestätigt werden, es lag allerdings eine „sehr geringe" Korrelation ($r = -0{,}063$, $p > 0{,}05$) vor.

In Abbildung 80 (S. 160) ist auf der rechten Seite die Anzahl kundenseitig gestellter Projektanforderungen zu erkennen. *Hypothese 9* konnte nicht bestätigt werden: Je niedriger die Anzahl der Projektanforderungen zu Entwicklungsbeginn waren, desto höher waren die CO_2-Einsparungen. Die höchste CO_2-Einsparung im Mittel von −20,4 % konnte bei „zwei Projektanforderungen" (35,9 % der betrachteten Neuentwicklungsprojekte) erzielt werden. „Vier" gleichzeitig gestellte Projektanforderungen erreichten einen Mittelwert von −12,2 % CO_2-Einsparung (bei 20,5 % der Neuentwicklungsprojekte). Es ließ sich eine „sehr geringe" Korrelation ($r = 0{,}063$, $p > 0{,}05$) feststellen.

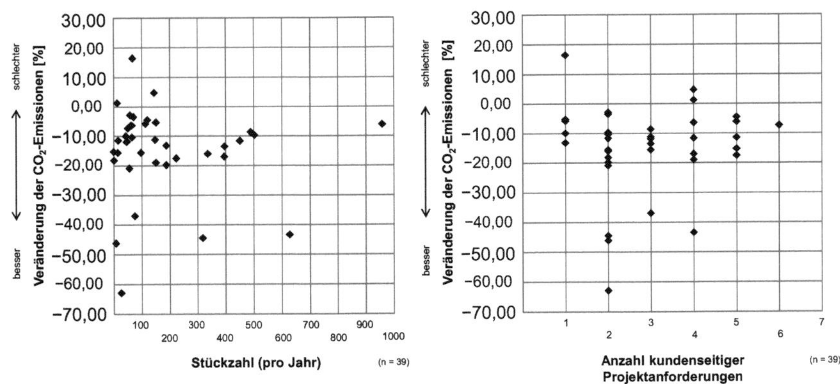

Abbildung 80: Projektparameter: Stückzahl und Projektanforderungen vs. CO_2-Emissionen

Die „Unterstützung durch das kundenseitige Management" wurde in *Hypothese 10* geprüft. Der Korrelationskoeffizient ($r^{rho} = -0{,}179$, $p > 0{,}05$) deutete auf einen „sehr geringen" Zusammenhang hin. Bei einer sehr großen Unterstützung durch das Management des Kunden war eine CO_2-Einsparung im Mittel von −18,3 % zu verzeichnen (12,3 % der Neuentwicklungsprojekte). *Hypothese 10* konnte somit bestätigt werden (vgl. Abbildung 81, links).

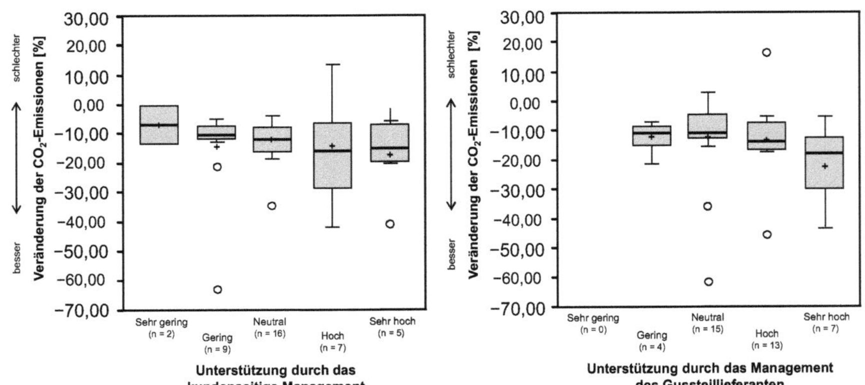

Abbildung 81: Projektparameter: Unterstützung durch das kundenseitige Management und Unterstützung durch das Management des Gussteillieferanten vs. CO_2-Emissionen

Hypothese 11: „Je größer die Unterstützung durch das Management des Gussteillieferanten, desto höher die potenzielle CO_2-Einsparung" bestätigte sich. Die höchste CO_2-Einsparung im Mittel von −22,2 % wurde bei 17,9 % der betrachten Neuentwicklungsprojekte erzielt, bei denen die Unterstützung „sehr hoch" war. Bei 10,2 % der Neuentwicklungsprojekte mit „geringer" Unterstützung wurde lediglich eine CO_2-Einsparung im

Mittel von −12,5 % erreicht. Bei Intensivierung der Unterstützung war eine Zunahme der CO_2-Einsparungen zu verzeichnen (vgl. Abbildung 81, S. 160 rechts). Der Korrelationskoeffizient wies auf einen „geringen“ Zusammenhang ($r^{rho} = -0{,}228$, $p > 0{,}05$) hin.

Im Anschluss stellt Tabelle 26 die bezüglich der allgemeinen Projektparameter gebildeten Hypothesen den jeweiligen Korrelationskoeffizienten sowie den Signifikanzen gegenüber.

	Hypothese	Korrelations-koeffizient	Signifikanz
H6	**Kundentyp** ↔ Veränderung der CO_2-Emissionen	−,231	,156
H7	**Entwicklungszeit** ↔ Veränderung der CO_2-Emissionen	,062	,706
H8	**Stückzahl** ↔ Veränderung der CO_2-Emissionen	−,063	,703
H9	**Projektanforderungen** ↔ Veränderung der CO_2-Emissionen	,063	,703
H10	**Unterstützung durch das kundenseitige Management** ↔ Veränderung der CO_2-Emissionen	−,179	,276
H11	**Unterstützung durch das Management des Gussteillieferanten** ↔ Veränderung der CO_2-Emissionen	−,228	,162

Tabelle 26: Allgemeine Projektparameter: Zusammenfassung der Ergebnisse der Hypothesentests (n = 39)

5.5.4.2 Projektparameter: Charakterisierung der überbetrieblich entwickelten Gussteile

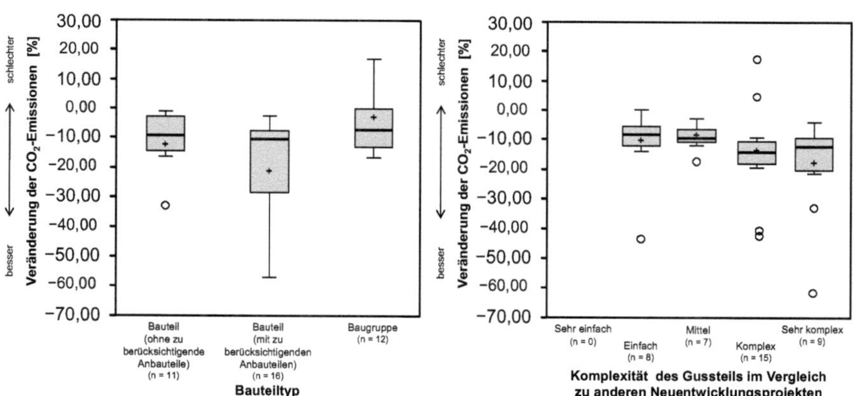

Abbildung 82: Projektparameter: Bauteiltyp und Komplexität vs. CO_2-Emissionen

Zu Beginn der Charakterisierung der Gussteile wurde geprüft, ob der Bauteiltyp des Gussteils einen Einfluss auf die potenzielle CO_2-Einsparung hatte (vgl. *Hypothese 12*). Unter Betrachtung der Mittelwerte ließ sich erkennen, dass „Bauteile (mit zu berücksichtigenden Anbauteilen)“ eine deutliche CO_2-Einsparung von −21,1 % aufwiesen (bei 41,0 % der Neuentwicklungsprojekte). Weiterhin wiesen „Bauteile (ohne zu berücksichtigende Anbauteile)“ eine CO_2-Einsparung im Mittel von −12,5 % auf. *Hypothese 12*, „je höher der Umfang der zu berücksichtigenden Anbauteile, desto geringer die CO_2-

Einsparung" konnte somit bestätigt werden. Die Betrachtung der Korrelation ($r^{rho} = 0{,}113$, $p > 0{,}05$) deutete allerdings auf einen „sehr geringen" Zusammenhang hin (vgl. Abbildung 82, S. 161). *Hypothese 16* beschrieb den Komplexitätsgrad der Gussteile. Es ergab sich eine „sehr geringe" Korrelation ($r^{rho} = -0{,}178$, $p > 0{,}05$). Abbildung 82 (S. 161 rechts) verdeutlicht, dass die höchste CO_2-Einsparung im Mittel von −17,9 % bei den „sehr komplexen" Neuentwicklungsprojekten (23,1 %) erzielt wird und dass bei Verringerung des Komplexitätsgrads die CO_2-Einsparung abnimmt. *Hypothese 16* bestätigte sich entsprechend.

Gemäß *Hypothese 13* wurde der Zusammenhang zwischen der Schwierigkeit eines Gussteils und den CO_2-Einsparungen geprüft. Zur Beschreibung der Schwierigkeit wurde hierbei der Ansatz nach Rosenberger (1965) gewählt, wobei die Unterteilung nach Schwierigkeit der Kern- und Formarbeit sowie der Realisierbarkeit beibehalten wurde (vgl. Abbildung 69, S. 148).

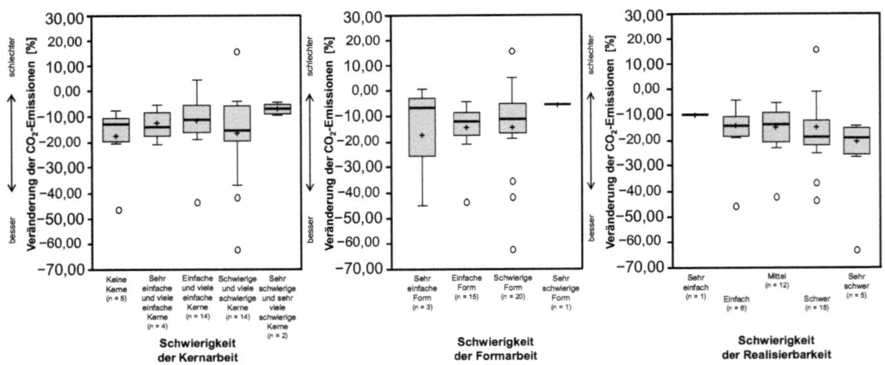

Abbildung 83: Projektparameter: Kernarbeit, Formarbeit und Realisierbarkeit vs. CO_2-Emissionen (Bewertung der Schwierigkeit gemäß Rosenberger 1965)

In Abbildung 83 sind zu erkennen: die Schwierigkeit der Kernarbeit ($r^{rho} = -0{,}031$, $p > 0{,}05$), die Schwierigkeit der Formarbeit ($r^{rho} = 0{,}050$, $p > 0{,}05$) sowie die Schwierigkeit der Realisierbarkeit ($r^{rho} = -0{,}102$, $p > 0{,}05$). Es ließ sich für alle Größen eine „sehr geringe" Korrelation feststellen, dabei verwies die Realisierbarkeit auf einen fast doppelt so hohen Zusammenhang wie die Formarbeit.

Hypothese 13 a 1: „Je höher der Schwierigkeitsgrad bei der Kernarbeit, desto höher potenzielle CO_2-Einsparungen" konnte nicht bestätigt werden. „Kernlose" Gussteile wiesen im Mittel von −18,1 % die höchsten CO_2-Einsparungen auf. Für „sehr einfache, einfache und viele einfache Kerne" (zusammengefasst) wurde eine CO_2-Einsparung im Mittel von −10,9 % und für „schwierige, sehr schwierige und viele schwierige Kerne" (zusammengefasst) im Mittel von −17,7 % ermittelt. Damit ließ sich ein gegenläufiger Zusammenhang zwischen Kernarbeit und CO_2-Einsparungen verzeichnen.

Die weitere Analyse der *Hypothese 13 a 2*: „Je höher der Schwierigkeitsgrad bei der Formarbeit, desto höher potenzielle CO_2-Einsparungen“ zeigte, dass bei „sehr einfacher, einfacher Formarbeit“ (zusammengefasst) im Mittel eine CO_2-Einsparung von −14,6 % und bei „schwieriger, sehr schwieriger Formarbeit“ (zusammengefasst) im Mittel eine CO_2-Einsparung von −14,2 % realisiert werden konnte. Die *Hypothese 13 a 2*, dass bei geringer Schwierigkeit der Formarbeit eine höhere CO_2-Einsparung möglich ist, konnte somit bestätigt werden.

Hypothese 13 a 3 ging davon aus, dass bei höherem Schwierigkeitsgrad der Realisierbarkeit eine höhere CO_2-Einsparung erreicht würde. Dies bestätigte sich nicht; bei „sehr einfacher, einfacher“ Realisierbarkeit (zusammengefasst) wurde im Mittel eine CO_2-Einsparung von −13,1 % realisiert, im Gegenzug wies die CO_2-Einsparung bei „schwerer, sehr schwerer“ Realisierbarkeit (zusammengefasst) einen Mittelwert von −15,1 % auf. Für die weitere Regressionsanalyse wurden die drei Einflussfaktoren „Kern-, Formarbeit und Realisierbarkeit“ aggregiert und zu dem neuen Einflussfaktor „Schwierigkeit“ zusammengefasst. Die Korrelation dieses Faktors wies einen „sehr geringen“ Zusammenhang auf ($r^{rho} = -0{,}124$, $p > 0{,}05$).

Die Analyse der *Hypothese 14*: „Je höher das Rohteilgewicht des Gussteils, desto höher potenzielle CO_2-Einsparungen“ zeigte, dass bei Rohteilgewichten von Gussteilen der Kategorie „größer 2.000 kg“ (bei 46,2 % der Neuentwicklungsprojekte, zusammengefasst) eine CO_2-Einsparung im Mittel von −18,3 % erzielt wurde (vgl. Abbildung 84, S. 164). Ergänzend belegte eine „einfache“ binäre Analyse, dass bei Gussteilen mit niedrigerer Masse („kleiner 2.000 kg“) eine CO_2-Einsparung im Mittel von −11,6 % erreicht wurde. In Bezug auf die betrachtete Fallstudiengießerei bedeutet ein geringeres Rohteilgewicht somit auch niedrigere (absolute und relative) CO_2-Einsparungsmöglichkeiten. Diese Hypothese konnte bestätigt werden, wobei allerdings eine „sehr geringe“ Korrelation vorlag ($r = -0{,}170$, $p > 0{,}05$). *Hypothese 15* bestätigte sich nicht, da die höchste CO_2-Einsparung im Mittel von −18,1 % bei „kernlosen“ Gussteilen erzielt wurde (bei 12,8 % der betrachteten Neuentwicklungsprojekte). Gefolgt mit −17,1 % CO_2-Einsparung bei einer Kernanzahl von „eins bis fünf“ (58,9 % der Neuentwicklungsprojekte) sowie einer −10,4 % CO_2-Einsparung bei einer Kernanzahl von „sechs bis zehn“ (bei 15,4 % der Neuentwicklungsprojekte). Die Korrelation deutete auf einen „geringen“ Zusammenhang hin ($r = 0{,}220$, $p > 0{,}05$).

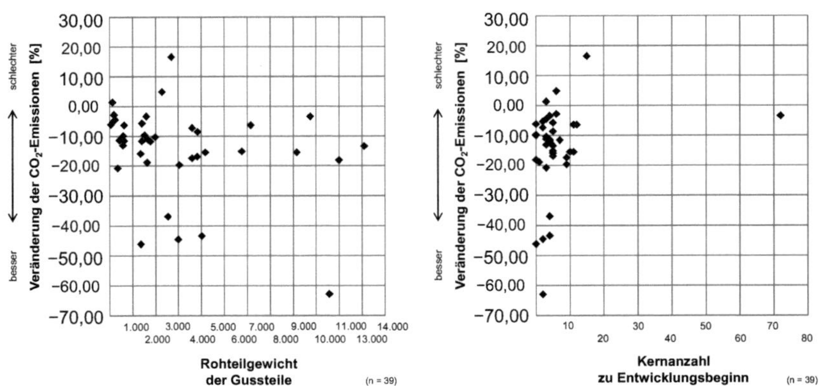

Abbildung 84: Projektparameter: Rohteilgewicht und Kernanzahl vs. CO_2-Emissionen

Abschließend stellt Tabelle 27 die in Bezug auf die Projektparameter gebildeten Hypothesen mit den entsprechenden Korrelationskoeffizienten und Signifikanzen dar.

Hypothese		Korrelations-koeffizient	Signifikanz
H12	**Bauteiltyp** ↔ Veränderung der CO_2-Emissionen	,113	,492
H13	**Schwierigkeit** (aggregiert) ↔ Veränderung der CO_2-Emissionen	–,124	,452
H13a1	*Schwierigkeit der Kernarbeit ↔ Veränderung der CO_2-Emissionen*	*–,031*	*,849*
H13a2	*Schwierigkeit der Formarbeit ↔ Veränderung der CO_2-Emissionen*	*,050*	*,761*
H13a3	*Schwierigkeit der Realisierbarkeit ↔ Veränderung der CO_2-Emissionen*	*–,102*	*,536*
H14	**Rohteilgewicht des Gussteils** ↔ Veränderung der CO_2-Emissionen	–,170	,301
H15	**Kernanzahl** ↔ Veränderung der CO_2-Emissionen	,220	,178
H16	**Komplexität im Vergleich zu anderen Entwicklungsprojekten** ↔ Veränderung der CO_2-Emissionen	–,178	,279

Tabelle 27: Projektparameter zur Charakterisierung der überbetrieblich entwickelten Gussteile: Zusammenfassung der Ergebnisse der Hypothesentests (n = 39)

5.5.4.3 Projektparameter: Information und Kommunikation

Im Kontext „Information und Kommunikation" soll das CO_2-Einsparpotenzial zuerst in Abhängigkeit vom Vertrauensgrad in der Beziehung zwischen Gussteilabnehmern und Fallstudiengießerei dargestellt werden (vgl. Abbildung 85, S. 165).

Abbildung 85 (S. 165 links) stellt die Veränderung der CO_2-Emissionen dem Einflussfaktor „Vertrauen" gegenüber. Die Korrelation betrug $r^{rho} = -0{,}152$, $p > 0{,}05$ und war als „sehr gering" einzustufen. *Hypothese 17* ließ sich unter Berücksichtigung der Mittelwerte untermauern, da im Mittel in der Kategorie „sehr gut" eine CO_2-Einsparung von −25,8 % erzielt wurde, die mit einer Verringerung des Vertrauens abnahm. Daher konnte angenommen werden, dass sich umso höhere CO_2-Einsparungen realisieren ließen, je höher das Vertrauen zwischen Gussteilabnehmer und Fallstudiengießerei war.

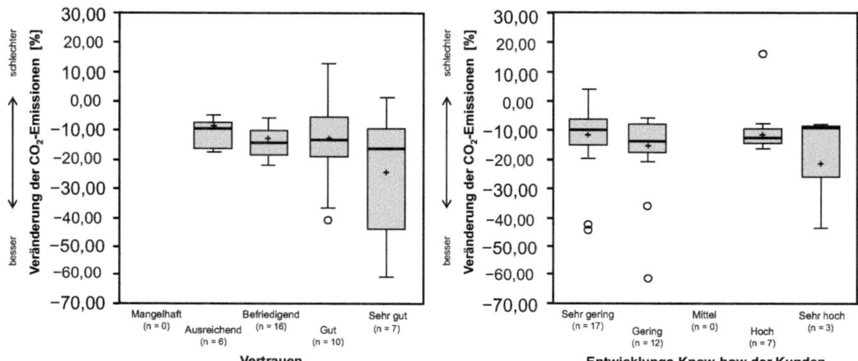

Abbildung 85: Projektparameter: Vertrauen und Entwicklungs-Know-how vs. CO_2-Emissionen

In Abbildung 85 (rechts) wird der Zusammenhang zwischen kundenseitigem Entwicklungs-Know-how und CO_2-Einsparungen dargestellt (vgl. *Hypothese 19*). Die Analyse der zusammengefassten Kategorien „sehr gering“ und „gering“ wies einen Mittelwert von −14,40 % CO_2-Einsparung auf (bei 74,4 % der betrachteten Neuentwicklungsprojekte). Bei den zusammengefassten Kategorien „hoch“ und „sehr hoch“ wurde ein Mittelwert von −13,85 % CO_2-Einsparung ermittelt (bei 25,6 % der Neuentwicklungsprojekte). Die *Hypothese 19*: „Je geringer das kundenseitige Entwicklungs-Know-how, desto höher die CO_2-Einsparung“ konnte bestätigt werden. Die Betrachtung des Korrelationskoeffizienten deutete aber auf eine „sehr geringe“ Korrelation hin ($r^{rho} = -0{,}154$, $p > 0{,}05$).

In *Hypothese 18* wurde ein möglicher Zusammenhang zwischen Hemmnissen partnerschaftlicher Beziehung und Veränderung der CO_2-Emissionen postuliert. Im Rahmen der Analyse wurden die Einflussfaktoren kulturelle Unterschiede, mangelndes Vertrauen, unterschiedliche Prioritäten, unklare Verantwortlichkeiten, Abhängigkeitsproblematik und fehlende Regeln im Bereich geistigen Eigentums (vgl. Abschnitt 5.5.2.2) zu dem neuen Einflussfaktor „Hemmnisse partnerschaftlicher Beziehung“ aggregiert. Der Korrelationskoeffizient ($r^{rho} = 0{,}158$, $p > 0{,}05$) deutete auf einen „geringen“ Zusammenhang hin. Bei 66,7 % der betrachten Neuentwicklungsprojekte lagen „keine“ Hemmnisse vor, im Mittel wurden für diese −16,4 % CO_2-Einsparungen erreicht. Mit einer Zunahme von Hemmnissen sanken auch die CO_2-Einsparungen. Dies wurde in der Kategorie „ein bis zwei“ Hemmnisse mit einem Mittelwert von −10,9 % CO_2-Einsparung (bei 15,4 % der Neuentwicklungsprojekte) sowie in der Kategorie „drei bis vier“ Hemmnisse mit einem Mittelwert von −9,7 % CO_2-Einsparung belegt (bei 17,9 % der betrachteten Neuentwicklungsprojekte). *Hypothese 18* konnte damit bestätigt werden.

Abbildung 86 zeigt auf der linken Seite den Zusammenhang zwischen Integrationszeitpunkt der Fallstudiengießerei und Veränderungen der CO_2-Emissionen (vgl. *Hypothese 21*). Die Einsparungen von CO_2-Emissionen waren bei einer frühen Einbindung der Fallstudiengießerei in die „Ideenphase" mit einem Mittelwert von −21,5 % am höchsten (bei einem Drittel der betrachteten Neuentwicklungsprojekte). Eine Abnahme des CO_2-Einsparpotenzials war hingegen bei einem Mittelwert von −12,2 % unter Einbindung in die „Konzeptphase" (43,6 % der Neuentwicklungsprojekte) sowie bei einem Mittelwert von −8,2 % unter Einbindung in die „Ausgestaltungsphase" (23,1 % der Neuentwicklungsprojekte) zu verzeichnen. *Hypothese 21* konnte demzufolge bestätigt werden, wobei eine „geringe" Korrelation von $r^{rho} = 0{,}298$, $p > 0{,}05$ bestand.

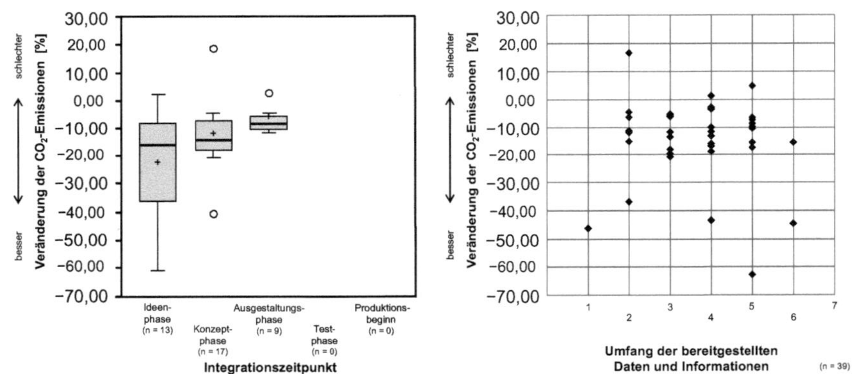

Abbildung 86: Projektparameter: Integrationszeitpunkt, Umfang zur Verfügung gestellter Daten und Informationen vs. CO_2-Emissionen

Auch der Umfang der zu Entwicklungsbeginn bereitgestellten Daten und Informationen wurde den Veränderungen der CO_2-Emissionen gegenübergestellt. Der *Hypothese 20* nach zu urteilen, sollte ein höherer Umfang der kundenseitig übermittelten Daten und Informationen eine Senkung der CO_2-Emissionen zur Folge haben. Die CO_2-Einsparung war bei einem höheren Umfang an übermittelten Daten und Informationen der Kategorie „fünf bis sechs" mit einem Mittelwert von −17,6 % (bei 28,2 % der Neuentwicklungsprojekte) tatsächlich am höchsten, gefolgt von einem geringeren Daten- und Informationsumfang von „eins bis zwei", der im Mittel noch −14,2 % CO_2-Einsparungen erzielte (23,1 % der Neuentwicklungsprojekte). Dadurch konnte *Hypothese 20* zwar bestätigt werden, jedoch war die Korrelation mit $r = -0{,}075$, $p > 0{,}05$ als „sehr gering" einzustufen.

Hypothese 22 stellte das nachträgliche Modifizieren bereits gestellter Anforderungen mit der Veränderung der CO_2-Emissionen in Zusammenhang. Bei 35,9 % der betrachteten Neuentwicklungsprojekte traten keine Modifikationen der Anforderungen im Projektverlauf auf (Kategorie „nie"); sie erzielten im Mittel eine CO_2-Einsparung von −13,3 % (vgl.

Abbildung 87). Änderungen der Anforderungen in den zusammengefassten Kategorien „oft" und „ständig" ermöglichten eine CO_2-Einsparung im Mittel von −22,7 % (bei 25,6 % der Neuentwicklungsprojekte). Demnach wirkten sich häufigere Änderungen von Anforderungen positiv auf die Veränderung der CO_2-Emissionen aus, womit *Hypothese 22* bestätigt werden konnte. Der Korrelationskoeffizient zeigte einen „geringen" Zusammenhang auf ($r^{rho} = -0{,}250$, $p > 0{,}05$).

Nach *Hypothese 23* galt es, den Zusammenhang zwischen der personellen Kontinuität während der Projektbetreuung und der Veränderung der CO_2-Emissionen zu prüfen. Bei 89,7 % der Neuentwicklungsprojekte mit festen Ansprechpartnern wurde im Mittel eine −14 %ige CO_2-Einsparung erzielt. Im Vergleich zu Projekten mit wechselnden Ansprechpartnern wurde damit eine im Mittel um −17,7 % höhere CO_2-Einsparung erreicht. *Hypothese 23* bestätigte sich somit nicht. Die Korrelation deutete auf einen nur „sehr geringen" Zusammenhang hin (vgl. Tabelle 28, S. 168).

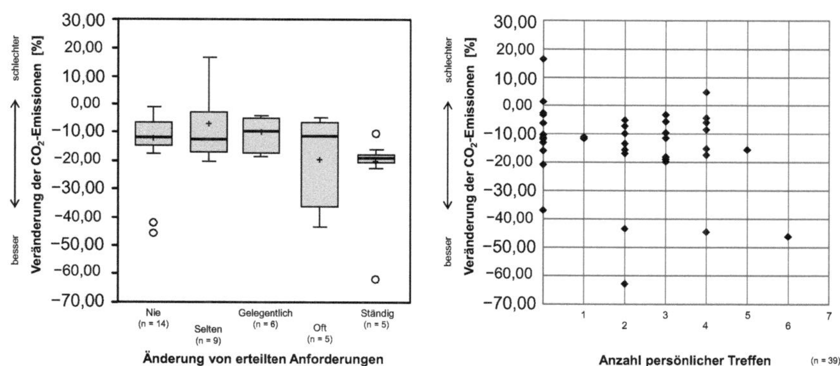

Abbildung 87: Projektparameter: Änderung der Anforderungen und Anzahl persönlicher Treffen vs. CO_2-Emissionen

Die Wirkung von persönlichen Treffen auf die CO_2-Einsparung war Inhalt der *Hypothese 24*. Bei den Kooperationen „ohne persönliche Treffen" wurde eine CO_2-Einsparung im Mittel von −9,4 % erzielt (33,3 % der Neuentwicklungsprojekte). Der höchste Mittelwert von −21,9 % CO_2-Einsparung wurde bei „zwei Treffen" (20,5 % der Neuentwicklungsprojekte) erreicht (vgl. Abbildung 87). Zusätzlich belegte eine „einfache" binäre Analyse, dass „mit persönlichen Treffen (> 1)" im Mittel eine CO_2-Einsparung von −23,6 % realisiert wurde. Der Korrelationskoeffizient belegte einen nur „geringen" Zusammenhang ($r = -0{,}242$, $p > 0{,}05$).

Nach *Hypothese 25* wurde der Einfluss der Häufigkeit der Kommunikation auf das CO_2-Einsparpotenzial untersucht. Dabei wurden die „Einflussfaktoren" von Kommunikationsmedien wie E-Mail, Telefon, Videokonferenz, Netmeeting, Briefe, Fax, zugriffsbegrenzte Datenbanken, Online-Projektplattformen und persönliche Treffen (vgl. Abschnitt 5.5.2.2) zu dem neuen Einflussfaktor „Häufigkeit der Kommunikation“ aggregiert. Die *Hypothese 25* bestätigte sich, da in den beiden zusammengefassten Kategorien von „oft“ und „ständig“ (≥ 15 Interaktionen) im Mittel eine CO_2-Einsparung von −15,6 % erzielt wurde (56,4 % der Neuentwicklungsprojekte). Eine „einfache“ binäre Analyse bekräftigte zudem, dass „seltene“ Projektkommunikation zwischen Gussteillieferant und -abnehmer (< 15 Interaktionen) auch zu einer niedrigeren CO_2-Einsparung im Mittel von −8,8 % führte. Bei diesem Zusammenhang wurde eine „geringe“ Korrelation festgestellt ($r^{rho} = -0{,}258$, $p > 0{,}05$).

Hypothese		Korrelations-koeffizient	Signifikanz
H17	**Vertrauen** ↔ Veränderung der CO_2-Emissionen	−,152	,356
H18	**Hemmnisse partnerschaftlicher Beziehung** (aggregiert) ↔ Veränderung der CO_2-Emissionen	,158	,336
H19	**kundenseitiges Entwicklungs-Know-how** ↔ Veränderung der CO_2-Emissionen	−,154	,348
H20	**Daten und Informationen** ↔ Veränderung der CO_2-Emissionen	−,075	,652
H21	**Integrationszeitpunkt** ↔ Veränderung der CO_2-Emissionen	,298	,066
H22	**Änderung von erteilten Anforderungen** ↔ Veränderung der CO_2-Emissionen	−,250	,125
H23	**Betreuung im Projektverlauf** ↔ Veränderung der CO_2-Emissionen	−,037	,823
H24	**persönliche Treffen** ↔ Veränderung der CO_2-Emissionen	−,242	,138
H25	**Häufigkeit der Kommunikation** (aggregiert) ↔ Veränderung der CO_2-Emissionen	−,258	,113

Tabelle 28: Projektparameter zu Information und Kommunikation: Zusammenfassung der Ergebnisse der Hypothesentests (n = 39)

Tabelle 28 stellt die bezüglich der Projektparameter im Bereich Information und Kommunikation gebildeten Hypothesen den Korrelationskoeffizienten und Signifikanzen gegenüber.

5.5.4.4 Projektparameter: Methoden und Instrumente

Hypothese 26 umfasste den Einfluss der Methoden und Instrumente auf die CO_2-Einsparung („Je höher die Anzahl an eingesetzten Methoden, Richtlinien oder Normen, desto höher die CO_2-Einsparung“). *Hypothese 26* bestätigte sich nicht. 48,7 % der betrachteten Neuentwicklungsprojekte der Kategorien „keine bis acht eingesetzte Methoden, Richtlinien oder Normen“ erzielten eine CO_2-Einsparung im Mittel von −18,6 % (vgl. Abbildung 88, S. 169). Eine um 8,4 % geringere CO_2-Einsparung wurde bei „mehr als neun Methoden, Richtlinien oder Normen“ erreicht. Der Korrelationskoeffizient wies nur einen „sehr geringen“ Zusammenhang auf ($r = 0{,}137$, $p > 0{,}05$).

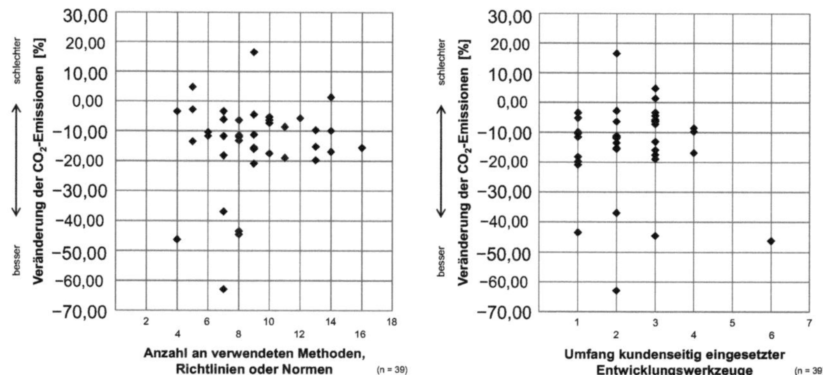

Abbildung 88: Projektparameter: Eingesetzte Methoden, Richtlinien oder Normen und Entwicklungswerkzeuge vs. CO_2-Emissionen

Abbildung 88 (rechts) stellt die CO_2-Einsparungen der Anzahl an kundenseitig eingesetzten Entwicklungswerkzeugen gegenüber (vgl. *Hypothese 27*). Über die Hälfte der betrachteten Neuentwicklungsprojekte (vgl. Abschnitt 5.5.2.3) nutzten „ein bis zwei" Entwicklungswerkzeuge und erzielten im Mittel eine CO_2-Einsparung von −15,5 %. Im Vergleich erreichten Neuentwicklungsprojekte mit mehr als drei eingesetzten Entwicklungswerkzeugen eine CO_2-Einsparung von −12,9 % bei 43,6 % der betrachteten Neuentwicklungsprojekte. Die *Hypothese 27* wurde daher nicht bestätigt. Der Korrelationskoeffizient stellte einen „sehr geringen" Zusammenhang fest ($r = -0{,}080$, $p > 0{,}05$).

Tabelle 29 fasst die über die Projektparameter im Bereich der Methoden und Instrumente gebildeten Hypothesen sowie die entsprechenden Korrelationskoeffizienten und Signifikanzen zusammen.

Hypothese		Korrelations-koeffizient	Signifikanz
H26	**Methoden, Richtlinien oder Normen** ↔ Veränderung der CO_2-Emissionen	,137	,404
H27	**kundenseitig eingesetzte Entwicklungswerkzeuge** ↔ Veränderung der CO_2-Emissionen	-,080	,630

Tabelle 29: Projektparameter zu Methoden und Instrumenten: Zusammenfassung der Ergebnisse der Hypothesentests (n = 39)

5.5.5 Korrelationsmatrix

Im Folgenden wurden mithilfe der Korrelationsmatrix die Beziehungszusammenhänge zwischen den Einflussfaktoren untereinander untersucht (vgl. Tabelle 30, S. 170 ff.).

Einflussfaktor	1	2	3	4	5	6	7	8	9	10	11	12	13	14
1 Veränderung der CO_2-Emissionen	–													
2 Wertschöpfungsstufe	,135	–												
3 kundenseitige Managementsysteme	,206	,039	–											
4 Unternehmensgröße	,166	-,316*	,292	–										
5 Größe der F&E-Abteilung	,129	-,179	,512**	,745**	–									
6 räumliche Entfernung	,207	,135	,058	,107	,424**	–								
7 Kundentyp	-,231	,135	,113	-,175	,078	-,321*	–							
8 Entwicklungszeit	,062	-,004	,255	,321*	,165	,201	-,272	–						
9 Stückzahl	-,063	,015	,056	,399*	,307	,009	-,129	,411**	–					
10 Projektanforderungen	,063	,155	,026	-,038	,068	,070	-,186	,096	,218	–				
11 Unterstützung durch das kundenseitige Management	-,179	-,024	,025	,328*	,174	,148	-,136	,105	,149	,076	–			
12 Unterstützung durch das Management des Gussteillieferanten	-,228	-,427**	-,198	,203	-,018	,117	-,361*	,026	,108	-,014	,542**	–		
13 Bauteiltyp	,113	,012	,179	-,183	-,314	-,055	,025	,296	-,072	,125	,294	,133	–	
14 Schwierigkeit	-,124	,034	-,038	,086	,025	,026	-,026	,168	,147	-,063	,122	,028	-,050	–

* Die Korrelation ist auf 0,05-Niveau signifikant.

** Die Korrelation ist auf 0,01-Niveau signifikant.

Tabelle 30: Bivariate Korrelationen

Einflussfaktor	1	2	3	4	5	6	7	8	9	10	11	12	13	14
15 Rohteilgewicht des Gussteils	-,170	-,120	-,384*	-,072	-,103	-,050	-,187	,148	-,107	-,067	,213	,289	,140	,556**
16 Kernanzahl	,220	,344*	-,277	-,260	-,272	-,043	-,105	-,106	-,132	-,091	,172	-,049	,182	,570**
17 Komplexität im Vergleich zu anderen Entwicklungsprojekten	-,178	-,043	-,042	,074	,049	-,004	-,041	,155	,127	-,089	,064	-,031	-,089	,962**
18 Vertrauen	-,152	-,099	,034	,013	-,023	-,324*	,580**	-,346*	-,336*	-,267	,163	,006	,081	-,032
19 Hemmnisse partnerschaftlicher Beziehung	,158	-,201	-,176	,090	-,104	,182	-,636**	,458**	,263	,182	-,059	,192	,094	,148
20 kundenseitiges Entwicklungs-Know-how	-,154	-,344*	,218	,262	,339*	,212	,041	,223	,184	-,158	,394*	,275	,222	,158
21 Daten und Information	-,075	-,004	-,165	,030	-,163	-,072	-,169	,276	,178	-,032	-,153	,153	,105	,116
22 Integrationszeitpunkt	,298	-,048	-,189	-,209	-,146	,271	-,065	,025	,063	-,161	-,338*	,140	,180	-,366*
23 Änderung von erteilten Anforderungen	-,250	-,078	,141	,337*	,360*	,194	-,176	,382*	,148	,213	,144	,065	,174	,230
24 Betreuung im Projektverlauf	-,037	-,171	,051	,137	,005	-,105	,008	,270	,130	,104	-,068	,230	,114	-,030
25 persönliche Treffen	-,242	-,363*	-,071	,350*	,148	-,124	-,294	,174	,267	,156	,539**	,464**	,130	,023
26 Häufigkeit der Kommunikation	-,258	-,521**	,046	,366*	,205	-,066	-,499**	,314	,231	,112	,457**	,547**	,149	,028
27 Methoden, Richtlinien oder Normen	,137	,026	-,166	,143	-,085	,284	-,395*	,209	-,023	,038	,189	,350*	,431**	,114
28 kundenseitig eingesetzte Entwicklungswerkzeuge	-,080	-,299	,260	,284	,180	,106	-,224	,299	,169	,179	,113	,281	-,078	,051

* Die Korrelation ist auf 0,05-Niveau signifikant.

** Die Korrelation ist auf 0,01-Niveau signifikant.

Einflussfaktor	15	16	17	18	19	20	21	22	23	24	25	26	27	28
15 Rohteilgewicht des Gussteils	–													
16 Kernanzahl	,673**	–												
17 Komplexität im Vergleich zu anderen Entwicklungsprojekten	,569**	,452**	–											
18 Vertrauen	,035	–,167	–,046	–										
19 Hemmnisse partnerschaftlicher Beziehung	,105	,137	,145	–,697**	–									
20 kundenseitiges Entwicklungs-Know-how	–,011	–,021	,106	,117	–,052	–								
21 Daten und Information	,225	,068	,152	–,155	,296	–,226	–							
22 Integrationszeitpunkt	–,079	,022	–,398*	–,201	,196	–,146	,322*	–						
23 Änderung von erteilten Anforderungen	,293	–,215	,284	–,215	,272	,250	,096	–,332*	–					
24 Betreuung im Projektverlauf	–,037	–,194	–,038	,106	–,022	–,007	,294	,048	,150	–				
25 persönliche Treffen	,036	–,242	,072	,056	,185	,247	,156	–,302	,433**	,169	–			
26 Häufigkeit der Kommunikation	,187	,310	,072	–,001	,118	,394*	,025	–,288	,308	,157	,629**	–		
27 Methoden, Richtlinien oder Normen	–,188	–,226	,084	–,258	,360*	,292	,171	,134	,254	,259	,168	,297	–	
28 kundenseitig eingesetzte Entwicklungswerkzeuge	–,259	–,246	,041	–,152	,433**	,229	–,019	–,156	,191	,347*	,419**	,343*	,076	–

* Die Korrelation ist auf 0,05-Niveau signifikant.

** Die Korrelation ist auf 0,01-Niveau signifikant.

Die Auswertung der Tabelle 30 (S. 170 ff.) zu den Beziehungszusammenhängen aller Einflussfaktoren untereinander zeigte im Ergebnis größtenteils (92,3 %) „sehr geringe" bis „geringe" Korrelationen zwischen den einzelnen Einflussfaktoren. Lediglich 5,9 % entfielen auf „mittlere" Korrelationen. Nur 1,7 % der Korrelationskoeffizienten wiesen einen Betrag größer als ± 0,6 auf. Diese sind:

1. Unternehmensgröße ↔ Größe der F&E-Abteilung
2. Kundentyp ↔ Hemmnisse partnerschaftlicher Beziehung
3. Komplexität ↔ Schwierigkeit
4. Kernanzahl ↔ Rohteilgewicht des Gussteils
5. persönliche Treffen ↔ Häufigkeit der Kommunikation

Zu 1.:

Die positive Korrelation zwischen der Unternehmensgröße und der Größe der F&E-Abteilung war ein erster Hinweis darauf, dass die Größe der kundenseitigen Unternehmen (Anzahl der Vollzeitbeschäftigten) stark mit der Anzahl an Vollzeitbeschäftigten in den F&E-Abteilungen zusammenhing, sodass dem Bereich der Beschäftigtenzahl im Rahmen von überbetrieblichen Gussteilentwicklungspartnerschaften eine erhöhte Bedeutung zukommen sollte.

Zu 2.:

Wenig überraschend ist, dass der „Kundentyp", d. h. die Dauer der Beziehung mit den Hemmnissen partnerschaftlicher Beziehung bei der Gussteilentwicklung korrelierte: Hierbei lag eine negative Korrelation vor. Neukunden konnten bezogen auf die Anzahl der Hemmnisse als „risikoreicher" eingestuft werden. Dies bedeutet, dass im Rahmen der überbetrieblichen Gussteilentwicklung bei erstmaligen Kooperationen tendenziell zurückhaltender agiert wurde, was z. B. auch auf den Umfang der verwendeten Methoden, Richtlinien oder Normen Auswirkungen hatte – Abbildung 74 (S. 153) deutet diesen Zusammenhang an.

Zu 3.:

Es lag eine starke positive Korrelation zwischen der Komplexität und der Schwierigkeit der Gussteile vor. Das bedeutet, dass je komplexer ein Gussteil war, desto höher war auch der Schwierigkeitsgrad bezogen auf die Produktion.

Zu 4.:

Die positive Korrelation zwischen der Anzahl Kerne und Höhe des Rohteilgewichts der Gussteile bei der überbetrieblichen Gussteilentwicklung dürfte „tendenziell" einen Einfluss auf die Ergebnisse der anschließenden Analysen ausüben. Es war festzustellen, dass je schwerer das Gussteil war, desto höher war auch die Anzahl der verwendeten Kerne.

Zu 5.:

Es lag eine positive Korrelation zwischen der Anzahl persönlicher Treffen und der Häufigkeit der Kommunikation vor. Demnach konnte ein Zusammenhang nachgewiesen werden, der im weiteren Verlauf noch an Bedeutung gewinnen wird.

Abschließend ist festzustellen, dass in der empirischen Untersuchung keine Konditionierungsprobleme bzw. Überparametrisierung auftraten, was an „sehr hohen“ Korrelationen zwischen den Einflussfaktoren für die Analyse der Veränderung der CO_2-Emissionen erkennbar gewesen wäre. Ursachen hätten u. a. überflüssige Einflussfaktoren oder ein ungünstiges Datenverhältnis sein können (Draper und Smith 1994, S. 466 ff.).

5.5.6 Zwischenfazit

Mithilfe der vorherigen Abschnitte des **fünften Kapitels** konnte die Forschungsfrage zwei (FF 2, vgl. Abschnitt 1.2) der vorliegenden Arbeit: „Was sind Einflussfaktoren der kooperativen Gussteilentwicklung?“ beantwortet werden. Dabei zeigte sich, dass eine Vielzahl an Einflussfaktoren mit unterschiedlichen Ausprägungen die überbetriebliche Gussteilentwicklung beeinflusste.

Mit Blick auf die Veränderung der CO_2-Emissionen in der bivariaten Analyse wurde deutlich, dass erste Tendenzen aus der Befragung zu den möglichen Einflussfaktoren auf die nachhaltige überbetriebliche Gussteilentwicklung bestätigt werden konnten (vgl. Abschnitt 5.4.2). Über die Hälfte der Befragten aus der statistischen Analyse bestätigten den „Integrationszeitpunkt“ als potenziell wichtigsten Treiber in Bezug auf die Veränderung der CO_2-Emissionen (vgl. hierzu auch Abschnitt 5.5.2.2). Unter Einbeziehung des Korrelationskoeffizienten konnte dies durch die Stichprobe statistisch bestätigt werden. Weiterhin wurde deutlich, dass trotz gewisser Tendenzen keiner der 27 Einflussfaktoren eine statistisch hohe Signifikanz aufwies. Dies kann auf die geringe Anzahl der betrachteten Neuentwicklungsprojekte der Fallstudiengießerei zurückgeführt werden, wobei:

- zwar wenige, aber tief analysierte Neuentwicklungsprojekte der spezielle Wert der vorliegenden Arbeit sind,
- es auch andere Arbeiten mit kleiner Fallzahl und statistischen Analysen im Umfeld der Integration von Lieferanten in die Neuproduktentwicklung gibt (vgl. Tabelle 16, S. 99).

Die Korrelationen der Einflussfaktoren zeigten daneben untereinander teilweise „mittlere bis sehr hohe“ Korrelationen. Dementsprechend sollten in der nachfolgenden Analyse die Einflussfaktoren nicht ausschließlich für sich alleine, sondern mit Bezug auf die Wirkung untereinander betrachtet werden. In diesem Zuge hätte eine sogenannte „Poweranalyse“ (Teststärkeanalyse) für jede einzelne Effektstärke Abhilfe schaffen können (u. a. Bühner und Ziegler 2009; Rasch et al. 2014). Jedoch wurde diese aufgrund der Einbeziehung einer hohen Anzahl an Einflussfaktoren und einer sich daraus ergebenden hohen Anzahl an Freiheitsgraden des niedrigen Stichprobenumfangs, die kaum noch Aussagekraft besaß, nicht weiterverfolgt.

Im weiteren Verlauf galt es, die Beziehung zwischen diesen Einflussfaktoren überbetrieblicher Gussteilentwicklung und der Veränderung der CO_2-Emissionen vertiefend zu untersuchen und, soweit möglich, zu quantifizieren. Als quantitative Analysemethode wurden im Folgenden uni- und multivariate Regressionsanalysen auf die 27 Einflussfaktoren der Stichprobe angewandt.

5.6 Regressionsanalyse zur Modellentwicklung

Die vorangegangenen univariaten und bivariaten Analysen haben dazu beigetragen, eine erste Vorstellung von den Zusammenhängen der Einflussfaktoren, insbesondere hinsichtlich der Veränderung der CO_2-Emissionen, zu erhalten. Auf Basis dieser Informationen erfolgt nun die Entwicklung von Erklärungsmodellen zur Vorhersage künftiger CO_2-Einsparungen bei überbetrieblicher Gussteilentwicklung mittels Regressionsanalysen.

5.6.1 Univariate Regressionsanalyse

Der Integrationszeitpunkt bei der Gussteilentwicklung wurde in der vorhergehenden Ausführung als ein entscheidender Treiber in Bezug auf die Veränderung der CO_2-Emissionen identifiziert. Unter Berücksichtigung der Reihenfolge der Höhe der Korrelationskoeffizienten erfolgte der weitere Aufbau der univariaten Regressionsanalyse (vgl. Tabelle 30, S. 170 ff.). Infolgedessen wurde als erstes eine univariate Regressionsanalyse durchgeführt, bei welcher der Einfluss des Integrationszeitpunkts auf die Veränderung der CO_2-Emissionen bestimmt wurde.

n = 39	*QS*	*Df*	*MS*	*R^2*			,112
Regression	1016,247	1	1016,247	***korrigiertes R^2***			,098
Residuum	7319,220	37	197,817	***Standardfehler der Schätzung***			14,065
total	8335,468	38	1214,064	***Signifikanz***			,029
Veränderung der CO_2-Emissionen	***B***	***Standard-fehler***	***Beta***	***t***	***Signifi-kanz***	***Konfidenzintervall für B (95,0 %)***	
Konstante	−27,405	6,169		−4,442	***,001***	−39,905	−14,905
Integrations-zeitpunkt	6,861	3,027	,349	2,267	***,029***	,728	12,994

Tabelle 31: Univariate Regressionsanalyse zwischen Integrationszeitpunkt und Veränderung der CO_2-Emissionen

Tabelle 31 (S. 175) veranschaulicht, dass der Integrationszeitpunkt bei Betrachtung der Stichprobe einen positiven Einfluss auf die Höhe der Veränderung der CO_2-Emissionen hat, der auf dem 5 %-Niveau statistisch signifikant ist.

Dies bedeutet beispielsweise, dass sich die CO_2-Einsparung bei einer Integration der Gießerei in die Konzeptphase anstelle der Einbindung in die Ideenphase im Mittel um 6,861 % verringert (vgl. Abbildung 89).

Im weiteren Verlauf wurde die Häufigkeit der Kommunikation, die den zweithöchsten Korrelationswert aufweist, hinsichtlich ihres Einflusses auf die Veränderung der CO_2-Emissionen untersucht (vgl. Tabelle 32).

n = 39	*QS*	*df*	*MS*	*R²*			,024
Regression	199,624	1	199,624	***korrigiertes R²***			–,002
Residuum	8135,844	37	219,888	***Standardfehler der Schätzung***			14,829
total	8335,468	38	419,512	***Signifikanz***			,347
Veränderung der CO₂-Emissionen	***B***	***Standard-fehler***	***Beta***	***t***	***Signifi-kanz***	***Konfidenzintervall für B (95,0 %)***	
Konstante	–6,018	9,098		–,662	***,512***	–24,453	–12,416
Häufigkeit der Kommunikation	–2,365	2,482	–,155	–,953	***,347***	–7,394	2,664

Tabelle 32: Univariate Regressionsanalyse zwischen Kommunikationshäufigkeit und Veränderung der CO_2-Emissionen

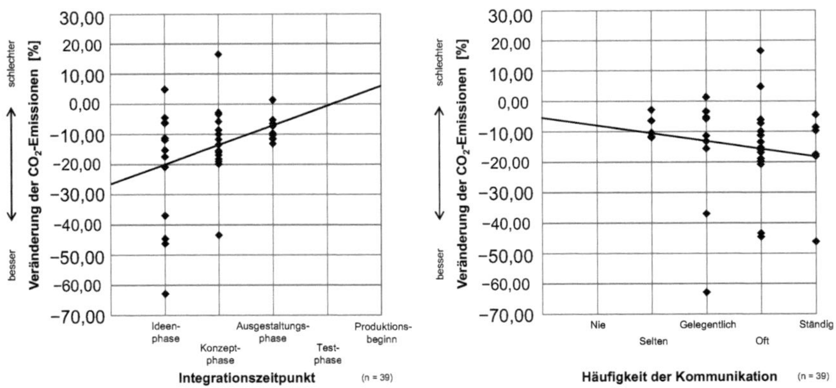

Abbildung 89: Univariate Regressionsanalyse: Integrationszeitpunkt und Häufigkeit der Kommunikation vs. CO_2-Emissionen

Obiger Regressionsanalyse ist zunächst zu entnehmen, dass insgesamt ein negativer Zusammenhang zwischen der Kommunikationshäufigkeit und der CO_2-Einsparung vorliegt. Ein höherer Wert bei der Häufigkeit der Kommunikation führt zu einer höheren CO_2-Einsparung: Der Übergang von der Kategorie „gelegentlich" zur Kategorie „oft" geht z. B. mit einer um −2,365 % geringeren CO_2-Einsparung einher. Es konnte jedoch kein statistisch signifikanter Zusammenhang nachgewiesen werden. Abbildung 89 (S. 176) veranschaulicht die beiden univariaten Regressionsanalysen.

An dritter Stelle der Höhe der Korrelationskoeffizienten stand der Wert für den Umfang an Anforderungsmodifikationen während des Projektverlaufs. Tabelle 33 veranschaulicht, dass die Änderungen der erteilten Anforderungen bei Betrachtung der Stichprobe einen negativen Einfluss („mit einer positiven Wirkung") auf die Höhe der Veränderung der CO_2-Emissionen hatten, der auf dem 5 %-Niveau statistisch signifikant war. Das bedeutet, dass sich die CO_2-Einsparung bei einem Anstieg der Änderungen der erteilten Anforderungen um eine Einheit (z. B. von „nie" auf „selten") um −2,708 % CO_2-Emissionen verringerte (vgl. Abbildung 90, S. 178).

n = 39	***QS***	***df***	***MS***	***R^2***		,068	
Regression	569,060	1	569,060	***korrigiertes R^2***		,043	
Residuum	7766,408	37	209,903	***Standardfehler der Schätzung***		14,488	
total	8335,468	38	778,963	***Signifikanz***		,108	
Veränderung der CO_2-Emissionen	***B***	***Standardfehler***	***Beta***	***t***	***Signifikanz***	***Konfidenzintervall für B (95,0 %)***	
Konstante	−7,790	4,630		−1,683	***,101***	−17,171	1,591
Änderung von erteilten Anforderungen	−2,708	1,645	−,261	−1,647	***,108***	−6,041	,624

Tabelle 33: Univariate Regressionsanalyse zwischen Änderung von erteilten Anforderungen und Veränderung der CO_2-Emissionen

Weiterhin wurden an vierter Stelle die Auswirkungen der Anzahl persönlicher Treffen im Rahmen einer univariaten Regressionsanalyse untersucht. Tabelle 34 (S. 178) veranschaulicht die Ergebnisse.

Hierbei konnte, wie bei den vorherigen Untersuchungen, ein negativer Zusammenhang („mit einer positiven Wirkung") festgestellt werden; allerdings lag keine statistische Signifikanz vor. Bei einer höheren Anzahl an persönlichen Treffen war eine Senkung der CO_2-Emissionen im Mittel um −2,065 % möglich. Abbildung 90 (S. 178) stellt die Ergebnisse dar.

n = 39	***QS***	***df***	***MS***	***R²***		,058	
Regression	486,328	1	486,328	***korrigiertes R²***		,033	
Residuum	7849,140	37	212,139	***Standardfehler der Schätzung***		14,565	
total	8335,468	38	698,467	***Signifikanz***		,138	
Veränderung der CO₂-Emissionen	***B***	***Standard-fehler***	***Beta***	***t***	***Signifi-kanz***	***Konfidenzintervall für B (95,0 %)***	
Konstante	−10,256	3,589		−2,857	***,007***	−17,528	−2,983
persönliche Treffen	−2,065	1,364	−,242	−1,514	***,138***	−4,829	−,699

Tabelle 34: Univariate Regressionsanalyse zwischen Anzahl persönlicher Treffen und Veränderung der CO_2-Emissionen

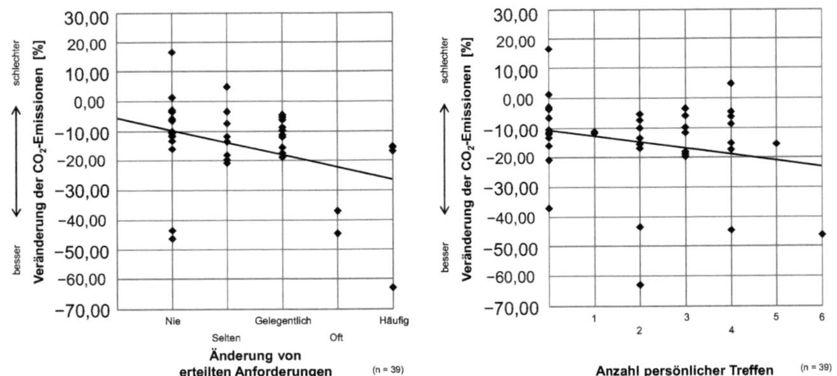

Abbildung 90: Univariate Regressionsanalyse: Änderung von erteilten Anforderungen und der Anzahl persönlicher Treffen vs. CO_2-Emissionen

Tabelle 35 (S. 178 f.) stellt die Ergebnisse univariater Regressionsanalysen zwischen den verbleibenden 23 Einflussfaktoren und der Veränderung der CO_2-Emissionen dar.

Einflussfaktor	**B**	**Standard-fehler**	**Beta**	**Signifi-kanz**	**Konfidenzinter-vall für B (95,0 %)**	
2 *Wertschöpfungsstufe*	7,024	7,837	,146	,376	−8,856	22,904
3 *kundenseitige Managementsysteme*	2,840	2,221	,206	,209	−1,660	7,340
4 *Unternehmensgröße*	1,605	1,572	,166	,314	−1,581	4,791
5 *Größe der F&E-Abteilung*	1,383	1,461	,154	,350	−1,577	4,342
6 *räumliche Entfernung*	,009	,007	,207	,205	−,005	,023
7 *Kundentyp*	−2,290	1,583	−,231	,156	−5,498	,918
8 *Entwicklungszeit*	,019	,049	,062	,706	−,081	,118

Einflussfaktor	B	Standard-fehler	Beta	Signifi-kanz	Konfidenzinter-vall für B (95,0 %)	
9 Stückzahl	–,005	,012	–,063	,703	–,028	,019
10 Projektanforderungen	,687	1,781	,063	,702	–2,921	4,294
11 Unterstützung durch das kundenseitige Management	-1,758	2,255	–,127	,441	-6,327	2,811
12 Unterstützung durch das Management des Gussteillieferanten	-2,907	2,634	–,179	,277	–8,244	2,430
13 Bauteiltyp	2,826	3,097	,148	,367	–3,449	9,101
14 Schwierigkeit	-1,166	1,555	–,122	,458	–4,317	1,984
15 Rohteilgewicht des Gussteils	–,001	,001	–,170	,301	–,002	,001
16 Kernanzahl	,287	,209	,220	,178	–,136	,711
17 Komplexität im Vergleich zu anderen Entwicklungsprojekten	-2,364	2,256	–,170	,302	-6,935	2,208
18 Vertrauen	-4,936	2,378	–,323	,045	–9,754	–,119
19 Hemmnisse partnerschaftlicher Beziehung	3,629	3,275	,179	,275	–3,008	10,265
20 kundenseitiges Entwicklungs-Know-how	–,634	1,777	–,059	,723	–4,235	2,967
21 Daten und Information	–,872	1,917	–,075	,652	–4,756	3,012
24 Betreuung im Projektverlauf	–,885	2,241	–,065	,695	–5,426	3,656
27 Methoden, Richtlinien oder Normen	,681	,808	,137	,404	–,955	2,317
28 kundenseitige Entwicklungswerkzeuge	-1,083	2,231	–,080	,630	–5,604	3,437

Tabelle 35: Univariate Regressionsanalyse: Übersicht weiterer Einflussfaktoren

5.6.2 Zusammenfassung der wesentlichen Erkenntnisse der univariaten Regressionsanalyse

Die durchgeführten univariaten Regressionsanalysen dienten dazu, die verschiedenen Einflussfaktoren auf eine lineare Beziehung zur Veränderung der CO_2-Emissionen zu untersuchen. Ziel war es, die Zusammenhänge aus der einfachen Korrelation zu verifizieren und gegebenenfalls neue zu identifizieren. Auf diese Weise wurden wichtige Informationen gewonnen, die im Folgenden kurz zusammengefasst und interpretiert werden:

➢ ***Integrationszeitpunkt***

Hinsichtlich der Bedeutung des Einflussfaktors „Integrationszeitpunkt" (d. h. des erstmaligen Kontakts zwischen Gussteillieferant und -abnehmer) in Bezug auf die Veränderung der CO_2-Emissionen war ein deutlich positiver Zusammenhang zu erkennen, der zudem statistische Signifikanz aufwies. Dies wurde besonders durch die Höhe der erklärten Varianz deutlich. So erklärte der Integrationszeitpunkt nahezu 12,2 % der gesamten Varianz der CO_2-Einsparungen. Innerhalb der univariaten Regressionsanalysen war dies der höchste Wert, der beobachtet werden konnte.

➢ ***Vertrauen***

Während beim Integrationszeitpunkt ein positives Vorzeichen des Zusammenhangs beobachtet werden konnte, wies der Einflussfaktor „Vertrauen“ (d. h. die Höhe des Vertrauens zwischen Gussteillieferant und -abnehmer) einen negativen Einfluss („mit einer positiven Wirkung“) auf die Veränderung der CO_2-Emissionen auf. Dieser Zusammenhang zeigte ebenfalls auf dem 5 %-Niveau eine statistische Signifikanz. Die erklärte Varianz betrug 10,4 %. Bei der Entwicklung eines Erklärungsmodells sollte der Einfluss dieses Faktors in jedem Fall erneut untersucht werden.

➢ ***Häufigkeit der Kommunikation***

Bei der Häufigkeit der Kommunikation war lediglich eine über dem 10 %-Niveau liegende statistische Signifikanz messbar. Es bestand ein negativer Zusammenhang zwischen der Veränderung der CO_2-Emissionen und der Häufigkeit der Kommunikation, wobei die erklärte Varianz 6,8 % umfasste.

5.6.3 Multivariate Regressionsanalyse

In diesem Abschnitt werden verschiedene Modelle entwickelt, um die Veränderung der CO_2-Emissionen gesamthaft zu erklären. Beginnend beim ersten Modell werden die Einflussfaktoren mit dem höchsten korrigierten R-Quadrat dargestellt.

5.6.3.1 Entwicklung der Erklärungsmodelle

➢ ***Erklärungsmodell I***

Zu Beginn wurden die in den univariaten Regressionsanalysen untersuchten Einflussfaktoren nach der Variablenselektionsmethode „Einschluss“ untereinander korreliert (vgl. Abschnitt 4.2.2.2). Tabelle 36 stellt die Ergebnisse mit dem höchsten korrigierten R-Quadrat dar, d. h. das Modell mit zwei Variablen, das den höchsten Erklärungsgrad ermöglicht.

n = 39	***QS***	***df***	***MS***	***R^2***			,185
Regression	1545,086	2	772,543	***korrigiertes R^2***			,140
Residuum	6790,382	36	188,622	***Standardfehler der Schätzung***			13,734
total	8335,468	38	961,165	***Signifikanz***			,025
Veränderung der CO_2-Emissionen	***B***	***Standard-fehler***	***Beta***	***t***	***Signifi-kanz***	***Konfidenzintervall für B (95,0 %)***	
Konstante	−11,605	11,195		−1,037	***,307***	−34,309	11,098
Integrations-zeitpunkt	5,736	3,031	,292	1,892	***,067***	−,412	11,883
Vertrauen	−3,947	2,357	−,258	−1,674	***,103***	−8,729	,834

Tabelle 36: *Erklärungsmodell I* für die Prognose der Veränderung der CO_2-Emissionen überbetrieblicher Gussteilentwicklung

Wie Tabelle 36 (S. 180) zu entnehmen ist, erklärte das Modell I 18,5 % der Varianz bei einem korrigierten R-Quadrat von 0,140. Weiterhin wurde der Einfluss der verschiedenen Einflussfaktoren auf die Höhe der Veränderungen der CO_2-Emissionen deutlich, sodass folgende Modellgleichung (I) aufgestellt werden konnte:

$$Y_{\text{Veränderung der } CO_2\text{-Emissionen}} = -11{,}605 + 5{,}736 * X_{\text{Integrationszeitpunkt}} - 3{,}947 * X_{\text{Vertrauen}} \quad \text{(I)}$$

Hierbei konnte festgestellt werden, dass ein früher Integrationszeitpunkt des Gussteillieferanten in die Gussteilentwicklung einen positiven Einfluss auf die Höhe der CO_2-Einsparungen hatte. Das Vertrauen zeigte ein negatives Vorzeichen im Hinblick auf die Veränderung der CO_2-Emissionen. Dies bedeutet unter Berücksichtigung der Codierung, dass durch ein höheres Vertrauensverhältnis ein niedrigerer CO_2-Emissionswert erzielt werden kann. Weiterhin war festzustellen, dass das Modell I auf dem 5 %-Niveau statistisch signifikant war.

Anzumerken ist, dass der Integrationszeitpunkt in Bezug auf die weiteren 25 Einflussfaktoren eine „sehr geringe“ bis „geringe“ Korrelation aufwies. Der höchste Korrelationskoeffizient konnte bei den beiden Einflussfaktoren „Änderung von erteilten Anforderungen“ ($r = -0{,}421$, $p < 0{,}01$) und „Komplexität“ ($r = -0{,}408$, $p < 0{,}01$) festgestellt werden. Eine ähnliche Tendenz verzeichnete auch der Einflussfaktor „Vertrauen“. Zudem konnte eine erhöhte Korrelation bei den „Hemmnissen“ ($r = -0{,}661$, $p < 0{,}01$) sowie beim „Kundentyp“ ($r = 0{,}558$, $p < 0{,}01$) nachgewiesen werden.

➢ ***Erklärungsmodell II***

Losgelöst vom *Erklärungsmodell I*, welches bei Nutzung von zwei Einflussfaktoren die höchste erklärte Varianz aufwies, wurde mittels der Variablenselektionsmethode „Einschluss“ das bestmögliche Modell mit dem höchsten korrigierten R-Quadrat bei drei Einflussfaktoren ermittelt. Tabelle 37 (S. 182) stellt die Ergebnisse dar.

n = 39	*QS*	*df*	*MS*	*R^2*			,245
Regression	2040,575	3	680,192	***korrigiertes R^2***			,180
Residuum	6294,893	35	179,854	***Standardfehler der Schätzung***			13,411
total	8335,468	38	860,046	***Signifikanz***			,019
Veränderung der CO_2-Emissionen	***B***	***Standardfehler***	***Beta***	***t***	***Signifikanz***	***Konfidenzintervall für B (95,0 %)***	
Konstante	−39,515	8,153		−4,847	***,001***	−56,066	−22,964
Integrationszeitpunkt	7,479	2,913	,381	2,567	***,015***	1,565	13,393
Größe der F&E-Abteilung	2,675	1,400	,297	1,910	***,064***	−,168	5,518
Kernanzahl	,392	,201	,300	1,946	***,060***	−,017	,800

Tabelle 37: Erklärungsmodell II für die Prognose der Veränderung der CO_2-Emissionen überbetrieblicher Gussteilentwicklung

Die Ergebnisse der Regressionsanalyse führten zur Modellgleichung (II):

$$\mathbf{Y}_{\text{Veränderung der CO}_2\text{-Emissionen}} = \mathbf{-39{,}515 + 7{,}479 * X}_{\text{Integrationszeitpunkt}} \mathbf{+ 2{,}675 * X}_{\text{Größe der F\&E-Abteilung}} \mathbf{+ 0{,}392 * X}_{\text{Kernanzahl}} \qquad \textbf{(II)}$$

Deutlich wurde, dass der Integrationszeitpunkt bei der überbetrieblichen Gussteilentwicklung auch in diesem Modell einen entscheidenden Einflussfaktor auf die Veränderung der CO_2-Emissionen darstellt. Der Einfluss war hierbei auf dem 5 %-Niveau statistisch signifikant. Auch hatten die Größe der F&E-Abteilung sowie die Kernanzahl des Gussteils einen Einfluss auf die Veränderung der CO_2-Emissionen, die auf dem 10 %-Niveau als „tendenziell signifikant" zu bezeichnen waren.

Die Betrachtung der Korrelationen auf Basis der 24 Einflussfaktoren zeigte, dass die Größe der F&E-Abteilung eine erhöhte Korrelation mit dem Einflussfaktor „Unternehmensgröße" ($r = 0{,}721$, $p < 0{,}01$) sowie mit der Anzahl „kundenseitiger Managementsysteme" ($r = 0{,}522$, $p < 0{,}01$) aufwies. Zusätzlich ließ sich für die Anzahl der Kerne eine ähnlich hohe Korrelation in Verbindung mit dem Einflussfaktor „Rohteilgewicht des Gussteils" ($r = 0{,}673$, $p < 0{,}01$) sowie eine „geringe" Korrelation mit den Einflussfaktoren „Schwierigkeit" ($r = 0{,}324$, $p < 0{,}05$) und „Komplexität" des Gussteils ($r = 0{,}314$, $p > 0{,}05$) entnehmen.

In Anlehnung an die Ergebnisse der Tabelle 37 erklärte das Modell II im Vergleich zum *Erklärungsmodell I* weitere 6 % der Varianz bei einem korrigierten R-Quadrat von 0,180. Im Folgenden wurden nun weitere Einflussfaktoren zur Vorhersage der Veränderung der CO_2-Emissionen hinzugezogen.

➢ *Erklärungsmodell III*

Das *Erklärungsmodell III* (vgl. Tabelle 38) enthielt jetzt vier Einflussfaktoren (basierend auf der Variablenselektionsmethode „Einschluss"). Dabei wurde deutlich, dass sowohl der Integrationszeitpunkt als auch die Kernanzahl und die Größe der F&E-Abteilung einen Einfluss auf die überbetriebliche Gussteilentwicklung hatten. Jedoch lag lediglich beim Integrationszeitpunkt ein signifikanter Zusammenhang vor, während die Größe der F&E-Abteilung sowie die Anzahl der Kerne des Gussteils auf dem 10 %-Niveau einen „tendenziell signifikanten" Zusammenhang aufwiesen. Es ist anzumerken, dass die im *Erklärungsmodell III* inkludierten Einflussfaktoren Gemeinsamkeiten zu den vorherigen Modellen aufwiesen und mit weiteren Einflussfaktoren korrelierten. Nachfolgend wurden die standardisierten Regressionskoeffizienten (und Beta-Koeffizienten) zur Bestimmung der Stärke des Einflusses der metrischen Einflussfaktoren am Beispiel der Kernanzahl bestimmt. Somit erfolgte eine Senkung der CO_2-Emissionen um 0,26 Standardabweichungen, sobald sich die Anzahl der Kerne um einen erhöhte. Jedoch war zu beobachten, dass die Kernanzahl eine eher niedrige Erklärungskraft im Modell III besitzt.

n = 39	*QS*	*df*	*MS*	*R^2*			,281
Regression	2346,091	4	589,523	***korrigiertes R^2***			,197
Residuum	5989,377	34	176,158	***Standardfehler der Schätzung***			13,272
total	8335,468	38	765,681	***Signifikanz***			,021
Veränderung der CO_2-Emissionen	***B***	***Standard-fehler***	***Beta***	***t***	***Signifi-kanz***	***Konfidenzintervall für B (95,0 %)***	
Konstante	−26,181	12,947		−2,022	***,051***	−52,492	,130
Integrations-zeitpunkt	6,559	2,967	,334	2,211	***,034***	,531	12,588
Vertrauen	−3,053	2,318	−,200	−1,317	***,197***	−7,764	1,658
Kernanzahl	,347	,202	,266	1,718	***,095***	−,064	,757
Größe der F&E-Abteilung	2,442	1,397	,272	1,748	***,090***	−,398	5,281

Tabelle 38: *Erklärungsmodell III* für die Prognose der Veränderung der CO_2-Emissionen überbetrieblicher Gussteilentwicklung

Durch das *Erklärungsmodell III* wurden mehr als 28 % der gesamten Varianz bei einem korrigierten R-Quadrat von 0,197 erklärt. Folgende Regressionsgleichung (III) konnte abgeleitet werden:

$$Y_{\text{Veränderung der } CO_2\text{-Emissionen}} = -26{,}181 + 6{,}559 \cdot X_{\text{Integrationszeitpunkt}} - 3{,}053 \cdot X_{\text{Vertrauen}} + 0{,}347 \cdot X_{\text{Kernanzahl}} + 2{,}442 \cdot X_{\text{Größe der F\&E-Abteilung}} \quad \text{(III)}$$

➢ *Erklärungsmodell IV*

Im Rahmen der weiteren Analyse wurde das folgende *Erklärungsmodell IV* (erneut nach der Variablenselektionsmethode „Einschluss“) hinsichtlich der Veränderung der CO_2-Emissionen bei überbetrieblicher Gussteilentwicklung untersucht.

n = 39	*QS*	*df*	*MS*	*R²*			,341
Regression	2845,514	5	569,103	***korrigiertes R²***			,242
Residuum	5489,954	33	166,362	***Standardfehler der Schätzung***			12,898
total	8335,468	38	735,465	***Signifikanz***			,013
Veränderung der CO₂-Emissionen	***B***	***Standard-fehler***	***Beta***	***t***	***Signifi-kanz***	***Konfidenzintervall für B (95,0 %)***	
Konstante	−10,317	17,039		−,605	***,549***	−44,983	24,349
Integrations-zeitpunkt	5,737	2,986	,292	1,921	***,063***	−,338	11,811
Häufigkeit der Kommunikation	−4,528	2,859	−,296	−1,584	***,123***	−10,344	1,288
Kernanzahl	,298	,199	,229	1,497	***,144***	−,107	,703
Größe der F&E-Abteilung	3,172	1,369	,353	2,316	***,027***	,386	5,958
Kundentyp	−3,808	1,755	−,385	−2,169	***,037***	−7,379	−,237

Tabelle 39: *Erklärungsmodell IV* für die Prognose der Veränderung der CO_2-Emissionen überbetrieblicher Gussteilentwicklung

Aus der obigen Tabelle 39 waren fünf Einflussfaktoren zu entnehmen, sodass folgende Modellgleichung (IV) gebildet werden konnte:

$$\mathbf{Y}_{\text{Veränderung der CO}_2\text{-Emissionen}} = \mathbf{-10{,}317 + 5{,}737 * X}_{\text{Integrationszeitpunkt}} \mathbf{- 4{,}528 * X}_{\text{Häufigkeit der Kommunikation}} \mathbf{+ 0{,}298 * X}_{\text{Kernanzahl}} \mathbf{+ 3{,}172 * X}_{\text{Größe der F\&E-Abteilung}} \mathbf{- 3{,}808 * X}_{\text{Kundentyp}} \qquad \textbf{(IV)}$$

Dem *Erklärungsmodell IV* war zu entnehmen, dass nur die Größe der F&E-Abteilung sowie der Kundentyp eine statistische Signifikanz aufwiesen. Der Integrationszeitpunkt war hierbei auf dem 10 %-Niveau tendenziell statistisch signifikant. Weiterhin hatten der Integrationszeitpunkt, die Kernanzahl sowie die Größe der F&E-Abteilung einen Einfluss auf die Veränderung der CO_2-Emissionen.

Die Auswertung der Korrelationen der 21 Einflussfaktoren zeigte, dass die „Häufigkeit der Kommunikation“ eine „hohe“ Korrelation mit dem Einflussfaktor „persönliche Treffen“ ($r = 0{,}627$, $p < 0{,}01$) sowie eine „mittlere“ Korrelation mit dem „Kundentyp“ ($r = -0{,}522$, $p < 0{,}01$) und dem „kundenseitigen Entwicklungs-Know-how“ ($r = 0{,}492$, $p < 0{,}01$) aufwies. Losgelöst von der mittleren Korrelation zwischen den Einflussfaktoren „Häufigkeit der Kommunikation“ und „Kundentyp“ stellte letzterer einen weiteren Einflussfaktor im *Erklärungsmodell IV* dar. Der „Kundentyp" wies eine „mittlere" Korrelation bei den beiden Einflussfaktoren „Hemmnisse partnerschaftlicher Beziehung" ($r = -0{,}561$, $p < 0{,}01$) und „Vertrauen" ($r = 0{,}558$, $p < 0{,}01$) sowie eine „geringe" Korrelation beim Einflussfaktor „Methoden, Richtlinien oder Normen" ($r = -0{,}395$, $p < 0{,}05$) auf.

➢ *Erklärungsmodell V*

Tabelle 40 stellt die Ergebnisse der Regressionsanalyse mit sechs Einflussfaktoren dar (wieder basierend auf der Variablenselektionsmethode „Einschluss"). Dabei wurde deutlich, dass das neu berechnete *Erklärungsmodell V* die Einflussfaktoren Integrationszeitpunkt, Kernanzahl, Größe der F&E-Abteilung sowie Kundentyp vom vorherigen *Erklärungsmodell IV* enthielt und um die Einflussfaktoren kundenseitiger Managementsysteme und Schwierigkeit erweitert wurde.

n = 39	***QS***	***df***	***MS***	***R²***		,362	
Regression	3019,110	6	503,185	***korrigiertes R²***		,243	
Residuum	5316,358	32	166,136	***Standardfehler der Schätzung***		12,889	
total	8335,468	38	669,321	***Signifikanz***		,018	
Veränderung der CO_2-Emissionen	***B***	***Standard-fehler***	***Beta***	***t***	***Signifi-kanz***	***Konfidenzintervall für B (95,0 %)***	
Konstante	−32,899	15,056		−2,185	***,036***	−63,568	−2,230
Integrations-zeitpunkt	6,854	3,091	,349	2,217	***,034***	,558	13,150
kundenseitige Management-systeme	3,878	2,331	,281	1,664	***,106***	−,870	8,625
Größe der F&E-Abteilung	1,787	1,545	,199	1,157	***,256***	−1,359	4,933
Kundentyp	−2,378	1,415	−,240	−1,680	***,103***	−5,259	,504
Schwierigkeit	−1,240	1,593	−,130	−,778	***,442***	−4,485	2,005
Kernanzahl	,477	,211	,366	2,256	***,031***	,046	,907

Tabelle 40: *Erklärungsmodell V* für die Prognose der Veränderung der CO_2-Emissionen überbetrieblicher Gussteilentwicklung

Nach Auswertung von Tabelle 40 (S. 185) konnte folgende Regressionsgleichung (V) gebildet werden:

$$\begin{aligned} \mathbf{Y}_{\text{Veränderung der CO}_2\text{-Emissionen}} = & -\mathbf{32{,}899} + \mathbf{6{,}854{*}X}_{\text{Integrationszeitpunkt}} \\ & + \mathbf{3{,}878{*}X}_{\text{kundenseitige Managementsysteme}} \\ & + \mathbf{1{,}787{*}X}_{\text{Größe der F\&E-Abteilung}} - \mathbf{2{,}378{*}X}_{\text{Kundentyp}} \\ & - \mathbf{1{,}240{*}X}_{\text{Schwierigkeit}} + \mathbf{0{,}477{*}X}_{\text{Kernanzahl}} \end{aligned} \quad \textbf{(V)}$$

Die Modellgleichung (V) zeigte, dass die Wirkungsrichtung einzelner Einflussfaktoren im Vergleich zu den anderen Modellen identisch war. So hatten auch die Einflussfaktoren Kundentyp und Schwierigkeit einen Einfluss auf die Höhe der Veränderung der CO_2-Emissionen, wobei allerdings keine statistische Signifikanz zu verzeichnen war. Demgegenüber hatten der Integrationszeitpunkt sowie die Anzahl der Kerne des Gussteils einen auf dem 5 %-Niveau statistisch signifikanten Einfluss. Weiterhin hatten die Größe der F&E-Abteilung und kundenseitige Managementsysteme einen Einfluss auf die Veränderung der CO_2-Emissionen (statistische Signifikanz knapp über dem 10 %-Niveau).

Der im *Erklärungsmodell V* hinzugekommene Einflussfaktor „kundenseitige Managementsysteme“ wies eine erhöhte Korrelation mit der „Größe der F&E-Abteilung“ ($r = 0{,}522$, $p < 0{,}01$) sowie eine „geringe“ Korrelation mit dem „Rohteilgewicht des Gussteils“ ($r = -0{,}384$, $p < 0{,}05$) und der Anzahl „kundenseitiger Entwicklungswerkzeuge“ ($r = 0{,}260$, $p < 0{,}05$) auf. Die „Schwierigkeit“ zeigte eine fast perfekte Korrelation mit dem Einflussfaktor „Komplexität“ ($r = 0{,}982$, $p < 0{,}01$) sowie eine „mittlere“ Korrelation mit dem Einflussfaktor „Rohteilgewicht des Gussteils“ ($r = 0{,}418$, $p < 0{,}01$). Insgesamt betrug das R-Quadrat 36,2 %, wobei in Bezug auf das korrigierte R-Quadrat (0,243) lediglich eine Zunahme von 0,001 im Vergleich zum *Erklärungsmodell IV* zu verzeichnen war.

- ***Erklärungsmodell VI***

Unter Anwendung der Variablenselektionsmethode „Einschluss“ konnte ein weiteres *Erklärungsmodell VI* mit sieben Einflussfaktoren berechnet werden. Tabelle 41 (S. 187) stellt die Ergebnisse vor.

Der Regressionsgleichung (VI) war zu entnehmen, dass deutliche Gemeinsamkeiten zum *Erklärungsmodell V* vorlagen, wobei dessen Ansatz um den Einflussfaktor Vertrauen erweitert wurde. Festzustellen ist, dass der Einflussfaktor Anzahl der Kerne des Gussteils eine statistische Signifikanz auf dem 5 %-Signifikanzniveau aufwies. Der Integrationszeitpunkt war auf dem 10 %-Niveau statistisch signifikant. In Anlehnung an die vorherigen Modelle lagen zwischen einzelnen Einflussfaktoren erhöhte Korrelationen vor (in Anlehnung an die Erläuterungen zum *Erklärungsmodell V*).

n = 39	*QS*	*df*	*MS*	R^2		,367	
Regression	3058,299	7	436,900	***korrigiertes*** R^2		,224	
Residuum	5277,169	31	170,231	***Standardfehler der Schätzung***		13,047	
total	8335,468	38	607,131	***Signifikanz***		,033	
Veränderung der CO_2***-Emissionen***	***B***	***Standard-fehler***	***Beta***	***t***	***Signifi-kanz***	***Konfidenzintervall für B (95,0 %)***	
Konstante	−27,740	18,652		−1,487	***,147***	−65,782	10,302
Integrations-zeitpunkt	6,413	3,261	,326	1,967	***,058***	−,238	13,064
kundenseitige Management-systeme	3,762	2,372	,273	1,586	***,123***	−1,075	8,599
Größe der F&E-Abteilung	1,698	1,574	,189	1,079	***,289***	−1,512	4,909
Kundentyp	−1,896	1,749	−,192	−1,084	***,287***	−5,463	1,671
Schwierigkeit	−1,300	1,618	−,136	−,804	***,428***	−4,599	1,999
Kernanzahl	,464	,216	,356	2,153	***,039***	,025	,904
Vertrauen	−1,344	2,800	−,088	−,480	***,635***	−7,055	4,368

Tabelle 41: *Erklärungsmodell VI* für die Prognose der Veränderung der CO_2-Emissionen überbetrieblicher Gussteilentwicklung

Tabelle 41 konnte folgende Regressionsgleichung (VI) entnommen werden:

$$\begin{aligned} Y_{\text{Veränderung der CO}_2\text{-Emissionen}} = & -27{,}740 + 6{,}413 * X_{\text{Integrationszeitpunkt}} \\ & + 3{,}762 * X_{\text{kundenseitige Managementsysteme}} \\ & + 1{,}698 * X_{\text{Größe der F\&E-Abteilung}} - 1{,}896 * X_{\text{Kundentyp}} \\ & - 1{,}300 * X_{\text{Schwierigkeit}} + 0{,}464 * X_{\text{Kernanzahl}} - 1{,}344 * X_{\text{Vertrauen}} \end{aligned} \qquad \text{(VI)}$$

Wie Tabelle 41 zu entnehmen war, erklärte das Modell (VI) 36,7 % der Varianz bei einem korrigierten R-Quadrat von 0,224. Es war somit zum *Erklärungsmodell V* eine leichte Abnahme der Modelgüte, d. h. des korrigierten Erklärungsmaßes, um 0,019 zu verzeichnen. Abbildung 91 (S. 188) fasst noch einmal die Ergebnisse der multiplen Regressionsanalysen (in Bezug auf R-Quadrat und korrigiertes R-Quadrat) der *Erklärungsmodelle I bis VI* zusammen.

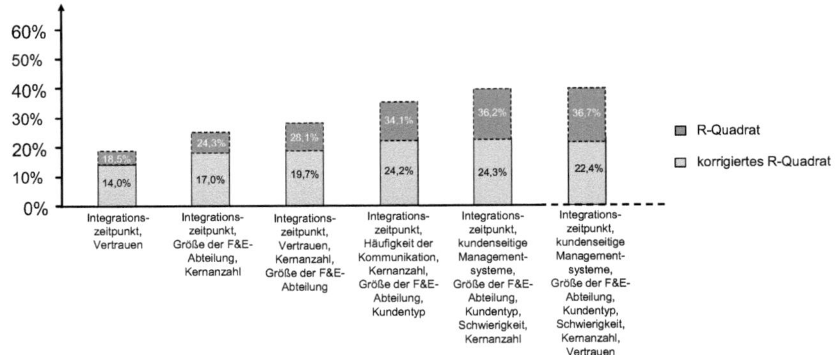

Abbildung 91: Erklärungsmaß der CO_2-Emissionsreduktion durch unterschiedliche Anzahl an Einflussfaktoren überbetrieblicher Gussteilentwicklung

Des Weiteren waren im Vergleich der vorhergehenden Modelle folgende auffällige Beobachtungen zu machen:

- Der Einfluss des Faktors „Integrationszeitpunkt" war stets positiv und in der Regel statistisch signifikant.
- Losgelöst vom *Erklärungsmodell I* spielte der Einflussfaktor „Größe der F&E-Abteilung des Kunden" eine Rolle, wobei dieser zwar generell einen positiven Einfluss auf die Veränderung der CO_2-Emissionen hatte, die Stärke des Zusammenhangs allerdings zwischen den Modellen schwankte. Zusätzlich lagen erhöhte Korrelationen dieses Faktors beispielsweise mit der „Unternehmensgröße" vor.
- Im Vergleich zu den anderen Modellen II, IV und V kam dem Einflussfaktor „Vertrauen" zunehmende Bedeutung zu, wobei dieser einen negativen Einfluss („mit einer positiven Wirkung") auf die Veränderung der CO_2-Emissionen hatte und statistisch nicht signifikant war.

Es wurde deutlich, dass trotz der vielen Einflussfaktoren mithilfe der Regressionsanalysen eine Eingrenzung auf diejenigen Einflussfaktoren vorgenommen werden konnte, die einen besonders bedeutsamen Einfluss auf die Veränderung der CO_2-Emissionen hatten. Die Möglichkeit, alle potenziellen Einflussfaktoren in das Modell aufzunehmen (vollständiges Modell), war problematisch, daher wurde in Anlehnung an die Voraussetzung für eine lineare Regression (vgl. Abschnitt 4.2.2) das *Erklärungsmodell III* ausgewählt (vgl. Abbildung 91). Dieses weist die im Modell denkbar größte Anzahl an Einflussfaktoren auf und erklärt eine Varianz von 19,7 %. Daher lautete die Modellgleichung für das Schätzmodell wie folgt:

$$Y_{\text{Veränderung der CO}_2\text{-Emissionen}} = -26{,}181 + 6{,}559 * X_{\text{Integrationszeitpunkt}} - 3{,}053 * X_{\text{Vertrauen}} + 0{,}347 * X_{\text{Kernanzahl}} + 2{,}442 * X_{\text{Größe der F\&E-Abteilung}} \quad \text{(III)}$$

Die Modellgleichung (III) wurde bei allen 39 Neuentwicklungsprojekten angewandt: Tabelle 42 stellt ein Ranking nach Höhe des absoluten Differenzbetrags zwischen der tatsächlichen Veränderung der CO_2-Emissionen (vgl. Abschnitt 5.5.2.4) und dem unter Anwendung der Modellgleichung (III) prognostizierten Wert der CO_2-Emissionsänderung dar.[43] Hierbei werden die zehn „besten" Werte in absteigender Reihenfolge sowie die zehn „schlechtesten" Werte aufgelistet. Zusätzlich werden exemplarisch die vier weiter oben analysierten Einzelfallstudien sichtbar gemacht und diskutiert (vgl. Abschnitt 5.3.5).

Ranking der Neuentwicklungsprojekte	**tatsächliche Veränderung der CO_2-Emissionen in [%]**	**prognostizierte Veränderung der CO_2-Emissionen laut Gleichung (III) in [%]**	**absoluter Differenzbetrag [%]**	**Abweichung von [%] in [%]**
1	−11,73	−11,68	*−0,05*	*−0,42*
2	−5,27	−5,20	*−0,07*	*−1,33*
3 (Schwinge)	−16,01	−15,92	*−0,09*	*−0,56*
4	−8,64	−8,28	*−0,36*	*−4,17*
5	−6,42	−6,00	*−0,42*	*−6,54*
6 (Maschinenbett)	−10,38	−9,74	*−0,64*	*−6,17*
7	−15,57	−16,31	*+0,74*	*+4,54*
8 (Drehmomentstütze)	−9,74	−8,95	*−0,79*	*−8,14*
9	−17,49	−18,33	*−0,84*	*−4,58*
10	−13,19	−12,18	*−1,01*	*−7,66*
		...		
29	−11,44	−14,89	*+3,45*	*+23,1*
30	−11,61	−8,03	*−3,58*	*−22,9*
31	−18,18	−13,07	*−5,11*	*−28,1*
32	−16,94	−11,68	*−5,26*	*−31,1*
33 (Gussstößel)	−6,38	−12,14	*+5,76*	*+47,4*
34	−18,95	−12,14	*−6,81*	*−35,2*
35	−46,20	−32,45	*−13,75*	*−29,7*
36	−36,98	−21,65	*−15,33*	*−39,7*
37	−44,57	−26,87	*−17,70*	*−42,6*
38	−43,44	−21,65	*−21,79*	*−50,2*
39	−62,94	−31,75	−31,19	−50,4

Tabelle 42: Anwendung des *Erklärungsmodells III* bei den neununddreißig Neuentwicklungsprojekten

[43] Ergänzend wird die „prozentuelle" Abweichung abgebildet.

Die Anwendung der Gleichung (III) zeigte, dass bei den vier Einzelfallstudien die Genauigkeit der geschätzten Veränderung der CO_2-Emissionen jeweils unterschiedlich ist. Es wurde deutlich, dass bei drei Einzelfallstudien der Platzierung eins bis zehn die Genauigkeit der Abschätzung sich im Mittel bei 0,5 % bewegt. Weiterhin wurde deutlich, dass für den Gussstößel nach Gleichung (III) ein mehr als doppelt so hoher Wert vorhergesagt wird, wie in der Praxis realisiert wurde. Es zeigte sich zudem, dass der Einzelfall „Gussstößel" eine der hinteren Platzierungen im Ranking belegte. Im weiteren Verlauf sollten insbesondere die Platzierungen 29 bis 39 genauer untersucht werden, um die Hintergründe bzw. Besonderheiten der jeweiligen Fälle zu verstehen und für die weitere Analyse nutzbar zu machen.

Abschließend wurden die *Erklärungsmodelle I bis VI* einer erneuten Korrelationsanalyse unterzogen sowie eine Prüfung auf Multikollinearität vorgenommen.

5.6.3.2 Analyse der Korrelation der Erklärungsmodelle

Zur Untersuchung der Beziehungen der Einflussfaktoren untereinander wurde eine erneute Korrelationsanalyse durchgeführt (vgl. Tabelle 43).

Einflussfaktor	*1*	*3*	*5*	*7*	*14*	*16*	*18*	*22*	*26*
1 Veränderung der CO_2-Emissionen	–								
3 kundenseitige Managementsysteme	,206	–							
5 Größe der F&E-Abteilung	,154	,522	–						
7 Kundentyp	-,231	,113	,095	–					
14 Schwierigkeit	-,122	-,024	,072	-,073	–				
16 Kernanzahl	,220	-,277	-,307	-,105	,324	–			
18 Vertrauen	-,323	-,019	-,046	,558	-,054	-,138	–		
22 Integrationszeitpunkt	,349	-,154	-,135	-,038	-,389	,029	-,222	–	
26 Häufigkeit der Kommunikation	-,155	,045	,178	-,522	,054	-,172	,009	-,283	–

Tabelle 43: Übersicht der Korrelationskoeffizienten zwischen den Einflussfaktoren der *Erklärungsmodelle I bis VI*

Hieraus wurde ersichtlich, dass einige Einflussfaktoren untereinander eine höhere positive oder negative Korrelation aufwiesen (vgl. hierzu auch die Analysen zu den einzelnen Modellen). So konnte beispielsweise bei der Beziehung zwischen dem gegenseitigen Vertrauen und dem Kundentyp mit $r = 0{,}558$, $p < 0{,}01$ eine höhere positive Korrelation festgestellt werden. Bei dem Zusammenhang zwischen der Häufigkeit der Kommunikation und dem Kundentyp lag ebenfalls eine höhere negative Korrelation ($r = -0{,}522$, $p < 0{,}01$) vor. Auch wenn die obigen Korrelationswerte nicht übermäßig hoch waren, sollten die Einflussfaktoren im nächsten Schritt auf Multikollinearität untersucht werden.

5.6.3.3 Prüfung der Multikollinearität

Nachfolgend wurden die Varianzinflationsfaktoren aufgeführt, die für die entsprechenden *Erklärungsmodelle I bis VI* ermittelt werden konnten.

Die Multikollinearität prüfte die gegenseitige Abhängigkeit der Einflussfaktoren. Dies konnte mithilfe verschiedener Verfahren geschehen. Im Rahmen der vorliegenden Arbeit wurde die VIF-Funktion aus SPSS verwendet. In Tabelle 44 (S. 191 f.)sind die Ergebnisse für die *Erklärungsmodelle I bis IV* dargestellt.

Für die zulässige Höhe des VIF lagen keine festen Regeln vor, sondern lediglich Faustregeln mit Empfehlungscharakter (u. a. Gujarati 2003, S. 362; Cleff 2012, S. 176; Brosius 2013, S. 583 f.). So galten Werte von „> 10“ als Beweis für das Vorliegen von Multikollinearität. Bei einem Mittelwert, welcher erheblich größer als eins war, hätte Multikollinearität vorliegen können. Anzumerken ist, dass eine im Rahmen einer VIF-Analyse nachgewiesene Multikollinearität bei gleichzeitigem Vorliegen hoher Standardfehler ein Problem dargestellt hätte.

	Nr.	VIF	1/VIF	Mittelwert VIF
Modell I	*22 Integrationszeitpunkt*	1,052	,951	*1,05*
	18 Vertrauen	1,052	,951	
Modell II	*22 Integrationszeitpunkt*	1,019	,982	*1,08*
	5 Größe der F&E-Abteilung	1,124	,890	
	16 Kernanzahl	1,104	,906	
Modell III	***22 Integrationszeitpunkt***	**1,079**	**,927**	***1,11***
	18 Vertrauen	**1,089**	**,918**	
	16 Kernanzahl	**1,136**	**,880**	
	5 Größe der F&E-Abteilung	**1,142**	**,875**	
Modell IV	*22 Integrationszeitpunkt*	1,157	,864	*1,36*
	26 Häufigkeit der Kommunikation	1,753	,570	
	16 Kernanzahl	1,169	,856	
	5 Größe der F&E-Abteilung	1,162	,861	
	7 Kundentyp	1,575	,635	

	Nr.	VIF	1/VIF	Mittelwert VIF
Modell V	*22 Integrationszeitpunkt*	1,242	,805	*1,31*
	3 kundenseitige Managementsysteme	1,430	,699	
	5 Größe der F&E-Abteilung	1,480	,676	
	7 Kundentyp	1,025	,976	
	14 Schwierigkeit	1,402	,713	
	16 Kernanzahl	1,319	,758	
Modell VI	*22 Integrationszeitpunkt*	1,349	,741	*1,46*
	3 kundenseitige Managementsysteme	1,445	,692	
	5 Größe der F&E-Abteilung	1,501	,666	
	7 Kundentyp	1,529	,654	
	14 Schwierigkeit	1,410	,709	
	16 Kernanzahl	1,339	,747	
	18 Vertrauen	1,644	,608	

Tabelle 44: Gesamtübersicht der Varianzinflationsfaktoren der Modelle I bis VI

Bei keinem der Einflussfaktoren lag der VIF-Faktor über zehn und der Mittelwert war nur geringfügig größer als eins. Somit konnte im vorliegenden Fall davon ausgegangen werden, dass mit großer Wahrscheinlichkeit keine Multikollinearität vorlag. Im Speziellen konnte dieser Befund für das *Erklärungsmodell III* nachgewiesen werden.

5.6.4 Kritische Reflexion der Untersuchung

In diesem Abschnitt soll die vorliegende Arbeit hinsichtlich verschiedener Aspekte kritisch reflektiert werden. Im Besonderen wird auf die Einflussfaktoren der empirischen Untersuchung, die Methodik sowie die Robustheit der Ergebnisse eingegangen.

5.6.4.1 Die Einflussfaktoren überbetrieblicher Kooperation

Wie weiter oben ausführlich dargelegt wurde, basierten die hier erhobenen und diskutierten Einflussfaktoren überbetrieblicher Gussteilentwicklung auf qualitativen und quantitativen Analysen. Die von einer Reihe von Experten vorgenommenen Gewichtungen hinsichtlich der Bedeutung der einzelnen potenziellen Einflussfaktoren konnten im Rahmen der vorliegenden Untersuchung größtenteils analytisch bestätigt werden (vgl. Abbildung 61, S. 138). Jedoch konnte in diesem Zusammenhang nicht „einwandfrei" überprüft werden, auf welcher Informationsgrundlage die interviewten Experten jeweils ihre Gewichtungen vornahmen.

Des Weiteren wurde angenommen, dass durch die Aufnahme abgeschlossener Neuentwicklungsprojekte einzelne Einflussfaktoren Unterschiede in der Bewertung vor und zu Entwicklungsabschluss beinhalteten.

5.6.4.2 Die Methodik der Untersuchung

Die angewandte Methodik der Untersuchung stellte die Basis für die Interpretation der Ergebnisse dar und hatte somit einen direkten Einfluss auf die Untersuchung. Aus diesem Grund soll hier die Vorgehensweise zur Festlegung des Untersuchungszeitraums und zur Definition der Veränderung der CO_2-Emissionen kritisch hinterfragt werden.

➢ ***Untersuchungszeitraum***

Der Untersuchungszeitraum bezog sich auf die Jahre 2006 bis 2014. Sowohl eine Verkürzung des Zeitraums als auch seine Ausweitung hätten zu anderen Ergebnissen der Untersuchung führen können. Im Rahmen der vorliegenden Arbeit wurde eine Vollerhebung der Entwicklungsprojekte der Fallstudiengießerei vorgenommen, da vor dem Jahr 2006 keine umfassenden Daten zu weiteren Entwicklungsprojekten vorlagen (zur weiteren Begründung vgl. auch Abschnitt 5.1.1). Jedoch könnte die Wahl eines hiervon abweichenden Untersuchungszeitraums zu Erkenntnissen führen, die über die hier betrachtete Fallstudiengießerei hinausreichen. So könnten beispielsweise auch Daten von weiteren Gießereien mit Entwicklungsleistung in die Untersuchung einbezogen werden.

➢ ***Veränderung der CO_2-Emissionen***

Ein zentrales Ergebnis der Untersuchung war die ermittelte CO_2-Emissionsdifferenz bei der Fallstudiengießerei. Ein Kritikpunkt könnte hierbei die fehlende langfristige Präzision der ermittelten Veränderungen bei den CO_2-Emissionswerten darstellen. Dieser Kritikpunkt kann jedoch dadurch entkräftet werden, dass die Inputdaten mithilfe des IT-Tools zwar nur für ein bestimmtes Zeitfenster erfasst wurden, Aktualisierungen von Maschinen- und Anlagendaten aber durch die Dateneingabe via MS Excel einfach umsetzbar sind. Die CO_2-Emissionsdifferenz kann somit zukünftig auf Basis einer erweiterten und aktualisierten Datenbasis berechnet werden.

5.6.4.3 Das Regressionsmodell

Da die Entwicklung des Regressionsmodells im Zentrum des quantitativen Teils der empirischen Untersuchung stand, soll das Erklärungsmodell zur Vorhersage der Veränderung der CO_2-Emssionen im Hinblick auf die Stichprobe, die Anzahl der Einflussfaktoren sowie die Robustheit kritisch hinterfragt werden.

➢ ***Stichprobe***

Die Stichprobe umfasste 39 Neuentwicklungsprojekte der betrachteten Fallstudiengießerei, wobei es sich um eine Vollerhebung aller Entwicklungsprojekte im betroffenen Untersuchungszeitraum handelte (vgl. Abschnitt 5.1.1). Eine höhere Anzahl an Neuentwicklungsprojekten könnte zu einer verbesserten Quantifizierung des vorliegenden Erklärungsmodells beitragen. Jedoch waren im absehbaren Zeitraum der Untersuchung keine weiteren Neuentwicklungsprojekte im größeren Umfang zu erwarten, sodass die Stichprobe von 39 als repräsentativ für die betrachtete Fallstudiengießerei gelten darf.

➢ ***Anzahl der Einflussfaktoren***

Mit Blick auf die Anzahl der Einflussfaktoren waren verschiedene Aspekte zu betrachten. Zu Beginn ging die Untersuchung auf eine Vielzahl von potenziellen Einflussfaktoren der überbetrieblichen Gussteilentwicklung ein (vgl. Abschnitt 5.4.1). Dies geschah u. a. auf Grundlage der hier durchgeführten Befragung sowie einer Reihe an Experteninterviews. Weitere zu untersuchende potenzielle Einflussfaktoren waren solche Faktoren, die erst im Zuge der qualitativen und quantitativen Analysen aufgenommen wurden. Über die angeführten Einflussfaktoren hinaus gab es zahlreiche weitere Einflussfaktoren, die das Thema zukünftiger Forschungsarbeiten sein könnten.

Im Rahmen der hier durchgeführten empirischen Studie wurde zudem nur die Veränderung der CO_2-Emissionen als Explanandum untersucht. Weitere mögliche Einflussfaktoren, wie z. B. „das Delta“ der Herstellkosten der Neuentwicklungsprojekte oder die Entwicklungszeit wurden nicht berücksichtigt.

➢ ***Robustheit der empirischen Untersuchungsergebnisse***

Zur Analyse der Robustheit der empirischen Untersuchungsergebnisse wurde eine ausführliche induktive statistische Analyse durchgeführt. In diesem Zusammenhang wurden Untersuchungen zur Heteroskedastizität sowie zu den Sonderfällen mittels „Outlieranalysen“ durchgeführt. Hierbei konnte beobachtet werden, dass die in den Regressionsanalysen gewonnenen Ergebnisse in einem hohen Maße aussagekräftig und unter Berücksichtigung des Umfangs der Stichprobe verlässlich sind.

Das R-Quadrat eines Erklärungsmodells gab Auskunft darüber, welcher Anteil der CO_2-Emissionsveränderungen innerhalb der Neuentwicklungsprojekte mithilfe des Modells erklärbar war, das heißt, ob es überhaupt sinnvoll war, die Höhe des korrigierten R-Quadrats im Hinblick auf die Aussagekraft zu berücksichtigen. Insgesamt konnten für die Erklärungsmodelle bezüglich des korrigierten R-Quadrats Werte von 14,0 bis 24,3 % gemessen werden.

5.6.5 Zwischenfazit

Ableitend aus den univariaten Regressionsanalysen wurden mithilfe der multiplen Regression unterschiedliche Modelle zur Vorhersage künftiger CO_2-Einsparungen gebildet. In Anlehnung an die Voraussetzungen für eine lineare Regression wurde das *Erklä-*

rungsmodell III ausgewählt. Das entwickelte Modell wurde im Anschluss auf die 39 Neuentwicklungsprojekte angewandt, um Unterschiede zwischen prognostizierten und tatsächlich verursachten CO_2-Emissionen zu untersuchen.

Zusammenfassend zeigte sich, dass einzelne Neuentwicklungsprojekte, u. a. auch der Einzelfall „Gussstößel", erhöhte Abweichungen zwischen Prognose und tatsächlichen Einsparungen der CO_2-Emissionswerte aufwiesen. Dies lässt den Schluss zu, dass trotz der Erfüllung der Voraussetzungen der linearen Regressionsanalyse des entwickelten Schätzmodells die Neuentwicklungsprojekte zu Entwicklungsbeginn (vor Anwendung des Schätzmodells) z. B. durch einen Mitarbeiter der Entwicklungs- und Konstruktionsabteilung der Gießerei geprüft werden sollten.[44] Dabei sollten vorrangig die Informationen zur Geometrie (2-D-/3-D-CAD-Modelle) auf Vollständigkeit hin geprüft sowie die damit verbundene beanspruchungs- und fertigungsgerechte Gestaltung gegossener Bauteile berücksichtigt werden (u. a. aufgrund von direkt ersichtlicher Überdimensionierung „massiver" Gussteile oder auch realisierbarer Mindestwandstärken beispielsweise bei der Umsetzung von „dünnwandigen" Stahlschweiß- in Gusskonstruktionen). Es ließ sich feststellen, dass es über den zeitlichen Verlauf der einzelnen Neuentwicklungsprojekte von 2006 bis 2014 zunehmend anspruchsvollere Aufgabenstellungen (wie u. a. engere Termin- und Kostenvorgaben, komplexere Gussteil(konzept)e und Entwicklungsabläufe) aus dem Maschinenbau zu berücksichtigen galt. Weiterhin zeigte sich, dass die eigene Gussproduktion bei Maschinenbaukunden oder zumindest in deren räumlicher Nähe zunehmend eher die Ausnahme darstellte (vgl. Abschnitt 5.5.1) und somit teilweise den kundenseitigen Konstrukteuren der praktische Bezug zur Gießereitechnik (v. a. bezüglich der Vielfalt an Gusswerkstoffen, der „gießgerechten" Gussteilgeometrie oder aber auch der Form- und Kernherstellverfahren) fehlt (hierzu auch Flender 2014, S. 205). Hierbei spielt die „richtige" Gießprozessgestaltung eine tragende Rolle: In Bezug auf die Bauteilanforderungen wurde deutlich, dass speziell die später genutzte Gießtechnik (u. a. Gießlage, Anschnitt- und Speisungstechnik) die Umweltwirkungen sowie Kosten des späteren Gussteils erheblich beeinflusste. Die nachfolgende Abbildung 92 (S. 196) stellt die Vorgehensweise zur Einbettung der Anwendung des entwickelten Schätzmodells dar. Sofern die kundenseitig bereitgestellten Informationen geprüft und durch den Mitarbeiter der Entwicklungs- und Konstruktionsabteilung als „erfüllt" und „vollständig" bewertet wurden, kann die Anwendung des Schätzmodells erfolgen. Sollte es einen Klärungsbedarf aufgrund der obigen Voraussetzungen geben, sollte vor Dateneingabe in das Schätzmodell mit dem Kunden Rücksprache gehalten werden, da es sonst bei dem prognostizierten Ausgabewert der CO_2-Emissionsberechnung eventuell zu einer erhöhten Abweichung zum tatsächlichen Wert kommen könnte.[45]

---

[44] Eine Priorisierung der „Wichtigkeit" von vorab zu berücksichtigenden Voraussetzungen für die Anwendbarkeit des Schätzmodells erfolgt in absteigender Reihenfolge.

[45] Die beschriebene Annahme der Möglichkeit der Abweichung wurde in einem geführten Experteninterview mit dem Leiter der Entwicklungs- und Konstruktionsabteilung der Fallstudiengießerei aufgegriffen, wobei die skizzierte Vorgehensweise entwickelt wurde.

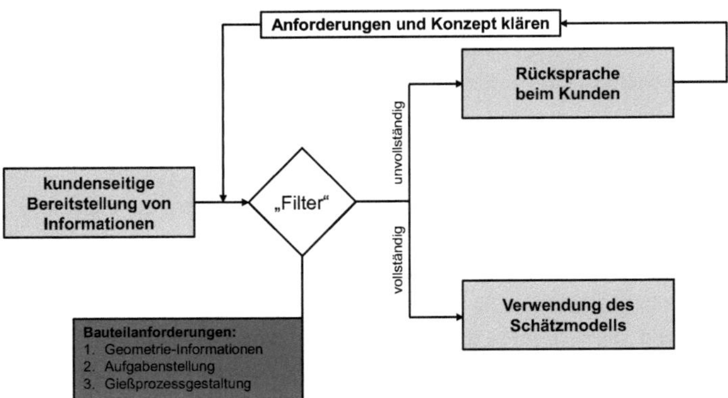

Abbildung 92: Entscheidungsfindung für die Anwendung der Modellgleichung (III)

Abschließend konnte im **fünften Kapitel** ein Beitrag zur Klärung der dritten Forschungsfrage (FF 3) der vorliegenden Arbeit geleistet werden: „Wie kann eine Bewertungsmethode von CO_2-(und Kosten-)Einsparpotenzialen für die kooperative Gussteilentwicklung konzeptionell gestaltet werden?"

Im weiteren Verlauf galt es, die Modellgleichung (III) in eine Oberfläche zur betrieblichen Anwendung zu überführen sowie das daraus entwickelte Schätzmodell zur ex ante-Prognose der durch überbetriebliche Gussteilentwicklung einsparbaren CO_2-Emissionen zu testen. Im Anschluss erfolgte eine Analyse der Nutzbarkeit und Akzeptanz über die Fallstudiengießerei hinaus.

6 Gestaltung eines Schätzmodells und Validierung

Auf Basis der abgeleiteten Regressionsgleichung erfolgten der Aufbau des Schätzmodells sowie die Validierung anhand zweier Neuentwicklungsprojekte bei der betrachteten Fallstudiengießerei. Im Anschluss werden die beiden Neuentwicklungsprojekte vergleichend gegenübergestellt sowie die im Modell enthaltenen Einflussfaktoren mit Experten diskutiert.

6.1 Aufbau des Schätzmodells zur frühzeitigen Abschätzung der CO_2-Emissionen

Aufbauend auf der empirischen Untersuchung wurde ein Schätzmodell erstellt, das eine Bewertung erlaubt, in welchem Umfang sich ökologische Potenziale – d. h. die Veränderung von CO_2-Emissionswerten – realisieren lassen, wenn eine unterschiedlich intensive überbetriebliche Gussteilentwicklung stattfindet.

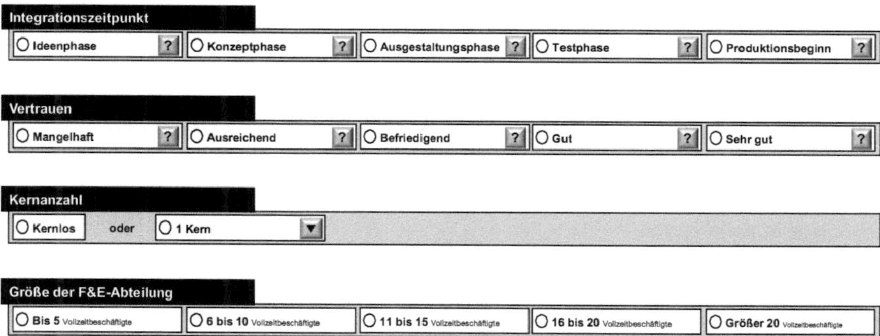

Abbildung 93: Darstellung der Eingabefelder des Schätzmodells

Nach der Konzeption erfolgte die Realisierung des Schätzmodells mittels MS Excel. Auf dem Arbeitsblatt „Eingabefelder“ (vgl. Abbildung 93) standen in den Kategorien Integrationszeitpunkt, Vertrauen sowie Größe der F&E-Abteilung fünf Optionen zwecks Dateneingabe zur Verfügung. Die Kategorie Kernanzahl bot neben dem Eingabefeld „kernlos“ die Möglichkeit, die genaue Anzahl der Kerne auszuwählen. Es bestand weiterhin die Möglichkeit, das Symbol der „Hilfe“ bei den Kategorien Integrationszeitpunkt sowie Vertrauen zu wählen, sollte Erklärungsbedarf für die Definition der einzelnen Spalten bestehen. Pro Kategorie konnte ausschließlich eine Option belegt werden, Mehrfachnennungen waren somit ausgeschlossen. Weiterhin war es notwendig, alle vier Kategorien zu bearbeiten.

Die vier Kategorien waren durch Hyperlinks mit einer Datenbank (ebenfalls einer MS Excel-Datei) verknüpft und öffneten ein weiteres Arbeitsblatt. Dem neu geöffneten Arbeitsblatt war eine genaue Berechnung der Veränderung der CO_2-Emissionen sowie eine Visualisierung mithilfe einer „Tacho-Grafik“ zu entnehmen. Die Maske der Eingabefelder wurde in Absprache mit der Fallstudiengießerei mittels MS Excel modelliert, da sowohl die Handhabung und die Flexibilität des Programms einfach gehalten als auch der zeitliche Aufwand auf ein Minimum reduziert werden sollten.

Anzumerken ist, dass das entwickelte Schätzmodell immer unternehmensindividuell, entsprechend der Vorgehensweise des in Abschnitt 5.2.3 vorgeschlagenen Konzeptes zur Erhebung von innerbetrieblichen CO_2-Emissionen sowie von in Neuentwicklungsprojekten überbetrieblicher Gussteilentwicklung enthaltenen Einflussfaktoren, aufgebaut werden muss. Dies bedeutet beispielsweise, dass die Anpassung und die Umsetzung des entwickelten Konzeptes auf jeweiligen betrieblichen Belange, unter Berücksichtigung des bereits bestehenden innerbetrieblichen Datenpools, von einer einzelnen Person innerhalb eines vertretbaren Zeitraums bewältigt werden kann.

6.2 Validierung des Schätzmodells

Das im vorherigen Abschnitt dargestellte Schätzmodell bildete die Grundlage für die Bewertung zweier abgeschlossener Neuentwicklungsprojekte, die im Zeitraum September 2014 bis März 2015 stattgefunden haben. Zu Beginn erfolgte eine Kurzdarstellung dieser Neuentwicklungsprojekte, anschließend die Anwendung des Schätzmodells zur Ermittlung der Veränderung der CO_2-Emissionen sowie abschließend ein Vergleich der Neuentwicklungsprojekte.

6.2.1 Validierungs-Neuentwicklungsprojekt I: „Grundgestell“

Das betrachtete Validierungs-Neuentwicklungsprojekt I war einem Unternehmen mit Schwerpunkt auf verfahrenstechnischen Maschinen und Apparaten im skandinavischen Teil Nordeuropas zugeordnet (rund 360 Kilometer von der Fallstudiengießerei entfernt). Die Unternehmensgröße belief sich auf rund 100 Vollzeitbeschäftigte. Das Unternehmen war nicht zertifiziert. Die F&E-Abteilung bestand aus zwei Vollzeitbeschäftigten. Es wurde ausschließlich mit der CAD-Software „SolidWorks“ gearbeitet.

Das Validierungs-Neuentwicklungsprojekt I startete im September 2014 und endete knapp zwei Monaten später. Die Kundenbeziehung baute auf einem gemeinsamen Entwicklungsprojekt auf, das ca. vier Jahre zuvor durchgeführt wurde. Der Kunde integrierte die Fallstudiengießerei in die Konzeptphase und lieferte bei der ersten Kontaktaufnahme ein „grobes“ 3-D-Modell des verfügbaren Bauraums, geometrische Abmessungen, Materialspezifikationen und weitere Angaben (z. B. die erforderlichen Verformungswerte). Der Ausgangswerkstoff war Gusseisen mit Kugelgraphit (EN-GJS-400) und das Rohteilgewicht des Gussteils betrug ca. 5.500 kg. Die Kernanzahl des Gussteils wurde seitens der Fallstudiengießerei als „kernlos" eingestuft. Das Gussteil wurde sowohl vom Gussteilabnehmer sowie von der Fallstudiengießerei im Vergleich zu vorherigen Neuentwicklungen als komplex bewertet.

Die Kommunikation wurde insgesamt als „selten" eingestuft, da pro Woche durchschnittlich zwei E-Mails versandt und insgesamt nur vier Telefonate zwischen dem Entwicklermitarbeiter des Gussteilabnehmers und der Fallstudiengießerei geführt wurden. Die Fallstudiengießerei besuchte den Kunden einmalig zu Entwicklungsbeginn im Zuge eines „Kick-off-Meetings". Nach Aussage beider Kooperationspartner konnte die Beziehung trotz der räumlichen Entfernung sowie kultureller Unterschiede als gute und verlässliche Zusammenarbeit bezeichnet werden. Das Entwicklungsergebnis war ein optimiertes Gussteil mit starken Verrippungen. Das Kundenziel der Einhaltung der Verformungswerte bei gesenktem Rohteilgewicht des Gussteils konnte erreicht werden.

Anwendung des Schätzmodells

In das Schätzmodell wurden die benötigten Kategorien durch den Leiter der Entwicklungs- und Konstruktionsabteilung der Fallstudiengießerei eingetragen. Abbildung 94 stellt das Ergebnis der Prognose für die Veränderung der CO_2-Emissionen bei überbetrieblicher Gussteilentwicklung dar.

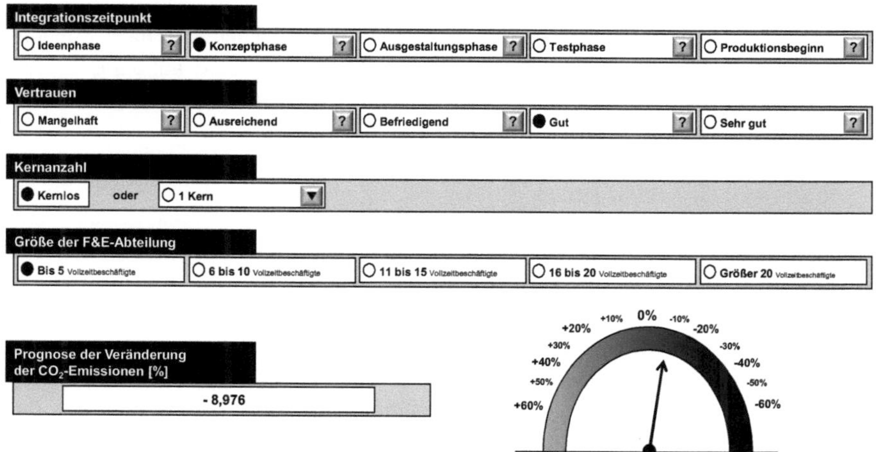

Abbildung 94: Prognose der Veränderung der CO_2-Emissionen beim Validierungs-Neuentwicklungsprojekt I

Für das Neuentwicklungsprojekt I prognostizierte das Schätzmodell eine −8,98 %ige CO_2-Einsparung pro Gussteil. Unter Berücksichtigung der Gesamtstückzahl bedeutete dies ein vorhergesagtes Einsparpotenzial von knapp einer Tonne CO_2-Emissionen.

6.2.2 Validierungs-Neuentwicklungsprojekt II: „Maschinengrundkörper“

Das zweite hier dargestellte Validierungs-Neuentwicklungsprojekt II: „Maschinengrundkörper" entstammte dem Bereich der „Präzisionswerkzeuge“. Der Kunde verfügte über rund 250 Vollzeitbeschäftige und war nach DIN EN ISO 9001 zertifiziert. Die Fallstudiengießerei befand sich knapp 500 Kilometer entfernt. Die F&E-Abteilung des Kunden bestand aus 4 Vollzeitbeschäftigten und 2 Halbtagsmitarbeitern, die die CAD-Software „Siemens NX“ sowie diverse FEM-Berechnungstools verwendeten.

Das Validierungs-Neuentwicklungsprojekt II mit der Fallstudiengießerei begann im Januar 2015 und endete im März 2015. Es war das fünfte Neuentwicklungsprojekt mit der betrachteten Gießerei. Die Fallstudiengießerei wurde in die Ausgestaltungsphase integriert. Der Kunde übermittelte ein 3-D-Modell, geometrische Abmessungen, Lastinformationen, Werkstoffvorgaben sowie weitere Spezifikationen (u. a. Angaben zu diversen Hohlräumen für Verkabelungen). Zu Beginn des Neuentwicklungsprojekts wurde als Kundenvorgabe der Werkstoff „EN-GJL-250" spezifiziert. Das Rohteilgewicht des Gussteils lag bei ca. 580 kg.

Am Ende der überbetrieblichen Gussteilentwicklung wurde eine Gewichtsreduktion von knapp 13 % erreicht. Das Gussteil in diesem Einzelfall war, verglichen mit den durchschnittlichen Neuentwicklungsprojekten der Fallstudiengießerei, als „einfacher“ einzustufen. Diese Einschätzung basierte zum einen auf den vom Gussteilabnehmer „umfangreich“ bereitgestellten Daten und Informationen (das Gussteil wäre nach Kundenvorgabe gießtechnisch realisierbar gewesen). Zum anderen fußte sie auf der geometrischen Form und den Abmessungen sowie auf dem durch den Entwicklungsleiter der Fallstudiengießerei bewerteten Schwierigkeitsgrad der Form- und Kernarbeiten hinsichtlich des Sandgussverfahrens.

Der Daten- und Informationsaustausch während der Projektzeit erfolgte „häufig“ und größtenteils per E-Mail, telefonisch wurde dagegen nur „selten“ kommuniziert. Zu Beginn fand eine Videokonferenz als „Kick-off-Meeting“ statt. Es fanden keine persönlichen Treffen zwischen der Fallstudiengießerei und dem Gussteilabnehmer statt. Nach Aussage eines kundenseitigen Entwicklungsmitarbeiters konnte die Beziehung als „langjährige, sehr gute, verlässliche Zusammenarbeit“ bezeichnet werden. Eine enge Abstimmung sowie eine überbetriebliche Diskussion bei Themenkomplexen wie der „Form- und Gestaltoptimierung“ oder „Kostenreduktion“ waren weitere Charakteristika dieser „partnerschaftlichen Beziehung". Von der Fallstudiengießerei wurden diese Aussagen bestätigt, wobei zusätzlich die im Vergleich zu anderen Gussteilabnehmern bessere und umfangreichere Bereitstellung von Ausgangsinformationen über das zu entwickelnde Gussteil als positiv bewertet wurde.

Die Entwicklungsergebnisse wurden sowohl vom Kunden als auch von der Fallstudiengießerei als „erfreulich" bewertet, da neben der Reduzierung der Bauteilmasse auch eine Kostenreduktion im Vergleich zum Ursprungsmodell gewährleistet wurde. Der Gussteilabnehmer hatte die Fallstudiengießerei zwar vergleichsweise spät in den Gussteilentwicklungsprozess eingebunden, ihr aber dennoch erhebliche Freiheitsgrade bei der gießtechnischen Modifikation eingeräumt. Weiterhin konnten eine kurze Projektdurchlaufzeit sowie eine verbesserte Produktqualität erreicht werden.

Anwendung des Schätzmodells

Die Anwendung des Schätzmodells erfolgte durch den Leiter der Entwicklungs- und Konstruktionsabteilung der Fallstudiengießerei auf Basis der hierfür notwendigen Daten. Abbildung 95 stellt die Prognosedaten für die Veränderung der CO_2-Emissionen bei überbetrieblicher Gussteilentwicklung innerhalb des Validierungs-Neuentwicklungsprojekts II dar.

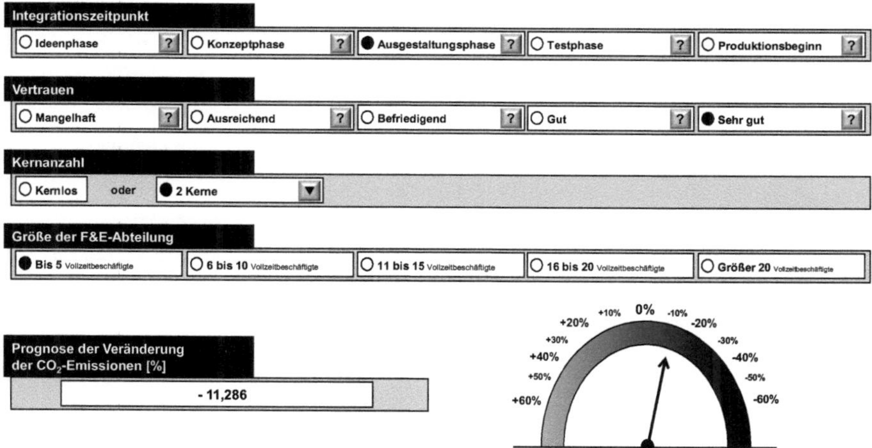

Abbildung 95: Prognose der Veränderung der CO_2-Emissionen beim Validierungs-Neuentwicklungsprojekt II

Die Anwendung des Schätzmodells prognostizierte für das obige Neuentwicklungsprojekt II eine CO_2-Einsparung von knapp −11,29 %. Bei der Anzahl der geplanten Gussteile würde laut Prognose ein Einsparpotenzial von insgesamt 2,3 Tonnen CO_2-Emissionen erreicht werden.

6.2.3 Vergleich der beiden Validierungs-Neuentwicklungsprojekte

Abschließend erfolgte eine kurze Gegenüberstellung der beiden Neuentwicklungsprojekte anhand ausgewählter Einflussfaktoren der überbetrieblichen Gussteilentwicklung. Die nachfolgende Tabelle 45 (S. 202) stellt insbesondere Projektunterschiede (fett gedruckt) bezogen auf diejenigen Einflussfaktoren dar, die in der Regressionsgleichung einen höheren Korrelationskoeffizienten untereinander aufweisen.

Einflussfaktor	**Grundgestell**	**Maschinengrund-körper**
kundenseitige Managementsysteme	keine vorhanden	DIN EN ISO 9001
Unternehmensgröße	~ 100 Vollzeit-beschäftigte	~ 250 Vollzeit-beschäftigte
Größe der F&E-Abteilung	2 Vollzeitbeschäftigte	5 Vollzeitbeschäftigte
räumliche Entfernung (km)	~ 350	~ 500
Entwicklungszeit	09.2014–10.2014	01.2015–03.2015
Kundentyp	Bestandskunde (ein Altprojekt)	Bestandskunde (vier Altprojekte)
Schwierigkeit	hoch	gering
Rohteilgewicht des Gussteils (kg)	5.500	580
Komplexität im Vergleich zu anderen Entwicklungsprojekten	komplex	einfach
Kernanzahl	0	2
Vertrauen	gut	sehr gut
Integrationszeitpunkt	Konzeptphase	Ausgestaltungsphase
Häufigkeit der Kommunikation	selten	mittel
kundenseitige Entwicklungswerkzeuge	CAD-Software	CAD-Software, FEM-Berechnungstool

Tabelle 45: Vergleich der beiden Validierungs-Neuentwicklungsprojekte

Die Integration fand beim Validierungs-Neuentwicklungsprojekt I (Grundgestell) früher als beim Validierungs-Neuentwicklungsprojekt II (Maschinengrundkörper) statt, wobei die Fallstudiengießerei trotz des späteren Integrationszeitpunkts bei der Gussteilentwicklung die Möglichkeit besaß, einen umfangreichen Einfluss auf die Gussteilgestaltung auszuüben. Die Ausgangsdaten (u. a. das 3-D-Modell) des Gussteilabnehmers wären zwar „gießtechnisch" realisierbar gewesen, jedoch aus kostenrechnerischer Sicht mit deutlichen Mehrkosten (speziell in dem Bereich Form- und Kernarbeit) verbunden gewesen.

Einen weiteren Aspekt bildete der Einsatz überbetrieblicher Entwicklungswerkzeuge. Tabelle 45 veranschaulicht, dass im Rahmen der beiden Kunden-Lieferanten-Beziehungen durchgängig 3-D-CAD-Software verwendet wurde. Zusätzlich wurde beim Maschinengrundkörper vom Kunden ein FEM-Berechnungstool genutzt, was zu einer verbesserten Detaillierung des Kundenentwurfs zu Entwicklungsbeginn führte. Der größere Gussteilabnehmer (Kunde des Maschinengrundkörpers) war nach der DIN EN ISO 9001 zertifiziert, was für eine Standardisierung seines Gussteilentwicklungsprozesses sprach. Darüber hinaus war der Fallstudiengießerei eine „grobe" Übersicht der Vorgehensweise des Gussteilabnehmers bei der überbetrieblichen Gussteilentwicklung bekannt. Bei keinem der beiden Gussteilabnehmer lagen Zertifizierungen gemäß DIN EN ISO 14001 oder DIN EN ISO 50001 vor, wobei der Gussteilabnehmer des Maschinengrundkörpers erste Anstrengungen zur Erfüllung der Voraussetzungen von DIN EN ISO 14001 unternommen hatte. Dies hatte auch Auswirkungen auf die Gussteilentwicklung: So wurde nach Aussage des Entwicklungsleiters über eine geplante Integration des im Unternehmen zukünftig tätigen Umweltmanagementbeauftragten in die F&E-Abteilung in Form eines vierteljährlich stattfindenden Workshops nachgedacht.

Darüber hinaus wiesen die Gussteilabnehmer nicht nur unterschiedliche Unternehmensgrößen sowie unterschiedlich große F&E-Abteilungen auf, sondern zudem verschiedene Unternehmenskulturen, was u. a. durch den Standort des Gussteilabnehmers „Grundgestell" im skandinavischen Raum begründet war. Trotz der kulturellen und sprachlichen Unterschiede wurde dies auf beiden Seiten nicht als „Hemmnis" der partnerschaftlichen Beziehung empfunden. Infolge dessen konnte die Beziehung in Summe als „gut" charakterisiert werden.

Die Kommunikation erfolgte bei den betrachteten Neunentwicklungsprojekten überwiegend per elektronischem Schriftverkehr (E-Mail). Telefonate fanden „selten" statt und „persönliche Treffen" nur einmalig direkt vor Ort beim Gussteilabnehmer des „Grundgestells". Beim „Maschinengrundkörper" kam es zu keinem „persönlichen Treffen", stattdessen wurde eine Videokonferenz durchgeführt. In diesem Zuge wurde sowohl auf die „langjährige" und „verlässliche" Zusammenarbeit von Personen der kundenseitigen F&E-Abteilung mit Konstruktionsmitarbeitern der Fallstudiengießerei verwiesen, als auch auf das „enge" Zeitfenster der Entwicklung. Das Validierungs-Neuentwicklungsprojekt I wurde als „komplex" eingestuft, wobei es sich im Vergleich zum „Maschinengrundköper" nach Aussagen des Entwicklers der Fallstudiengießerei um eine deutlich aufwändigere Form- und Kernarbeit handelte. Weiterhin stellte der Gussteilabnehmer zu Entwicklungsbeginn ein „Volumenmodell" des verfügbaren Bauraums zur Verfügung, das kernlos war.

Abschließend wurde das Prognoseergebnis gemäß Schätzmodell mit der tatsächlichen Veränderung der CO_2-Emissionen verglichen (vgl. Tabelle 46, S. 204).

Validierungs-Neu-entwicklungs-projekt	Prognose der CO_2-Reduktion durch gemeinsame Gussteilentwicklung gemäß Schätzmo-dell in [%]	tatsächliche Veränderung der CO_2-Emissionen in [%]	absoluter Differenz-betrag [%]	Abwei-chung von [%] in [%]
Grundgestell	−8,98	−10,24	*−1,26*	*+12,3*
Maschinen-grundkörper	−11,29	-9,87	*+1,45*	*−14,4*

Tabelle 46: Bewertung der Prognosegüte der Validierungs-Neuentwicklungsprojekte

Die obige Tabelle 46 verdeutlicht, dass beim „Grundgestell“ eine −1,26 %ige Abweichung zwischen der Prognose und der tatsächlichen Veränderung der CO_2-Emissionen auftrat. Das Validierungs-Neuentwicklungsprojekt „Maschinengrundkörper“ zeigte eine +1,45 %-ige Abweichung des Differenzbetrags. Unter Berücksichtigung der prozentualen Abweichung der 39 Einzelfallstudien (vgl. Tabelle 42, S. 189) lagen die Ergebnisse vergleichsweise im oberen Wertebereich und gaben somit eine weitestgehend zutreffende Prognose der zu erwartenden Veränderung der CO_2-Emissionen an.

6.3 Experteninterviews zu den im Schätzmodell verwendeten Einflussfaktoren

Abschließend erfolgte eine Diskussion der im Schätzmodell verwendeten Einflussfaktoren mit einer Reihe von Experten sowohl auf Seiten der Gießereien als auch auf Seiten von Gussteilabnehmern aus der Maschinenbaubranche. Diese Interviews wurden hauptsächlich im „Haus der Gießereiindustrie“ (Düsseldorf), beim „Verband Deutscher Maschinen- und Anlagenbauer e. V.“ (Hamburg), auf dem „41. Aachener Gießerei-Kolloquium“ (Aachen), der „Industrie Messe“ (Hannover) sowie der „GIFA – Internationale Giesserei-Fachmesse 2015“ geführt. Die Länge der Interviews betrug zwischen 30 und 90 Minuten. Im Folgenden werden die zentralen Aussagen aus den Interviews (N = 28) zu den Ergebnissen des Schätzmodells unter folgender Fragestellung diskutiert: Wie bedeutsam sind die Einflussfaktoren hinsichtlich der Veränderung der CO_2-Emissionen durch gemeinsame überbetriebliche Gussteilentwicklung als auch ihre Aussagekraft für die innerbetriebliche Nutzung zur Prognose?

➢ ***Integrationszeitpunkt***

Zunächst wurde die Bedeutung des Einflussfaktors „Integrationszeitpunkt“ hinsichtlich der angestrebten Veränderung der CO_2-Emissionswerte erfragt. In Anlehnung an das zuvor entwickelte Schätzmodell führte die Einbindung in eine spätere Entwicklungsphase (z.B. anstatt in die Ideenphase erst in der Konzeptphase) zu einer Zunahme der CO_2-Emissionen um 6,56 %. Ist dieser prognostizierte Wert nach Meinung der Interviewpartner tatsächlich plausibel?

Entwicklungsleiter eines Werkzeugmaschinenherstellers (Interview 5): „Ich hätte nicht gedacht, dass bei einer frühzeitigen Kontaktaufnahme zum Gussteillieferanten derart hohe CO_2-Einsparungen denkbar sind."

Die Antwort auf die Frage nach der Bedeutung des Integrationszeitpunkts fiel insgesamt nicht einheitlich aus: Im Einzelfall gab es nach Meinung der Interviewpartner sowohl Gründe, die für eine frühe Einbindung, als auch Gründe, die gegen eine solche sprachen. Dabei stellte sich heraus, dass einzelne Aspekte wie z. B. „Komplexität und Umfang der Entwicklungsaufgabe", „Entwicklungskapazität beim Gussteillieferanten" oder „Entwicklungszeit" für bedeutsamer als ein möglichst optimaler Integrationszeitpunkt erachtet wurden. Dies galt, obwohl die erheblichen Vorteile einer frühen Integration, die in der vorliegenden Arbeit erstmals in Form einer gemessenen Verminderung von CO_2-Emissionen quantifiziert werden konnten, überwiegend bekannt waren. Zusätzlich wurde in einer Untersuchung über den Zusammenhang von Integrationszeitpunkt und Veränderung der Herstellkosten herausgefunden, dass eine frühe Integration auch auf Seiten der Herstellkosten einen positiven Einfluss im zweistelligen Prozentbereich zeigte.[46] Zusammenfassend wurde in den Interviews deutlich, dass die Entscheidung bezüglich des Integrationszeitpunkts immer situationsspezifisch war und durch weitere Einflussfaktoren moderiert wurde.

- ***Vertrauen***

Zur Beurteilung der „partnerschaftlichen Beziehung" zwischen dem Gussteillieferanten und dem Abnehmer wurden die Interviewpartner nach ihren entsprechenden Erfahrungen während der Zusammenarbeit sowie nach ihrer Einschätzung der Wichtigkeit dieses Aspekts im Hinblick auf die Veränderung der CO_2-Emissionen befragt. Für die große Mehrheit der Interviewpartner stellte eine „partnerschaftliche Beziehung" einen wesentlichen Einflussfaktor auf eine nachhaltige Partnerschaft bei der Gussteilentwicklung dar. Basierend auf unterschiedlichen Ausprägungen, die eine „partnerschaftliche Beziehung" charakterisieren, zählte nach Aussage aller Interviewpartner „das Vertrauen" zu den wichtigsten Treibern innerhalb einer intensiven gemeinsamen überbetrieblichen Gussteilentwicklung.

Leiter der Technik, Bundesverband der deutschen Gießereiindustrie (Interview 9): „Ohne gegenseitiges Vertrauen, ist eine partnerschaftliche Beziehung weder zielgerichtet noch würde eine gießtechnisch optimale Lösung erzielt werden können."

Mit Blick auf die Veränderung der CO_2-Emissionen zeigte sich, dass mit jedem „Schritt" hin zu einem „sehr guten" Vertrauensverhältnis eine Verbesserung der CO_2-Emissionen von 3,05 % erzielt wurde. Demnach hatte ein hohes Vertrauen positive Wirkung auf potenzielle CO_2-Einsparungen. Nach Aussage des Entwicklungsleiters einer Eisengießerei

[46] Im Rahmen der vorliegenden wurden auch Analysen und Berechnungen hinsichtlich der Herstellkosten durchgeführt, aber im weiteren Verlauf der Arbeit aus Vertraulichkeitsgründen nicht detaillierter dargestellt.

war es sinnvoll, „dass ein qualitatives Kriterium wie in diesem Fall das Vertrauen in Beziehung zu CO_2-Emissionen gesetzt und somit messbar gemacht wurde". Dabei setzt sich das Vertrauen nach Aussage mehrerer Interviewpartner in der betrieblichen Praxis letztlich aus einer Vielzahl von weiteren Faktoren wie: „Länge der Beziehung", „Intensität der Kommunikation" oder auch „beidseitig fester Ansprechpartner" während der Gussteilentwicklung zusammen.

In allen Interviews wurde deutlich, dass Vertrauen eine notwendige Voraussetzung für eine gute gemeinsame überbetriebliche Gussteilentwicklung war, jedoch im Einzelnen der Zusammenhang zur Veränderung der CO_2-Emissionen nicht ganz offensichtlich war. Daher wurde zusätzlich die Beziehung zwischen Vertrauen und Veränderung der Herstellkosten untersucht. Es konnte eine statistisch signifikante Herstellkostenreduktion bei zunehmendem Vertrauen nachgewiesen werden, woraufhin ein Einkaufsleiter eines Werkzeugmaschinenherstellers „die wohl zusammenliegenden Effekte zwischen Kosten- und CO_2-Einsparungen" bestätigte.

➢ ***Kernanzahl***

Ein Merkmal zur Charakterisierung des Gussteils stellte die Kernanzahl zu Entwicklungsbeginn dar. Nach Aussagen mehrerer Interviewpartner speziell aus dem Konstruktionsbereich waren im ersten Moment bei einem Gussteil in erster Linie: „die konstruktiven Details wie Geometrie und Werkstoff als auch die damit verbundenen Fertigungstechnologien" von Bedeutung. Zur Bestimmung der Geometrie zählten nach Einschätzung der Interviewpartner z. B. die „geometrische Gestalt (Teileklasse)", „Abmessungen", „Wanddicken" oder die „Gussteilmasse", wohingegen im fertigungstechnischen Bereich z. B. „die gießtechnische Realisierbarkeit", so u. a. „Formteilung", „Aushebeschrägen" oder „Bearbeitungszugaben wie Kerne", beschrieben wurde. Im Folgenden wurde die Frage gestellt, ob die Kernanzahl zur Prognose der Veränderung der CO_2-Emissionen bei gemeinsamer überbetrieblicher Gussteilentwicklung geeignet war.

> *Entwicklungsleiter einer Eisengießerei (Interview 1): „Die Kernanzahl hat einen hohen fertigungstechnischen Einfluss auf das Gussteil. Wobei die Modelleinrichtung so geplant werden sollte, dass der Kernaufwand oder aber auch Form- und Putzaufwand minimiert werden. Ziel sollte es sein, die Gießform, sofern funktional möglich, kernlos herzustellen und somit CO_2-Ausstoß vorab zu vermeiden."*

Laut Schätzmodell war bei Erhöhung der Anzahl der Kerne (z. B. von „kernlos" auf „1 Kern") eine Zunahme der CO_2-Emissionen um 0,35 % zu verzeichnen. In diesem Zusammenhang soll erwähnt sein, dass lediglich die Anzahl an Kernen bewertet wurde, das heißt, dass beispielsweise kein genaues Kernvolumen herangezogen wurde. Es zeigte sich, dass neben der Kernanzahl weitere Einflussfaktoren aus dem konstruktiven wie auch fertigungstechnischen Bereich einen Einfluss hatten. Nach Aussage des Leiters der Betriebswirtschaft des Bundesverbandes der deutschen Gießereiindustrie sollten ebenfalls „die Ausbringung", „der Ausschuss" sowie die „Gewichtsreduzierung" zur

Charakterisierung eines Gussteils verwendet werden. Aufgrund der zu Entwicklungsbeginn zur Verfügung stehenden Daten ist eine Berücksichtigung dieser Perspektive aber nur teilweise ex ante umsetzbar.

Im Rahmen einer weiteren Analyse des Zusammenhangs zwischen der Anzahl der Kerne und der Veränderung der Herstellkosten wurde ersichtlich, dass kernlose Gussteile gegenüber Gussteilen mit mehreren Kernen deutliche Herstellkostenersparnisse bei überbetrieblicher Gussteilentwicklung im Vergleich zur allein kundenseitigen Entwicklung aufwiesen.

- ***Größe der F&E-Abteilung***

Die Bedeutung des Einflussfaktors „Größe der F&E-Abteilung“ zeigte, dass auch einzelne Faktoren auf Seiten der „Abnehmer“ einen Einfluss auf die Potenziale zur Einsparung von CO_2-Emissionen bei gemeinsamer überbetrieblicher Gussteilentwicklung ausübten. Einzelne Interviewpartner bestätigten, dass sowohl ihre Unternehmensgröße als auch der Umfang ihrer Entwicklungswerkzeuge einen Zusammenhang aufwiesen.

> *Werkzeugmaschinenhersteller, Einkäufer (Interview 12): „Da die Entwicklung von Gussteilen nicht unser Hauptaugenmerk darstellt, kaufen wir bewusst dieses Know-how von unseren Gussteillieferanten ein. Gerne würden wir mehr Kapazitäten auf diesem Fachgebiet der Gusstechnik aufbauen, jedoch würde der Aufwand vergleichsweise zu anderen Fertigungsverfahren enorm hoch ausfallen.“*

> *Werkzeugmaschinenhersteller, Berechnungsingenieur (Interview 19): „Es kommt teilweise zur Vermischung von Entwicklungstätigkeiten und anderen Aktivitäten losgelöst vom Entwicklungsprojekt. [...] teilweise ist es schwierig, einzelne gießtechnische Anforderungen ohne entsprechenden fachlichen Hintergrund umzusetzen.“*

In den Expertengesprächen wurde deutlich, dass in den F&E-Abteilungen größerer Unternehmen oftmals bessere Voraussetzungen für Innovationen und Eigenleistungen herrschen. Demnach verfügten diese Unternehmen häufig auch u. a. über größere Entwicklungskapazitäten, wobei aber nach Aussage eines Antriebs- und Steuerungstechnikherstellers auch bei großen Unternehmen eine „stabile und langfristige Bindung“ zum Gussteillieferanten angestrebt wurde.

Weiterhin zeigte sich, dass über die Größe der F&E-Abteilung auch ein Zusammenhang zu der Anzahl an kundenseitig vorhandenen Zertifizierungen bestand – insbesondere solcher, die die Berücksichtigung umweltrelevanter Normen bestätigen. Einige Experten verdeutlichten, dass in ihren Unternehmen die „Produktökologie“ eine große Rolle für die Wettbewerbsfähigkeit spielt.

> *Antriebs- und Steuerungstechnikhersteller, Entwickler (Interview 25): „In unserem international agierenden Betrieb finden „umweltbezogene“ Produktinnovationen statt,*

dabei ist die F&E-Abteilung in die Weiterentwicklung des Umweltmanagements eingebunden."

Es zeigte sich, dass in den F&E-Abteilungen größerer Unternehmen unter „ökologieorientierter Produktentwicklung" nicht nur die Nutzungsphase des Produktes betrachtet wird, sondern z. B. auch der Einsatz von recycelten Rohstoffen wie Gießereisanden sowie die Reduktion des Ressourcenverbrauchs (Energie und/oder Betriebsmittel) nicht nur innerbetrieblich, sondern auch von den Gussteillieferanten abgefragt werden. Mit Blick auf die Veränderung der CO_2-Emissionen zeigte sich, dass mit jedem Schritt hin zu einer niedrigeren Anzahl an F&E-Mitarbeitern eine Verbesserung um 2,44 % erzielt wurde.

Schließlich wurden die Interviewpartner losgelöst von den im Schätzmodell verwendeten Einflussfaktoren nach:

- der Integration von Umweltaspekten in die Gussteilentwicklung,
- den zur Anwendung kommenden Methoden und Instrumenten sowie deren Ausgestaltung,
- der Bildung von Kennzahlen in Bezug auf Umweltgesichtspunkte durch Gussteillieferanten sowie
- der möglichen Verwertung dieser Kennzahlen befragt.

Mithilfe der Fragestellung zur umweltgerechten Gussteilentwicklung sollte zusätzlich erfasst werden, ob und wie ökologische Aspekte und speziell CO_2-Einsparungen in die überbetriebliche Gussteilentwicklung eingebunden und genutzt werden können. Hierfür wurden die Interviewpartner vorab nach der Integration des kundenseitigen Umweltmanagementbeauftragten (UMB) in Bezug auf die Gussteilentwicklung befragt (vgl. Abbildung 96, S. 209).

Abbildung 96 (S. 209) verdeutlicht, dass sich die UMB überwiegend mit betriebsinternen Verbräuchen beschäftigten. Spezielle Kenntnisse zu umweltgerechten Anforderungen an die Produktentwicklung lagen oftmals nur zu Teilen vor und wurden vielfach nur unzureichend dokumentiert. Eine Formulierung von festen Umweltmanagementzielen zu Entwicklungsbeginn lag nur bei weniger als der Hälfte der befragten Unternehmen vor. Die Dokumentation von Kennzahlen z. B. bezüglich des Energieaufwands für die Herstellung der Gussteile wurde nur bei einem der befragten Unternehmen durchgeführt.

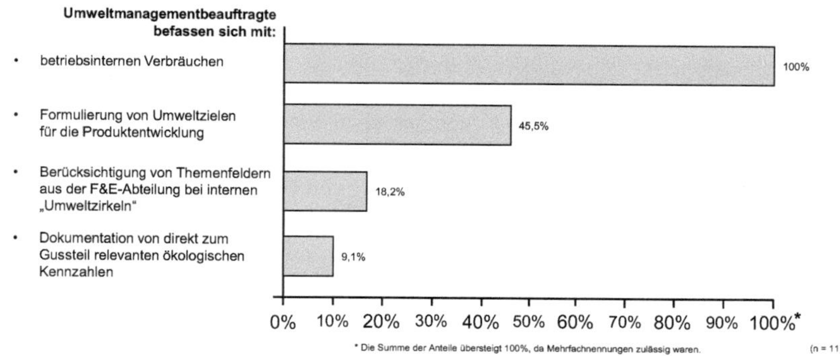

Abbildung 96: Integration von Umweltmanagementbeauftragten in die Gussteilentwicklung

Die Teilnahme an sogenannten Umweltzirkeln durch Mitarbeiter der Produktentwicklung erfolgte bei den Unternehmen der Interviewpartner „gar nicht" oder nur „sehr unregelmäßig".

Entwicklungsleiter eines Werkzeugmaschinenherstellers (Interview 21): „Aufgrund der Größe unserer Entwicklungsabteilung, der Auslastung als auch der Fokussierung der Themenfelder der Umweltzirkel ist eine Teilnahme unwahrscheinlich."

Bei einer Neueinstellung wurden Mitarbeiter überwiegend nur verbal auf die Berücksichtigung von „Umweltgerechtheit" in der Produktentwicklung hingewiesen; Kompetenzen für Umweltfragen in der Produktentwicklung waren zum Großteil nicht eindeutig definiert. Die Erhebung von ökologischen Aspekten in der Produktentwicklung fand nur bei einem geringen Prozentsatz der befragten Unternehmen statt. Häufigstes Medium zur Erfassung ökologischer Aspekte bildeten nach Aussagen der betroffenen Interviewpartner papierbasierte „Checklisten". Inhalte dieser „Checklisten" waren überwiegend Hinweise zur Literatur, speziell Konstruktions-, Werkstoff- sowie branchenspezifische Richtlinien sowie Verbots- und Vermeidungslisten für bestimmte Materialien. Aufgrund der Vielzahl an Richtlinien und Normen fiel eine gussteilbezogene Eingrenzung schwer und wurde somit häufig an Gussteillieferanten übertragen.

Berechnungsingenieur eines Werkzeugmaschinenherstellers (Interview 27): „Speziell dieses Umwelt-Know-how wird zugekauft und durch den Gießer abgebildet."

Kenntnisse über die „ökologischen Aspekte" z. B. der Werkzeugmaschine wurden in den meisten Fällen seitens der Gussteilabnehmer dokumentiert. Oftmals bezogen sich diese dabei auf den Energieverbrauch der Werkzeugmaschine, da die Abnehmer der Werkzeugmaschinen den Energieverbrauch vielfach erfasst haben möchten.

Projektingenieur eines Unternehmens für Antriebs- und Steuerungstechnik (Interview 3): „Der Energieverbrauch unserer Maschine hat einen bedeutenden Einfluss, jedoch entscheidend für den Kunden ist immer noch der Preis unserer Maschine.“

Ein weiterführendes „ökologisches Profil“, speziell unter Einbeziehung von gussteilrelevanten ökologischen Kennzahlen, wurde lediglich bei 14,8 % der aus Unternehmen stammenden befragten Interviewpartner (n = 23) von ihren Gussteilabnehmern abgefordert. Aufbauend auf den Methoden, Richtlinien oder Normen bestätigte sich die Annahme, dass bei der Produktentwicklung von Gussteilen nur selten über die Erstellung einer Ökobilanz nachgedacht wurde. Wenn Ökobilanzen in der Produktentwicklung beim Gussteilabnehmer zum Einsatz kamen, dann vor allem zum Auffinden von ökologischen Schwachstellen z. B. direkt an den entsprechenden Werkzeugmaschinen.

7 Handlungsempfehlungen

Die empirische Untersuchung kann – vor allem bedingt durch den niedrigen Umfang der Stichprobe – lediglich Teilaspekte des komplexen Phänomens der überbetrieblichen Gussteilentwicklung erfassen. Die in der vorliegenden Arbeit analysierten Einflussfaktoren haben jedoch, wie nachgewiesen wurde, einen bedeutsamen Einfluss auf die Veränderung der CO_2-Emissionen bei einer überbetrieblichen Gussteilentwicklung. Sie besitzen somit Relevanz für Forschung und Industrie.

Im Folgenden werden auf Basis der in der empirischen Untersuchung gewonnenen Erkenntnisse Handlungsempfehlungen für potenzielle CO_2-Einsparungen durch überbetriebliche Gussteilentwicklung abgeleitet. Diese basieren zum einen auf den Ergebnissen der empirischen Vorstudie, zum anderen auf den hier durchgeführten Regressionsanalysen und Experteninterviews.

7.1 Implikationen für die unternehmerische Praxis

Speziell für die unternehmerische Praxis lassen sich aus den empirischen Untersuchungen Hinweise ableiten. Die hier untersuchte mittelständische Eisengießerei mit Entwicklungsleistung befindet sich im direkten Wettbewerb mit einer geringen Anzahl an gewerblich und qualifiziert agierenden Gussteillieferanten mit Entwicklungsleistung sowie einem Kundenstamm vorrangig aus Unternehmen des deutschen Maschinenbaus, die hochprofessionell, industriell und weltweit agieren. Darüber hinaus sind die Entwicklungszeiten von Maschinen kürzer geworden. Zudem ist eine Entwicklung in Richtung leichterer und komplexerer Gussteile zu verzeichnen, wobei die Abnahmemenge an Gusserzeugnissen des deutschen Maschinenbaus zumindest in der letzten Dekade konstant geblieben ist (vgl. Abbildung 10, S. 15).

Die in den letzten Jahren viel diskutierten und stetig wachsenden Nachhaltigkeitsbestrebungen, z. B. unter dem Stichwort „Carbon Footprint“, gewinnen zunehmend auch in der betrieblichen Praxis an Bedeutung. Eine fortschreitende Material- und Ressourceneffizienz, insbesondere die Reduzierung des Energieverbrauchs, ist für Gießereibetriebe zwingend notwendig. Dies belegt auch die hohe Anzahl an Zertifizierungen gemäß DIN EN ISO 14001/DIN EN ISO 50001 (vgl. Abbildung 33, S. 76). Adäquate Energiemanagementsysteme sind nach Auffassung vieler Experten von den teilweise mittelständisch oder gar handwerklich geführten Gießereiunternehmen zeitnah zu implementieren, um weiterhin wettbewerbsfähig zu bleiben. Bei einer Großzahl von Gießereibetrieben findet bereits heute ein erfolgreiches Energiemanagement statt, was eine Minimierung der Energiekosten unterstützt. Obwohl nach Aussagen von Experten überwiegend Kennzahlen z. B. in Form von kWh pro Tonne „guter Guss“ gemessen werden, ist eine direkte Zurechnung zu einzelnen Gussteilen bislang nur in Ausnahmen, etwa bei Großserien für die Automobilindustrie (bei NE-Gießereien) sowie Unternehmen mit entsprechendem Know-how bei der Datenerfassung (z. B. umfangreiche Verbrauchsmessungen) und geschulten Mitarbeitern, möglich.[47]

Das hier im Zusammenhang mit der untersuchten Fallstudiengießerei entwickelte IT-Tool erlaubt sowohl eine systematische Abschätzung der CO_2-Emissionen als auch der Herstellkosten für jeden einzelnen Fertigungsprozessschritt. So ist es durch die hier durchgeführte Analyse erstmals möglich geworden, einzelnen Gussteilen direkt CO_2-Emissionen zuzurechnen, ohne auf eine extrem vereinfachende Schlüsselung der Unternehmensgesamtemissionen zurückgreifen zu müssen (Fandl und Held 2015 b, S. 819). Dies bildet nach Expertenaussagen ein Alleinstellungsmerkmal für die Fe-Gießerei bzw. für die vorliegende Arbeit.

Die Datenerfassung der Stoff- und Energieflüsse bei deutschen Gießereibetrieben muss zukünftig noch deutlich weiterentwickelt werden, sodass ein funktionierendes und effektives Umweltcontrolling entstehen kann. Dieses sollte in sich stimmig, möglichst einfach und verständlich aufgebaut sein und neben der Erhebung „harter“ Daten, Zahlen und Fakten auch den Kommunikationsfluss unter den Mitarbeitern im Gießereibetrieb umfassen.

Auf Basis der Auswertung von insgesamt 39 Neuentwicklungsprojekten konnte hier ein Schätzmodell zur Vorhersage der Veränderung von CO_2-Emissionen bei gemeinsamer überbetrieblicher Gussteilentwicklung entwickelt und anschließend durch die Entwicklungs- und Konstruktionsabteilung der Fallstudiengießerei genutzt werden. Für Anwender aus dem F&E-Bereich bedeutet dies mehr Transparenz und Know-how zum Heben von Potenzialen durch gemeinsame überbetriebliche Gussteilentwicklung, da das entwickelte Schätzmodell einen genauen Wert ausweist. Anzumerken ist, dass dabei eine Fensterschätzung möglich ist, die eine Größenordnung der zu erwartenden CO_2-Einsparungen vermittelt, die dann für den jeweiligen Einzelfall situationsspezifisch geprüft werden sollte.

Aufgrund der vorgestellten Ergebnisse zur Veränderung der CO_2-Emissionen liegt der Schluss nahe, dass zur Bewertung nachhaltiger Produktentwicklungspartnerschaften weitere kunden- und projektspezifische Einflussfaktoren berücksichtigt werden könnten. Die Expertengespräche bestätigten, dass größere CO_2-Einsparungen bei beispielsweise folgenden Ausprägungen „kundenseitiger Faktoren“ erzielt werden können, wenn:

- kleinere F&E-Abteilungen mit geringerem Entwicklungs-Know-how und weniger Verständnis für die komplexen Fertigungsprozessschritte einer Gießerei existieren,
- Unternehmen keine Notwendigkeit im Erwerb bzw. Vorliegen spezieller Zertifizierungen sehen sowie

[47] Weiterführende Inhalte lassen sich z. B. einer Studie zu Energiebilanz und CO_2-Emissionen von Zylinderkurbelgehäusen aus Aluminium und Gusseisen entnehmen – vgl. Sobota und Görtz 2015.

- keine bis wenig umfangreiche Lastenheftspezifikationen übermittelt werden.

So zeigte sich, das Unternehmen mit F&E-Abteilungen mit einer deutlich höheren Anzahl an Vollzeitbeschäftigten, die ähnlich gut wie die Fallstudiengießerei qualifiziert sind, relevante Entwicklungswerkzeuge besitzen sowie ein gutes Verständnis für lieferantenseitige Entwicklungsabläufe aufweisen, auch eher mit niedrigeren CO_2-Emissionen zu rechnen haben. Ziel der F&E-Abteilungen der Gussteillieferanten sollte nach einer Vielzahl von Expertenaussagen sein, unter Verzicht auf Komplexität und Bürokratieaufbau möglichst gut dokumentiert, eindeutig, schnell und direkt über den Gussteilentwicklungsprozess zu informieren. Hierfür eignen sich u. a. bereits zu Entwicklungsbeginn geführte persönliche Gespräche zwischen den am Entwicklungsprozess beteiligten Mitarbeitern von Gussteilabnehmer und Gießerei.

Eine Entscheidung über das Eingehen und die Tiefe einer Produktentwicklungspartnerschaft hängt darüber hinaus von weiteren „projektspezifischen Faktoren" ab. Die Analyse der Eigenschaften des entwickelten Gussteils ergab beispielweise, dass die Anzahl der Kerne einen Einfluss auf die Veränderung der CO_2-Emissionen aufweist. Darüber hinaus zeigte sich, dass die Kernanzahl mit weiteren Einflussfaktoren wie z. B. dem Rohteilgewicht des Gussteils oder auch dem Schwierigkeitsgrad in Verbindung steht. Daraus lässt sich ableiten, dass eine Vielzahl von „produktseitigen Faktoren" bei der Beschreibung des Gussteils Berücksichtigung finden sollte. Die Expertengespräche bestätigten, dass sogenannte „einfache Gussteile" niedrigere CO_2-Einsparungpotenziale aufweisen. Diese sind u. a. durch eine vergleichsweise einfache Auslegung und simple Belastungssituation, keine bis geringe Hinterschneidungen, ein geringeres Verhältnis der Masse von Anguss und Speisertechnik zur Masse des Fertigteils sowie die Anwendbarkeit international gängiger (Norm-)Materialien gekennzeichnet. Gussteile, die als deutlich „komplexer" eingestuft werden, sind z. B.:

- (hoch) dynamisch belastete Gussteile,
- Gussteile mit einer Vielzahl an Hinterschneidungen,
- Gussteile mit der Notwendigkeit mehrerer Formkästen sowie
- Gussteile mit hochfesten Werkstoffen.

Bei diesen Gussteilen ermöglicht ein partnerschaftlicher Dialog zwischen Gussteilabnehmer und Gießerei deutlich höhere CO_2-Einsparungen. Der Trend geht dabei hin zu einem Minimum an Masse, einer optimierten Steifigkeit und bestmöglicher Ausnutzung von zulässig ertragbaren Spannungen. In Zukunft werden die Ergebnisse im Wettbewerb der Verfahren und Werkstoffe noch stärker von einer erfolgreichen Anpassung an Masse, Stabilität, Kraftfluss sowie Funktionalität abhängen. Um dieses Ziel zu erreichen, ist zum einen das gießtechnische Entwicklungs-Know-how in Verbindung mit einer optimalen Kombination aus kundenseitig gestellten Anforderungen der Gießerei gefordert und zum anderen, dass neben der 3-D-CAD-Konstruktionsdurchführung simultan FEM-Berechnungen sowie Schwingungs- und Wärmedurchgangsanalysen durchgeführt werden, als auch eine automatische Topologie- und Formoptimierung bedarfsgerecht zur Verfügung steht.

Zahlreiche Experten bestätigen, dass durch nachhaltige Produktentwicklungspartnerschaften Gießereien und Gussteilabnehmer gemeinsam schneller besser werden können. Dabei sollte die Zusammenarbeit bereits im frühsten Entwicklungsstadium beginnen, weil nur dort die beinahe unbegrenzte Formgestaltung durch das Gießen ausgeschöpft werden kann. Damit stellt der „Integrationszeitpunkt" unter den „lieferbeziehungsspezifischen Faktoren" einen entscheidenden Einflussfaktor auf die Veränderung der CO_2-Emissionen dar. Die Untersuchung bestätigte, dass bei einer frühen Einbindung auch deutlich höhere CO_2-Einsparungen (durchschnittlich 21,5 % in der „Ideenphase", nachfolgend nur noch 12,2 % in der „Konzeptphase") möglich sind und gleichzeitig die Herstellkosten in ähnlicher Größenordnung reduziert werden können. Dabei können solche substanziellen Verbesserungen und Einsparungen vielfach bereits mit einem Konstruktions- und Berechnungsaufwand, der teilweise nur das Zwei- bis Dreifache des Stückpreises eines Gussteils darstellt, erzielt werden. Von Vorteil ist dabei, wenn die Gießerei eine eigenständige Entwicklungs- und Konstruktionsabteilung hat, die zugießende Bauteile konstruktionsbegleitend berechnen und so das funktional und produkttechnisch „beste" Gussteil finden kann.

Die überbetriebliche Zusammenarbeit zwischen Gießerei und Konstruktionsabteilung des Gussteilabnehmers ist durch weitere „lieferbeziehungsspezifische Faktoren" charakterisiert. Dabei stellt in erster Linie das gegenseitige Vertrauen einen wichtigen Einflussfaktor in Bezug auf mögliche Veränderungen der CO_2-Emissionen dar. Nach Aussagen der Experten wird Vertrauen grundsätzlich als eine positive Erwartungshaltung beschrieben, wodurch die Qualität der gemeinsamen überbetrieblichen Gussteilentwicklung beeinflusst wird. Vertrauen zum Entwicklungspartner wird u. a. bedingt durch einen regelmäßigen Informationsaustausch. Entsprechend zeigte die empirische Untersuchung deutlich weniger CO_2-Einsparungen bei Entwicklungspartnern mit negativem bzw. geringem Vertrauen. Bei einem Mangel an Vertrauen besteht die Gefahr, dass der Entwicklungspartner z. B. Ressourcen nicht vollständig einbringt oder sein Know-how nicht offenlegt (da z. B. ein ungewollter Wissensabfluss befürchtet wird). Die Zielerreichung der überbetrieblichen Gussteilentwicklung wird in diesem Fall erschwert. Diverse Expertengespräche bestätigten, dass das gegenseitige Vertrauen bei Produktentwicklungspartnerschaften das Fundament der Beziehung darstellt. „Einfache" im Zuge der Untersuchung als wichtig bewertete Ansatzpunkte zur Vertrauensbildung umfassen z. B.:

- gegenseitige Besuche (diese verbessern u. a. die zwischenmenschlichen Beziehungen aller Beteiligten),
- gegenseitige Hilfe bei Problemen (für alle Beteiligten) und
- gemeinsame Arbeitskreise (mit allen Beteiligten).

Dies belegten wiederum auch die Expertengespräche, wobei verstärkt auf das „Commitment" verwiesen wurde. Demnach stellt „Commitment" eine Voraussetzung für eine intensive und dauerhafte Zusammenarbeit zwischen Gussteilabnehmer und Gießerei dar und fördert zugleich langfristiges Denken in Richtung „Gießerei als Entwicklungspartner".

Tabelle 47 (S. 215 f.) fasst die als am bedeutendsten ermittelten Handlungsempfehlungen für die überbetriebliche Gussteilentwicklung zusammen.

Handlungsempfehlung	exemplarische Ansatzpunkte zur Umsetzung	Kategorie
Entwicklung eines Arbeitskreises „Nachhaltigkeit"	→ Schulung der Mitarbeiter auf stofflich-energetischen, ökologischen und ökonomischen Betrachtungsebenen	*betriebs-intern*
	→ aktiver Austausch über Maßnahmen in finanzieller, zeitlicher, energetischer und stofflicher Hinsicht	*betriebs-übergreifend*
Implementierung eines Energiemanagementsystems	→ Erfassung von Energiedaten und Dokumentation von Maßnahmen	*betriebs-intern*
	→ Identifikation der Interdependenzbeziehungen zwischen Energieflüssen und den jeweiligen Kosten je Prozess	*betriebs-übergreifend*
Verbesserung der Energieeffizienz	→ konsequente Optimierung aller „energetischer Baustellen"	*betriebs-intern*
	→ gemeinsamer Austausch von energiebezogenen Kennzahlen	*betriebs-übergreifend*
Erstellung eindeutig definierter Entwicklungsziele	→ Prioritäten festlegen, insbesondere bauteilrelevante Spezifikationen über Abteilungsgrenzen kommunizieren	*betriebs-intern*
	→ gemeinsame Ziele bei der Entwicklung abstimmen	*betriebs-übergreifend*
Festlegung von Ansprechpartnern zu Entwicklungsbeginn	→ formalisierte und strukturierte Aufbauorganisation festlegen	*betriebs-intern*
	→ Organigramme an die Partner mit Aufgaben und Kontaktdaten versenden	*betriebs-übergreifend*
Prozessoptimierung in der Entwicklung	→ innovative Bauteilkonstruktionen durch rechnergestützte Simulation von Gieß- und Erstarrungsprozessen	*betriebs-intern*
	→ Auf- und Ausbau von Entwicklungspartnerschaften	*betriebs-übergreifend*

Handlungsempfehlung	exemplarische Ansatzpunkte zur Umsetzung	Kategorie
Änderung der Gussteile für eine rationellere Produktion	→ konsequenter Einsatz von gießtechnischen Simulationsprogrammen	*betriebs-intern*
	→ überbetriebliche Online-Multimedia-Kommunikation zur Behebung komplexer Probleme am Gussteil	*betriebs-übergreifend*
Realisierung von Leichtbaukonstruktionen	→ Reduzierung von Wanddicken durch die Kombination bionischer Methoden mit der gießgerechten Fertigung	*betriebs-intern*
	→ durch höheren gestalterischen Freiheitgrad wie Integration von Funktionen, innovative Lösungsstrategien ermöglichen	*betriebs-übergreifend*
Lieferantenintegration in frühes Entwicklungsstadium	→ umfangreiche Dokumentation der Abläufe überbetrieblicher Gussteilentwicklung	*betriebs-intern*
	→ Abbau von Unsicherheit zwecks Übertrag von Entwicklungsverantwortung an den Partner	*betriebs-übergreifend*
Stärkung einer vertrauensvollen partnerschaftlichen Beziehung	→ Ausbau der internen Sprach- und Kulturkompetenz	*betriebs-intern*
	→ offener Dialog mit Partnern	*betriebs-übergreifend*

Tabelle 47: Zentrale Handlungsempfehlungen für die unternehmerische Praxis

Letztlich wird deutlich, dass eine Entscheidung für bzw. gegen Produktentwicklungspartnerschaften stets situativ zu fällen ist und von vielen kunden- und projektseitigen Einflussfaktoren abhängt. Dabei sollte im gemeinsamen überbetrieblichen Entwicklungsprozess für ein Gussteil das optimale Herstellverfahren gefunden werden, um den Belangen der Ökologie und der Ökonomie gerecht zu werden. In dieser Verantwortung steht die Gießereiindustrie nicht zuletzt ihren Kunden gegenüber.

7.2 Implikationen für die Wissenschaft

Bezugnehmend auf das im Zuge dieser Arbeit erarbeitete Schätzmodell und die Einflussfaktoren zur frühzeitigen Abschätzung der Veränderung von CO_2-Emissionen und Herstellkosten sei darauf hingewiesen, dass die beschriebene Vorgehensweise allgemeingültigen Charakter aufweist. Die Beschränkung der durchgeführten empirischen Untersuchung ergibt sich aus dem explorativen Charakter der Auswahl von Einflussfaktoren sowie den Untersuchungsmethoden „Experteninterview" und „Dokumentenanalyse". Der Erkenntnisgewinn für den wissenschaftlichen Fortschritt liegt dabei im Wesentlichen in der Assoziation mit der praktischen Anwendung im Gießereibetrieb. Hieraus resultieren Ansatzpunkte für weitere Forschungsfragestellungen über den F&E-Bereich

überbetrieblicher Gussteilentwicklung hinaus, etwa für die Bereiche Vertrieb, Marketing und Umweltschutz bzw. für weitere Branchen.

Weiterhin führt die Datenbasis der statistischen Untersuchung, d. h. eine aufgrund von Experteninterviews und der Dokumentenanalyse abgeschlossener Neuentwicklungsprojekte vergleichsweise kleine Stichprobe, zu Möglichkeiten für weitere wissenschaftliche Arbeiten. Die durchgeführten Regressionsanalysen zur Entwicklung des Schätzmodells verdeutlichen, dass ein Zusammenhang zwischen der Veränderung der CO_2-Emissionen sowie den kunden- und projektseitigen Einflussfaktoren der gemeinsamen überbetrieblichen Gussteilentwicklung besteht. Eine derart tiefgehende Datenbasis konnte – soweit dem Verfasser bekannt – bislang nicht bei wissenschaftlichen Untersuchungen erhoben bzw. genutzt werden (vgl. hierzu auch Abschnitt 3.2.5). Eine Erweiterung der Untersuchung über die Fallstudiengießerei hinaus, z. B. auf weitere Fe-Gießereien, oder eine leichte Modifizierung, z. B. für NE-Gießereien oder andere Kundengruppen, etwa die Automobilindustrie, wären sinnvolle Ansatzpunkte für zukünftige Forschungsarbeiten.

Ebenso wurden in der vorliegenden Untersuchung die mit Blick auf das Life Cycle Assessment relevanten vor- und nachgelagerten Lebenszyklusphasen eines Gussteils vernachlässigt. Das heißt, es wurde z. B. nicht untersucht, inwieweit die Gussteile im Zuge ihrer Verwendung beim Kunden etwa zu geringeren CO_2-Emissionen aufgrund der Gewichtsreduktion geführt haben. Das heißt, der Wissenschaft würde noch mehr Aussagesubstanz geliefert, wenn der Einfluss der Gewichtsreduktion auf potentielle CO_2-Einsparungen im zeitlichen Rahmen, beispielsweise in einer Paneldatenanalyse, dargelegt würde.

Die Bewertung der Herstellkosten wurde in der Untersuchung durchgeführt, jedoch unter Berücksichtigung der Zielsetzung der Arbeit und der Sensibilität der Daten nicht detaillierter dargestellt. Es gilt im Sinne des Life Cycle Costing, dem Kunden durch gezielte Informationen neben der ökologischen auch die ökonomische Vorteilhaftigkeit einer Produktentwicklungspartnerschaft zu kommunizieren. Da somit ein besseres Verständnis zur kostenreduzierten Zusammenarbeit gemeinsamer Entwicklungsprozesse ermöglicht würde.

Die vorangegangenen Punkte betreffen maßgeblich vertikale Kooperationen und sollten nach Ansicht des Verfassers zukünftig im Sinne eines „nachhaltig" bewussten Umgangs mit den bestehenden Ressourcen grundsätzlich stärkere Beachtung in Forschung und Wissenschaft erfahren. Die Ergebnisse in der gießereispezifischen Literatur (vgl. hierzu Abschnitt 3.2.5) belegen, dass die Einbeziehung ökologischer Aspekte in die gemeinschaftlich verzahnte Produktentwicklung weitere Potenziale für prospektive Forschungsarbeiten darstellt: „Little information about the impacts of early supplier involvement in casting industry exists and the advantages are not well known." (Eisto et al. 2010, S. 856) – eine wichtige Aufgabe der Wissenschaft ist es diese Publik zu machen.

In Zukunft wird es von großem Interesse sein, zu beobachten, wie sich vertikale Kooperationen sowohl als Forschungsgegenstand in der Wissenschaft als auch in der unternehmerischen Praxis (z. B. bei der CO_2-Bestimmung), im Speziellen in der Gießereiindustrie, weiterentwickeln.

8 Zusammenfassung und Ausblick

In der vorliegenden Arbeit wurden die Einflussfaktoren von überbetrieblichen Produktentwicklungspartnerschaften auf „ökologische Potenziale" am Beispiel der deutschen Gießereiindustrie untersucht.

Dabei kam der überbetrieblichen Gussteilentwicklung für die Beantwortung der hier entwickelten Fragestellungen eine zentrale Bedeutung zu. Einen wesentlichen Gegenstand der Untersuchung bildete die Analyse von 39 abgeschlossenen Neuentwicklungsprojekten, die von einer deutschen Eisengießerei mit Angebot von Entwicklungsleistungen im Zeitraum von 2006 bis 2014 bearbeitet wurden. Hierbei konnte erstmalig eine fundierte Analyse der überbetrieblichen Zusammenhänge auf Basis einer Untersuchung der gesamten Kommunikation sowie aller konstruktiven CAD-Daten realisiert werden.

Eine empirische Vorstudie in der deutschen Gießereiindustrie und bei deren Kunden aus dem deutschen Maschinenbau hinsichtlich der Bedeutung und Ausgestaltung von Nachhaltigkeitsaspekten bei der partnerschaftlichen Gussteilentwicklung untermauerte die Notwendigkeit der Erhebung ökologischer Kennzahlen. Diese wurden und werden zunehmend von Kunden gefordert.

Auf der Grundlage einer tiefgehenden Datenerhebung von Stoff- und Energieströmen der Fertigungsprozessschritte einer deutschen Eisengießerei, die 282 Betriebsmittel umfasste, wurde ein aktivitäts- und prozessorientiertes IT-Tool zur Abschätzung von Energieverbrauch und CO_2-Emissionen sowie Herstellkosten entwickelt und implementiert. Dieses IT-Tool wurde anschließend verwendet, um bei den untersuchten 39 Neuentwicklungsprojekten die durch die überbetriebliche Gussteilentwicklung bedingten Veränderungen der CO_2-Emissionen sowie Herstellkosten unter Nutzung des Know-hows der Gießerei zu bewerten. Durchschnittlich wurden bei der gemeinsamen überbetrieblichen Gussteilentwicklung knapp 14,5 % CO_2-Einsparungen gegenüber der allein kundenseitigen Entwicklung erzielt; bei den Herstellkosten konnten im Mittel knapp 23,2 % Einsparungen realisiert werden.

Zentrale Einflussfaktoren für die Veränderung bzw. Reduktion von CO_2-Emissionen sind nach den Ergebnissen der vorliegenden Arbeit folgende:

- der Integrationszeitpunkt durch Kunden der Gießerei in die Gussteilentwicklung,
- der Vertrauensgrad in der Beziehung zwischen Gussteilabnehmer und Gießerei,
- die Kernanzahl des Gussteils zu Entwicklungsbeginn sowie
- die Größe der F&E-Abteilungen der Gussteilabnehmer.

Bei diesem Set von Einflussfaktoren handelt es sich sowohl um kundenseitige als auch projektseitige Faktoren, die mit weiteren Einflussfaktoren interagieren. Eine endgültige

Entscheidung für bzw. gegen eine nachhaltige Zusammenarbeit bzw. bezüglich der Tiefe und Ausgestaltung der Zusammenarbeit sollte immer situativ von Entwicklungsprojekt zu Entwicklungsprojekt getroffen werden, wobei das entwickelte Schätzmodell als unterstützendes Werkzeug dienen kann.

Die Ergebnisse der Untersuchung zeigen zudem, dass sich das energieintensive Fertigungsverfahren „Gießen“ in den letzten Jahren hin zu einem hochautomatisierten und energiesparenden Verfahren in deutschen Gießereibetrieben entwickelt hat. In Zukunft ist zu erwarten, dass die Gießereien sowohl aufgrund des anhaltenden Wettbewerbsdrucks als auch der Bedeutungszunahme von Material- und Ressourceneffizienz verstärkte Bemühungen zur Erhebung und Bewertung des gesamten „Life Cycle“ ihrer Gussteile anstreben werden. In diesem Zusammenhang geht es nicht ausschließlich um die Bewertung der Entwicklung von Großserien wie z. B. für die Automobilindustrie, sondern insbesondere auch um die Bewertung bei Einzel- und Großgussfertigung, wobei hier zunehmend komplexere Anforderungen erfüllt werden müssen.

Der deutsche Maschinenbau zeigt unter dem Motto „grüne Werkzeugmaschine“ deutlich, welche Bedeutung die Ermittlung ökologischer Kennzahlen durch ihre Gussteillieferanten besitzt. In diesem Kontext konnte die vorliegende Arbeit einen Beitrag leisten und im Speziellen folgende Ansatzpunkte für Gießereien bzw. ihre Kunden erarbeiten:

- Bestimmung der durchschnittlichen Umweltwirkungen, speziell des Energieeinsatzes und der CO_2-Erzeugung je Tonne Gusserzeugnis: Dabei zeigte sich, dass die weit verbreitete Kennzahl „Energieverbrauch je Tonne guter Guss“ nur bedingt zielführend ist, da zwei Teile gleicher Masse erhebliche Unterschiede in der benötigten Energie aufweisen können. In der Konsequenz gilt es, eine prozessbasierte individuelle Zuordnung von Energiewerten zu einzelnen Gussteilen vorzunehmen (wie hierbei vorzugehen ist, zeigt Abschnitt 5.2.2).
- Untersuchung der konstruktiven Treiber bzw. Einflussgrößen auf Umweltwirkungen und Herstellkosten bei Gussteilen: Hier existierten in Bezug auf den ersten Aspekt bislang kaum wissenschaftliche und unternehmensbezogene Grundlagen. Abschnitt 5.2.3 bietet hier methodische Unterstützung für Gießereien, wie eine entsprechende Analyse gestaltet werden kann.
- Analyse von Verbesserungen in Bezug auf Umweltwirkungen durch Vergleich von Konstruktionsvarianten mit und ohne unternehmensübergreifend-optimierter Verzahnung der Entwicklungsprozesse: Die im Rahmen der Arbeit realisierte Bestimmung des „Umwelt- und Herstellkosten-Deltas“ von integrierter und nicht verzahnter Gussteilentwicklung bietet erstmalig eine Quantifizierung für die Gießereiindustrie bzw. ihre Kunden (vgl. Abbildung 76, S. 155).
- Erstellung eines Schätzmodells zur Potenzialabschätzung der unternehmensübergreifenden Gussteilentwicklung in Bezug auf Umweltaspekte und Herstellkosten in frühen Entwicklungsphasen (vgl. Abschnitt 6.1): Hierfür wurde ein multivariates Schätzmodell entwickelt und parametriert (vgl. Abschnitt 5.6.3).

Dieses stellt einerseits ein Alleinstellungsmerkmal für die betrachtete Fallstudiengießerei dar, andererseits kann das dargestellte Vorgehen durch weitere Gießereien entsprechend sinnvoll adaptiert werden.

Zusätzlich zeigt diese Arbeit mögliche Wege auf, wie das Zusammenspiel zwischen Gussteilabnehmern und Gießereien verbessert werden kann und mit welchen Problemen dabei zu rechnen ist. Schließlich wird dargestellt, wie diese Herausforderungen verringert werden bzw. wie sie auch als Potenziale für die unternehmerische Praxis genutzt werden können. Deshalb ist es wünschenswert, wenn die vorliegende Arbeit mit ihren speziellen Erkenntnissen und deren methodischer Umsetzung Diskussionen zwischen allen beteiligten Partnern aus Industrie und Wissenschaft anregt und Impulse für künftige Forschungsarbeiten geben kann. Im Zentrum dieser Forschungsbemühungen sollten dabei die folgenden drei Aspekte stehen:

- Ausbau von Energie- und Stoffstrommanagementsystemen in der unternehmerischen Praxis der deutschen Gießereiindustrie,
- Prüfung der Empfehlungen zur Bewertung der Veränderung von CO_2-Emissionen sowie Herstellkosten bei erfolgreichen und weniger erfolgreichen Produktentwicklungspartnerschaften,
- Entwicklung von Längsschnittstudien, um die Stabilität und Relevanz der Einflussfaktoren und deren Interdependenzen besser verstehen zu können.

Mit diesen Ausführungen und der Hoffnung des Autors, dass das hier skizzierte Forschungspotenzial zur nachhaltigen überbetrieblichen Produktentwicklungspartnerschaft in zukünftigen wissenschaftlichen Untersuchungen sowie in der betrieblichen Praxis umgesetzt werden kann, schließt die vorliegende Arbeit.

Anhang

A.I Überblick über ausgewählte Kooperationsdefinitionen in der deutschsprachigen Literatur

Autoren	Begriff	Definition
Adam et al. 1980, S. 694	*wirtschaftliche Kooperation*	„[…] kann als ein auf wirtschaftliche Zwecke hin abgestimmtes Verhalten von Wirtschaftssubjekten oder Zusammenschlüssen von Wirtschaftssubjekten definiert werden. Wirtschaftliche Zwecke können sein, die Steigerung der Leistungs- oder Wettbewerbsfähigkeit, die Überwindung von Markteintrittsschranken, der Risikoausgleich, aber auch die Beschränkung des Wettbewerbs oder die Bildung von Marktmacht. […] Wesentliches Kennzeichen der Kooperation ist, daß die beteiligten Wirtschaftssubjekte im Verhältnis zueinander rechtlich und wirtschaftlich selbständig bleiben“.
Rotering 1990, S. 41	*Kooperation*	„[…] ist die auf stillschweigender oder vertraglicher Vereinbarung beruhende Zusammenarbeit zwischen rechtlich und wirtschaftlich selbständigen Unternehmen durch Funktionsabstimmung oder Funktionsausgliederung und -übertragung auf einen Kooperationspartner im wirtschaftlichen Bereich“.
Sydow 1992, S. 93	*zwischenbetriebliche Kooperation*	„Gemeinsame Ausübung betrieblicher Funktionen mit dem Ziel größerer Wirtschaftlichkeit und Rentabilität der einzelnen Unternehmen“.
Schuh, Millarg und Göransson 1998, S. 18	*Kooperation*	„[…] einen Zusammenschluss rechtlich bzw. wirtschaftlich unabhängiger Unternehmen und/oder Unternehmensbereiche mit dem Ziel, gemeinsam die erforderlichen Voraussetzungen aufzubauen, um Marktchancen mit einem kleinen Zeitfenster schnell und effizient identifizieren und kooperativ erschließen zu können, die ein einzelnes Unternehmen nicht oder nur weniger gewinnbringend realisieren kann“.

Autoren	Begriff	Definition
Zentes 2003, S. 5	*Kooperation*	„[...] als (unternehmerische) Zusammenarbeit verstanden, mit dem Kennzeichen der Harmonisierung oder gemeinsamen Erfüllung von (betrieblichen) Aufgaben durch selbstständige (Unternehmen) Wirtschaftseinheiten".
Kern 2005, S. 24	*zwischenbetriebliche Kooperation*	„[...] jegliche Form von Zusammenarbeit zwischen rechtlich und wirtschaftlich unabhängigen Unternehmen, [...] die zur Durchführung von gemeinsamen Aktivitäten führt".
Ebertz 2006, S. 12	*Kooperation*	„[...] ist die freiwillige Zusammenarbeit von rechtlich und wirtschaftlich weitgehend selbstständigen Unternehmen in einzelnen oder mehreren betrieblichen Teilbereichen, um individuelle Ziele besser zu erreichen als alternative Organisationsformen".
Bouncken und Golze 2007, S. 10	*Kooperation*	„[...] wird als eine Zusammenarbeit zwischen zwei oder mehreren rechtlich und wirtschaftlich unabhängigen Unternehmen zur Verbesserung der Wettbewerbsfähigkeit definiert".
Hoffmeister 2007, S. 14	*Kooperation*	„[...] eine freiwillige, zwischenbetriebliche Zusammenarbeit zwischen zwei oder mehr selbstständigen, formal gleichberechtigten Partnern. Die Entscheidungen der Kooperationspartner werden gemeinsam koordiniert und gefällt und dienen der Erreichung gemeinsamer Ziele".
Schuh 2012, S. 44	*Kooperation*	„[...] dabei stellt eine Kooperation eine Funktionskoordinierung oder -ausgliederung zwischen mehreren Unternehmen dar, deren Ziel die Überwindung von spezifischen Engpässen bei der Durchführung von Innovationsprojekten ist, ohne dass die rechtliche und wirtschaftliche Eigenständigkeit der Unternehmen verloren geht".

A.II Fragebogen zur Vorstudie (Gießereiindustrie)

Sehr geehrte Teilnehmerin, sehr geehrter Teilnehmer,

vielen Dank, dass Sie sich die Zeit nehmen, an dieser wissenschaftlichen Studie teilzunehmen. Zunächst möchten wir Ihnen ein paar wichtige Hinweise zum Ausfüllen des Fragebogens geben:

Der dreiseitige Fragebogen ist in vier Bereiche unterteilt. Wir möchten Sie bitten pro Frage nur eines der Kästchen anzukreuzen. Ausnahmen sind mit **„Mehrfachnennungen möglich"** gekennzeichnet.

Wenn Sie eine Frage **nicht beantworten können bzw. wollen**, lassen Sie dieses Feld bitte frei.

Sofern Ihr Unternehmen aus mehreren Geschäftseinheiten besteht, beziehen Sie die Beantwortung der Fragen bitte speziell auf Ihren **gießtechnischen Bereich**.

1. Unternehmensprofil

Welcher Teilbranche ist Ihr Unternehmen zugehörig? (Mehrfachnennungen möglich)

Eisenguss	Stahlguss	Leichtmetallguss	Buntmetallguss
☐	☐	☐	☐

Wie viele Vollzeitbeschäftigte sind in Ihrem Unternehmen angestellt? (Teilzeitstellen bitte ggf. umrechnen)

<50	51-100	101-250	251-500	>500
☐	☐	☐	☐	☐

Welcher Abteilung bzw. Funktion Ihres Unternehmens gehören Sie an?

Entwicklung/ Konstruktion	Vertrieb	Arbeits-vorbereitung	Geschäfts-führung	Sonstige
☐	☐	☐	☐	

Wie hoch ist der Anteil der Beschäftigten, die Aufgaben im Bereich der Entwicklung bzw. Konstruktion bearbeiten, im Verhältnis zu den Gesamtbeschäftigten in Ihrem Unternehmen?

0%	1-5%	6-10%	11-15%	>15%
☐	☐	☐	☐	☐

Welche Zertifikate besitzt Ihr Unternehmen? (Mehrfachnennungen möglich)

ISO 9001	ISO 14001	EN ISO 50001/ DIN EN 16001	TS 16949	Sonstige/Weitere
☐	☐	☐	☐	

Welcher Branche bzw. welchen Branchen sind Ihre Kunden hauptsächlich zugehörig? (Mehrfachnennungen möglich)

Fahrzeug-bau	Maschinen- u. Anlagenbau	Bau-industrie	Elektro-technik	Sonstige/Weitere
☐	☐	☐	☐	

Bitte schätzen Sie, wie viele Kunden Ihr Unternehmen aktuell beliefert.

<20	21-50	51-100	101-200	>200
☐	☐	☐	☐	☐

Wie hat sich der Marktanteil Ihres Unternehmens im Vergleich zu Ihren direkten Wettbewerbern in den letzten drei Jahren entwickelt?

deutlich verschlechtert	leicht verschlechtert	gleich geblieben	leicht verbessert	deutlich verbessert
☐	☐	☐	☐	☐

2. Zusammenarbeit mit den Kunden bei der Gussteilentwicklung

Zu welchem Zeitpunkt werden Sie von Kunden in die Gussteilentwicklung eingebunden?	Bei keinem Kunden (<1%)	Bei wenigen Kunden (1-5%)	Bei einigen Kunden (6-25%)	Bei vielen Kunden (26-50%)	Bei den meisten Kunden (>50%)
Unser Unternehmen wird in der Ideen- bzw. Konzeptphase der Gussteilentwicklung von Kunden mit einbezogen (bei Festlegung der funktionalen Anforderungen).	☐	☐	☐	☐	☐
Unser Unternehmen wird in der Ausgestaltungsphase der Gussteilentwicklung von Kunden mit einbezogen (bei der technischen Auslegung).	☐	☐	☐	☐	☐
Unser Unternehmen wird in der Testphase der Gussteilentwicklung von Kunden mit einbezogen (bei Prototypenbau und Tests).	☐	☐	☐	☐	☐
Unser Unternehmen wird erst nach Abschluss der Gussteilentwicklung, d.h. zum Produktionsbeginn, von Kunden mit einbezogen.	☐	☐	☐	☐	☐
Wie intensiv ist die Zusammenarbeit mit Ihren Kunden?	**Bei keinem Kunden (<1%)**	**Bei wenigen Kunden (1-5%)**	**Bei einigen Kunden (6-25%)**	**Bei vielen Kunden (26-50%)**	**Bei den meisten Kunden (>50%)**
Unser Unternehmen kennt die internen Prozesse und Strukturen der Gussteilentwicklung unserer Kunden.	☐	☐	☐	☐	☐
Unsere Kunden kennen unsere internen Prozesse und Strukturen der Gussteilentwicklung.	☐	☐	☐	☐	☐
Mitarbeiter unseres Unternehmens mit Aufgaben aus dem Bereich Entwicklung bzw. Konstruktion stehen in direktem Kontakt mit Kunden.	☐	☐	☐	☐	☐
Im Zuge der Gussteilentwicklung kommt es zu regelmäßigen wechselseitigen Abstimmungsprozessen zwischen uns und unseren Kunden.	☐	☐	☐	☐	☐
Unser Unternehmen bildet überbetriebliche Teams mit Kunden bei der Entwicklung von Gussteilen.	☐	☐	☐	☐	☐

Welche Entwicklungswerkzeuge kommen bei der Zusammenarbeit mit Kunden zum Einsatz? (Mehrfachnennungen möglich)

CAD-Software	gießtechnische Simulationssoftware	FEM-Berechnung	Form- und Gestaltsoptimierung	Sonstige/Weitere
☐	☐	☐	☐	

In wie weit birgt die vertiefte Zusammenarbeit mit Kunden Potentiale?	Trifft nicht zu				Trifft voll zu
Je enger die Zusammenarbeit mit den Kunden in der Gussteilentwicklung, desto geringer sind die Entwicklungskosten eines Gussteils.	☐	☐	☐	☐	☐
Je enger die Zusammenarbeit mit den Kunden in der Gussteilentwicklung, desto kürzer ist die Entwicklungszeit eines Gussteils.	☐	☐	☐	☐	☐
Je enger die Zusammenarbeit mit den Kunden in der Gussteilentwicklung, desto geringer sind die Herstellkosten eines Gussteils.	☐	☐	☐	☐	☐
Je enger die Zusammenarbeit mit den Kunden in der Gussteilentwicklung, desto besser ist die Funktionalität eines Gussteils.	☐	☐	☐	☐	☐
Je enger die Zusammenarbeit mit den Kunden in der Gussteilentwicklung, desto eher lässt sich eine Gewichtsreduktion von Gussteilen realisieren.	☐	☐	☐	☐	☐
Wie beurteilen Sie die Aussage: „Gießereien wissen im Bereich optimierter Gussteilentwicklung mehr als ihre Kunden!"	☐	☐	☐	☐	☐
Was sind Herausforderungen der Zusammenarbeit mit Kunden?	**Trifft nicht zu**				**Trifft voll zu**
Für unser Unternehmen stellt das Risiko von Know-How Verlusten ein Problem der vertieften Zusammenarbeit mit unseren Kunden dar.	☐	☐	☐	☐	☐
Meiner Meinung nach stellt für unsere Kunden das Risiko des Know-How Verlustes ein Problem der vertieften Zusammenarbeit mit uns dar.	☐	☐	☐	☐	☐
Bei der Zusammenarbeit mit Kunden kommt es zu einer Vielzahl von technisch-konstruktiven Abstimmungsschleifen.	☐	☐	☐	☐	☐
Im Zuge der Abstimmung mit Kunden stellt es ein Problem dar, dass CAD-Software unserer Kunden mit unserer nicht vollständig kompatibel ist.	☐	☐	☐	☐	☐

Studie zur nachhaltigen Gussteilentwicklung Seite 2/3

3. Nachhaltigkeit

	Trifft nicht zu				Trifft voll zu
Die Bedeutung von ökologischen Aspekten hat in den letzten drei Jahren in unserem Unternehmen zugenommen.	☐	☐	☐	☐	☐
Die Bedeutung von ökologischen Aspekten wird in den nächsten drei Jahren in unserem Unternehmen zunehmen.	☐	☐	☐	☐	☐
Unser Unternehmen besitzt Kenntnisse über die ökologische Bewertung unserer einzelnen Gussteile (z.B. CO2-Emissionen).	☐	☐	☐	☐	☐
Unser Unternehmen berücksichtigt aktuell bei der Gussteilentwicklung ökologische Aspekte.	☐	☐	☐	☐	☐
Unser Unternehmen wird in Zukunft bei der Gussteilentwicklung ökologische Aspekte verstärkt berücksichtigen.	☐	☐	☐	☐	☐

Welche Maßnahmen zur Förderung ökologischer Aspekte hat Ihr Unternehmen in den letzten Jahren umgesetzt bzw. plant dies in den nächsten Jahren zu tun?

4. Bedeutung von ökologischen Aspekten bei der Gussteilentwicklung mit Kunden

	Trifft nicht zu				Trifft voll zu
Bei der Gussteilentwicklung spielen ökologische Aspekte für unsere Kunden aktuell eine große Rolle.	☐	☐	☐	☐	☐
Bei der Gussteilentwicklung werden ökologische Aspekte für unsere Kunden in Zukunft an Bedeutung gewinnen.	☐	☐	☐	☐	☐
Durch gemeinsame Gussteilentwicklung mit unseren Kunden, könnten Teile erarbeitet werden, die ökologische Aspekte besser berücksichtigen, als wenn uns diese Teile konstruktiv komplett vorgegeben würden.	☐	☐	☐	☐	☐
Unsere Kunden erwarten Aussagen bzw. Kennzahlen zur ökologischen Bewertung ihrer Gussteile, die wir ihnen zur Verfügung stellen.	☐	☐	☐	☐	☐

Wenn Kunden diese zur Verfügung gestellt bekommen, welche? (Mehrfachnennungen möglich)

Energie-verbrauch	CO2-Emissionen	Wasser-verbrauch	Sonstige/Weitere
☐	☐	☐	

Was sind Ihrer Meinung nach die größten Herausforderungen bei Berücksichtigung ökologischer Aspekte bei der Gussteilentwicklung?

Ich möchte die Auswertungsergebnisse per E-Mail erhalten: Ja ☐

Ich möchte an der Verlosung des Amazon Kindle E-Book Readers teilnehmen: Ja ☐

Für den Fall, dass Sie eine der beiden Fragen mit „Ja" beantwortet haben, bitten wir Sie um Ihre E-Mail-Adresse:

Vielen herzlichen Dank für Ihre Teilnahme!

Studie zur nachhaltigen Gussteilentwicklung Seite 3/3

A.III Fragebogen zur Vorstudie (Werkzeugmaschinenhersteller)

Sehr geehrte Teilnehmerin, sehr geehrter Teilnehmer,

vielen Dank, dass Sie sich die Zeit nehmen, an dieser wissenschaftlichen Studie teilzunehmen. Zunächst möchten wir Ihnen ein paar wichtige Hinweise zum Ausfüllen des Fragebogens geben.

Der dreiseitige Fragebogen ist in vier Bereiche unterteilt. Wir möchten Sie bitten pro Frage nur eines der Kästchen anzukreuzen. Ausnahmen sind mit „Mehrfachnennungen möglich" gekennzeichnet.

Wenn Sie eine Frage nicht beantworten können bzw. wollen, lassen Sie dieses Feld bitte frei.

Sofern Ihr Unternehmen aus mehreren Geschäftseinheiten besteht, beziehen Sie die Beantwortung der Fragen bitte speziell auf den Bereich der Werkzeugmaschinen.

1. Unternehmensprofil

Wie viele Vollzeitbeschäftigte sind in Ihrem Unternehmen angestellt? (Teilzeitstellen bitte ggf. umrechnen)

<50	51-100	101-250	251-500	>500
☐	☐	☐	☐	☐

Welcher Abteilung bzw. Funktion Ihres Unternehmens gehören Sie an?

Entwicklung/ Konstruktion	Einkauf	Arbeits- vorbereitung	Geschäfts- führung	Sonstige
☐	☐	☐	☐	

Wie hoch ist der Anteil der Beschäftigten im Bereich der Entwicklung bzw. Konstruktion im Verhältnis zu den Gesamtbeschäftigten in Ihrem Unternehmen?

0-5%	6-10%	11-15%	16-20%	21-25%	>25%
☐	☐	☐	☐	☐	☐

Von wie vielen Gießereien werden Sie derzeit beliefert?

1-5	6-10	11-15	16-20	21-25	>25
☐	☐	☐	☐	☐	☐

Wie hat sich der Marktanteil Ihres Unternehmens im Vergleich zu Ihren direkten Wettbewerbern in den letzten drei Jahren entwickelt?

deutlich verschlechtert	leicht verschlechtert	gleich geblieben	leicht verbessert	deutlich verbessert
☐	☐	☐	☐	☐

2. Zusammenarbeit mit den Gießereien bei der Gussteilentwicklung

Zu welchem Zeitpunkt werden Gussteillieferanten in die Gussteilentwicklung eingebunden?	Bei keinem Gussteil (<1%)	Bei wenigen Gussteilen (1-5%)	Bei einigen Gussteilen (6-25%)	Bei vielen Gussteilen (26-50%)	Bei den meisten Gussteilen (>50%)
Unsere Gussteillieferanten werden in der Ideen- bzw. Konzeptphase der Gussteilentwicklung mit einbezogen (bei Festlegung der funktionalen Anforderungen).	☐	☐	☐	☐	☐
Unsere Gussteillieferanten werden in der Ausgestaltungsphase der Gussteilentwicklung mit einbezogen (bei der technischen Auslegung).	☐	☐	☐	☐	☐
Unsere Gussteillieferanten werden in der Testphase der Gussteilentwicklung mit einbezogen (bei Prototypenbau und Funktionstest).	☐	☐	☐	☐	☐
Unsere Gussteillieferanten werden erst nach Abschluss der Gussteilentwicklung (zum Produktionsbeginn) mit einbezogen.	☐	☐	☐	☐	☐

Studie zur nachhaltigen Gussteilentwicklung Seite 1/3

Wie intensiv ist die Zusammenarbeit mit Ihren Gussteillieferanten?	Trifft nicht zu				Trifft voll zu
Unsere Gussteillieferanten kennen unsere **internen Prozesse und Strukturen** bei der Gussteilentwicklung.	☐	☐	☐	☐	☐
Unser Unternehmen kennt die **internen Prozesse und Strukturen** der Gussteilentwicklung unserer Gussteillieferanten.	☐	☐	☐	☐	☐
Mitarbeiter der **Entwicklung bzw. Konstruktion** unseres Unternehmens stehen in **direktem Kontakt** mit den Entwicklungs- bzw. Konstruktionsabteilungen unserer Gussteillieferanten.	☐	☐	☐	☐	☐
Unser Unternehmen bildet während der Entwicklungsphase **überbetriebliche Teams** mit unseren Gussteillieferanten.	☐	☐	☐	☐	☐

Wie groß schätzen Sie in etwa den prozentualen Aufwand für **Abstimmungsprozesse** mit Ihren Gussteillieferanten im Verhältnis zum **Gesamtentwicklungsaufwand** eines Gussteils?

0-10%	11-20%	21-30%	31-40%	41-50%	>50%
☐	☐	☐	☐	☐	☐

Welche **Entwicklungswerkzeuge** kommen bei der Zusammenarbeit mit **Gussteillieferanten** zum Einsatz? (Mehrfachnennungen möglich)

CAD-Software	gießtechnische Simulationssoftware	FEM-Berechnungen	Form- und Gestaltoptimierung	Sonstige/Weitere
☐	☐	☐	☐	

Welche **Zertifikate** fordern Sie von Ihren Gussteillieferanten? (Mehrfachnennungen möglich)

ISO 9001	ISO 14001	EN ISO 50001/ DIN EN 16001	TS 16949	Sonstige/Weitere
☐	☐	☐	☐	

Inwieweit birgt die vertiefte Zusammenarbeit mit den Gussteillieferanten Potentiale?	Trifft nicht zu				Trifft voll zu
Je enger die Zusammenarbeit mit unseren Gussteillieferanten in der Gussteilentwicklung, **desto geringer sind die Entwicklungskosten** eines Gussteils.	☐	☐	☐	☐	☐
Je enger die Zusammenarbeit mit unseren Gussteillieferanten in der Gussteilentwicklung, **desto kürzer ist die Entwicklungszeit** eines Gussteils.	☐	☐	☐	☐	☐
Je enger die Zusammenarbeit mit unseren Gussteillieferanten in der Gussteilentwicklung, **desto geringer sind die Herstellkosten** eines Gussteils.	☐	☐	☐	☐	☐
Je enger die Zusammenarbeit mit unseren Gussteillieferanten in der Gussteilentwicklung, **desto besser ist die Funktionalität** eines Gussteils.	☐	☐	☐	☐	☐
Je enger die Zusammenarbeit mit unseren Gussteillieferanten in der Gussteilentwicklung, **desto eher lässt sich eine Gewichtsreduktion** von Gussteilen realisieren.	☐	☐	☐	☐	☐
Wie beurteilen Sie die Aussage: **„Gießereien wissen im Bereich optimierter Gussteilentwicklung mehr als ihre Kunden!"**	☐	☐	☐	☐	☐

Worin liegen Ihrer Meinung nach die **größten Potentiale einer vertieften Zusammenarbeit** mit Ihren Gussteillieferanten?

Was sind die zentralen Herausforderungen bei der Zusammenarbeit mit Gussteillieferanten?	Trifft nicht zu				Trifft voll zu
Für unser Unternehmen stellt das Risiko eines **Know-How Verlustes** ein **Problem** der vertieften Zusammenarbeit mit **unseren Gussteillieferanten** dar.	☐	☐	☐	☐	☐
Meiner Meinung nach stellt für **unsere Gussteillieferanten** das Risiko eines **Know-How Verlustes** ein **Problem** der vertieften Zusammenarbeit **mit unserem Unternehmen** dar.	☐	☐	☐	☐	☐
Im Zuge der Abstimmung mit Gussteillieferanten stellt es ein Problem dar, dass unsere **CAD-Software** mit der unserer Gussteillieferanten **nicht vollständig kompatibel** ist.	☐	☐	☐	☐	☐

3. Nachhaltigkeit

Unter **ökologischen Aspekten** sollen nachfolgend u. A. **Wasser- und Energieverbrauch** sowie **CO_2-Emissionen** verstanden werden.

	Trifft nicht zu				Trifft voll zu
Die Bedeutung von ökologischen Aspekten **hat in unserem Unternehmen** in den letzten drei Jahren **zugenommen.**	☐	☐	☐	☐	☐
Die Bedeutung von ökologischen Aspekten **wird in unserem Unternehmen** in den nächsten drei Jahren **zunehmen.**	☐	☐	☐	☐	☐
Unser Unternehmen berücksichtigt **aktuell** ökologische Aspekte bei der **Gussteilentwicklung.**	☐	☐	☐	☐	☐
Unser Unternehmen berücksichtigt bereits **während der Entwicklung eines Gussteils** die **Lebenszykluskosten** der Werkzeugmaschine (z.B. Recyclierbarkeit, Verschleißteilaustausch).	☐	☐	☐	☐	☐

Welche Maßnahmen zur **Förderung ökologischer Aspekte** hat Ihr Unternehmen **in den letzten Jahren** umgesetzt bzw. welche Maßnahmen plant Ihr Unternehmen **in den nächsten Jahren** umzusetzen?

____

4. Bedeutung von ökologischen Aspekten bei der Gussteilentwicklung mit Gießereien

	Trifft nicht zu				Trifft voll zu
Aktuell sind ökologische Aspekte bei der **Auswahl unserer Gussteillieferanten** von Bedeutung.	☐	☐	☐	☐	☐
In Zukunft werden ökologische Aspekte bei der **Auswahl unserer Gussteillieferanten** an Bedeutung gewinnen.	☐	☐	☐	☐	☐
Unsere Gussteillieferanten legen bei der Gussteilentwicklung Wert auf die **Berücksichtigung ökologischer Aspekte.**	☐	☐	☐	☐	☐
Unser Unternehmen berücksichtigt bereits **während der Entwicklung** ökologische Auswirkungen in Form einer **Ökobilanz** der Werkzeugmaschine über den gesamten **Produktlebenszyklus.**	☐	☐	☐	☐	☐
Durch eine **gemeinsame Gussteilentwicklung mit unseren Lieferanten** könnten Gussteile erarbeitet werden, welche im Vergleich zu einer komplett in unserem Unternehmen erarbeiteten Lösung,...					
...die **ökologische Herstellung des Gussteils** besser berücksichtigt.	☐	☐	☐	☐	☐
...die **ökologische Montage des Gussteils** besser berücksichtigt.	☐	☐	☐	☐	☐
...den **ökologischen Betrieb der Werkzeugmaschine** besser berücksichtigt.	☐	☐	☐	☐	☐

Unser Unternehmen erwartet von **Gussteillieferanten** folgende Aussagen bzw. Kennzahlen zur ökologischen Bewertung der Gussteile. (Mehrfachnennungen möglich)

Energieverbrauch	CO_2-Emissionen	Wasserverbrauch	Anteil an recyceltem Material	Sonstige/Weitere
☐	☐	☐	☐	

Was sind Ihrer Meinung nach die **größten Herausforderungen,** um bei der gemeinsamen Gussteilentwicklung mit Gussteillieferanten **ökologische Aspekte besser berücksichtigen zu können?**

____

Ich möchte die **Auswertungsergebnisse** per E-Mail erhalten: Ja ☐

Ich möchte an der **Verlosung** des Amazon **Kindle E-Book** Readers teilnehmen: Ja ☐

Für den Fall, dass Sie eine der beiden Fragen mit „Ja" beantwortet haben, bitten wir Sie um Ihre E-Mail-Adresse:

Vielen herzlichen Dank für Ihre Teilnahme!

Studie zur nachhaltigen Gussteilentwicklung Seite 3/3

A.IV Gesamtübersicht der Einflussfaktoren für die Bewertung durch Experten

Einflussfaktor	Fragestellung
Kundenbranche	*Glauben Sie, dass unterschiedliche Branchen der Gussteilabnehmer bspw. aus dem Maschinenbau (u. a. Werkzeugmaschinenhersteller oder Druck- & Papiertechnik) einen Einfluss auf die Potenziale nachhaltiger Gussteilentwicklung haben könnten?*
Wertschöpfungsstufe	*Könnten die verschiedenen kundenseitigen Positionen in der Wertschöpfung (Komplettanlagen; Systemlieferant, z. B. Getriebebau) einen Einfluss auf die Potenziale nachhaltiger Gussteilentwicklung haben?*
kundenseitige Managementsysteme	*Könnten kundenseitige Managementsysteme (wie DIN EN ISO 9001; DIN EN ISO 14001) einen Einfluss auf die Potenziale nachhaltiger Gussteilentwicklung haben?*
angeforderte Zertifikate vom Gussteillieferanten	*Glauben Sie, dass angeforderte lieferantenseitige Zertifikate bei Auftragsvergabe einen Einfluss auf die Potenziale nachhaltiger Gussteilentwicklung haben könnten?*
dokumentierte Gussteilentwicklung beim Kunden	*Glauben Sie, dass eine kundenseitige Dokumentation in Form von Verfahrensanweisungen des Gussteilentwicklungsprozesses einen Einfluss auf die Potenziale nachhaltiger Gussteilentwicklung haben könnte?*
Unternehmensgröße	*Könnte die Unternehmensgröße (Gesamtzahl der Vollzeitbeschäftigten) einen Einfluss auf die Potenziale nachhaltiger Gussteilentwicklung haben?*
Größe der F&E-Abteilung	*Könnte die Größe der F&E-Abteilung (Gesamtzahl der Vollzeitbeschäftigten) einen Einfluss auf die Potenziale nachhaltiger Gussteilentwicklung haben?*
räumliche Entfernung	*Glauben Sie, dass die räumliche Entfernung zwischen Gussteilabnehmer und Gussteillieferanten einen Einfluss auf die Potenziale nachhaltiger Gussteilentwicklung haben könnte?*
Kundentyp	*Glauben Sie, dass die Länge der Beziehung (Neu- oder Bestandskunde) zwischen Gussteilabnehmer und Gussteillieferant einen Einfluss auf Potenziale nachhaltiger Gussteilentwicklung haben könnte?*
Entwicklungszeit	*Könnte der zeitliche Umfang (Werktage) des Entwicklungsprojektes einen Einfluss auf die Potenziale nachhaltiger Gussteilentwicklung haben?*
Projekttyp	*Glauben Sie, dass unterschiedliche Typen von Entwicklungsprojekten (Neu- oder Anpassungs- bzw. Weiterentwicklung) einen Einfluss auf die Potenziale nachhaltiger Gussteilentwicklung haben könnten?*
Bauteiltyp	*Glauben Sie, dass unterschiedliche Typen von Gussteilen (Einzelteile oder Baugruppen) einen Einfluss auf die Potenziale nachhaltiger Gussteilentwicklung haben könnten?*
Ausgangswerkstoff	*Glauben Sie, dass die Wahl des Werkstoffs einen Einfluss auf Potenziale nachhaltiger Gussteilentwicklung haben könnte?*
Rohteilgewicht des Gussteils	*Glauben Sie, dass die Höhe des Gewichts des Gussteils (Rohteil) einen Einfluss auf die Potenziale nachhaltiger Gussteilentwicklung haben könnte?*
Schwierigkeit der Kernarbeit	*Könnte bei der Fertigung des Gussteils die Schwierigkeit der Kernarbeit (kernlos oder schwierig zu produzierende Kerne) einen Einfluss auf die Potenziale nachhaltiger Gussteilentwicklung haben?*
Kernanzahl	*Glauben Sie, dass die Anzahl der Kerne einen Einfluss auf die Potenziale nachhaltiger Gussteilentwicklung haben könnte?*
Schwierigkeit der Formarbeit	*Könnte bei der Fertigung des Gussteils die Schwierigkeit der Formarbeit (konturarm oder stark verrippte Außenkontur) einen Einfluss auf die Potenziale nachhaltiger Gussteilentwicklung haben?*

Einflussfaktor	Fragestellung
Schwierigkeit der Realisierbarkeit geometrischer Formen und Abmessungen	*Glauben Sie, dass die Realisierbarkeit geometrischer Formen und Abmessungen des Gussteils einen Einfluss auf die Potenziale nachhaltiger Gussteilentwicklung haben könnten?*
Komplexität im Vergleich zu anderen Entwicklungsprojekten	*Könnte die Komplexität des Gussteils in Relation zu anderen Entwicklungsprojekten einen Einfluss auf Potenziale nachhaltiger Gussteilentwicklung haben?*
Stückzahl	*Glauben Sie, die Gesamtzahl der zu fertigenden Gussteile könnte einen Einfluss auf die Potenziale nachhaltiger Gussteilentwicklung haben?*
Projektanforderungen	*Glauben Sie, dass unterschiedliche kundenseitige Projektanforderungen (wie Gewichtsreduktion bzw. Erhöhung der Steifigkeit) einen Einfluss auf die Potenziale nachhaltiger Gussteilentwicklung haben könnten?*
Vertrauen	*Glauben Sie, dass das Vertrauen zwischen Gussteilabnehmer und Gussteillieferanten einen Einfluss auf die Potenziale nachhaltiger Gussteilentwicklung haben könnte?*
Hemmnisse partnerschaftlicher Beziehung	*Könnten als Hemmnis der „partnerschaftlichen Beziehung" u. a. die kulturellen Unterschiede, unterschiedliche Prioritäten sowie unklare Verantwortlichkeiten zwischen Gussteilabnehmer und Gussteillieferanten einen Einfluss auf Potenziale nachhaltiger Gussteilentwicklung haben?*
kundenseitiges Entwicklungs-Know-how	*Glauben Sie, dass die gießtechnische Kompetenz der kundenseitigen F&E-Abteilung einen Einfluss auf die Potenziale nachhaltiger Gussteilentwicklung haben könnte?*
Wissensabfluss	*Glauben Sie, dass die Gefahr des Wissensabflusses während der Gussteilentwicklung einen Einfluss auf die Potenziale nachhaltiger Gussteilentwicklung haben könnte?*
Wissensstand der Gusstechnik	*Glauben Sie, dass der Zugang zu Kenntnissen bzgl. neuer Verfahren und Gusstechniken (bspw. Schulungsunterlagen) einen Einfluss auf die Potenziale nachhaltiger Gussteilentwicklung haben könnte?*
Daten und Informationen	*Glauben Sie, dass der Umfang der vom Gussteilabnehmer bereitgestellten Daten und Informationen (wie 3-D-Modelle und Belastungsangaben) einen Einfluss auf die Potenziale nachhaltiger Gussteilentwicklung haben könnte?*
Datenqualität	*Könnte die Qualität der übermittelten Daten und Informationen einen Einfluss auf die nachhaltige Gussteilentwicklung haben?*
Integrationszeitpunkt	*Glauben Sie, der Integrationszeitpunkt, zu dem der Gussteilabnehmer den Gussteillieferanten erstmalig integriert, könnte einen Einfluss auf die Potenziale nachhaltiger Gussteilentwicklung haben?*
Änderung von erteilten Anforderungen	*Glauben Sie, die Häufigkeit der Änderungen der Anforderungen durch den Gussteilabnehmer während der Gussteilentwicklung könnte einen Einfluss auf die Potenziale nachhaltiger Gussteilentwicklung haben?*
Betreuung im Projektverlauf	*Könnte die Betreuung (feste oder wechselnde Ansprechpartner) während der Gussteilentwicklung einen Einfluss auf die Potenziale nachhaltiger Gussteilentwicklung haben?*
persönliche Treffen	*Glauben Sie, der Umfang persönlicher Treffen während der Gussteilentwicklung könnte einen Einfluss auf die nachhaltige Gussteilentwicklung haben?*
Häufigkeit der Kommunikation	*Könnte die Häufigkeit der wechselseitigen Kommunikation zwischen Gussteilabnehmer und Gussteillieferanten einen Einfluss auf die nachhaltige Gussteilentwicklung haben?*

Einflussfaktor	Fragestellung
Kommunikationsmedien	*Glauben Sie, die unterschiedliche Nutzung von Kommunikationsmedien (wie E-Mail bzw. Telefon) könnte einen Einfluss auf die Potenziale nachhaltiger Gussteilentwicklung haben?*
Methoden, Richtlinien oder Normen	*Glauben Sie, der Umfang der Methoden, Richtlinien und Normen sowohl seitens der Gussteilabnehmer als auch der Gussteillieferanten könnte einen Einfluss auf die Potenziale nachhaltiger Gussteilentwicklung haben?*
kundenseitig eingesetzte Entwicklungswerkzeuge	*Könnte der Umfang der beim Gussteilabnehmer genutzten Entwicklungswerkzeuge (wie CAD-Software und FEM-Berechnungstools) bei der Gussteilentwicklung einen Einfluss auf die Potenziale nachhaltiger Gussteilentwicklung haben?*
Anbieter und Lizenzumfang der kundenseitigen CAD-Software	*Glauben Sie, dass die Nutzung der kundenseitigen CAD-Software einen Einfluss auf die Potenziale nachhaltiger Gussteilentwicklung haben könnte?*
Schnittstellenprobleme zwischen Kunden und Lieferanten	*Glauben Sie, dass Schnittstellenprobleme zwischen den Entwicklungswerkzeugen der F&E-Abteilungen des Gussteilabnehmers und denen der Gussteillieferanten einen Einfluss auf Potenziale nachhaltiger Gussteilentwicklung haben könnten?*
Unterstützung durch das kundenseitige Management	*Glauben Sie, die Unterstützung des Managements des Gussteilabnehmers während der Gussteilentwicklung könnte einen Einfluss auf die Potenziale nachhaltiger Gussteilentwicklung haben?*
Integration der Einkaufsabteilung	*Glauben Sie, die Intensität der Einbindung des Bereichs „Einkauf" des Gussteilabnehmers könnte einen Einfluss auf die Potenziale nachhaltiger Gussteilentwicklung haben?*
Unterstützung durch das Management des Gussteillieferanten	*Glauben Sie, die Unterstützung des Managements des Gusslieferanten während der Gussteilentwicklung könnte einen Einfluss auf die Potenziale nachhaltiger Gussteilentwicklung haben?*
Lieferantenauswahlkriterium	*Könnten die Kriterien der „ressourcenschonenden Entwicklung und Fertigung" bei der Lieferantenauswahl einen Einfluss auf die Potenziale nachhaltiger Gussteilentwicklung haben?*
Tätigkeitsprofil kundenseitiger Umweltmanagementbeauftragter	*Glauben Sie, dass das Tätigkeitsfeld des kundenseitigen Umweltmanagementbeauftragten einen Einfluss auf die Potenziale nachhaltiger Gussteilentwicklung haben könnte?*
Integration des Umweltmanagementbeauftragten in die F&E-Abteilung des Kunden	*Könnte die Einbindung des kundenseitigen Umweltmanagementbeauftragten bei der Gussteilentwicklung einen Einfluss auf die Potenziale nachhaltiger Gussteilentwicklung haben?*
kundenseitige Umweltgesichtspunkte in der Gussteilentwicklung	*Glauben Sie, dass die Berücksichtigung von Umweltgesichtspunkten in der Gussteilentwicklung einen Einfluss auf die Potenziale nachhaltiger Gussteilentwicklung haben könnte?*

A.V Begriffsbestimmung und Codierung der untersuchten Einflussfaktoren überbetrieblicher Gussteilentwicklung

Einflussfaktor	**Kundenbranche**
Begriffsbestimmung	Die Kundenbranche beschreibt die Unternehmen, die unmittelbar in das Entwicklungsprojekt einbezogen werden. Dabei wurde eine Vorauswahl an Unterbranchen aus der Branche des Maschinenbaus vorgenommen.
Skalenart	Nominalskala
Ausprägung	Werkzeugmaschinenhersteller; Antriebs- und Steuerungstechnik; Druck- und Papiertechnik; Präzisionswerkzeuge; Sonstige
Einflussfaktor	**Wertschöpfungsstufe**
Begriffsbestimmung	Das Unternehmen des Kunden wird durch seine Stellung in der Wertschöpfungskette abgebildet. Die Ausprägungen orientieren sich an den Stufen der Wertschöpfungskette (aufsteigende Reihenfolge).
Skalenart	Ordinalskala
Ausprägung	Materialien; Komponenten; Systeme; Komplettanlagen
Einflussfaktor	**kundenseitige Managementsysteme (1.1)**
Begriffsbestimmung	Der Einflussfaktor „kundenseitige Managementsysteme" beschreibt die beim Kunden vorliegenden Zertifikate, welche durch ein Audit erzielt wurden.
Skalenart	Nominalskala
Ausprägung	DIN EN ISO 9001; DIN EN ISO 14001; DIN EN ISO 50001; ISO 16949; VDA 6.4
Einflussfaktor	**kundenseitige Managementsysteme (1.2)**
Begriffsbestimmung	Siehe 1.1 (aufsteigende Reihenfolge).
Skalenart	Ordinalskala
Ausprägung	Keine Zertifizierung; 1 Zertifizierung; 2 Zertifizierungen; 3 Zertifizierungen; 4 Zertifizierungen; 5 Zertifizierungen; ...
Einflussfaktor	**Unternehmensgröße**
Begriffsbestimmung	Das kundenseitige Unternehmen wird durch seine Unternehmensgröße (Anzahl der Vollzeitbeschäftigten) gekennzeichnet.
Skalenart	Ordinalskala [der präzise zuzuordnende Wert wurde zusätzlich durch eine metrische Skala erfasst]
Ausprägung (FTE)	< 250; 251–500; 501–750; 751–1.000; >1.000
Einflussfaktor	**Größe der F&E-Abteilung**
Begriffsbestimmung	Die „Größe der F&E-Abteilung" beschreibt den personellen Umfang (Anzahl an Vollzeitbeschäftigten) im Unternehmensbereich F&E des Kunden.
Skalenart	Ordinalskala [der präzise zuzuordnende Wert wurde zusätzlich durch eine metrische Skala erfasst]
Ausprägung (FTE)	< 5; 6–10; 11–15; 16–20; > 20

Einflussfaktor	räumliche Entfernung
Begriffsbestimmung	Die räumliche Entfernung beschreibt die regionale und überregionale Ausdehnung zwischen Gießerei- und Kundenstandort bei der überbetrieblichen Gussteilentwicklung.
Skalenart	Ordinalskala [der präzise zuzuordnende Wert wurde zusätzlich durch eine metrische Skala erfasst]
Ausprägung (km)	< 250; 251–500; 501–750; 751–1.000; > 1.000
Einflussfaktor	Projekttyp
Begriffsbestimmung	Der Projekttyp beinhaltet die Zuordnung des kundenseitigen Entwicklungsprojektes.
Skalenart	Nominalskala
Ausprägung	Neuproduktentwicklung; Anpassungs- und Weiterentwicklung; Variantenentwicklung; Nachberechnung
Einflussfaktor	Kundentyp
Begriffsbestimmung	Der Kundentyp umfasst die Anzahl der Projekte, die in Zusammenarbeit mit der Gießerei abgearbeitet wurden. Die Ausprägung „Neukunde“ wird als niedrigste Stufe definiert, bei dem keinerlei Geschäftsbeziehung zur bzw. Entwicklungstätigkeit mit der Gießerei bestand.
Skalenart	Ordinalskala [der präzise zuzuordnende Wert wurde zusätzlich durch eine metrische Skala erfasst]
Ausprägung	Neukunde; Bestandskunde (1–2 Altprojekte); Bestandskunde (3-4 Altprojekte); Bestandskunde (5–6 Altprojekte); Bestandskunde (> 6 Altprojekte)
Einflussfaktor	Entwicklungszeit
Begriffsbestimmung	Die Entwicklungszeit bezeichnet die Dauer der Zusammenarbeit zwischen Gießerei und Kunden von der ersten Kontaktaufnahme bis zur Abnahme des Neuentwicklungsprojektes durch den Kunden.
Skalenart	Ordinalskala [der präzise zuzuordnende Wert wurde zusätzlich durch eine metrische Skala erfasst]
Ausprägung (Werktage)	< 15; 16–30; 31–45; 46–60; > 60
Einflussfaktor	Stückzahl
Begriffsbestimmung	Die jährliche Stückzahl gibt an, wie viele Gussteile in der Gießerei gefertigt werden.
Skalenart	Ordinalskala [der präzise zuzuordnende Wert wurde zusätzlich durch eine metrische Skala erfasst]
Ausprägung (Stk.)	Keine; 1–75; 76–150; 151–225; > 225
Einflussfaktor	Projektanforderungen (1.1)
Begriffsbestimmung	Identifizierung der kundenseitig gestellten Anforderungen an das Entwicklungsprojekt.
Skalenart	Nominalskala
Ausprägung	Kostenoptimierung; ressourcenschonende Fertigung; Herstellbarkeit; statische Steifigkeit; dynamische Steifigkeit; Dauerfestigkeit; Dämpfungseigenschaften

Einflussfaktor	**Projektanforderungen (1.2)**
Begriffsbestimmung	Siehe 1.1 (aufsteigende Reihenfolge).
Skalenart	Ordinalskala
Ausprägung	Keine; 1; 2; 3; 4; 5; 6; 7; …
Einflussfaktor	**Unterstützung durch das kundenseitige Management**
Begriffsbestimmung	Beschreibung des Grades an Unterstützungsleistung durch das kundenseitige Management während der Laufzeit des Entwicklungsprojektes.
Skalenart	Ordinalskala
Ausprägung	sehr gering; gering; neutral; hoch; sehr hoch
Einflussfaktor	**Unterstützung durch das Management des Gussteillieferanten**
Begriffsbestimmung	Beschreibung des Grades an Unterstützungsleistung durch das Management des Gussteillieferanten während der Laufzeit des Entwicklungsprojektes.
Skalenart	Ordinalskala
Ausprägung	sehr gering; gering; neutral; hoch; sehr hoch
Einflussfaktor	**Ausgangswerkstoff**
Begriffsbestimmung	Kundenseitig vorgesehener bzw. geplanter Ausgangswerkstoff des Entwicklungsprojektes. Im Zuge der Entwicklungstätigkeiten (u. a. durch Optimierungen) kann es zu Veränderungen der eingesetzten Werkstoffe kommen.
Skalenart	Nominalskala
Ausprägung	EN-GJL-250; EN-GJL-300; EN-GJL-350; EN-GJS-400; Sonstige
Einflussfaktor	**Bauteiltyp**
Begriffsbestimmung	Stellt die Einordnung der Gussteile durch Schnittstellen zu anderen Teilen dar.
Skalenart	Nominalskala
Ausprägung	Bauteil ohne zu berücksichtigende Anbauteile; Bauteil mit zu berücksichtigenden Anbauteilen; Baugruppe
Einflussfaktor	**Rohteilgewicht des Gussteils**
Begriffsbestimmung	Beschreibt das Ausgangsgewicht des Gussteils zu Entwicklungsbeginn.
Skalenart	Ordinalskala [der präzise zuzuordnende Wert wurde zusätzlich durch eine metrische Skala erfasst]
Ausprägung (kg)	< 2.000; 2.001–4.000; 4.001–6.000; 6.001–8.000; > 8.000
Einflussfaktor	**Schwierigkeit der Kernarbeit**
Begriffsbestimmung	Charakterisiert die technologische Schwierigkeit für die Kernarbeit bei der Formherstellung (siehe hierzu Rosenberger 1965).
Skalenart	Ordinalskala
Ausprägung	keine Kerne; sehr einfache und viele sehr einfache Kerne; einfache und viele einfache Kerne; schwierige und viele schwierige Kerne; sehr schwierige und sehr viele schwierige Kerne

Einflussfaktor	**Kernanzahl**
Begriffsbestimmung	Definiert die Anzahl der notwendigen Kerne zur Herstellung des Gussteils.
Skalenart	Ordinalskala [der präzise zuzuordnende Wert wurde zusätzlich durch eine metrische Skala erfasst]
Ausprägung	kernlos; 1–3 Kerne; 4–6 Kerne; 6–9 Kerne; > 9 Kerne
Einflussfaktor	**Schwierigkeit der Formarbeit**
Begriffsbestimmung	Beschreibt die technologische Schwierigkeit bei der Formarbeit (siehe hierzu Rosenberger 1965).
Skalenart	Ordinalskala
Ausprägung	sehr einfach; einfach; schwierig; sehr schwierig
Einflussfaktor	**Schwierigkeit der Realisierbarkeit der geometrischen Formen und Abmessungen**
Begriffsbestimmung	Umfasst die geometrische Grundform (Gestalt) (siehe hierzu Rosenberger 1965).
Skalenart	Ordinalskala
Ausprägung	sehr einfach; einfach; mittel; schwer; sehr schwer
Einflussfaktor	**Komplexität im Vergleich zu anderen Entwicklungsprojekten**
Begriffsbestimmung	Beschreibung der subjektiven Einschätzung der Komplexität im Vergleich zu anderen Entwicklungsprojekten.
Skalenart	Ordinalskala
Ausprägung	sehr einfach; einfach; mittel; komplex; sehr komplex
Einflussfaktor	**Hemmnisse der partnerschaftlichen Beziehung**
Begriffsbestimmung	Einschätzung, ob die unten genannten Einflüsse (Hemmnisse) sich negativ auf die gemeinsame überbetriebliche Gussteilentwicklung auswirken: • kulturelle Unterschiede, • mangelndes Vertrauen, • unterschiedliche Prioritäten, • unklare Verantwortlichkeiten, • Abhängigkeitsproblematik, • fehlende Regeln im Bereich geistigen Eigentums
Skalenart	Ordinalskala
Ausprägung	trifft nicht zu; trifft eher nicht zu; neutral; trifft eher zu; trifft voll zu
Einflussfaktor	**Vertrauen**
Begriffsbestimmung	Der Einflussfaktor „Vertrauen“ wird als grundsätzlich positive Erwartungshaltung verstanden, die sich auf das zukünftige Verhalten der Partner bezieht.
Skalenart	Ordinalskala
Ausprägung	sehr gering; gering; neutral; hoch; sehr hoch
Einflussfaktor	**kundenseitiges Entwicklungs-Know-how**
Begriffsbestimmung	Einschätzung des vorhandenen Entwicklungs-Know-hows des Kunden bezogen auf die Entwicklung von Gussteilen.
Skalenart	Ordinalskala
Ausprägung	sehr gering; gering; mittel; hoch; sehr hoch

Einflussfaktor	Integrationszeitpunkt
Begriffsbestimmung	Der Zeitpunkt, ab dem die Konstruktions-/ Entwicklungsabteilung des Gießereibetriebes erstmalig in die Gussteilentwicklung mit Ihrem Kunden einbezogen wird.
Skalenart	Ordinalskala
Ausprägung	Ideenphase; Konzeptphase; Ausgestaltungsphase; Testphase; Produktionsbeginn
Einflussfaktor	**Daten und Informationen (1.1)**
Begriffsbestimmung	Umfang der Daten und Informationen, die zum Entwicklungsbeginn zwischen Gießerei und Kunde ausgetauscht werden.
Skalenart	Nominalskala
Ausprägung	geometrische Informationen (2-D-/3-D-Modell); Belastungsangaben; Modell aus FEM-Berechnung; Spezifikationen (z. B. Bohrungen); Projektablaufstruktur; Ausgangswerkstoff; Sonstige
Einflussfaktor	**Daten und Informationen (1.2)**
Begriffsbestimmung	Siehe 1.1 (aufsteigende Reihenfolge).
Skalenart	Ordinalskala
Ausprägung	keine; 1; 2; 3; 4; 5; 6; 7; …
Einflussfaktor	**Änderung von erteilten Anforderungen**
Begriffsbestimmung	Häufigkeit der Änderung von kundenseitig erteilten Anforderungen während der Laufzeit des Entwicklungsprojektes.
Skalenart	Ordinalskala
Ausprägung	nie; selten; gelegentlich; oft; ständig
Einflussfaktor	**Betreuung im Projektverlauf**
Begriffsbestimmung	Beschreibt, ob und wie häufig die Ansprechpartner im Projektverlauf gewechselt haben.
Skalenart	Ordinalskala
Ausprägung	kurzfristige (monatliche) Wechsel; quartalsweise Wechsel; jährliche Wechsel; feste Ansprechpartner
Einflussfaktor	**Häufigkeit der Kommunikation:**
Begriffsbestimmung	Beschreibt die Häufigkeit der Nutzung der im Zuge der überbetrieblichen Gussteilentwicklung eingesetzten Kommunikationsmittel während der Laufzeit des Entwicklungsprojektes wie: • E-Mails, • Telefonate, • Videokonferenzen, • Netmeetings, • Briefe bzw. Faxe, • zugriffsbegrenze Datenbanken, • Online-Plattformen
Skalenart	Ordinalskala [der präzise zuzuordnende Wert wurde zusätzlich durch eine metrische Skala erfasst]
Ausprägung	nie; selten; gelegentlich; oft; ständig

Einflussfaktor	persönliche Treffen
Begriffsbestimmung	Anzahl der persönlichen Treffen während der Laufzeit des Entwicklungsprojektes.
Skalenart	Ordinalskala [der präzise zuzuordnende Wert wurde zusätzlich durch eine metrische Skala erfasst]
Ausprägung	kein Treffen; 1–2 Treffen; 3–4 Treffen; 5–6 Treffen; > 7 Treffen
Einflussfaktor	**Methoden, Richtlinien oder Normen (1.1)**
Begriffsbestimmung	Anzahl verwendeter Methoden, Richtlinien oder Normen während der Laufzeit des Entwicklungsprojektes.
Skalenart	Nominalskala
Ausprägung	VDI 2221; EN 12890; ISO 8062; ISO 10135; Sonstige
Einflussfaktor	**Methoden, Richtlinien oder Normen (1.2)**
Begriffsbestimmung	Siehe 1.1 (aufsteigende Reihenfolge).
Skalenart	Ordinalskala
Ausprägung	keine; 1; 2; 3; 4; 5; 6; 7; 8; 9; 10; 11; 12; 13; 14; 15; 16; 17; 18; ...
Einflussfaktor	**kundenseitig eingesetzte Entwicklungswerkzeuge (1.1)**
Begriffsbestimmung	Umfang der kundenseitig eingesetzten Entwicklungswerkzeuge bei dem Entwicklungsprojekt.
Skalenart	Nominalskala
Ausprägung	CAD-Software; FEM-Software; Topologieoptimierungssoftware; gießtechnische Simulationssoftware; Projektplanungssoftware; Gusskalkulationssoftware; Sonstige
Einflussfaktor	**kundenseitig eingesetzte Entwicklungswerkzeuge (1.2)**
Begriffsbestimmung	Siehe 1.1 (aufsteigende Reihenfolge).
Skalenart	Ordinalskala
Ausprägung	keine; 1; 2; 3; 4; 5; 6; 7; ...

Literatur- und Quellenverzeichnis

Abele, E., **Anderl,** R. und **Birkhofer,** H. **(2005)**: *Environmentally Friendly Product Development – Methods and Tools*. Berlin: Springer.

Adam, H. et al. **(1980)**: *Handwörterbuch der Volkswirtschaft*. 2. Auflage. Wiesbaden: Gabler.

Ahsen, A. **(2006)**: *Integriertes Qualitäts- und Umweltmanagement. Mehrdimensionale Modellierung und Anwendung in der deutschen Automobilindustrie*. Wiesbaden: Gabler.

Akremi, L., **Baur,** N. und **Fromm,** S. **(2011)**: *Datenanalyse mit SPSS für Fortgeschrittene: 1. Datenaufbereitung und uni- und bivariate Statistik*. 3. Auflage. Wiesbaden: Springer.

Albers, S. und **Skiera,** B. **(2000)**: Regressionsanalyse. In: Herrmann, A., Homburg, C. und Klarmann, M. (Hrsg.). *Handbuch Marktforschung: Methoden, Anwendungen, Praxisbeispiele*. 3. Auflage. Wiesbaden: Gabler, S. 205–236.

Albers, S. et al. **(2009)**: *Methodik der empirischen Forschung*. 3. Auflage. Wiesbaden: Gabler.

Alig, S. **(2013)**: *Wettbewerbsvorteile durch Innovationskooperationen: Eine ressourcen- und beziehungsorientierte Untersuchung in der deutschen Metall- und Elektroindustrie*. Köln: EUL.

Ambos, E. und **Soethe,** M. **(1990)**: Fertigungsgerechtes Gestalten von Gußstücken – ein neues Konzept als Grundlage für ein Expertensystem. In: *Konstruieren + Giessen*. Nr. 4, S. 16–20.

Ambrutyte, Z. **(2014)**: Linking Strategy and Interorganizational Relationships: The Case of Volvo and Scania. In: Jannesson, E., Nilsson, F. und Rapp, B. (Hrsg.): *Strategy, Control and Competitive Advantage: Case Study Evidence*. Heidelberg: Springer, S. 163–187.

Anderson, E. und **Weitz,** B. **(1992)**: The Use of Pledges to Build and Sustain Commitment in Distribution Channels. In: *Journal of Marketing Research*. Vol. 29, Nr. 1, S. 18–34.

Arnolds, H. et al. **(2013)**: *Materialwirtschaft und Einkauf: Grundlagen – Spezialthemen – Übungen*. Wiesbaden: Gabler.

Asmus, D. und **Griffin,** J. **(1993)**: Harnessing the power of your suppliers. In: *McKinsey Quarterly*. Nr. 3, S. 63–78.

August, A. **(2013)**: *Eine Marktanalyse der Kooperationsstrategien im Luftverkehr: Strategische Allianzen vs. Emirates & Co.* Hamburg: Bachelor + Master Publishing.

Aune, T. B. und **Gressetvold,** E. **(2011)**: Supplier Involvement in innovation processes: a taxonomy. In: *International Journal of Innovation Management*. Vol. 15, Nr. 1, S. 121–143.

Backhaus, K. et al. **(2005)**: *Multivariate Analysemethoden: Eine anwendungsorientierte Einführung*. 11. Auflage. Berlin: Springer.

Badir, Y., **Büchel,** B. und **Tucci,** C. L. **(2012)**: A conceptual framework of the impact of NPD project team and leader empowerment on communication and performance: An alliance case context. In: *International Journal of Project Management*. Vol. 30, S. 914–926.

Badke-Schaub, P. und **Frankenberger,** E. **(2004)**: *Management kritischer Situationen: Produktentwicklung erfolgreich gestalten*. Berlin: Springer.

Bähr, R. et al. **(2005)**: Virtuelle Produktentwicklung in der Gussfertigung. In: *Konstruieren + Giessen*. Nr. 1, S. 2–6.

Bähr, R., **Hermann,** C. und **Becker,** T. **(2011)**: Nachhaltigkeitsorientierter Ansatz zu energie- und ressourceneffizienter Produktion in der Zylinderkopffertigung. In: *Giesserei Rundschau*. Nr. 3, S. 64–69.

Bailey, W. J., **Masson,** R. und **Raeside,** R. **(1998)**: Choosing successful technology development partners: A best-practice model. In: *International Journal of Technology Management*. Vol. 15, Nr. 1/2, S. 124–138.

Balbi, M. et al. **(1981)**: Alternativa tra particolari fusi e saldati: confronto energetico. In: *La Fonderia Italiana*. Vol. 6, S. 135–162.

Bartels, C. **(2006)**: Konstruieren wie die Natur. In: *Der Konstrukteur*. Nr. 9, S. 64–66.

Bast, J. **(2012)**: Urformen. In: Awiszus, B. et al. (Hrsg.): *Grundlagen der Fertigungstechnik*. 5. Auflage. München: Hanser, S. 17–48.

Batenburg, R. und **Rutten,** R. **(2003)**: Managing innovation in regional supply networks: a Dutch case of "knowledge industry clustering". In: *International Journal of Technology Management*. Vol. 8, S. 263–270.

Bätzel, D. et al. **(2001)**: *Giesserei 2010: Strategie für die deutsche Gießereiindustrie*. Düsseldorf: o. V.

BDG, Bundesverband der Deutschen Gießerei-Industrie **(2011)**: *Betriebswirtschaftliche Kennzahlen der Gießerei-Industrie 2011*. Düsseldorf: o. V.

BDG, Bundesverband der Deutschen Gießerei-Industrie **(2014 a)**: *Die Branche in Zahlen.* [Online] 2014. Zugriff am 13.08.2014, unter: http://www.bdguss.de/branche/die-branche-in-zahlen/#.VZjiyE39laQ

BDG, Bundesverband der Deutschen Gießerei-Industrie **(2014 b)**: *Deutsche Gießerei-Industrie Nr. 5 weltweit (2013).* [Online] 2014. Zugriff am 13.08.2014, unter: http://www.bdguss.de/branche/rolle-bedeutung/#.Vic-4csVhaQ

BDG, Bundesverband der Deutschen Gießerei-Industrie **(2014 c)**: *Die Gießerei-Industrie. Eine starke Branche in Zahlen.* [Online] 2014. Zugriff am 14.08.2014, unter: http://www.bdguss.de/fileadmin/content_bdguss/BDG-Service/Infothek/Broschueren/BDG_EinestarkeBranche.pdf

Becker, H. H. **(2000)**: *Wirtschaftlichkeitsuntersuchungen des Einsatzes innovativer Simulationstechniken in Gießereien.* Aachen: Eigenverlag.

Bensaou, M. **(1997)**: Interorganizational cooperation: The role of information technology: an empirical comparison of U.S. and Japanese supplier relations. In: *Information Systems Research.* Vol. 8, Nr. 2, S. 107–124.

Bensaou, M. und **Venkatraman**, N. **(1995)**: *Configurations of inter-organizational relationships: A comparison between U.S. and Japanese automakers.* In: *Management Science.* Vol. 41, Nr. 9, S. 1471–1414.

Bernard, A., **Perry**, N. und **Delplace**, J. C. **(2006)**: Concurrent cost engineering for decisional and operational process enhancement in a foundry. In: *International Journal of Production Economics: Manufacturing Systems, Strategy & Design.* Vol. 109, Nr. 1/2, S. 2–11.

Binder, M., **Gust**, P. und **Clegg**, B. **(2008)**: The Importance of collaborative frontloading in automotive supply networks. In: *Journal of Manufacturing Technology Management.* Vol. 19, Nr. 3, S. 315–333.

Birkhofer, H. **(1996)**: Entwicklung umweltgerechter Produkte: eine Herausforderung für die Konstruktionswissenschaft. In: *Konstruktion.* Band 48, S. 386–396.

Birkhofer, H. **(2013)**: Nachhaltigkeit – was hat die Konstruktion damit zu tun? In: *Konstruktion.* Nr. 7/8, S. 3.

Birou, L. M. und **Fawcett**, S. E. **(1994)**: Supplier involvement in integrated product development: A Comparison of US and European Practices. In: *International Journal of Physical Distribution & Logistics Management.* Vol. 24, Nr. 5, S. 4–14.

Blaxter, L., **Hughes**, C. und **Tight**, M. **(2010)**: *How to research.* Maidenhead: Open Univ. Press.

Blecker, T. et al. **(2006)**: *Wertschöpfungsnetzwerke: Festschrift für Bernd Kaluza*. Berlin: Erich Schmidt.

BMBF, Bundesministerium für Bildung und Forschung **(2004)**: *Nachhaltiges Wirtschaften: Innovationen aus der Umweltforschung*. Berlin: o. V.

BMUB, Bundesministerium für Umwelt, Naturschutz, Bau und Reaktorsicherheit **(2014)**: *Prozessorientierte Basisdaten für Umweltmanagementsysteme (ProBas)*. [Online] 2014. Zugriff am 09.11.2014, unter: http://www.probas.umwelt bundesamt.de/php/prozess details.php?id={49C7B0DF-4094-4930-A334-EA6975580665}

BMWI, Bundesministerium für Wirtschaft und Arbeit **(2003)**: *Kooperationen planen und durchführen. Ein Leitfaden für kleine und mittlere Unternehmen*. Berlin: o. V.

Bogner, A. und **Menz,** W. **(2009)**: Das theoriegenerierende Experteninterview – Erkenntnisinteresse, Wissensformen, Interaktion. In: Bogner, A., Littig, B. und Menz, W. (Hrsg.): *Experteninterviews – Theorien, Methoden, Anwendungsfelder*. Wiesbaden: VS, S. 7–31.

Bohnet, I. **(1997)**: *Kooperation und Kommunikation: eine ökonomische Analyse individueller Entscheidungen*. Tübingen: Mohr Siebeck.

Boks, C. und **Pascual,** O. **(2004)**: The Role of Success Factors and Obstacles in Design for Environment: A Survey Among Asian Electronics Companies. In: *International Symposium on Electronics and the Environment*. S. 208–213.

Bonaccorsi, A. J. und **Lipparini,** A. **(1994)**: Strategic partnerships in new product development: An Italian case study. In: *Journal of Product Innovation Management*. Vol. 11, Nr. 2, S. 134–144.

Boothroyd, G., **Dewhurst,** P. und **Knight,** W. A. **(2002)**: *Product design for manufacture and assembly*. New York: Dekker.

Bortz, J. und **Schuster,** C. **(2010)**: *Statistik für Human- und Sozialwissenschaftler*. Berlin: Springer.

Bosse, M. **(2012)**: Energiemanagementsysteme in Gießereien – Chancen und Nutzen. In: *Giesserei*. Nr. 5, S. 22–23.

Bosse, M. **(2014)**: Umweltschutz und Energietechnik (2. Folge). In: *Giesserei*. Nr. 10, S. 68–73.

Bouncken, R. B. und **Golze,** A. **(2007)**: *Management und Führung von Kooperationen: Theorie, Empirie und Gestaltung für Biotechnologieunternehmen*. München: Hampp.

Bozdogan, K. et al. **(1998)**: Architectural innovation in product development through early supplier integration. In: *R&D Management*. Vol. 28, Nr. 3, S. 163–173.

Braczyk, H.-J. et al. **(1988)**: *Arbeit in Gießereien*. Frankfurt: Campus.

Bras, B. **(2009)**: Sustainability and product life cycle management – issues and challenges. In: *International Journal of Product Lifecycle Management*. Vol. 4, Nr. 1/2/3, S. 23–48.

Brinkmann, T., **Ehrenstein,** G. W. und **Steinhilper,** R. **(1996)**: *Umwelt- und recyclinggerechte Produktentwicklung: Band 1 und 2*. Augsburg: WEKA.

Brosius, F. **(2013)**: *SPSS 21: fundierte Einführung in SPSS und in die Statistik*. Heidelberg: mitp.

Bruce, M. et al. **(1995 a)**: Success Factors for Collaborative Product Development: A Study of Suppliers of Information and Communication Technology. In: *R&D Management*. Vol. 11, S. 134–145.

Bruce, M., **Leverick,** F. und **Littler,** D. **(1995 b)**: Complexities of collaborative product development. In: *Technovation*. Vol. 28, Nr. 3, S. 163–173.

Bruhn, M. **(2010)**: *Marketing: Grundlagen für Studium und Praxis. 10*. Auflage. Basel: Gabler.

Brunhuber, E. und **Hasse,** S. **(2008)**: *Giesserei Lexikon*. 19. Auflage. Berlin: Schiele & Schön.

Bstieler, L. **(2006)**: Trust Formation in Collaborative New Product Development. In: *Journal of Product Innovation Management*. Vol. 23, Nr. 1, S. 56–72.

Bstieler, L. und **Hemmert,** M. **(2010)**: Trust formation in Korean new product alliances: How important are pre-existing social ties? In: *Asia Pacific Journal of Management*. Vol. 27, S. 299–319.

Büchner, H.-J. **(2014)**: Positivere Aussichten für die Gießerei-Industrie in 2014. In: *Giesserei*. Nr. 1, S. 32–34.

Bühl, A. **(2012)**: *SPSS 20: Einführung in die moderne Datenanalyse*. München: Pearson.

Bühner, M. und **Ziegler,** M. **(2009)**: *Statistik für Psychologen und Sozialwissenschaftler*. München: Pearson.

Bührig-Polaczek, A., **Michaeli,** W. und **Spur,** G. **(2014)**: *Handbuch Urformen. Handbuch der Fertigungstechnik*. München: Hanser.

Bullinger, H.-J. **(2003)**: *Neue Organisationsformen im Unternehmen: Ein Handbuch für das moderne Management.* 2. Auflage. Berlin: Springer.

Bullinger, H.-J. et al. **(1995)**: *Integrierte Produktentwicklung: Zehn erfolgreiche Praxisbeispiele.* Wiesbaden: Gabler.

Bullinger, H.-J. et al. **(2000)**: *Auftragsabwicklung optimieren nach Umwelt- und Kostenzielen.* Berlin: Springer.

Bundesbank, Deutsche Bundesbank **(2015)**: *Zeitreihen-Datenbank. Index der Arbeitskosten.* [Online] 2015. Zugriff am 06.08.2015, unter: http://www.bundesbank.de/Navigation/DE/Statistiken/Zeitreihen_Datenbanken/Makrooekonomische_Zeitreihen/its_details_value_node.html?tsId=BBDE1.Q.DE.Y.LCA1.A2N100000.A.L.I12.A

Bundesregierung Deutschland (2013): *Deutschlands Zukunft gestalten, Koalitionsvertrag zwischen CDU, CSU und SPD 18. Legislaturperiode.* [Online] 2014. Zugriff am 05.11.2014, unter: https://www.bundesregierung.de/Content/DE/_Anlagen/2013/2013-12-17-koalitionsvertrag.pdf?__blob=publicationFile

Büyüközkan, G. und **Arsenyan,** J. **(2012)**: Collaborative product development: a literature overview. In: *International Journal of Production Planning and Control.* Vol. 23, Nr. 1, S. 47–66.

Cadden, T. und **Downes,** S. J. **(2013)**: Developing a business process for product development. In: *Business Process Management Journal.* Vol. 19, Nr. 4, S. 715–736.

Caniëls, M. C., **Gehrsitz,** M. H. und **Semeijn,** J. **(2013):** Participation of suppliers in greening supply chains: An empirical analysis of German automotive suppliers. In: *Journal of Purchasing and Supply Management.* Vol. 19, Nr. 3, S. 134–143.

Carter, J. R. und **Ellram,** L. M. **(1994)**: The Impact of Interorganizational Alliances in Improving Supplier Quality. In: *International Journal of Physical Distribution & Logistics Management.* Vol. 24, Nr. 5, S. 15–23.

Chandrappa, N., **Grotjahn,** P. und **Kawathekar,** D. **(2013)**: Early supplier integration and management in ultrasound device development. In: *Reliability and Maintainability Symposium* (RAMS). Orlando: o. V.

Chang, C.-J. und **Chu,** C.-H. **(2004)**: Collaborative Product Development in Taiwan PCB Industry. In: *International Journal of Electronic Business Management.* 2004, Vol. 2, Nr. 2, S. 108–116.

Chiou, T.-Y. et al. **(2011)**: The influence of greening the suppliers and green innovation on environmental performance and competitive advantage in Taiwan. In: *Transportation Research Part E: Logistics and Transportation Review.* Vol. 47, Nr. 6, S. 822–836.

Clark, K. B. **(1989)**: Project Scope and Project Performance: The Effect of Parts Strategy and Supplier Involvement on Product Development. In: *Management Science.* Vol. 35, Nr. 10, S. 1247–1263.

Clark, K. B. und **Fujimoto,** T. **(1989)**: Lead time in automobile product development: explaining the Japanese advantage. In: *Journal of Engineering and Technology Management.* Vol. 6, Nr. 1, S. 25–58.

Cleff, T. **(2012)**: *Deskriptive Statistik und moderne Datenanalyse: Eine computergestütze Einführung mit Excel, PASW (SPSS) und STATA.* Wiesbaden: Gabler.

Conrad, K.-J. (Hrsg.) **(2013)**: *Grundlagen der Konstruktionslehre. Methoden und Beispiele für den Maschinenbau und die Gerontik.* 6. Auflage. München: Hanser.

Cooper, R. G. **(2005)**: New products – What separates the winners from the losers and what drives success. In: Kahn, K. B., Castellion, G. und Griffin, A. (Hrsg.): *The PDMA Handbook of New Product Development.* 2. Auflage. New Jersey: John Wiley & Sons, S. 3–28.

Corsten, H. und **Gössinger,** R. **(2008)**: *Einführung in das Supply-Chain-Management.* 2. Auflage. München: Oldenbourg.

Coss et al. (2015): Development and application of a modular-based, multi-level approach for increasing energy efficiency. In: *Journal of Thermal Engineering.* Vol. 1, Nr. 2, S. 355–366.

Cousineau, M., **Lauer,** T. W. und **Peacock,** E. **(2004)**: Supplier source integration in a large manufacturing company. In*: Supply Chain Management: An International Journal.* Vol. 9, Nr. 1, S. 110–117.

Cratzius, M. **(2003)**: *Die Einbindung des Absatz- und Produktionsbereichs in Innovationsprozesse.* Wiesbaden: Deutscher Universitäts-Verlag.

Crawley, M. J. **(2005)**: *Statistics: an introduction using R.* Chichester: o. V.

Crul, M. R. **(1994)**: *Milieugerichte productontwikkeling in de praktijk; ervaringen, belemmeringen en oplossingen.* Den Haag: NOTA/SDU.

Czikel, J. **(1964)**: Die allgemeine absolute Klassifikation von Gußstücken. In: *Gießerei-Rundschau.* Nr. 12, S. 26–35.

Däcke, N. **(2013)**: *Akteurbasierte Führung von Supply Chain-Beziehungen: Handlungsrahmen zum Erfolgsfaktoren-basierten Lieferanten-Management*. Wiesbaden: Springer.

Danilovic, M. **(2006)**: Bring your supplier into your projects – managing the design of work packages in product development. In: *Journal of Purchasing and Supply Management*. Vol. 12, Nr. 5, S. 246–257.

De Toni, A. und **Nassimbeni,** G. **(2001)**: A method for evaluation of suppliers´ co-design effort. In: *Journal of Production Economics*. Vol. 72, Nr. 2, S. 169–180.

Deiß, M. et al. **(1982)**: *Humanisierung der Arbeit in Betrieben der Gießerei- und metallverarbeitenden Industrie*. München: o. V.

Derek, M. **(1999)**: Ausfallzeiten in der Waldarbeit. Freiburg: o. V.

Dieckhues, G. W., **Rockmann,** H. und **Sturm,** J. C. **(2011)**: Systematische Optimierung von Gießlaufsystemen für das Schwerkraft-Aluminiumsandgießen. In: *Giesserei*. Nr. 6, S. 46–55.

DIN 44300-9:1988-11: Informationsverarbeitung – Begriffe – Verarbeitungsabläufe. Berlin: Beuth.

DIN 8580:2003-09: *Fertigungsverfahren – Begriffe, Einteilung*. Berlin: Beuth.

DIN CEN ISO/TS 14067:2014-09: *Treibhausgase – Carbon Footprint von Produkten – Anforderungen an und Leitlinien für Quantifizierung und Kommunikation*. Berlin: Beuth.

DIN CEN ISO/TS 8062-2:2014-03: *Geometrische Produktspezifikationen (GPS) – Maß-, Form- und Lagetoleranzen für Formteile – Teil 2: Regeln*. Berlin: Beuth.

DIN EN 10204:2005-01: *Metallische Erzeugnisse – Arten von Prüfbescheinigungen*. Berlin: Beuth.

DIN EN 12890:2000-06: *Gießereiwesen – Modelle, Modelleinrichtungen und Kernkästen zur Herstellung von Sandformen und Sandkernen*. Berlin: Beuth.

DIN EN 1559-1:2011-05: *Gießereiwesen – Technische Lieferbedingungen – Teil 1: Allgemeines*. Berlin: Beuth.

DIN EN 1561:2012-01: *Gießereiwesen – Gusseisen mit Lamellengraphit*. Berlin: Beuth.

DIN EN 1563:2012-03: *Gießereiwesen – Gusseisen mit Kugelgraphit*. Berlin: Beuth.

DIN EN ISO 12100:2010: *Allgemeine Gestaltungsleitsätze Risikobeurteilung und Risikominderung*. Berlin: Beuth.

DIN EN ISO 14001:2009-11: *Umweltmanagementsysteme – Anforderungen mit Anleitung zur Anwendung.* Berlin: Beuth.

DIN EN ISO 14020:2002-02: *Umweltkennzeichnungen und -deklarationen – Allgemeine Grundsätze.* Berlin: Beuth.

DIN EN ISO 14040:2009-11: *Umweltmanagement – Ökobilanz – Grundsätze und Rahmenbedingungen.* Berlin: Beuth.

DIN EN ISO 14044:2006-10: *Umweltmanagement – Ökobilanz – Anforderungen und Anleitungen.* Berlin: Beuth.

DIN EN ISO 50001:2011-12: *Energiemanagementsysteme – Anforderungen mit Anleitung zur Anwendung.* Berlin: Beuth.

DIN EN ISO 8062-1:2008-01: *Geometrische Produktspezifikation (GPS) – Maß-, Form- und Lagetoleranzen für Formteile – Teil 1: Begriffe.* Berlin: Beuth.

DIN EN ISO 8062-3:2008-09: *Geometrische Produktspezifikationen (GPS) – Maß-, Form- und Lagetoleranzen für Formteile – Teil 3: Allgemeine Maß-, Form- und Lagetoleranzen und Bearbeitungszugaben für Gussstücke.* Berlin: Beuth.

DIN EN ISO 9001: *Qualitätsmanagementsysteme – Erfolg durch Qualität.* Berlin: Beuth.

Dispan, J. et al. **(2006)**: *Branchenreport. Werkzeugmaschinen. Strukturwandel und strategische Herausforderungen.* Frankfurt: IG Metall.

Dölle, J.E. **(2013)**: *Lieferantenmanagement in der Automobilindustrie.* Wiesbaden: Gabler.

Donsbach, F., **Schmitz**, W. und **Trauzeddel**, D. **(2005)**: *Sicheres und energiesparendes Schmelzen im Mittelfrequenztiegelofen: Schmelzen und Warmhalten von Gusseisenwerkstoffen.* Kaarst: Das Druckhaus.

Dooley, L. und **O'Sullivan**, D. **(2007)**: Managing within distributed innovation networks. In: *International Journal of Innovation Management.* Vol. 11, Nr. 3, S. 397–416.

Dos Santos, A.C., **Kieckbusch**, E.R. und **Forcellinic**, F.A. **(2007)**: Product Development Process Managing in Supply Chain. In: Loureiro, G. und Curran, R (Hrsg.): *Complex Systems Concurrent Engineering.* London: Springer, S. 775–782.

Dötsch, E. **(2012)**: Elektroöfen zum Schmelzen, Warmhalten und Gießen (46. Folge). In: *Giesserei.* Nr. 6, S. 50–57.

Dowlatshahi, S. **(1997)**: The role of product design in designer – buyer – supplier interface. In: *International Journal of Production Planning and Control*. Vol. 8, Nr. 6, S. 522–532.

Dowlatshani, S. **(2000)**: Designer-buyer-supplier interface: Theory versus practice. In: *International Journal of Production Economics*. Vol. 63, Nr. 2, S. 111–130.

Draper, N. R. und **Smith,** H. **(1994)**: Applied regression analysis. In: Norušis, M. J. (Hrsg.): *SPSS Advanced Statistics 6.1*. Chicago: SPSS Inc.

du Maire, E. **(2001 a)**: New opportunities in the new millennium – creative ways for added value. Foundries as developers – experience of a medium-sized supplier to machinery manufacturing industry. In: *Casting Plant and Technology International*. Nr. 17, S. 14–27.

du Maire, E. **(2001 b)**: Die Gießerei als Entwicklungspartner – Wertschöpfung auf kreativen Wegen. In: *Konstruieren + Giessen*. Nr. 4, S. 18–25.

du Maire, E. **(2003)**: *Neue Methoden zur systematischen Optimierung großer, gegossener Bauteile*. Düsseldorf: NEWCAST-Forum, S. 13–22.

du Maire, E. und **Helm,** B. **(1998)**: Neue Wege zur schnellen, funktions- und kostenoptimierten Konstruktion und Prototypenherstellung. In: *Konstruieren + Giessen*. Nr. 1, S. 18–22.

du Maire, E. und **Schmidt,** T. **(2003)**: Bionik und Werkzeugmaschinenguss – ein Widerspruch? In: *Konstruieren + Giessen*. Nr. 2, S. 9–11.

du Maire, E. und **Schmidt,** T. **(2004 a)**: Methoden zur systematischen Optimierung großer, gegossener Bauteile. In: *Giesserei-Rundschau*. Nr. 1/2, S. 2–5.

du Maire, E. und **Schmidt,** T. **(2004 b)**: Rapid Casting – schneller besser werden! In: Sonderdruck aus *Gießerei Erfahrungsaustausch*. Nr. 6, S. 1–6.

du Maire, E. und **Schmidt,** T. **(2005)**: Von der Natur lernen – kraftflussgerechte, neuartige Gestaltung gegossener Komponenten. In: *Giesserei-Rundschau*. Nr. 5/6, S. 124–128.

Dülfer, E. **(1997)**: *Internationales Management in unterschiedlichen Kulturbereichen*. München: Oldenbourg.

Ebertz, P. **(2006)**: *Risikowirkungen von Unternehmenskooperationen: Theoretische Grundlagen und empirische Erkenntnisse am Beispiel der Kooperationsform*. Wiesbaden: Shaker.

Eder, T. **(2007)**: *Konzept für das operative Management von Entwicklungskooperationen zwischen Automobilherstellern.* Aachen: Shaker.

Eherer, T. **(1994)**: *Erfolgreiche Produktinnovation.* Graz: o. V.

Ehrlenspiel, K. **(2013)**: *Integrierte Produktentwicklung: Denkabläufe, Methodeneinsatz, Zusammenarbeit.* 5. Auflage. München: Hanser.

Ehrlenspiel, K. et al. **(2014)**: *Kostengünstig Entwickeln und Konstruieren: Kostenmanagement bei der integrierten Produktentwicklung.* 7. Auflage. Berlin: Springer.

Eigner, M. und **Stelzer,** R. **(2009)**: *Product Lifecycle Management.* Berlin: Springer.

EIPPCB, European IPPC Bureau **(2005)**: *Reference Document on Best Available Techniques in the Smitheries and Foundries Industry.* [Online] 2013. Zugriff am 28.06.2013, unter: http://eippcb.jrc.ec.europa.eu/reference/BREF/sf_bref_0505.pdf

Eisenhardt, K. M. **(1989)**: Building theories from case study research. In: *Academy of Management Review.* Vol. 14, Nr. 4, S. 532–550.

Eisto, T. **(2008)**: *Early supplier involvement in customer's new product development in Finnish casting networks.* Tampere University of Technology: o. V.

Eisto, T. und **Hölttä,** V. **(2010)**: Customer-Supplier Collaboration in Casting Industry: a Review on Organizational and Human Aspects. In: *International Scholarly and Scientific Research & Innovation.* Vol. 4, Nr. 6, S. 1144–1150.

Eisto, T. et al. **(2010)**: Early Supplier Involvement in New Product Development: A Casting-Network Collaboration Model. In: *World Academy of Science, Engineering and Technology.* Vol. 62, S. 856–866.

Elfving, S. **(2009)**: Important factors for project performance in collaborative product development: a survey investigating contextual settings. In: *International Journal of Product Development.* Vol 8, Nr. 2, S. 193–210.

Ellram, L. M. **(1995 a)**: The supplier selection decision in strategic partnerships. In: *Journal of Purchasing and Materials Management.* Vol. 26, Nr. 3, S. 8–14.

Ellram, L. M. **(1995 b)**: Partnering Pitfalls and Success Factors. In: *International Journal of Purchasing & Materials Management.* Vol. 31, Nr. 2, S. 36–44.

Emden, Z., **Calantone,** R. J. und **Dröge,** C. **(2006)**: Collaborating for New Product Development: Selecting the Partner with Maximum Potential to Create Value. In: *Journal of Product Innovation Management.* Vol. 23, S. 330–341.

Engeln, W. **(2004)**: *Methoden der Produktentwicklung*. Pforzheim University of Applied Sciences: o. V.

Eversheim, W. **(1995)**: *Simultaneous Engineering: Erfahrungen aus der Industrie für die Industrie*. Berlin: Springer.

Eversheim, W. **(1998)**: *Wettbewerbsvorteile durch ressourcenschonende Produkte*. Düsseldorf: VDI.

Fagerström, B. und **Jackson**, M. **(2002)**: Efficient collaboration between main and sub-suppliers. In: *Computers in Industry*. Vol. 49, S. 25–35.

Fandl, R. C. und **Mutschler**, J. **(2012)**: Potenziale überbetrieblicher Partnerschaften. In: *VDMA-Nachrichten*. Nr. 12, S. 35.

Fandl, R. C., **Held**, T. und **Kersten**, W. **(2013)**: Ecological Development Partnerships – An Empirical Study of Potentials and Problems in German Foundry Supply Chains. In: Kersten, W., Blecker, T. und Ringle, C. M. (Hrsg.): *Sustainability and Collaboration in Supply Chain Management*. Köln: EUL, Band 16, S. 131–142.

Fandl, R. C., **Held**, T. und **Kersten**, W. **(2014)**: Early supplier integration in cast product development partnerships – A multiple case study of environmental and cost effects in the German foundry value chain. In: Kersten, W., Ringle, C. M. und Blecker, M. (Hrsg.): *Next Generation Supply Chains*. Berlin: epubli, S. 289–309.

Fandl, R. C., **Held**, T. und **Schmidt**, T. **(2014)**: Einflussfaktoren und Bewertung von Potentialen nachhaltiger Entwicklungspartnerschaften in der Gießereiindustrie. In: *Tagungsband CastTec 2014, 2. Internationale Fachtagung*. Hamburg: atm, S. 171–198.

Fandl, R. C. und **Held**, T. **(2015 a)**: CastTec 2014 – Eine Befragung zu Einflussfaktoren nachhaltiger Produktentwicklungspartnerschaften in der Gießereiindustrie. In: *Giesserei*. Nr. 7, S. 80–86.

Fandl, R. C. und **Held**, T. **(2015 b)**: Nachhaltige Entwicklungspartnerschaften – Entwicklung eines Schätzmodells zur frühzeitigen Bewertung von CO_2- und Kosten-Einsparpotenzialen am Beispiel der deutschen Gießereiindustrie und ihren Kunden. In: *ZWF*. Nr. 12, S. 818–822.

Feldhusen, J. und **Grote**, K.-H. (Hrsg.) **(2013)**: *Pahl/Beitz Konstruktionslehre: Methoden und Anwendung erfolgreicher Produktentwicklung*. 8. Auflage. Berlin: Springer.

Feller, J., **Hirvensalo**, A. und **Smeds**, R. **(2005)**: Inter-partner process learning in collaborative R&D: a case study from the telecommunications industry. In: *Production Planning & Control*. Vol. 16, Nr. 4, S. 388–395.

Field, A. P. **(2005)**: *Discovering statistics using SPSS: (and sex, drugs and rock 'n' roll)*. London: Sage.

Fiksel, J. **(2009)**: *Design for Environment: A Guide to Sustainable Product Development*. 2. Auflage. New York: McGraw-Hill.

Fladnitzer, M. **(2006)**: *Vertrauen als Erfolgsfaktor virtueller Unternehmen: Grundlagen, Rahmenbedingungen und Maßnahmen zur Vertrauensbildung*. 1. Auflage. Wiesbaden: Deutscher Universitäts-Verlag.

Flender, E. **(1997)**: Anwendungs- und kostenoptimierte Gußkonstruktionen durch Einsatz der „Rechnerischen Simulation". In: *Fortschritt mit Gusskonstruktionen '97*. Düsseldorf: VDI, S. 265–279.

Flender, E. **(2014)**: Forschung und Entwicklungstrends in der Gießereitechnologie. In: *Giesserei*. Nr. 1, S. 204–213.

Flender, E. und **Sturm,** J. C. **(2009)**: Gießtechnische Simulation. In: *Giesserei*. Nr. 5, S. 94–109.

Föhl, P. S. **(2008)**: Kooperationen im öffentlichen Kulturbereich. Motive, Chancen, Herausforderungen und Management. In: Scheytt, O. und Loock, F. (Hrsg.): *Handbuch Kulturmanagement und Kulturpolitik*. Berlin: o. V.

Foscht, T., **Angerer,** T. und **Swoboda,** B. **(2009)**: Mixed Methods. In: Buber, R. und Holzmüller, H. H. (Hrsg.): *Qualitative Marktforschung*. Wiesbaden: Gabler, S. 247–259.

Franke, H. J. et al. **(2005)**: *Kooperationsorientiertes Innovationsmanagement, Ergebnisse des BMBF-Forschungsprojektes „Ganzheitliche Innovationsprozesse in modularen Unternehmensnetzwerken"*. Berlin: Logos.

Franzen, D. **(2011)**: GIFA 2011 – Energieeffiziente Technik für Gießereien. In: *Giesserei*. Nr. 10, S. 73–80.

Fraser, P., **Farrukh,** C. und **Gregory,** M. **(2003)**: Managing product development collaborations: a process maturity approach. In: *Journal of Engineering Manufacture*. Vol. 217, Nr. 11, S. 1499–1519.

Fraunhofer, Fraunhofer – Institut für Arbeitswirtschaft und Organisation **(2013)**: *Komplexe Entwicklungsprojekte*. [Online] 2015. Zugriff am 16.07.2015, unter: http://www.servup.eu/word-press/wp-content/uploads/2013/11/Studie-Entwicklungsprojekte.pdf

Frei, M. **(1999)**: *Öko-effektive Produktentwicklung: Grundlagen, Innovationsprozeß, Umsetzung*. Wiesbaden: Gabler.

Frei, M. und **Waser,** M. **(1998)**: *Umweltmanagement und umweltgerechte Produktentwicklung in der Praxis: Resultate einer Umfrage unter ökologisch führenden Unternehmen der Schweizer Maschinen-, Elektro- und Metallindustrie.* Zürich: Betriebswirtschaftliches Institut der Eidgenössischen Technischen Hochschule.

Fritsche, U., **Rauch,** L. und **Simon,** K. H. **(1999)**: *Gesamt-Emissions-Modell Integrierter Systeme (GEMIS), Version 3.08: EDV-Modell im Auftrag des Hessischen Ministeriums für Umwelt, Energie und Bundesangelegenheiten.* Darmstadt: o. V.

Fritz, A. H. und **Schulze,** G. **(2012)**: *Fertigungstechnik.* 10. Auflage. Berlin: Springer.

Fuad-Lake, A. **(2002)**: *The Eco-design Handbook.* London: Thames and Huson.

Gabriel, A. **(2015)**: *Freiwillige Veröffentlichung und Prüfung von GRI-Nachhaltigkeitsberichten: Eine empirische Analyse auf dem europäischen Kapitalmarkt.* Wiesbaden: Gabler.

Gemünden, H., **Walter,** A. und **Helfert,** G. **(1996)**: *Grenzüberschreitende Geschäftsbeziehungen: Erfolgsfaktoren und Gestaltungsempfehlungen für kleine und mittlere Unternehmen.* Münster: LIT.

Gläser, J. und **Laudel,** G. **(2010)**: *Experteninterviews und qualitative Inhaltsanalyse.* Wiesbaden: VS.

Gleich, R. und **Klein,** A. **(2014)**: *Der Controlling-Berater.* Freiburg: Haufe-Lexware. Band 33, S. 139–160.

Goedkoop, M. **(1995)**: *The Eco-indicator 95.* [Online] 2014. Zugriff am 20.06.2014, unter: http://www.pre-sustainability.com/download/EI95FinalReport.pdf

Goedkoop, M. und **Spriensma,** R. **(2000)**: *The Eco-indicator 99. A damage oriented method for Life Cycle Impact Assessment.* [Online] 2014. Zugriff am 20.06.2014, unter: http://teclim.ufba.br/jsf/indicadores/holan%20ecoindicator%2099.pdf

Götz, K. **(2006)**: *Vertrauen in Organisationen.* 1. Auflage. München: Hampp.

Götzelmann, F. **(1992)**: *Umweltschutzinduzierte Kooperationen der Unternehmung.* Frankfurt: Lang.

Graedel, T. E. und **Allenby,** B. R. **(1998)**: *Design for the Environment.* Engelwood Cliffs: Prentice Hall.

Groher, E. J. **(2003)**: *Gestaltung der Integration von Lieferanten in den Produktentstehungsprozess.* München: TCW.

Gronau, N. und **Müller,** C. **(2006)**: Wissensmanagement in Wertschöpfungsnetzwerken. In: Wojda, F. und Berth, A. (Hrsg.): *Innovative Kooperationsnetzwerke*. Wiesbaden: DUV, S. 107–128.

Grote, K.-H. und **Feldhusen,** J. (Hrsg.) **(2014)**: *Dubbel: Taschenbuch für den Maschinenbau*. 24. Auflage. Berlin: Springer.

Grüner, C. **(2001)**: *Die strategiebasierte Entwicklung umweltgerechter Produkte*. Düsseldorf: VDI.

Gujarati, D. N. **(2003)**: *Basic econometrics. 4*. Auflage. New York: McGraw-Hill.

Günther, E. **(2008)**. *Ökologieorientiertes Management*. Stuttgart: o. V.

Guo, G. **(1998)**: *Rechtsfragen der Gründung und des Betriebs von Joint Ventures in der Volksrepublik China*. Berlin: de Gruyter.

Gupta, S. M. **(2008)**: *Environment conscious manufacturing*. Boca Raton: CRC Press.

Hackel, M. et al. **(2012)**: *Diffusion neuer Technologien. Veränderungen von Arbeitsaufgaben und Qualifikationsanforderungen im produzierenden Gewerbe*. Bonn: Bundesinstitut für Berufsbildung.

Hadler, M. **(2005)**: *Quantitative Datenanalyse für Sozialwissenschaftler*. Wien: LIT.

Hagenhoff, S. **(2004)**: *Kooperationsformen: Grundtypen und spezielle Ausprägungen*. Göttingen: Schumann.

Hagenhoff, S. **(2008)**: *Innovationsmanagement für Kooperationen: eine instrumentenorientierte Betrachtung*. Göttingen: Universitäts-Verlag.

Hair, J. F. et al. **(2013)**: *Multivariate Data AnalysiS. 7*. Upper Saddle River: Pearson.

Handfield, R. B. et al. **(1999)**: Involving supplier in new product development. In: *California Management Review*. Vol. 42, S. 59–82.

Hartel, I. und **Schönsleben,** P. **(2004)**: *Virtuelle Servicekooperationen: Management von Dienstleistungen in der Investitionsgüterindustrie*. Zürich: vdf.

Hartfiel, G. **(1982)**: *Wörterbuch der Soziologie*. Stuttgart: Kröner.

Hartmann, R. und **Martin,** A. **(1997)**: *Generisches Gestalten von Stahlgußteilen. Fortschritt mit Gusskonstruktionen '97*. Düsseldorf: VDI, S. 201–210.

Hatzinger, R. und **Nagel,** H. **(2013)**: *Statistik mit SPSS: Fallbeispiel und Methoden*. München: Pearson.

Hauff, M. und **Kleine**, A. **(2009)**: *Nachhaltige Entwicklung: Grundlagen und Umsetzung.* München: Oldenbourg.

Hauschild, W. und **Wallacher**, L. **(2004)**: Ad-Hoc-Befragung über Unternehmenskooperationen – Ergebnisse für das Jahr 2003. In: *WISTA – Wirtschaft und Statistik*. Statistisches Bundesamt: Wiesbaden, S. 1009–1016.

Hausmann, A. und **Körner**, J. **(2009)**: *Demografischer Wandel und Kultur: Veränderungen im Kulturangebot und der Kulturnachfrage*. Wiesbaden: VS.

Heck, A. **(1999)**: *Strategische Allianzen: Erfolg durch professionelle Umsetzung*. Berlin: Springer.

Heiler, S. und **Michels**, P. **(1994)**: Deskriptive und explorative Datenanalyse. München: Oldenbourg.

Heindorf, V. **(2010)**: *Der Einsatz moderner Informationstechnologien in der Automobilproduktentwicklung: Produktivitätspotenziale und Systemkomplementaritäten*. Wiesbaden: Gabler.

Heinz, U. **(2005)**: *Führung und Kooperation als Erfolgsfaktoren in innovativen F&E-Projekten auf elektronischen Plattformen*. Berlin: Universität-Verlag.

Heisig, U. **(1997)**: Vertrauensbeziehungen in der Arbeitsorganisation. In: Schweer, M. (Hrsg.). *Interpersonales Vertrauen. Theorien und empirische Befunde*. Opladen: Westdeutscher-Verlag, S. 121–153.

Held, T. **(2003)**: *Integration virtueller Marktplätze in die Beschaffung: Eine empirisch gestützte Methodenentwicklung am Beispiel der deutschen Schiffbauindustrie*. Wiesbaden: Gabler.

Held, T. **(2008)**: Lieferantenintegration im Schiffsbau: Potenziale und Herausforderungen. In: Tschandl, M. und Bäck, S. (Hrsg.): *Supply Chain Performance*. Graz: Leykan, S. 77–105.

Held, T. **(2010)**: Supplier Integration. In: Engelhardt-Nowitzki, C., Nowitzki, O. und Zsikovits, H. (Hrsg.): *Supply Chain Network Management*. Wiesbaden: o. V., S. 369–384.

Held, T. **(2015)**: Supplier involvement in product development: A literature review covering three decades of research. In: *Conference Proceedings der 24th annual IPSERA Conference*. Amsterdam: o. V.

Helmke, S., **Uebel**, M. und **Dangelmaier**, W. **(2013)**: *Effektives Customer Relationship Management: Instrumente – Einführungskonzepte – Organisation*. Wiesbaden: Gabler.

Helper, S. **(1991)**: How much has really changed between US automakers and their suppliers?. In: *Sloan Management Review*. Vol. 32, S. 15–28.

Herfurth, K. **(1989)**: Einsparung an Material und Energie durch Gußteilfertigung. In *Konstruieren + Giessen*. Nr. 4, S. 10–15.

Herfurth, K. **(1991)**: Material- und Energiebilanzen bei der Teilefertigung – Gußteile führen zu Material- und Energieeinsparungen und reduzieren den CO_2-Ausstoß. In: *Konstruieren + Giessen*. Nr. 16, S. 29–32.

Hermann, C. **(2010)**: *Ganzheitliches Life Cycle Management*. Berlin: Springer.

Herr, C. **(2007)**: *Nicht-lineare Wirkungsbeziehungen von Erfolgsfaktoren der Unternehmensgründung*. 1. Auflage. Wiesbaden: Deutscher Universitäts-Verlag.

Herrmann, B. **(2003)**: *Simultaneous Engineering und Innovationsmanagement: Eine Literaturanalyse*. Hamburg: Diplomica.

Hillebrand, B. und **Biemans**, W. G. **(2004)**: Links between Internal and External Cooperation in Product Development: An Exploratory Study. In: *Journal of Product Innovation Management*. Vol. 21, S. 110–122.

Himpel, F. **(2004)**: *Marktorientiertes Produkt- und Produktionsmanagement: zur Gestaltung der Interaktion zwischen Marketing und Produktion*. 1. Auflage. Wiesbaden: Deutscher Universitäts-Verlag.

Hoegl, M. und **Wagner**, S. M. **(2005)**: Buyer-Supplier Collaboration in Product Development Projects. In: *Journal of Management*. Vol. 8, S. 530–548.

Hoffmann, D. **(2010)**: *Data Warehouse im Rahmen der Business Intelligence*. Hamburg: Diplomica.

Hoffmeister, D. **(2007)**: *Kooperation und Wettbewerb aus institutionenökonomischer Sicht*. München: GRIN.

Holtbrügge, D. und **Welge**, M. K. **(2010)**: *Internationales Management*. Stuttgart: Schäffer-Poeschel.

Hölttä, V., **Eisto**, T. und **Mahlamäki**, K. **(2009)**: *Benefits for cast product development through early supplier involvement*. [Online] 2014. Zugriff am 03.09.2014, unter: http://www.researchgate.net/profile/Katrine_Mahlamaeki/publication/267561467_Benefits_for_cast_product_development_through_early_supplier_involvement/links/54649ba40cf2837efdb42847.pdf

Hribernik, B. und **Sipos,** H. **(2005)**: Nachhaltigkeitskennzahlen für die Werkstoffindustrie. In: *Tagungsband Kongress Sustainability Management for Industries: Wertsteigerung durch Nachhaltigkeit.* Leoben: Hampp, S. 127–144.

Hsuan, J. **(1999)**: Impacts of supplier-buyer relationships on modularisation in new product development. In: *European Journal of Purchasing and Supply Management.* Vol. 5, Nr. 3/4, S. 197–209.

Huang, T.-T. A. et al. **(2013)**: Leveraging power of learning capability upon manufacturing operations. In: *International Journal of Production Economics.* Vol. 145, S. 233–252.

Huber, B., **Wetzel,** D. und **Eichler,** B. **(2012)**: *Gießerei-Industrie 2012. Aktuelle Lage, Trends und Perspektiven.* [Online] 2013. Zugriff am 14.08.2013, unter:http://www.ig metall.de/internet/0191226_2012-08_Giesserei-Industrie-Kurzreport_045a8d97a5b0f9bf23 c793b7fcaef1a90ed3854a.pdf

Humphreys, P. K., **Wong,** Y. K. und **Chan,** F. T. **(2003)**: Integrating environmental criteria into supplier selection process. In: *Journal of Materials Processing Technology.* Vol. 138, S. 349–356.

Huppertz, A. **(2000)**: *Entwicklung eines Kennzahlensystems zur Bestimmung des „Kumulierten Energieaufwandes" für die Herstellung von Gußteilen.* Aachen: Mainz.

HWWI, Hamburgisches WeltWirtschaftsInstitut GmbH **(2015)**: *Energie und Rohstoffe.* [Online] 2015. Zugriff am 06.08.2015, unter: http://www.hwwi.org/home.html

IfG, Institut für Gießereitechnik GmbH **(2009)**: *Energieeffizienter Gießereibetrieb.* [Online] 2012. Zugriff am 15.04.2012, unter: http://new.bdguss.de/de/data/energie-effizienz_0.pdf

IfG, Institut für Gießereitechnik GmbH **(2010)**: *Gestaltung von altersgerechten Arbeitsplätzen in Gießereien.* Düsseldorf: o. V.

IfG, Institut für Gießereitechnik GmbH **(2012)**: *Aktuelle Forschungsvorhaben und -ergebnisse des IfG aus dem Bereich Umwelt und Energie.* [Online] 2014. Zugriff am 15.06.2014, unter: http://www.bdguss.de/fileadmin/content_bdguss/BDG-Service/Infothek/Sonderpublikationen/BDG-Umwelttage/1._Umwelttag/Wolff_IfG_Aktuelle_Forschungsvorhaben_und_-ergebnisse_des_IfG_aus_dem_Bereich_Umwelt_und_Energie.pdf

IfG, Institut für Gießereitechnik GmbH **(2013)**: *Energieeffizienter Gießereibetrieb – Version 2.0.* [Online] 2014. Zugriff am 15.06.2014, unter: http://effguss.bdguss.de/?page_id=29

Ihde, G. **(1996)**: Lieferantenintegration. In: Kern, W. (Hrsg.): *Handwörterbuch der Produktionswirtschaft*. Stuttgart: Schäffer-Poeschel, S. 1086–1096.

Ilgin, M.A. und **Gupta,** S.M. **(2010)**: Environmentally conscious manufacturing and product recovery (ECMPRO): A review of the state of the art. In: *Journal of Environmental Management*. Vol. 91, Nr. 3, S. 563–591.

IPPC, Intergovernmental Panel on Climate Change **(2007 a)**: *Direct global warming potentials.* [Online] 2013. Zugriff am 25.06.2013, unter: http://www.ipcc.ch/ publications_and_data/ar4/wg1/en/ch2s2-10-2.html#table-2-14

IPPC, Intergovernmental Panel on Climate Change. **(2007 b)**: *Climate change 2007: Synthesis report. An assessment of the Intergovernmental Panel on Climate Change.* [Online] 2013. Zugriff am 26.06.2013, unter: http://www.ipcc.ch/pdf/assessment-report/ar4/syr/ar4_syr.pdf

IPTS, Institute Prospective Technological Studies **(2000)**: *Eco-design: European State of the Art. Part II: Specific studies.* [Online] 2014. Zugriff am 02.07.2014, unter: ftp://ftp.jrc.es/pub/EURdoc/sps00140.pdf, S. 9–45.

Jann, B. **(2005)**: *Einführung in die Statistik*. 2. Auflage. München: Oldenbourg.

Janssen, J. und **Laatz,** W. **(2007)**: *Statistische Datenanalyse mit SPSS für Windows. 6.* Auflage. Berlin: Springer.

Jayaram, J. **(2008)**: Supplier involvement in new product development projects: dimensionality and contingency effects. In: *International Journal of Production Research*. Vol. 46, Nr. 13, S. 3717–3735.

Jiao, Y.-Y. et al. **(2008)**: Operational implications of early supplier involvement in semiconductor manufacturing firms: A case study. In: *Journal of Manufacturing Technology Management*. Vol. 19, Nr. 8, S. 913–932.

Jin, Y. und **Hong,** P. **(2007)**: Coordinating global inter-firm product development. In: *Journal of Enterprise Information Management*. Vol. 20, Nr. 5, S. 544–561.

John, S. **(2010)**: *Integration von Lieferanten in die Produktentwicklung: Risiken und Risikomanagement in vertikalen Entwicklungskooperationen: Eine konzeptionelle und empirische Untersuchung*. München: Dr. Hut.

Johnsen, T. und **Ford,** D. **(2007)**: Customer approaches to product development with suppliers. In: *Industrial Marketing Management*. Vol. 36, Nr. 3, S. 300–308.

Jürgenhake, U. und **Sczesny,** C. **(2005)**: *Neue Perspektiven für Ältere und Jüngere: Instrumente zur Bewältigung des demografischen Wandels in Betrieben der Gießerei- und Schmiedeindustrie*. Dortmund: o. V.

Kachler, V. **(2013)**: *Erfolgreiches Management grüner Entwicklungsprojekte*. Wiesbaden: Gabler.

Kamath, R. R. und **Liker,** J. L. **(1994)**: A Second Look at Japanese Product Development. In: *Harvard Business Review*. Vol. 72, S. 154–159.

Karlsson, C., **Nellore,** R. und **Söderquist,** K. **(1998)**: Black box engineering: Redefining the role of product specifications. In: *Journal of Product Innovation Management*. Vol. 15, Nr. 6, S. 534–549.

Kaufmann, L. **(1993)**: *Planung von Abnehmer-Zulieferer-Kooperationen*. Gießen: Verlag der Ferber'schen Universitäts-Buchhandlung.

Kern, E.-M. **(2005)**: *Verteilte Produktentwicklung – Rahmenkonzept und Vorgehensweise zur organisatorischen Gestaltung*. Berlin: Verlag für industrielle Informationstechnik und Organisation.

Kersten, W. und **Held,** T. **(2001)**: Die Vernetzung von Zulieferanten und Abnehmern über virtuelle Marktplätze. In: *Industrie Management*. Nr. 5, S. 45–48.

Ketscher, N. und **Herfurth,** K. **(1997)**: Formgebung durch Gießen – eine energiesparende und ökologische Teilefertigung. In: *Konstruieren + Giessen*. Nr. 1, S. 13–20.

Khan, O., **Christopher,** M. und **Creazza,** A. **(2012)**: Aligning product design with the supply chain: a case study. In: *Supply Chain Management: An International Journal*. Vol. 17, Nr. 3, S. 323–336.

Killich, S. **(2011)**: Formen der Unternehmenskooperation. In: Becker, T. et al. (Hrsg.): *Netzwerkmanagement*. 3. Auflage. Berlin: Springer.

Killich, S. und **Luczak,** H. **(2000)**: Aufbau erfolgreicher Unternehmenskooperationen. In: *Forschungsprojekt „Parko", Sonderdruck*. Aachen: RWTH.

Kindler, G. **(2013)**: *Schied`s Adressen-Taschenbuch*. Heddesheim: Erfahrungsaustausch.

Kirst, P. **(2008)**: Lieferantenintegration im Produktentstehungsprozess. In: Schuh, G., Stölzle, W. und Straube, F. (Hrsg.): *Anlaufmanagement in der Automobilindustrie erfolgreich umsetzen*. Berlin: Springer, S. 93–105.

Klappert, S. et al. **(2011)**: Technologieentwicklung. In: Schuh, G. und Klappert, S. (Hrsg.): *Handbuch Produktion und Management. Teil 2: Technologiemanagement.* 2. Auflage. Berlin: Springer, S. 223–239.

Klug, F. **(2010)**: *Logistikmanagement in der Automobilindustrie: Grundlagen der Logistik im Automobilbau.* Heidelberg: Springer.

Knop, R. **(2009)**: *Erfolgsfaktoren strategischer Netzwerke kleiner und mittlerer Unternehmen: ein IT-gestützter Wegweiser zum Kooperationserfolg.* 1. Auflage. Wiesbaden: Gabler.

Köhler, D. C. F. und **Steinhilper,** R. **(2011)**: Regenerative Supply Chains – CO_2-Bilanzierung von Automotive Supply Chains. In: *Beschaffung aktuell.* Nr. 10, S. 1–19.

Köllen, K. **(1980)**: *Aufwand der Arbeitsvorbereitung in Abhängigkeit von der Beschaffenheit des Produktionsprogramms in der Gießereiindustrie.* Aachen: o. V.

König, H. **(2008)**: *Rationelle Angebotserarbeitung in der Gießerei unter Betrachtung technologischer Ähnlichkeit.* Magdeburg: o. V.

Koplin, J., **Seuring,** S. und **Mesterharm,** M. **(2007)**: Incorporating sustainability into supply chain management in the automotive industry – the case of the Volkswagen AG. In: *Journal of Cleaner Production.* Vol. 15, S. 1053–1062.

Koufteros, X. A., **Cheng,** T. C. E. und **Lai,** K. H. **(2007)**: “Black-box” and “gray box” supplier integration in product development: antecedents, consequences and moderating role of firm size. In: *Journal of Operations Management.* Vol. 25, S. 874–870.

Kreissig, J. et al. **(1997)**: *Ganzheitliche Bilanzierung von Fenstern und Fassaden.* Stuttgart: Institut für Kunststoffprüfung und Kunststoffkunde.

Krishnan, V. und **Ulrich,** K. T. **(2001)**: Product development decisions: A review of the literature. In: *Management Science.* Vol. 47, Nr. 1, S. 1–21.

Krol, B. **(2010)**: *Retailing: Konzeptualisierung, Operationalisierung und Erfolgswirkungen von virtuellen Standorten elektronischer Einzelhandelsunternehmen.* Wiesbaden: Gabler.

Krüger, J. **(2012)**: *Kooperation und Wertschöpfung: mit Beispielen aus der Produktentwicklung und unternehmensübergreifenden Logistik.* Berlin: Springer.

Krystek, U. und **Zur,** E. **(2002)**: *Handbuch Internationalisierung: Globalisierung – eine Herausforderung für die Unternehmensführung.* 2. Auflage. Berlin: Springer, S. 481–490.

Kuchenbuch, A. **(2006)**: *Umweltleistungsmessung – Entwicklung einer prozessorientierten Konzeption zur integrierten betrieblichen Leistungsmessung auf der Basis von Stoffstrom- und Kosteninformationen in Gießereiunternehmen*. Hamburg: Kovac.

Kuchenbuch, A., **Schroll,** M. und **Helber,** J. **(2003)**: Integrierte Kosten- und Stoffflussrechnung in Gießereien. In: *Giesserei*. Nr. 10, S. 32–37.

Kühbauch, P. **(2009)**: Regionale Partnerschaften zur Optimierung der Servicebereitschaft eines Investitionsgüterherstellers. In: Klinkel, S. (Hrsg.): *Erfolgsfaktor Standortplanung*. Berlin: Springer.

Kühn, H. S. **(2004)**: Ganzheitliche Lieferantenintegration in Produktions- und Logistiknetzwerken. In: *Supply Chain Management*. Nr. 4, S. 33–38.

Kuhrke, B. et al. **(2008)**: Life Cycle Design auf Basis von Standardsoftwaresystemen. In: Abele, E. et al. (Hrsg.): *EcoDesign. Von der Theorie in die Praxis*. Berlin: Springer, S. 149–184.

Kunkel, L. **(2002)**: Lieferantenintegration – Optimaler Wertzuwachs durch strategische Partnerschaften. In: Voegele, A. und Zeuch, M. P. (Hrsg.): *Supply Network Management*. Wiesbaden: Gabler, S. 145–151.

Kupec, O. **(2011)**: *Unternehmensstrategien. Neue Trends in der Eisengießereibranche*. Marburg: Tectum.

Kuß, A. **(2012)**: *Marktforschung: Grundlagen der Datenerhebung und Datenanalyse*. 4. Auflage. Wiesbaden: Gabler.

Küsters, I. **(2009)**: *Narrative Interviews. Grundlagen und Anwendungen*. 2. Auflage. Wiesbaden: VS.

Kuttkat, B. und **Schnell,** U. **(2013)**: *Deutsche Gießereien gehören zur Weltspitze – aber der Druck wächst*. [Online] 2014. Zugriff am 14.08.2014, unter: http://www.maschinenmarkt.vogel.de/themenkanaele/konstruktion/werkstoffe/articles/424790/index2.html

Laczkovich, H. **(1986)**: Optimierte Formgebung durch Gießen – gütegesichert und wirtschaftlich. In: *Konstruieren und Giessen*. Nr. 3, S. 23–31.

Lam, P. K. und **Chin,** K. S. **(2005)**: Identifying and prioritizing critical success factors for conflict management in collaborative new product development. In: *Industrial Marketing Management*. Vol. 34, S. 761–772.

Lamnek, S. **(1995)**: *Qualitative Sozialforschung: Band 1 Methodologie*. Weinheim: Psychologie Verlags Union.

Lamnek, S. **(2005)**: *Qualitative Sozialforschung: Lehrbuch.* 4. Auflage. Basel: Beltz.

Langbehn, A. **(2010)**: *Praxishandbuch Produktentwicklung: Grundlagen, Instrumente und Beispiele.* Frankfurt: Campus.

Lange, C. und **Kuchenbach,** A. **(2006)**: *Integrated Controlling based on Material and Energy Flow Analysis – A Case Study in Foundry Industries.* Heidelberg: Physica.

Lawrenz, O. **(2000)**: *Supply-Chain-Management: Konzepte, Erfahrungsberichte und Strategien auf dem Weg zu digitalen Wertschöpfungsnetzen.* 2. Auflage. Braunschweig: Vieweg.

LBP, Lehrstuhl für Bauphysik der Universität Stuttgart **(2014)**: *Ganzheitliche Bilanzierung (GaBi).* [Online] 2014. Zugriff am 12.11.2014, unter: http://www.lbp-gabi.de/5-0-GaBi-Software.html

Le Dain, M. A., **Calvi,** R. und **Cheriti,** S. **(2011)**: Measuring the supplier's performance in collaborative design: Proposition of a model. In: *R&D Management.* Vol. 41, Nr. 1, S. 61–79.

Lechner, G. **(2011)**: Internationalisierung des Einkaufs am Beispiel des Werkzeugmaschinenbaus. In: Gabath, C. (Hrsg.): *Innovatives Beschaffungsmanagement. Trends, Herausforderungen, Handlungsansätze.* Wiesbaden: Gabler.

Lee, K.-H. und **Kim,** J.-W. **(2011)**: Integrating Suppliers into Green Product Innovation Development: an Empirical Case Study in the Semiconductor Industry. In: *Business Strategy and the Environment.* Vol. 20, Nr. 8, S. 527–538.

Lee-Mortimer, A. **(1994)**: Supplier Integration. In: *World Class Design to Manufacture.* Vol. 1, Nr. 6, S. 39–43.

Leifer, R. und **Triscari,** T. **(1987)**: Research versus development – Differences and similarities. In: *IEEE Transactions on Engineering Management.* Vol. 34, Nr. 2, S. 71–78.

Leischner, F. und **Hirsch,** J. **(2012)**: Hightech-Gießerei führt Energiemanagement ein. In: *Giesserei.* Nr. 11, S. 84–87.

Leitfeld, C. **(2012)**: *Nachhaltiges Wirtschaften und Reputation von Unternehmen: Wirkungszusammenhänge in Theorie und Praxis.* Hamburg: Diplomica, S. 5–17.

Lenox, M. und **Ehrenfeld,** J. **(1997)**: Organizing for Effective Environmental Design. In: *Business Strategy and the Environment.* Nr. 6, S. 187–196.

Lettice, F., **Wyatt,** C. und **Evans,** S. **(2010)**: Buyer-supplier partnerships for product design and development in the automotive sector: Who invests, in what and when? In: *International Journal of Production Economics*. Vol. 127, Nr. 2, S. 309–319.

Lickfett, H. **(2014)**: Der Blick über den Tellerrand: Welche Einflussfaktoren wirken auf die Kundenmärkte der Gießerei. In: *Deutscher Gießereitag 2014*. CCH Hamburg: Verein Deutscher Giessereifachleute e. V., S. 38.

Liedtke, C. und **Busch,** T. **(2005)**: *Materialeffizienz: Potenziale bewerten, Innovationen fördern, Beschäftigung sichern*. München: OEKOM.

Lindemann, U. **(2009)**: *Methodische Entwicklung technischer Produkte*. Berlin: Springer.

Lindquist, A., **Berglund,** F. und **Johannesson**, H. **(2008)**: Supplier Integration and Communication Strategies in Collaborative Platform Development. In: *Concurrent Engineering*. Vol. 16, Nr. 1, S. 23–35.

Linne, G. und **Schwarz,** M. **(2003)** (Hrsg.): *Handbuch nachhaltige Entwicklung: Wie ist nachhaltiges Wirtschaften machbar?* Opladen: Leske + Budrich.

Lohmann, R. **(1992)**: *Durchlaufzeiten in Gießereien: Situationsanalyse, Ermittlungsverfahren und Reduktionsansätze*. Berlin: Springer.

Lojewski, U. **(2007)**: Kooperation als Alternative. In: Balz, U. und Arlinghaus, O. (Hrsg.): *Praxisbuch Mergers & Acquisitions: von der strategischen Überlegung zur erfolgreichen Integration*. Landsberg am Lech: mi.

Lossack, R.-S. **(2006)**: *Wissenschaftstheoretische Grundlagen für die rechnerunterstützte Konstruktion*. Berlin: Springer.

Lownie, H. W. **(1978)**: Energy aspects of the foundry industry. In: *Modern Castings*. Nr. 3, S. 58–60.

Luczak, H. und **Wimmer,** R. **(2000)**: Konzept zur Bewertung von Kooperationen als Instrument zur Unternehmensentwicklung. In: Wodja, F. (Hrsg.): *Innovative Organisationsformen: Neue Entwicklungen in der Unternehmensorganisation*. Stuttgart: Schäffer-Poeschel.

Lührig, T. **(2006)**: *Risikomanagement in der Produktentwicklung der deutschen Automobilindustrie: Von der Konzeptentwicklung bis zum Produktionsanlauf*. Aachen: Shaker.

Luttrop, C. und **Züst,** R. **(1998)**: Eco-effective product from a holistic view. In: Luttrop, C. und Persson, J. (Hrsg.): *Life Cycle Design*. Stockholm: o. V., S. 46–56.

Lyu, J. und **Chang**, L.Y. **(2007)**: Early involvement in the design chain: a case study from the computer industry. In: *Production Planning & Control*. Vol. 18, Nr. 3, S. 172–179.

Madu, C.N. **(2007)**: *Environmental planning and management*. London: Imperial College Press.

Málek, M. und **Burda**, L. **(1962)**: o. T. In: *Slévárenstvi*. Nr. 10, S. 253–259.

Mandl, H. **(2000)**: *Wissensmanagement: Informationszuwachs – Wissensschwund?; die strategische Bedeutung des Wissensmanagements*. München: Oldenbourg.

Mattheck, C. **(1989)**: CAO-Verfahren. Gußteile wachsen wie Bäume in eine optimierte Form. In: *Konstruieren + Giessen*. Nr. 3, S. 16–21.

Mattheck, C. **(1996)**: *Design in der Natur – Der Baum als Lehrmeister*. 3. Auflage. Freiberg: Rombach.

Mayer, H.O. **(2013)**: *Interview und schriftliche Befragung*. 6. Auflage. München: Oldenbourg.

Mayring, P. **(2002)**: *Einführung in die qualitative Sozialforschung*. 5. Auflage. Weinheim: Beltz.

McDonough, E.F. **(2000)**: Investigation of factors contributing to the success of cross-functional teams. In: *Journal of Product Innovation Management*. Vol. 17, Nr. 3, S. 221–235.

McDonough, W. und **Braungart**, M. **(2002)**: *Cradle to cradle: remaking the way we make things*. New York: North Point Press.

McGinnis, M.A. und **Vallopra**, R.M. **(1998)**: *Purchasing and supplier involvement: new product development and production/operations process development and improvement*. Tempe: CAPS.

Mensinger, M. et al. **(2009)**: *Kurzversion der Vorstudie: „Nachhaltiges Bauen mit Stahl"*. München: o. V.

Meuser, M. und **Nagel**, U. **(1991)**: Experteninterviews – vielfach erprobt, wenig bedacht. Ein Beitrag zur qualitativen Methodendiskussion. In: Graz, D. und Kraimer, K. (Hrsg.): *Qualitativ-empirische Sozialforschung: Konzepte, Methoden, Analysen*. Opladen: Westdeutscher-Verlag, S. 441–468.

Meuser, M. und **Nagel,** U. **(2010)**: Experteninterviews – wissenssoziologische Voraussetzungen und methodische Durchführung. In: Prengel, A. (Hrsg.): *Handbuch Qualitative Forschungsmethoden in der Erziehungswissenschaft*. Weinheim: Juventa, S. 457–472.

Meyer, J.-A. **(2011)**: *Nachhaltigkeit in kleinen und mittleren Unternehmen*. Köln: Eul.

Miles, M. B. und **Huberman,** A. M. **(2014)**: *Qualitative Data Analysis: A Methods Sourcebook*. Thousand Oaks: SAGE.

Militaru, G. **(2009)**: Technological Differentiation and Performance Measurement on Supplier Integration in New Product Development. In: *U.P.B. Sci. Bull., Series D*. Vol. 71, Nr. 3, S. 131–148.

Mishra, A. A. und **Shah**, R. **(2009)**: In union lies strength: collaborative competence in new product development and its performance effects. In: *Journal of Operations Management*. Vol. 24, Nr. 4, S. 324–338.

Mohr, G. **(2010)**: *Supply Chain Sourcing: Konzeption und Gestaltung von Synergien durch mehrstufiges Beschaffungsmanagement*. Wiesbaden: Gabler.

Monczka, R. M. et al. **(2000)**: *New Product Development: strategies for supplier integration*. Milwaukee: ASQ.

Morgan, J. und **Monczka,** R. M. **(1996 a)**: Alliances for new products. In: *Purchasing*. Vol. 10, S. 103–109.

Morgan, J. und **Monczka,** R. M. **(1996 b)**: Supplier integration – A new level of supply chain management. In: *Purchasing*. Vol. 10, S. 110–113.

Morschett, D. **(2003)**: Formen von Kooperationen, Allianzen und Netzwerken. In: Zentes, J., Swoboda, B. und Morschett, D. (Hrsg.): *Kooperationen, Allianzen und Netzwerke*. Wiesbaden: Gabler, S. 387–413.

Müller, C. **(2003)**: *Projektmanagement in FuE-Kooperationen: eine empirische Analyse in der Biotechnologie*. Norderstedt: Books on Demand GmbH.

Nachtigall, W. **(2002)**: *Bionik*. 2. Auflage. Berlin: Springer.

Nass, S. und **Anderl,** R. **(2011)**: Auswahl und Bewertung zukünftiger Entwicklungspartnerschaften. In: Brökel, K. et al. (Hrsg.): *9. Gemeinsames Kolloquium Konstruktionstechnik 2011: Integrierte Produktentwicklung für einen globalen Markt*. Aachen: Shaker, S. 272–280.

Neugebauer, R. **(2008)**: Ressourceneffizienz in der Produktion – Jetzt! In: Fraunhofer-Gesellschaft. *Abschlussbericht der BMBF-Studie EFFPRO-Untersuchung zur Energieeffizienz in der Produktion.* Karlsruhe: o. V.

Neugebauer, R. (Hrsg.) **(2012)**: *Werkzeugmaschinen. Aufbau, Funktion und Anwendung von spanenden und abtragenden Werkzeugmaschinen.* Berlin: Springer.

Nielsen, P., **Siemers,** H. und **Helm,** B. **(1994)**: Technisch-wirtschaftliches Optimieren eines Drehmaschinenbettes. In: *Konstruieren + Giessen.* Nr. 2, S. 36–37.

Niemann, B. **(2013)**: *Analyse und Messung des Zusammenhangs von Vertrauen und Performance in F&E-Kooperationen.* Wiesbaden: Springer.

Nijssen, E. J. und **Frambach,** R. T. **(2000)**: Determinants of the Adoption of New Product Development Tools by Industrial Firms. In: *Industrial Marketing Management.* Vol. 29, Nr. 2, S. 121–131.

Nottmeyer, J. **(2008)**: *Entwicklung eines Verfahrens zur Bestimmung operativer organisatorischer Risiken in Gießereien.* Aachen: Shaker.

Nuissl, H., **Schwarz,** A. und **Thomas,** M. **(2002)**: *Vertrauen – Kooperation – Netzwerkbildung: unternehmerische Handlungsressourcen in prekären regionalen Kontexten.* 1. Auflage. Wiesbaden: Westdeutscher-Verlag.

o. V. (2006): Weiterführendes Schrifttum: Lesenswertes über Gusswerkstoffe, Gussgestaltung und Gussanwendung. In: *Konstruieren + Giessen.* Nr. 2, S. 44–49.

o. V. (2015): *Modellwahl und Variablenselektion.* [Online] 2015. Zugriff am 21.09.2015, unter: http://webcache.googleusercontent.com/search?q=cache:hJJxLyT8fcUJ:https://capus.tum.de/tumonline/LV_TX.wbDisplayTerminDoc%3FpTerminDocNr%3D5796+&cd=1&hl=de&ct=clnk&gl=de

O'Neal, C. **(1993)**: Concurrent engineering with early supplier involvement: A cross functional challenge. In: *International Journal of Purchasing & Materials Management.* Vol. 29, Nr. 2, S. 3–9.

Obersojer, T. **(2009)**: *Efficient Consumer Response: Supply-Chain-Management für die Ernährungswirtschaft.* 1. Auflage. Wiesbaden: Gabler.

Oesterle, M.-J. **(2005)**: Kooperationen in Forschung & Entwicklung. In: Zentes, J., Swoboda, B. und Morschett, D. (Hrsg.): *Kooperationen, Allianzen und Netzwerke: Grundlagen – Ansätze – Perspektiven.* 2. Auflage. Wiesbaden: Gabler, S. 769–796.

Oke, A. und **Idiagbon-Oke**, M. **(2010)**: Communication channels, innovation tasks and NPD project outcomes in innovation-driven horizontal networks. In: *Journal of Operations Management*. Vol. 28, S. 442–453.

Oliver, N., **Dostaler**, I. und **Dewberry**, E. **(2004)**: New product development benchmarks: The Japanese, North American, and UK consumer electronics industries. In: *The Journal of High Technology Management Research*. Vol. 15, Nr. 2, S. 249–265.

Ostmeier, H. **(1990)**: *Ökologieorientierte Produktinnovationen: Eine empirische Analyse unter besonderer Berücksichtigung ihrer Erfolgseinschätzung*. Frankfurt: Lang.

Pacyna, H. **(1972)**: *Klassifikation von Gußstücken als Hilfsmittel für die Arbeitsvorbereitung und Betriebswirtschaft in der Gießerei*. Düsseldorf: Giesserei-Verlag.

Pahl, G. und **Beitz**, W. **(1997)**: *Konstruktionslehre: Methoden und Anwendung*. 4. Auflage. Berlin: Springer.

Pampel, J. **(1993)**: *Kooperation mit Zulieferern*. Wiesbaden: Gabler.

Parker, D. B., **Zsidisin**, G. und **Ragatz**, G. **(2008)**: Timing and Extent of Supplier Integration in New Product Development: A Contingency Approach. In: *Journal of Supply Chain Management*. Vol. 44, Nr. 1, S. 71–83.

Passinger, H. **(1992)**: *PPS in Formereien*. Berlin: Springer.

Pastewski, N. **(2011)**: *Ein Verfahren zur ressourceneffizienzorientierten Produktweiterentwicklung unter Einsatz emergenter Technologien*. Heimsheim: Jost-Jetter.

Pearson, J. N. **(2002)**: The impact of purchasing and supplier involvement on strategic purchasing and its impact on firm's performance. In: *International Journal of Operations and Production Management*. Vol. 22, Nr. 3, S. 1032–1053.

Peherstorfer, T. et al. **(2007)**: *Erarbeitung einer Vorgehensweise zur Steigerung der Nachhaltigkeit entlang der Wertschöpfungskette durch Integration von Kunden- und Lieferantenwissen*. Steyr: Österreichisches Bundesministerium für Verkehr, Innovation und Technologie.

Perlitz, U. **(2008)**: *Entwicklung in der Gießerei-Industrie*. Frankfurt: Deutsche Bank Research.

Peter, M. **(1996)**: *Early Supplier Involvement (ESI) in Product Development*. St. Gallen: o. V.

Petermann, F. und **Noack**, H. **(1987)**: Nicht-reaktive Meßverfahren. In: Roth. E. (Hrsg.): *Sozialwissenschaftliche Methoden*. München: Oldenbourg, S. 450–470.

Peters, S. und **Brühl,** R. **(2005)**: *Betriebswirtschaftslehre: Einführung.* 12. Auflage. München: Oldenbourg.

Petersen, K. J., **Handfield,** R. B. und **Ragatz,** G. L. **(2005)**: Supplier integration into new product development: coordinating product, process and supply chain design. In: *Journal of Operations Management.* Vol. 23, S. 371–388.

Plehn, M. **(2003)**: *Bewertung umweltgerechter Produktkonzeption.* Hamburg: Kovac.

Ponn, J. und **Lindemann,** U. **(2011)**: *Konzeptentwicklung und Gestaltung Technischer Produkte.* 2. Auflage. Berlin: Springer.

Prexl, A. **(2010)**: *Nachhaltigkeit kommunizieren – nachhaltig kommunizieren: Analyse des Potentials der Public Relations für eine nachhaltige Unternehmens- und Gesellschaftsentwicklung.* Wiesbaden: VS.

Primo, M. A. und **Amundson,** S. D. **(2002)**: An exploratory study of the effects of supplier relationships on new product developments outcomes. In: *Journal of Operations Management.* Vol. 20, Nr. 1, S. 33–52.

Pujari, D. **(2004)**: Eco-innovation and new product development: understanding the influences on market performance. In: *Technovation.* Vol. 26, Nr. 1, S. 1–10.

Pujari, D., **Wright,** G. und **Peattie,** K. **(2003)**: Green and competitive: Influences on environmental new product development performance. In: *Journal of Business Research.* Vol. 56, Nr. 8, S. 657–671.

Raab-Steiner, E. und **Benesch,** M. **(2010)**: *Der Fragebogen: Von der Forschungsidee zur SPSS-Auswertung.* 2. Auflage. Wien: UTB.

Ragatz, G. L., **Handfield,** R. B. und **Petersen,** K. J. **(2002)**: Benefits associated with supplier integration under conditions of technology uncertainty. In: *Journal of Business Research.* Vol. 55, Nr. 5, S. 389–400.

Ragatz, G. L., **Handfield,** R. B. und **Scannell,** T. V. **(1997)**: Success Factors For Integrating Suppliers Into New Product Development. In: *Journal of Product Innovation Management.* Vol. 14, Nr. 2, S. 190–202.

Rasch, B. et al. **(2014)**: *Quantitative Methoden 1.* 4. Auflage. Berlin: Springer.

Rauscher, C. **(2002)**: *Erfolgreiches Management internationaler Geschäftsbeziehungen: organisationstheoretische Grundlagen, Marketing und interkulturelle Aspekte.* Wiesbaden: Deutscher Universitäts-Verlag.

Reinders, H. und **Ditton,** H. **(2011)**: Überblick Forschungsmethoden. In: Reinders, H. et al. (Hrsg.): *Empirische Bildungsforschung.* Berlin: Springer, S. 45–51.

Reusch, J. **(2010)**: Künftige Trends bei Leichtmetall-Getriebekomponenten. In: *Giesserei.* Nr. 11, S. 74–77.

Richter, R. **(1984)**: *Form- und Gießgerechtes Konstruieren.* 4. Auflage. Leipzig: Deutscher Verlag für Grundstoffindustrie.

Rieg, F. und **Steinhilper,** R. **(2012)**: *Handbuch Konstruktion.* München: Hanser.

Riemer, K., **Arendt,** P. und **Wulf,** A. **(2005)**: *Marktstudie Kooperationssysteme: von E-Mail über Groupware zur Echtzeitkooperation.* Göttingen: Cuvillier.

Rienass, G. **(2009)**: Leichtmetall-Sand- und -Kokillenguss (45. Folge). In: *Giesserei.* Nr. 6, S. 72–83.

Ripperger, T. **(2003)**: *Ökonomik des Vertrauens: Analyse eines Organisationsprinzips. 2.* Auflage. Tübingen: Mohr Siebeck.

Robison, S. **(2011)**: Energy costs comprise about 5–7 % of the total operating expenses for the typical metal casting facility; a comprehensive energy management program can reduce that number. In: *Modern Casting.* Vol 4, S. 19–22.

Roller, R. et al. **(2013)**: *Fachkunde für gießereitechnische Berufe: Technologie des Formens und Gießens.* Haan-Gruiten: Europa-Lehrmittel.

Rösch, M. M. **(2013)**: *Gießerei-Controlling. Erfolgsfaktoren von Gießereien und deren Steuerung.* Berlin: Schiele & Schön.

Rosenberg, N. **(1995)**: Innovation's uncertain terrain. In: *McKinsey Quarterly.* Nr. 3, S. 170–185.

Rosenberger, H. **(1965)**: *Technologische Klassifizierung von Gussstücken.* Leipzig: Zentralinstitut für Gießereitechnik.

Rotering, C. **(1990)**: *Forschungs- und Entwicklungskooperationen zwischen Unternehmen: eine empirische Analyse.* Stuttgart: Schäffer-Poeschel.

Roy, R. und **Potter,** S. (1996): Managing engineering design in complex supply chains. In: *International Journal of Technology Management.* Vol. 12, Nr. 4, S. 403–420.

Rudolf, M. und **Müller,** M. **(2004)**: *Multivariate Verfahren: Eine praxisorientierte Einführung mit Anwendungsbeispielen in SPSS.* Göttingen: Hogrefe.

Saarelainen, T. et al. **(2008)**: Issues in Procurement of Castings. In: *International Journal of Human and Social Sciences.* Vol. 3, Nr. 2, S. 121–126.

Sailer, U. **(2015)**: *Nachhaltige Unternehmensführung: Aktuelle Fragen zur Umsetzung der Nachhaltigkeit.* Norderstedt: Books on Demand, S. 16–17.

Saprito, P. A. und **Gopalakrishanan,** S. **(2009)**: The influence of communication richness, self-interest, and relational trust on banks' knowledge about firms within the small-cap debt finance markets. In: *IEEE Transactions on Engineering Management.* Vol. 53, Nr. 3, S. 436–447.

Sauer, D. und **Hirsch-Kreinsen,** H. **(1996)**: *Zwischenbetriebliche Arbeitsteilung und Kooperation. Ergebnisse des Expertenkreises „Zukunftsstrategien".* Frankfurt: Campus.

Schäppi, B. **(2005)**: *Handbuch Produktentwicklung.* München: Hanser.

Schefczyk, M. **(1998)**: *Kritische Erfolgsfaktoren in schrumpfenden Branchen.* Stuttgart: M&P.

Schendera, C. **(2014)**: *Regressionsanalyse mit SPSS.* München: Oldenbourg.

Schiele, H. **(2010)**: *Unveiling the importance of being a preferred customer in order to develop innovations with suppliers.* Budapest: o. V.

Schiffelholz, A. **(2014)**: *Stabilität und Wechsel bei Miles-und-Snow-Strategietypen: Eine empirische Panel-Analyse deutscher Aktiengesellschaften.* München: Hampp.

Schilke, O. **(2007):** *Allianzfähigkeit: Konzeption, Messung, Determinanten, Auswirkungen.* 1. Auflage. Wiesbaden: Deutscher Universitäts-Verlag.

Schmidt, J. B., **Sarangee,** K. R. und **Montoya,** M. M. **(2009)**: Exploring New Product Development Project Review Practices. In: *Journal of Product Innovation Management.* Vol. 26, Nr. 5, S. 520–535.

Schmidt, T. **(2009)**: Entwicklungspartnerschaft für materialeffiziente Maschinenteile. In: *Präsentationsunterlagen Hannover Messe.* 22. April 2009.

Schmidt-Bleek, F. **(1999)**: *The Factor 10/MIPS-Concept: Bridging Ecological, Economic, and Social Dimensions with Sustainability Indicators.* [Online] 2014. Zugriff am 21.06.2014, unter: http://archive.unu.edu/zef/publications-e/ZEF-EN-1999-03-D.pdf

Schmitz, W. und **Trauzeddel,** D. **(2008)**: Energieeinsparpotential beim induktiven Schmelzen und Gießen von Gusseisenwerkstoffen. In: *Giesserei.* Nr. 6, S. 24–31.

Schneider, A. und **Schmidpeter,** R. **(2012)**: *Corporate Social Responsibility: Verantwortungsvolle Unternehmensführung in der Theorie und Praxis.* Berlin: Springer.

Schneider, H., **Schmidt,** P. und **Trösch,** H. J. **(2003)**: Prototypingintegrierte Gussfertigung – geringe Investitionskosten heute und niedrige Kosten morgen. In: *Konstruieren + Giessen*. Nr. 2, S. 12–14.

Schnell, R., **Hill,** P. B. und **Esser,** E. **(2008)**: *Methoden der empirischen Sozialforschung*. 8. Auflage. München: Oldenbourg.

Scholta, C. **(2005)**: *Erfolgsfaktoren unternehmensübergreifender Kooperation am Beispiel der mittelständischen Automobilzulieferindustrie in Sachsen*. Chemnitz: IBF.

Schömann, S. O. **(2012)**: *Produktentwicklung in der Automobilindustrie: Managementkonzepte vor dem Hintergrund gewandelter Herausforderungen*. 1. Auflage. Wiesbaden: Gabler.

Schonert, T. **(2008)**: *Interorganisationale Wertschöpfungsnetzwerke in der deutschen Automobilindustrie: die Ausgestaltung von Geschäftsbeziehungen am Beispiel internationaler Standort-entscheidungen*. Wiesbaden: Gabler.

Schreier, M. und **Odag,** O. **(2010)**: Mixed Methods. In: Mey, G. und Mruck, K. (Hrsg.): *Handbuch Qualitative Forschung in der Psychologie*. Berlin: Springer, S. 263–277.

Schuh, G. **(2012)**: *Handbuch Produktion und Management. Teil 3: Innovationsmanagement*. Berlin: Springer.

Schuh, G. **(2013)**: *Handbuch Produktion und Management. Teil 6: Logistikmanagement*. 2. Auflage. Berlin: Springer.

Schuh, G. und **Bremiker,** M. **(2005)**: *Der Einkauf als Margenmotor: Methoden zur Kostensenkung*. Wiesbaden: Gabler.

Schuh, G., **Friedli**, T. und **Kurr,** M. A. **(2005)**: *Kooperationsmanagement: systematische Vorbereitung, gezielter Auf- und Ausbau, entscheidende Erfolgsfaktoren*. München: Hanser.

Schuh, G., **Millarg,** K. und **Göransson,** A. **(1998)**: *Virtuelle Fabrik: neue Marktchancen durch dynamische Netzwerke*. München: Hanser.

Schulze, T. et al. **(2011)**: Optimierung aller Entwicklungs- und Herstellprozesse von anspruchsvollen Bauteilen aus Gusseisen. Im Blickpunkt: Die Produktion von Dünnwand-Zylinderkurbelgehäusen. In: *Giesserei*. Nr. 7, S. 68–77.

Schumacher, A. **(2013)**: *Optimierung mechanischer Strukturen. Grundlagen und industrielle Anwendung*. Berlin: Springer.

Schumacher, M. **(2014)**: Gießereien in der Kostenklemme. In: *Konstruktion*. Nr. 1/2 , S. IW 2–3.

Schwarz, P. **(1979)**: *Morphologie von Kooperationen und Verbänden*. Tübingen: Mohr Siebeck.

Schweer, M. K. W. **(1997)**: *Interpersonales Vertrauen: Theorien und empirische Befunde*. Wiesbaden: Westdeutscher-Verlag.

Seidel, E. und **Strebel**, H. **(1993)**: *Betriebliche Umweltökonomie: Reader zur ökologie-orientierten Betriebswirtschaftslehre*. Wiesbaden: Gabler.

Serrão, R. O. B. und **Dalcol**, P. R. T. **(2009)**: Analyzing the Influences of the Buyer-Supplier Relationship on the Manufacturing Flexibility. In: *Brazilian Journal of Operations & Production Management*. Vol. 2, Nr. 1, S. 5–36.

Siemieniuch, C. E. und **Sinclair**, M. **(1999)**: Real-time collaboration in design engineering: An expensive fantasy or affordable reality? In: *Behaviour & Information Technology*. Vol. 18, Nr. 5, S. 361–371.

Siempelkamp-Giesserei GmbH & Co. (2006): *Rationelle Energienutzung in der Gießerei: REGIE*. Krefeld: o. V.

Smith, G. und **Saker**, J. **(1997)**: Developing buyer-supplier relationships in the automobile industry. In: *European Journal of Purchasing & Supply Management*. Vol. 3, Nr. 1, S. 33–42.

Sobota, A. und **Görtz**, W. **(2015)**: Studie zur Energiebilanz und CO_2-Emissionen von Zylinderkurbelgehäusen aus Aluminium und Gusseisen. In: *Präsentationsunterlagen NEWCAST-Forum*. 17. Juni 2015.

Southey, P., **Steeple**, D. und **Wilhelm**, M. **(2000)**: Buyer-supplier co-development in UK automotive manufacturing: closing the continuous improvement loop. In: *International Journal of Manufacturing Technology and Management*. Vol. 2, Nr. 1–7, S. 492–504.

Spall, R. **(1997)**: Technisches Controlling in der Energiewirtschaft von Großbetrieben zur ganzheitlichen Ermittlung und Bewertung maßgeblicher, kumulierter Energieverbräuche am Beispiel des Gießereibetriebes eines Automobilunternehmens. Halle-Wittenberg: o. V.

Specht, G., **Beckmann**, C. und **Amelingmeyer**, J. **(2002)**: *F&E-Management: Kompetenz im Innovationsmanagement*. 2. Auflage. Stuttgart: Schäffer-Poeschel.

Spina, G., **Verganti**, R. und **Zotteri**, G. **(2002)**: Factors influencing co-design adoption: drivers and internal consistency. In: *International Journal of Operations & Production Management*. Vol. 22, Nr. 12, S. 1354–1366.

Spöhring, W. **(1995)**: *Qualitative Sozialforschung*. Stuttgart: Teubner.

Spur, G. und **Krause,** F.-L. **(1997)**: *Das virtuelle Produkt: Management der CAD-Technik*. München: Hanser.

Stahel, W. A. **(2008)**: *Statistische Datenanalyse: eine Einführung für Naturwissenschaftler*. Wiesbaden: Vieweg.

Stanneff, H. et al. **(2007)**: Heiße Lösung – Edelstahl für Lader. In: *Gießerei-Praxis*. Nr. 6, S. 246–250.

Statista GmbH, Statistik-Portal **(2008):** Klassifikation der Wirtschaftszweige. In: *Statistisches Bundesamt*. Deutschland: o. V.

Statista GmbH, Statistik-Portal **(2014)**: Gießerei-Industrie in Deutschland – Statista Dossier 2013. In: *Statistisches Bundesamt*. Deutschland: o. V.

Statista GmbH, Statistik-Portal **(2015 a)**: Daten zur Energiepreisentwicklung – Lange Reihen. In: *Statistisches Bundesamt*. Deutschland: o. V.

Statista GmbH, Statistik-Portal **(2015 b)**: Branchenreport 2015. Maschinenbau. In: *Statistisches Bundesamt*. Deutschland: o. V.

Statistisches Bundesamt (2013): *Statistisches Jahrbuch für die Bundesrepublik Deutschland 2011*. Wiesbaden: Statistisches Bundesamt.

Steinhorst, U. **(2005)**: *Entwicklung eines Instrumentariums zur Gestaltung von Systempartnerschaften im Produktentstehungsprozess. 1.* Auflage. Wiesbaden: Deutscher Universitäts-Verlag.

Stiefel, P. **(2011)**: *Eine dezentrale Informations- und Kollaborationsarchitektur für die unternehmensübergreifende Produktentwicklung*. Wiesbaden: Vieweg.

Sturm, J. C. **(2011)**: Energie- und Rohstoffeinsparung durch konsequente Nutzung der Gießprozesssimulation. In: *Gießerei*. Nr. 11, S. 82–98.

Swoboda, B. **(1997)**: Wertschöpfungspartnerschaften in der Konsumgüterwirtschaft: Ökonomische und ökologische Aspekte des ECR-Managements. In: *Wirtschaftswissenschaftliches Studium*. Nr. 9, S. 449–454.

Syan, C. S. und **White**, A. S. **(2011)**: Role of European Automotive Supplier Integration in New Product Development. In: *International Journal of Customer Relationship Marketing and Management*. Vol. 2, Nr. 3, S. 1–25.

Sydow, J. **(1992)**: *Strategische Netzwerke*. Wiesbaden: Gabler.

Sydow, J. (Hrsg.) **(2010)**: *Management von Netzwerkorganisationen: Beiträge aus der „Managementforschung"*. 5. Auflage. Wiesbaden: Gabler.

Sydow, J. (Hrsg.) **(2003)**: *Management von Netzwerkorganisationen: Beiträge aus der „Managementforschung"*. 3. Auflage. Wiesbaden: Gabler.

Sydow, J. und **Manning**, S. **(2006)**: *Netzwerke beraten*. Wiesbaden: Gabler.

Takeishi, A. **(2001)**: Bridging Inter- and Intra-firm Boundaries: Management of Supplier Involvement in Automobile Product Development. In: *Strategic Management Journal*. Vol. 22, Nr. 5, S. 403–433.

Takeishi, A. **(2002)**: Knowledge partitioning in the inter-firm division of labor: The case of automotive product development. In: *Organization Science*. Vol. 13, Nr. 3, S. 321–338.

Tang, D. und **Qian**, X. **(2008)**: Product lifecycle management for automotive development focusing on supplier integration. In: *Computers in Industry*. Vol. 59, Nr. 2/3, S. 288–295.

Teusler, N. **(2008)**: *Strategische Stabilitätsfaktoren in Unternehmenskooperationen: Eine kausalanalytische Betrachtung*. Wiesbaden: Gabler.

The World Bank (2012): *Turn down the heat. Why a 4° C warmer world must be avoided*. [Online] 2014. Zugriff am: 17.06.2014, unter: http://www-wds.worldbank.org/external/default/WDSContentServer/WDSP/IB/2012/12/20/000356161_20121220072749/Rendered/PDF/NonAsciiFileName0.pdf

Thiele, M. und **Janjis**, L. **(2013)**: M&A in der Gießereiindustrie. In: *Branchenreport*. [Online] 2014. Zugriff am 12.06.2014, unter: www.angermann.de

Tischner, U. et al. **(2000)**: *Was ist EcoDesign? Ein Handbuch für ökologische und ökonomische Gestaltung*. Frankfurt: FORM.

Tjaden, G. **(2003)**: *Erfolgsfaktoren virtueller Unternehmen: eine theoretische und empirische Untersuchung*. 1. Auflage. Wiesbaden: Deutscher Universitäts-Verlag.

Trauzeddel, D. **(2009)**: Energie sparen, Leistung steigern. In: *Giesserei Erfahrungsaustausch*. Nr. 7, S. 16–24.

Trauzeddel, D. und **Schmitz**, W. **(2012)**: Anlagen- und verfahrenstechnische Neuentwicklungen der Induktionsofentechnik. In: *Giesserei*. Nr. 6, S. 26–30.

Ulmer, G. **(1978)**: Energiecharakteristik und Senkung des spezifischen Energieverbrauchs in der Gießerei. In: *Gießerei-Praxis*. Nr. 6, S. 75.

Ulrich, K. T. und **Eppinger,** S. D. **(2008)**: *Product design and development*. Boston: McGraw-Hill.

UN, United Nations **(1995)**: *Global Warming Potentials*. [Online] 2014. Zugriff am 18.06.2014, unter: http://unfccc.int/ghg_data/items/3825.php

UNEP, United Nations Environment Programme **(2012)**: *The Emissions Gap Report 2012; A UNEP Synthesis Report*. [Online] 2014. Zugriff am 06.10.2014, unter: http://www.unep.org/pdf/2012gapreport.pdf

UNEP, United Nations Environmental Programme **(2011)**: Towards a Green Economy: Pathways to Sustainable Development and Poverty Eradication. [Online] 2013. Zugriff am 18.11.2013, unter: http://www.unep.org/greeneconomy/Portals/88/documents/ger/ger_final_dec_2011/Green%20EconomyReport_Final_Dec2011.pdf

UNFCCC, United Nations Framework Convention on Climate Change **(2010)**: *Report of the conference of the parties on its fifteenth session*. [Online] 2013. Zugriff am 18.11.2013, unter: http://unfccc.int/resource/docs/2009/cop15/eng/11a01.pdf

Urbaniec, M. **(2008)**: *Umweltinnovationen durch Kooperationen: am Beispiel einer freiwilligen Branchenvereinbarung*. Wiesbaden: Gabler.

Vahs, D. und **Burmester,** R. **(2005)**: *Innovationsmanagement*. Berlin: Springer.

Vajna, S. **(2014)**: *Integrated Design Engineering: Ein interdisziplinäres Modell für die ganzheitliche Produktentwicklung*. Berlin: Springer.

van den Berg, U., **Labuschagne,** J.-P. und **van den Berg,** H. **(2013)**: The effects of greening the supplier and innovation on environmental performance and competitive advantage. In: *Journal of Transport and Supply Chain Management*. Vol. 7, Nr. 1, S. 1–7.

van Echtelt et al. **(2004)**: *Critical processes for managing supplier involvement in new product development: an in-deph multiple-case study*. Eindhoven: Technische Universität.

van Echtelt, F. **(2004)**: *New product development: shifting suppliers into gear*. Eindhoven: Technische Universität.

van Weele, A. J. **(2010)**: *Purchasing and Supply Chain Management*. 5. Auflage. Andover: Cengage Learning.

VDG, Verband Deutscher Gießereifachleute **(2001)**: *Innovative Gießerei: Entwicklung der Wertschöpfungskette in den indirekten Bereichen Betriebs- und Arbeitsorganisation*. Düsseldorf: o. V.

VDG, Verband Deutscher Gießereifachleute **(2005)**: *Grundlagen der Gießereitechnik.* [Online] 2013. Zugriff am 28.10.2013, unter: http://www.vdg.de/fileadmin/content/ 03_documents/Grundlagen_der_Giessereitechnik_1.pdf

VDG, Verband Deutscher Gießereifachleute **(2008)**: *Entwicklungsperspektiven der Gießereitechnik.* [Online] 2013. Zugriff am 13.06.2013, unter: http://www.get-in-form.de/typo3/uploads/media/entwicklungsperspektiven_der_giessereibranche_01.pdf

VDG, Verband Deutscher Gießereifachleute **(2013)**: Formfüllung, Erstarrung, Anschnitt- und Speisertechnik bei Gusseisenwerkstoffen. In: Seminar Nr. 1553. 11. bis 13. April 2013. Düsseldorf: o. V.

VDI/VDE-Richtlinie 3694:2014-04: *Lastenheft/Pflichtenheft für den Einsatz von Automatisierungssystemen.* Berlin: Beuth.

VDI-Richtlinie 2206:2004-06: *Entwicklungsmethodik für mechatronische Systeme.* Berlin: Beuth.

VDI-Richtlinie 2221:1993-05: *Methodik zum Entwickeln und Konstruieren technischer Systeme und Produkte.* Berlin: Beuth.

VDI-Richtlinie 4600:2012-01: *Kumulierter Energieaufwand (KEA) – Begriffe, Berechnungsmethoden.* Berlin: Beuth.

VDMA, Verband Deutscher Maschinen- und Anlagenbau e. V. **(2009)**: *Der Beitrag des Maschinen- und Anlagenbaus zur Energieeffizienz.* [Online] 2014. Zugriff am 22.08.2014, unter: http://www.rolandberger.de/media/pdf/Roland_Berger_Energieeffizienz_im_Maschinenbau_20091203.pdf

VDMA, Verband Deutscher Maschinen- und Anlagenbau e. V. **(2014 a)**: *Statistisches Handbuch für den Maschinenbau.* Frankfurt: VDMA Verlag.

VDMA, Verband Deutscher Maschinen- und Anlagenbau e. V. **(2014 b)**: *Zukunftsperspektive deutscher Maschinenbau. Erfolgreich in einem dynamischen Umfeld agieren.* [Online] 2015. Zugriff am 25.03.2015, unter: http://www.vdma.org/documents/105628/4408117/Zukunftsperspektive+Maschinenbau_Brosch%C3 %BCre_DE.pdf/fed72f6c-1add-40c1-91ee-1d5c9167fcd4

Verworn, B. **(2005)**: *Die frühen Phasen der Produktentwicklung: Eine empirische Analyse in der Mess-, Steuer- und Regelungstechnik.* Wiesbaden: Gabler.

Vieweg, H.-G. und **Wanninger,** C. **(2010)**: *Perspektiven für die Gießereiindustrie: Update der Prognose Guss 2020.* München: Ifo-Schnelldienst.

Vijayasarathy, L. R. **(2010)**: Supply integration: An investigation of its multidimensionality and relational antecedents. In: *International Journal of Production Economics*. Vol. 124, Nr. 2, S. 489–505.

Vohrmann, E. **(2015)**: *3D-Ökonomie – Profitabel wirtschaften im Einklang mit Mensch und Natur: Ein Leitfaden für Unternehmer mit Herz und Verstand*. Berlin: epubli.

Voigt, K.-I. **(1998)**: *Strategien im Zeitwettbewerb: Optionen für Technologiemanagement und Marketing*. Wiesbaden: Gabler.

Voigt, K.-I. **(2008)**: *Industrielles Management: Industriebetriebslehre aus prozessorientierter Sicht*. Heidelberg: Springer.

Voigt, K.-I. und **Wettengel,** S. **(1999)**: Innovationskooperationen im Zeitwettbewerb. In: Engelhard J. und Elmar J. S. (Hrsg.): *Kooperation im Wettbewerb: neue Formen und Gestaltungskonzepte im Zeichen von Globalisierung und Informationstechnologie*. Wiesbaden: Gabler, S. 411–443.

Vollmann, T. E. und **Cordon,** C. **(1998)**: Building Successful Customer-Supplier Alliances. In: *Long Range Planning*. Vol. 31, Nr. 5, S. 684–694.

Vollrath, K. **(2002)**: Die Gießerei als Entwicklungspartner für den Werkzeugmaschinenbau. In: *Konstruieren + Giessen*. Nr. 2, S. 37–40.

Vollrath, K. **(2004)**: Gießer als Entwicklungspartner einer Innovationsoffensive. In: *Gießerei*. Nr. 10, S. 79–81.

von Regius, B. **(2006)**: *Qualität in der Produktentwicklung: vom Kundenwunsch bis zum fehlerfreien Produkt*. München: Hanser.

Wagner, B. und **Enzler,** S. **(2006)**: *Integrated controlling based on material and energy flow analysis – a case study foundry industries*. Heidelberg: Physica.

Wagner, G. **(1998)**: *Ökologische Bewertung von Formverfahren zur Gussteilfertigung*. Freiberg: o. V.

Wagner, K. **(2008)**: *Systematik zur Gestaltung und Optimierung von wissensintensiven, kooperativen Problemlösungsprozessen in der Produktentwicklung*. Heimsheim: Jost-Jetter.

Wagner, S. M. **(2003)**: Intensity and Managerial Scope of Supplier Integration. In: *Journal of Supply Chain Management*. Vol. 39, Nr. 4, S. 4–15.

Wagner, S. M. **(2014)**: Lieferantenmanagement. In: Pfeifer, T. und Schmitt, R. (Hrsg.): Masing *Handbuch Qualitätsmanagement*. 6. Auflage. München: Hanser, S. 554–578.

Wagner, S. M. und **Hoegl,** M. **(2006)**: Involving suppliers in product development: Insights from R&D directors and project managers. In: *Industrial Marketing Management*. Vol. 35, Nr. 8, S. 936–943.

Wagner, S. M. und **Hoegl,** M. **(2007)**: On the Challenges of Buyer-Supplier Collaboration in Product Development Projects. In: *Journal of Management*. Vol. 31, Nr. 4, S. 530–548.

Wagner, S. M. und **Johnson,** J. L. **(2004)**: Configuring and managing strategic supplier portfolios. In: *Industrial Marketing Management*. Vol. 33, S. 717–730.

Warnke, E.-P. **(2005)**: *Auslegungskriterien für Gusskomponenten*. Innsbruck: NEWCAST-Forum, S. 11–18.

Warnke, E.-P. und **Schmidt,** T. **(2007)**: Gusseisen mit Kugelgraphit – Konstruieren in Guss. In: *Konstruieren + Giessen*. Nr. 2, S. 7–14.

Wasti, S. N. und **Liker,** J. K. **(1997)**: Risky business or competitive power? Supplier involvement in Japanese product design. In: *Journal of Production and Innovation Management*. Vol. 14, Nr. 5, S. 337–355.

WCED, World Commission on Environment and Development **(1987)**: *Brundtland Report: Our Common Future*. [Online] 2015. Zugriff am 14.10.2015, unter: http://www.bne-portal.de/fileadmin/unesco/de/Downloads/Hintergrundmaterial_international/Brundtlandbericht.File.pdf?linklisted=2812

Weber, C. **(2006)**: *Energie sparende und emissionsarme Gießerei: Entwicklung einer umweltverträglichen innovativen Verfahrenstechnik*. Niederfischbach: o. V.

Weege, R. D. **(1981)**: *Recyclinggerechtes Konstruieren*. Düsseldorf: VDI.

Weinrauch, M. **(2005)**: *Wissensmanagement im technischen Service: Praxisorientierter Gestaltungsrahmen am Beispiel industrieller Großanlagen*. Wiesbaden: Gabler.

Weiss, S. **(1999)**: *Management von Zuliefernetzwerken: ein multilaterales Kooperationskonzept*. Zürich: o. V.

Weißbach, W. **(2012)**: *Werkstoffkunde: Strukturen, Eigenschaften, Prüfung*. Wiesbaden: Vieweg.

Werner, H. **(2014)**: *Supply Chain Controlling: Grundlagen, Performance-Messung und Handlungsempfehlungen*. Wiesbaden: Gabler.

Werner, H. und **Bethge,** R. **(2000)**: Die Simulation als Medium für Prozeßsicherheit und Kundenzufriedenheit. In: *Konstruieren + Giessen*. Nr. 1, S. 21–24.

Werner, H. und **Bethge,** R. **(2001)**: Flexibilität durch das Internet – Gießereien im Zeitalter des E-Commerce. In: *Konstruieren + Giessen*. Nr. 1, S. 21–24.

Werning, H. **(1982)**: Integrierte Fertigung durch Gießen. In: *Konstruieren + Giessen*. Nr. 4, S. 26–34.

Westkämper, E. und **Warnecke,** H.-J. **(2010)**: *Einführung in die Fertigungstechnik*. Wiesbaden: Vieweg.

Wichtmann, N. **(2006)**: Preisschwankungen auf den Rohstoffmärkten. In: *Gießerei*. Nr. 2, S. 100–106.

Wichtmann, N. **(2014)**: Kosten und Kostenstruktur der deutschen Gießerei-Industrie 2012. In: *bdgreport*. Nr. 4, S. 36–41.

Wiendahl, H.-P. **(2005)**: *Erfolgreich kooperieren: Best-practice-Beispiele ausgezeichneter Zusammenarbeit*. Heidelberg: Physica.

Winand, U. und **Nathusius,** K. **(1998)**: *Unternehmungsnetzwerke und virtuelle Organisationen*. Stuttgart: Schäffer-Poeschel.

Wijnstra, J. Y. F. **(1998)**: *Purchasing Involvement in Product Development*. Eindhoven: o. V.

Wildemann, H. **(2001)**: *Advanced Purchasing: Leitfaden zur Einbindung von Beschaffungsmärkten in den Produktentstehungsprozess*. München: TCW.

Wildemann, H. **(2004)**: *Entwicklungstrends in der Automobil- und Zulieferindustrie: empirische Studie*. München: TCW.

Wilhelm, C. **(2013)**: Stand der Deutschen Gießereiindustrie 2013. In: Präsentationsunterlagen *Aachener Gießerei-Kolloquium 2013*. 4./5.12.2013.

Willée, C. **(1990)**: *Integrierte Leistungssysteme für Zulieferunternehmen*. St. Gallen: Thexis.

Wilson, D. et al. **(1995)**: Collaborative strategy in new product development: risks and rewards. In: *Journal of Strategic Marketing*. Vol. 3, Nr. 3, S. 167–188.

Wimmer, W. **(2008)**: *ECODESIGN-Toolbox for Green Product Concept: Projektbericht im Rahmen der Programmlinie Fabrik der Zukunft des österreichischen Bundesministeriums für Verkehr, Innovation und Technologie*. Wien: o. V.

Witt, J. **(1999)**: *Grundlagen für die Entwicklung und die Vermarktung neuer Produkte: Produktinnovation*. München: Vahlen.

Witzel, A. **(1982)**: *Verfahren der qualitativen Sozialforschung: Überblick und Alternativen*. Frankfurt: Campus.

WMO, World Meterological Organization **(2013)**: *A summary of current climate change findings and figures*. [Online] 2014. Zugriff am 15.01.2014, unter: http://www.wmo.int/pages/mediacentre/factsheet/documents/ClimateChangeInfoSheet2013-03final.pdf

Wojda, F. und **Barth**, A. **(2006)**: *Innovative Kooperationsnetzwerke*. 1. Auflage. Wiesbaden: Deutscher Universitäts-Verlag.

Wolf, G. **(2013)**: Industrialisierung von Handformereien: Möglichkeiten und Potentiale der Fließfertigung. In: *Bundesverband der deutschen Gießerei-Industrie (BDG). Deutscher Gießereitag 2013*. Fellbach: o. V.

Wolf, J. **(2000)**: Multifunktionales Konzept zur automatischen rechnerischen Optimierung von Gießprozessen. Aachen: Shaker.

Worell, E. und **Price**, L. **(2004)**: *An integrated benchmarking and energy saving tool for iron and steel industry*. Second International Conference on Process Development in Iron and Steelmaking. Nr. 1, S. 173–182.

Wynstra, F. und **van Echtelt**, F. **(2001)**: *Managing Supplier Integration into Product Development: A Literature Review and Conceptual Model*. Eindhoven: Eindhoven Center for Innovation Studies.

Yan, T. und **Dooley**, K. J. **(2014)**: Buyer-Supplier collaboration quality in new product development projects. In: *Journal of Supply Chain Management*. Vol. 50, Nr. 2, S. 59–83.

Yeh, T.-M., **Pai**, F.-Y. und **Yang**, C.-C. **(2010)**: Performance improvement in new product development with effective tools and techniques adaption for high-tech industries. In: *Quality & Quantity*. Vol. 44, Nr. 1, S. 131–152.

Yin, R. K. **(2003)**: *Case Study Research – Design and Methods*. London: SAGE.

Yuan-Yuan, J. et al. **(2008)**: Operational implications of early supplier involvement in semiconductor manufacturing firms. In: *Journal of Manufacturing Technology Management*. Vol. 19, Nr. 8, S. 913–932.

Zbicinski, I. et al. **(2006)**: *Product Design and Life Cycle Assessment*. Uppsala: Baltic University Press.

Zentes, J. **(2003)**: *Kooperationen, Allianzen und Netzwerke: Grundlagen – Ansätze – Perspektiven*. Wiesbaden: Gabler.

Zentes, J., **Swoboda,** B. und **Foscht,** T. **(2012)**: *Handelsmanagement*. München: Vahlen.

Zerfaß, A. und **Möslein,** K. **(2009)**: *Kommunikation als Erfolgsfaktor im Innovationsmanagement: Strategien im Zeitalter der Open Innovation*. Wiesbaden: Gabler.

Zhao, S. **(2012)**: *Integriertes Management von ökonomischen und ökologischen Produkteigenschaften: Eine EcoDesign-Methode für kleine und mittlere Unternehmen*. Düsseldorf: VDI.

Zhao, Y. und **Lavin,** M. **(2012)**: An Emprical Study of Knowledge Transfer in Working Relationships with Suppliers in New Product Development. In: *International Journal of Innovation Management*. Vol. 16, Nr. 2, S. 673–689.

Zielasek, G. **(1999)**: *Projektmanagement als Führungskonzept. Erfolgreich durch Aktivierung aller Unternehmensebenen*. 2. Auflage. Berlin: Springer.

Zillig, U. **(2001)**: *Integratives Logistikmanagement in Unternehmensnetzwerken: Gestaltung interorganisatorischer Logistiksysteme für die Zulieferindustrie*. 1. Auflage. Wiesbaden: Deutscher Universitäts-Verlag.

Zirger, B. J. und **Hartley,** J. L. **(1996)**: The effect of acceleration techniques on product development time. In: *IEEE Transactions on Engineering Management*. Vol. 43, S. 143–152.

Zülch, J., **Barrasntes,** L. und **Steinheuser,** S. **(2006)**: *Unternehmensführung in dynamischen Netzwerken: erfolgreiche Konzepte aus der Life-science-Branche*. Berlin: Springer.

Curriculum Vitae

Persönliche Daten

Name	Robert Christian Fandl
Geburtsdatum	21. Mai 1985
Geburtsort	Hamburg

Beruflicher Werdegang

2016 – heute	**Wissenschaftlicher Angestellter** Institut für Produkt- und Produktionsmanagement Hochschule für Angewandte Wissenschaften Hamburg
2012 – 2015	**Wissenschaftlicher Angestellter** Institut für Produkt- und Produktionsmanagement Hochschule für Angewandte Wissenschaften Hamburg
2010 – 2012	**Qualitäts- und Umweltmanagementbeauftragter** Henning Dienstleistungsgruppe GmbH, Lüneburg
2007 – 2010	**Studentischer Mitarbeiter** Henning Dienstleistungsgruppe GmbH, Lüneburg

Akademischer Werdegang

2012 – 2016	**Doktorand** Institut für Logistik und Unternehmensführung Technische Universität Hamburg-Harburg
2010 – 2011	**Masterstudium Management & Engineering** (Abschluss: Master of Science) Leuphana Universität Lüneburg
2006 – 2010	**Bachelorstudium Wirtschaftsingenieurwesen** (Abschluss: Bachelor of Engineering) Leuphana Universität Lüneburg
2006	**Allgemeine Hochschulreife** Lessing-Gymnasium, Hamburg